Wolfgang Conrad / Wolfgang Streeck (Hg.)
Elementare Soziologie

WV studium Band 97

Elementare Soziologie

Studientexte von Emile Durkheim,
Erving Goffman, James Coleman,
N. Gross / W. S. Mason / A. W. McEachern,
Peter M. Blau, William F. Whyte,
Robert und Helen Lynd, John H. Goldthorpe u. a.,
Alvin W. Gouldner, Max Weber,
S. M. Lipset / M. Trow / J. Coleman,
Ely Chinoy, Howard Becker,
Friedrich Engels

herausgegeben und kommentiert
von Wolfgang Conrad und Wolfgang Streeck

2. Auflage

Springer Fachmedien Wiesbaden GmbH

CIP-Kurztitelaufnahme der Deutschen Bibliothek

Elementare Soziologie: Studientexte/von Emile Durkheim ... Hrsg. u. kommentiert von Wolfgang Conrad u. Wolfgang Streeck. – 2. Aufl. – Opladen: Westdeutscher Verlag, 1982.
(WV-Studium; Bd. 97)
ISBN 978-3-531-22097-0 ISBN 978-3-663-14439-7 (eBook)
DOI 10.1007/978-3-663-14439-7

NE: Durkheim, Emile [Mitverf.]; Conrad, Wolfgang [Hrsg.]; GT

1.–8. Tausend August 1976
2. Auflage 1982

Umschlaggestaltung: Horst Dieter Bürkle, Darmstadt
Satz: Clausen & Bosse, Leck/Schleswig
Druck: E. Hunold, Braunschweig
Buchbinder: W. Langelüddecke, Braunschweig

Inhaltsverzeichnis

Einführung

Soziologische Begriffe und soziale Wirklichkeit: zur begrifflichen Grundlage soziologischer Theoriebildung

> «Wenn Wissenschaft uns irgend etwas über die Welt mitteilen, wenn sie uns bei unserem Umgang mit der Welt von Nutzen sein soll, muß sie irgendwo empirische Elemente enthalten ... Denn nur durch Erfahrung können wir etwas über die Welt lernen ... Es ist diese empirische Komponente, durch die sich die Wissenschaft von Phantasie unterscheidet» (Abraham Kaplan, The Conduct of Inquiry, San Francisco 1964, S. 34f).

Soziologie als empirische Wissenschaft

Die moderne Soziologie ist eine Erfahrungswissenschaft. Für den Soziologen hängt der Wahrheitsgehalt einer Theorie ausschließlich davon ab, ob und inwieweit diese mit beobachtbaren und beobachteten Tatsachen übereinstimmt. Hierdurch unterscheidet sich die Soziologie zum Beispiel von der Mathematik, in der es «lediglich» auf die logische Widerspruchsfreiheit von Aussagensystemen ankommt, nicht aber auf ihre Vereinbarkeit mit einer objektiven Wirklichkeit.

Die wissenschaftsgeschichtliche Bedeutung der Soziologie gründet sich in erster Linie auf ihre erfahrungswissenschaftliche Komponente. Früheren Formen des Denkens über soziale Zusammenhänge war der Rekurs auf eine objektive Realität als Entscheidungsinstanz über die Gültigkeit von Theorien versperrt; anders als die Soziologie waren sie angesichts von einander widersprechenden Theorien auf mehr oder weniger «scholastische» Argumentationstechniken angewiesen – insbesondere auf die Auslegung als autoritativ anerkannter Schriften oder auf logische Ableitung aus für wahr gehaltenen allgemeinen Prämissen. Dieser Zustand, der in den Naturwissenschaften seit der Renaissance mehr oder weniger überwunden war, ist in der Mitte des vergangenen Jahrhunderts durch die Entstehung der modernen Soziologie auch für den Bereich der Gesellschaftswissenschaften beendet worden.

Oberstes Ziel jeder Erfahrungswissenschaft ist die Aufstellung von allgemeinen Gesetzen zur Erklärung beobachteter Vorgänge und Zusammenhänge – d. h. von Theorien. Aus diesem Grunde muß eine erfahrungswissenschaftliche Soziologie, die ihren Anspruch ernst nimmt, immer zugleich auch eine theoretische Soziologie sein. Die Betonung dieses an sich selbstverständlichen Umstandes ist eigentlich nur deshalb erforderlich, weil gerade in Deutschland immer noch das jahrzehntealte Mißverständnis Verbreitung findet, die «empirische» Orientierung der modernen Soziologie sei gleichbedeutend mit einer «atheoretischen» oder gar «theoriefeindlichen» Einstellung. Die Gründe für dieses Mißverständnis, das die Entwicklung der deutschen Soziologie bis heute erheblich behindert hat, liegen in den besonderen geistesgeschichtlichen und politischen Traditionen dieses Landes und brauchen hier nicht weiter erörtert zu werden. Wichtig ist lediglich, daß die derzeitige Schwemme «wissenschaftstheoretischer» Literatur – mit ihrer Tendenz zu immer neuen abstrakt-spekulativen «Grundlegungen» einer «richtigen» Sozialwissenschaft – in den meisten Fällen als Fortsetzung dieser Tradition angesehen werden muß. Neben politischen und ideologiekritischen Argumenten, die jeglicher außerhalb deutscher philosophischer Zirkel entstandenen und betriebenen Sozialwissenschaft «Praxisferne» und das Fehlen jener «emanzipatorischen» Wirkungen bescheinigen, die man sich selber ohne weiteres zugute hält, wird dabei vor allem vorgebracht, die gegenwärtige Soziologie huldige «blinder Faktensammelei» bzw. «exzessiver Methodenbesessenheit». Daran ist soviel richtig, als daß beides in der Tat vorkommt, und zwar bei weitem zu oft. Die leichtfertige Generalisierung jedoch, bei der die avanciertesten Produkte einer Wissenschaft übersehen und Fehlentwicklungen zur Regel erhoben werden, läßt vermuten, daß hier so etwas wie eine systematisch verzerrte Perspektive vorliegt, die ihre Ursachen in der tiefen Verständnislosigkeit des philosophisch geschulten «reinen» Theoretikers gegenüber einer Wissenschaft haben dürfte, die den Problemen der empirischen Kontrolle allgemeiner Aussagen, anstatt ihnen auszuweichen, gerecht zu werden versucht. Und diese Probleme sind beträchtlich: Messung und Analyse sozialer Vorgänge bringen methodische Schwierigkeiten mit sich, die sich mit denen der Physik durchaus vergleichen lassen. Konfrontiert mit den systematischen Anstrengungen empirischer Soziologie, der überwältigenden Komplexität der sozialen Wirklichkeit erfahrungswissenschaftlich begründete Theorien abzugewinnen, mögen in der Tat jene «Ansätze» zunächst eleganter und «theoretischer» erscheinen, die sich dieser Mühe – gewissermaßen den *theoriestrategischen Erdarbeiten* – gar nicht erst unterziehen und ihre Schlösser in der dünnen Luft abstrakter Definitionen und Prinzipien errichten. Dieser Vorsprung an Eleganz ist jedoch nicht mehr als ein sehr oberflächlicher äußerer Anschein. Auf die Dauer muß jede Theorie, die sich nicht ständig um eine empirische Klärung ihres Realitätsgehalts bemüht, zum simplizistischen Dogma werden. Wenn eine Theorie von *etwas Bestimmtem* handeln und *tatsächliche* Zustände und Vorgänge erklären soll, muß sie in engem Zusammenhang mit empirischer Forschung stehen. In diesem Sinne ist Empirie die notwendige Voraussetzung von Theorie, und die fehlende Diskussion von Meß- und Analyseproblemen in einem guten Teil der gegenwärtigen deutschen Soziologie ist kein Zeichen theoretischer Avanciertheit, sondern signalisiert im Gegenteil ein schwerwiegendes Defizit.

Die Behauptung, die moderne Soziologie sei «positivistisch» – im Sinne von «theoriefeindlich» oder gar «denkfeindlich» –, hat freilich noch eine andere Bedeutung. Erfahrungswissenschaftliche Theorien sind ausschließlich analytisch und niemals normativ – sie analysieren und erklären wirkliche Sachverhalte, enthalten aber keinerlei Aussagen darüber, ob diese wünschenswert oder verwerflich sind. Es wäre naiv, die Ursache dieser aus einer langen Entwicklung hervorgegangenen Auflösung der Einheit von Erklärung und Ethik, die das Wesen der traditionellen Weltbilder, zunächst der Religionen, später der sogenannten «Weltanschauungen», ausgemacht hatte, in persönlicher Verantwortungslosigkeit oder politischer Apathie der beteiligten Wissenschaftler zu suchen bzw. sie durch Appelle an die «politische Verantwortung der Wissenschaft» rückgängig machen zu wollen. «Wertfreiheit» ist vielmehr der Preis, den die moderne Wissenschaft, einschließlich der Sozialwissenschaften, für ihre alle anderen Formen des Denkens weit übertreffende Realitätsnähe zu zahlen hat. Wissenschaft als spezialisierte Tätigkeit und als soziale Institution ist die Antwort komplexer Gesellschaften auf das Bedürfnis ihrer Mitglieder nach objektiver Information über die wirkliche Welt, d. h. nach Information, die von den Wünschen und Vorstellungen ihrer Produzenten genauso unabhängig ist wie die Wirklichkeit selber. Die «praktische Relevanz» einer auf Erfahrung gegründeten und auf wahre Erklärungen zielenden Soziologie kann deshalb nur in ihrer Realitätsnähe und nicht in einer etwaigen Vermittlung normativer Orientierungen gesucht werden; in dieser Hinsicht hat die dem Wertfreiheitspostulat zugrunde liegende Erkenntnis, daß man aus dem Sein nicht auf das Sollen schließen kann und umgekehrt, die «Durststrecke zwischen Theorie und Praxis» (Habermas) erheblich verlängert.

Man kann dies so verstehen, daß damit die wichtigsten Probleme wissenschaftlicher Behandlung nicht oder nicht mehr zugänglich sind, und daran ist etwas Wahres. Beließe man es jedoch hierbei, würde man den wirklichen Sachverhalt auf ungerechtfertigte Weise verkürzen. Zwar lassen sich die modernen Sozialwissenschaften nicht unmittelbar als Handlungsanleitung nutzbar machen; indem sie jedoch unser Verständnis der gesellschaftlichen Realität verbessern, können sie indirekt auch die *Richtung* unseres Handelns beeinflussen, etwa indem sie uns über unbeabsichtigte und unerwünschte Nebenwirkungen unserer Handlungen informieren, uns die Alternativen deutlich machen, zwischen denen wir tatsächlich zu wählen haben, und unsere Wunschvorstellungen über die Wirklichkeit einer rationalen Kritik unterziehen. Wissenschaft kann nicht festlegen, welche Ziele Menschen verfolgen sollen und wollen. Sie allein kann die Einflüsse von Macht und Interesse, von Kultur und Ideologie, von Konflikt und Integration nicht aufheben. Aber sie kann die Voraussetzungen und Folgen menschlichen Handelns sichtbar machen, neue Alternativen aufzeigen und uns helfen, die vielfältigen Kosten unrealistischer Entscheidungen und Programme zu vermeiden. Dies allerdings erfordert eine Soziologie, die sich weder als politische Bewegung noch als Methode zur verbindlichen Unterscheidung zwischen «richtigen» und «falschen» Lebens- und Bewußtseinsformen mißversteht. In diesem Sinne kommt gerade der Wertfreiheit der modernen Sozialwissenschaft, ihrer kritischen Distanziertheit gegenüber politischen Programmen und Bekenntnissen, ein hoher praktischer und letzten Endes sogar ethischer Wert zu.[1]

Wenn man also unter «Theorie» eine Art von säkularisierter Theologie versteht und insbesondere von gesellschaftswissenschaftlichen Theorien die Propagierung politischer Programme erwartet, dann in der Tat ist die erfahrungswissenschaftliche Soziologie «positivistisch». Für den erfahrungswissenschaftlichen Soziologen gilt, daß er *als Wissenschaftler* – nicht notwendig dagegen als Person – auf den Anspruch, handlungsorientierenden «Sinn zu produzieren», um der Möglichkeit willen verzichten muß, die in der Realität vorhandenen, das tatsächliche Handeln der Menschen steuernden Sinnsysteme zu verstehen und zu erklären. Trotz eines bei zahlreichen Soziologen und Nicht-Soziologen verbreiteten Mißverständnisses können Sozialwissenschaftler ebensowenig wie Physiker oder Zoologen *in ihrer Rolle als Wissenschaftler* eine irgendwie privilegierte Einsicht in praktischen Fragen beanspruchen. Der Vorwurf, die moderne Soziologie sei unfähig, menschlichem Handeln Ziel und Sinn zu verleihen, sollte schon deshalb niemanden beunruhigen, weil sie dies mit Recht nicht als ihre Aufgabe anzusehen braucht.

Der Gegenstandsbereich der Soziologie

Das entscheidende Merkmal einer Erfahrungswissenschaft besteht darin, daß sie sich auf einen bestimmten Ausschnitt der objektiven Wirklichkeit als ihren *Gegenstandsbereich* bezieht. Dies gilt auch für die Soziologie, die sich mit den *sozialen Beziehungen* der Menschen befaßt. Ziel der Soziologie ist es, Struktur und Dynamik dieser Beziehungen sowie ihre Konsequenzen für das Denken und Handeln der in ihnen lebenden Individuen zu analysieren und zu erklären. So untersuchen soziologische Theorien zum Beispiel jene gesellschaftlichen Mechanismen, die soziale Einheiten – Gesellschaften, Organisationen, Gruppen oder Familien – integrieren und zusammenhalten und bei deren Versagen gesellschaftliche Strukturen zerfallen; sie analysieren die verschiedenen Formen und Grundlagen sozialer Differenzierung, der Entstehung von horizontalen und vertikalen sozialen Unterscheidungen; sie forschen nach den Ursachen von Konsens und Konflikt, Konformität und

1 Vgl. Max Weber, Die «Objektivität» sozialwissenschaftlicher Erkenntnis, in: ders., Soziologie – Weltgeschichtliche Analysen – Politik, Stuttgart 1968, S. 186–262, sowie ders., Der Sinn der «Wertfreiheit» der Sozialwissenschaften, ebd., S. 263–310, insbes. S. 263–277. Webers Formulierung des Verhältnisses von Theorie und Praxis in den Sozialwissenschaften scheint uns bis heute die klarste und einleuchtendste. Es gehört zu den Mirakeln der «wissenschaftstheoretischen» Literatur, daß die von Weber geforderte «Wertfreiheit» der Wissenschaft noch immer mit politischer Abstinenz oder Elfenbeintürmerei gleichgesetzt wird, obwohl gerade Weber selber Zeit seines Lebens hochschulpolitisch und allgemeinpolitisch in einem Ausmaße tätig war, von dem die überwiegende Mehrzahl der modischen «Aktionsforscher» im weitesten Sinne nur träumen kann.

Abweichung, Stabilität und Wandel, nach dem Verhältnis von sozialer Struktur und menschlichen Bewußtseinsformen, von Macht und Legitimität, Austausch und Ausbeutung usw. Soziologie ist der systematische Versuch, die komplexen Kräfte herauszuarbeiten, die die soziale Wirklichkeit gestalten und ihre in dauernder Fluktuation befindliche Vielfalt hervorbringen und bestimmen.

Gesellschaftliche Beziehungen sind Beziehungen zwischen menschlichen Individuen. Ohne Mitglieder – ohne lebendige, handelnde Menschen – gibt es keine Gesellschaft. So wenig dies bestritten werden kann, so auffällig ist es jedoch zugleich, daß die Struktur der menschlichen Sozialbeziehungen bestimmten Regelmäßigkeiten und Gesetzmäßigkeiten eigener Art unterliegt, aufgrund derer sie sich von ihren konkreten Bestandteilen – den beteiligten Menschen – abhebt und isolieren läßt. Nicht «der Mensch» ist deshalb Gegenstand der Soziologie, sondern seine Beziehungen mit anderen Menschen; nicht das Individuum, sondern die «sozialen Verkehrsformen» (Marx), durch die es mit anderen in Verbindung tritt. Soziologische Theorien befassen sich mit *den von den beteiligten Individuen unabhängigen Eigengesetzlichkeiten der sozialen Strukturen* – also z. B. jenen Mechanismen, aufgrund derer bestimmte strukturelle Bedingungen, ganz gleich welche konkreten Individuen an ihnen beteiligt sind, immer wieder dieselben Konsequenzen für das Denken und Handeln der von ihnen betroffenen Menschen haben oder sich immer wieder in dieselbe Richtung weiterentwikkeln und verändern. Beispiele dieser «strukturorientierten» und in diesem Sinn anti-individualistischen Sichtweise der Soziologie bieten die in unsere Auswahl aufgenommenen Texte: Colemans Studie über die das Verhalten von Individuen kontrollierende Gewalt einer sozialen Norm, Blaus Darstellung der Eigendynamik von Austauschsystemen, die ihre Wirkungen ganz unabhängig von den beteiligten Personen und «hinter deren Rücken» entfalten, Goldthorpes u. a. Untersuchung über den Einfluß der ökonomischen Situation auf Art, Ausmaß und Intensität von Freundschaftsbeziehungen bis hin zu Engels' meisterlicher Beschreibung der Umwälzung einer Gesellschaft einschließlich der Denk- und Bewußtseinsformen ihrer Mitglieder als Resultat der Einführung einer neuen Technologie. Am deutlichsten jedoch wird die soziologische Perspektive, die spezifische Art, in der die Soziologie ihren Gegenstand «begreift», «konzeptualisiert», in dem ersten der hier wiedergegebenen Beiträge, Durkheims Analyse der sozialen Ursachen des Selbstmords. Mit ihrer Hilfe werden wir versuchen, den Begriff des «sozialen Handelns», d. h. die der Soziologie eigentümliche Vorstellung zu entwickeln, daß das Individuum und sein «Wille» nicht als letzte und ausschlaggebende Erklärung sozialer Vorgänge akzeptiert werden darf, sondern selber der Erklärung bedarf, und zwar einer Erklärung unter Rückgriff auf die Struktur seiner sozialen Beziehungen. In diesem Zusammenhang werden wir die hier begonnene Diskussion des Gegenstandsbereichs der Soziologie wiederaufnehmen.

Ziel der Soziologie ist es, soziale Strukturen mit Hilfe allgemeiner Prinzipien zu erklären. Allgemeine Prinzipien – oder kürzer: Gesetze – sind Aussagen über Zusammenhänge zwischen Elementen der Wirklichkeit, die nicht nur für in der Vergangenheit liegende, sondern auch für zukünftige Beobachtungen Geltung beanspruchen. Ein Beispiel für ein soziales Gesetz ist das von dem Soziologen Gerhard Lenski formulierte Prinzip, daß die zwischen den Mitgliedern einer vorindustriellen Gesellschaft bestehende materielle Ungleichheit um so größer ist, je mehr Überschuß die Gesellschaft über ihren zum Überleben nötigen Bedarf hinaus produziert. Wann immer wir eine vorindustrielle Gesellschaft untersuchen, können wir also auf der Grundlage dieses allgemeinen Gesetzes erwarten, daß zwischen dem Grad ihrer «Überschußproduktion» und dem Ausmaß der in ihr vorhandenen sozialen Ungleichheit der von dem Gesetz spezifizierte Zusammenhang besteht. Wenn wir in einem solchen Fall feststellen, daß unsere empirischen Beobachtungen dieser Erwartung tatsächlich entsprechen, erscheint uns das betreffende Gesetz als bekräftigt. Begegnen wir dagegen einer Gesellschaft, deren Struktur die von dem Gesetz vorhergesagten Eigenschaften nicht aufweist, werden wir dies zum Anlaß einer Überprüfung des Gesetzes nehmen und es entsprechend verändern oder verwerfen.

Gesetze allein sind jedoch noch keine Theorien. Erst wenn es gelungen ist, eine Reihe von Gesetzesaussagen verschiedenen Allgemeinheitsgrades in ein logisch widerspruchsloses System zu integrieren, können wir von einer Theorie sprechen. Und erst wenn gezeigt werden kann, daß aus dieser Theorie mit Hilfe der Regeln logischen Schließens präzise Vorhersagen über künftige Beobachtungen abgeleitet werden können, die sich mit der Wirklichkeit vergleichen lassen und damit dem Risiko empirischer Überprüfung unterliegen, werden wir bereit sein, die betreffende Theorie als Theorie über wirkliche, erfahrbare Zusammenhänge ernst zu nehmen. Die Konstruktion derartiger Theorien ist das höchste und nur selten erreichte Ziel soziologischer Forschung; sie ist das Ideal, an dem jede soziologische Arbeit, gleich welchem «Ansatz» sie sich zurechnen mag, ihren letzten und entscheidenden Maßstab findet.

Es sind aber nicht Theorien, die im Mittelpunkt dieses Buches stehen sollen. Der Weg von empirischen Beobachtungen zu allgemeinen Gesetzesaussagen ist weit und kompliziert; unser Interesse richtet sich hier ausschließlich auf eine seiner ersten Etappen, auf den Prozeß der Formulierung, Anwendung und Weiterentwicklung wissenschaftlicher *Begriffe*. Bevor nämlich in einer Erfahrungswissenschaft an theoretische Erklärungen überhaupt gedacht werden kann, ist es erforderlich, die *Gegenstände* genau zu bestimmen, die durch die zu entwickelnde Theorie erklärt werden sollen. Dies wäre nur dann kein triviales Problem, wenn die Wirklichkeit, die wir untersuchen wollen, uns als solche unmittelbar gegeben wäre. Das aber ist durchaus nicht der Fall. Daß wir die Welt als Ensemble von festumrissenen Gegenständen mit identifizierbaren Eigenschaften, als geordnet und gegliedert erleben, liegt nicht an der Welt, sondern ist das Resultat einer komplexen Ordnungsleistung, die wir selber unablässig vollbringen und ohne die unser Denken unmöglich wäre. Die Welt – die Gesamtheit möglicher Erfahrung – ist selbst in ihren kleinsten Ausschnitten so verwirrend vielfältig und unendlich, daß eine unvermittelte Konfrontation mit ihr unser Fassungsvermögen überwältigen müßte. Bevor wir deshalb mit unserer sinnlichen Erfahrung etwas anfangen können, müssen wir sie ordnen: Wir müssen *Unterscheidungen* einführen, um das für uns Wichtige und Interessante von der Fülle des Trivialen oder für unsere jeweiligen Zwecke Irrelevanten zu trennen; wir müssen aus der Flut des Erfahrungsmaterials *Klassen* identischer Fälle bilden, um Aussagen über mehr als ein Ereignis oder einen Gegenstand machen zu können, und wir müssen entscheiden, welche unserer verschiedenen Beobachtungen zusammengehören, welche Daten und Sinneseindrücke wir als ganzheitliche «Komplexe» behandeln wollen. Diese Mechanismen der *Selektion*, *Klassifikation* und *Synthese* fungieren als ein «Netz», mit dessen Hilfe wir unsere Erfahrung «aussieben»; sie wirken wie ein Raster, den wir der Realität unterlegen, um ihre Komplexität auf ein für uns faßbares Maß zu reduzieren.

Dabei ist es durchaus unerheblich, ob dies bewußt oder unbewußt geschieht. Der naive Betrachter mag glauben, daß seine Sicht der Welt, seine Gliederung der Dinge die einzig möglichen seien, ja in der «Natur der Dinge» selber lägen; eben diese selbstverständliche Gewißheit macht seine Naivität aus. Aber Selektion, Klassifikation und Synthese hören nicht dadurch auf, Ordnungsleistungen des wahrnehmenden Subjekts zu sein, daß sie unbewußt vollzogen werden. Unsere Naivität wird regelmäßig dann auf harte Proben gestellt, wenn wir feststellen müssen – etwa in Kontakten mit Angehörigen anderer Kulturen oder eben mit Wissenschaftlern –, daß man die Welt oder Teile von ihr auch «ganz anders» sehen kann, daß man darüber, was «dasselbe» ist bzw. «zwei völlig verschiedene Dinge», was «zusammengehört» und was man «auseinanderhalten» sollte, was in einem gegebenen Zusammenhang «relevant» ist und was nicht, durchaus verschiedener Meinung sein kann. In solchen Konfrontationen mit den «Selbstverständlichkeiten» der anderen können wir lernen, den naiven Dogmatismus hinter uns zu lassen, für den die Dinge «als solche» «vorhanden» zu sein scheinen, und die Wirklichkeit als jene «unendliche Unendlichkeit» (Kaplan) zu sehen, deren Ordnung durch den mit ihr befaßten menschlichen Verstand Voraussetzung jeden Denkens ist.

Die Instrumente, mit deren Hilfe wir die Gegenstände unserer Erfahrung auswählen, gruppieren und zusammensetzen – sie «konstituieren», in philosophischer Terminologie – nennen wir «Begriffe». Allgemein formuliert, sind Begriffe Kategorien von Beobachtungen, die unter einem bestimmten Gesichtspunkt als identisch betrachtet und behandelt werden. Diejenigen ihrer Eigenschaften, die die unter einem Begriff zusammengefaßten Elemente miteinander teilen und auf deren Grundlage ihre Zusammenfassung erfolgt ist, «definieren» (oder auf deutsch: begrenzen) den betreffenden Begriff. So enthält die Kategorie der formalen Organisation alle jene sozialen Gebilde, die das Verhalten ihrer Mitglieder mit Hilfe von unpersönlichen Regeln auf ein spezifisches Ziel hin koordinieren. Hierin besteht die Definition des Begriffs «formale Organisation». Alle sozialen Gebilde, die die der Definition zugrunde gelegten Eigenschaften aufweisen – Wirtschaftsunternehmen und Kirchen, Armeen und Sportvereine –, gelten unter dem Gesichtspunkt des Begriffs der «formalen Organisation» als identisch, was immer auch ihre sonstigen Unterschiede sein mögen. Zugleich beinhaltet diese Zuordnung zu einer gemeinsamen Kategorie eine Abgrenzung gegenüber anderen Gegenständen und Beobachtungen. Soziale Gebilde ohne formalisierte Regeln und spezifische Ziele – Freundesgruppen z. B. – gelten unter der Perspektive des gewählten Unterscheidungsmerkmals als «nicht identisch» (mit dem Philosophen Spinoza: «Omnis determinatio est negatio», jede Bestimmung beinhaltet zugleich eine Ausschließung). Ob ein Gegenstand als mit einem anderen identisch oder nichtidentisch behandelt wird, hängt ganz offensichtlich von dem gewählten Definitionskriterium ab; was unter dem einen Klassifikationssystem in dieselbe Kategorie fällt, kann unter einem anderen System ganz verschiedenen Kategorien angehören und umgekehrt.

Die Entscheidung für ein bestimmtes Definitionskriterium impliziert zugleich eine Entscheidung darüber, welche Aspekte und Elemente der Wirklichkeit wir für «wichtig» halten wollen. Klassifizieren wir nämlich unsere Beobachtungen aufgrund von bestimmten Eigenschaften, dann tun wir dies, weil wir diese Eigenschaften in einem bestimmten Sinn für «signifikant» halten: Wir machen die Annahme, daß es sich «lohnt», soziale Gebilde beispielsweise nach dem Grad der Formalisierung ihrer Normen bzw. nach ihrer Zielspezifität zu unterscheiden. Andere Eigenschaften der beobachteten Gegenstände treten gegenüber den der Klassifikation zugrunde gelegten Merkmalen zurück: Wir schenken ihnen weit weniger Aufmerksamkeit, weil sie für uns von nur zweitrangiger Bedeutung sind. Auf diese Weise erfüllen Begriffe eine *Selektionsfunktion*: Sie entlasten unsere Wahrnehmung von den vielfältigen anderen Aspekten der Wirklichkeit, mit denen wir uns in einem gegebenen Erkenntniszusammenhang *nicht* befassen wollen.

Die wenigsten Begriffe jedoch bestehen aus einem einzigen Klassifikationskriterium. In der Regel treffen wir unsere Unterscheidungen auf der Grundlage von «Merkmalsbündeln», sind Begriffe als Kombinationen verschiedener Beobachtungen definiert. Auch hier machen wir bestimmte Annahmen. Indem wir eine Reihe von Merkmalen zu einem Begriff «zusammensetzen», unterstellen wir, daß zwischen diesen Merkmalen ein mehr als nur oberflächlicher Zusammenhang besteht. Die begriffliche Ordnung unserer Erfahrung schließt also Entscheidungen darüber ein, welche Wirklichkeitselemente «zusammengehören» sollen und welche nicht – ob zum Beispiel eine bestimmte Handlungssequenz als Einheit angesehen und zum Beispiel unter dem Begriff des «Austauschs» zusammengefaßt werden oder ob die betreffenden Handlungen jeweils einzeln und isoliert untersucht werden sollen. Neben die Klassifikationsfunktion von Begriffen, mit deren Hilfe verschiedene Beobachtungseinheiten zu Kategorien zusammengefaßt werden, tritt hiermit also eine *synthetische Funktion*, durch die verschiedene Eigenschaften von Beobachtungseinheiten zu *Gegenständen* werden.

Die Bedeutung des von einem Menschen verwendeten Begriffssystems für sein Verständnis der Welt dürfte nunmehr offensichtlich sein. Wie man einen Gegenstandsbereich begrifflich ordnet, ist für die Schlußfolgerungen, zu denen man schließlich gelangt, mindestens in dem Sinne ausschlaggebend, als es darüber entscheidet, für welchen Bereich der Realität diese Geltung beanspruchen können. Daher kommt keine Wissenschaft ohne ein sorgfältig konstruiertes und ständig «gewartetes» Begriffssystem aus, und aus diesem Grund bilden die Etablierung eines begrifflichen Systems bzw. der Übergang von einem System zum anderen wichtige Stufen in der Entwicklung einer wissenschaftlichen Disziplin. Denn Begriffe sind die Basis, auf der Theorien ruhen. Ob eine Wissenschaft wahre Erklärungen liefert, hängt zu einem erheblichen Teil davon ab, ob ihr begriffliches Instrumentarium tatsächlich zusammengehörige Erscheinungen auch wirklich zusammenfaßt und es ihr dadurch ermöglicht, diese als zusammengehörig zu «sehen». So zieht z. B. der Begriff der «Paranoia» verschiedene Krankheitsbilder bzw. äußere Erscheinungsformen «kranken» Verhaltens – Verfolgungswahn, Halluzinationen, Schwächungen der Ich-Funktion usw. – zu einem einzigen «Muster» zusammen, wobei «jedes dieser Elemente selbst wiederum eine Klassifikation darstellt, die verschiedene verbale oder nichtverbale Handlungsabläufe einschließt . . . Nicht jeder, der ‹Stimmen hört›, ist paranoid, aber ‹Stimmen hören› zeichnet eine Klasse von Menschen aus, ebenso wie ‹paranoid›» (Kaplan, S. 50). Auf diese Weise ordnet der Begriff eine Vielzahl von empirischen Erscheinungen und ermöglicht in dem Maße, wie er die «richtigen», «zueinander passenden» Wirklichkeitselemente auswählt, miteinander identifiziert und zu Gegenständen synthetisiert, «wahre» Theorien. Umgekehrt können «falsche» Begriffe den Weg zu richtigen Einsichten versperren. So hat sich, nach Kaplan, der Begriff der «Epilepsie» als für die Psychiatrie nahezu nutzlos und als Hindernis für ein wissenschaftliches Verständnis der unter ihm zusammengefaßten Phänomene erwiesen, weil er «mehrere unterschiedliche Krankheiten mit unterschiedlicher Entstehungsgeschichte bezeichnete; der Begriff war nur oberflächlich richtig, weil die betreffenden Patienten einander in kaum mehr als den Anfällen ähnelten, die zur Grundlage ihrer diagnostischen Klassifizierung gemacht worden waren» (Kaplan, S. 52). Es ist vor allem diese Abhängigkeit der Möglichkeit richtiger Theorien von den durch ihre begriffliche Basis gesetzten Bedingungen, die die Frage aufwirft, in welchem Verhältnis wissenschaftliche Begriffe – und in einem weiteren Sinn, Begriffe überhaupt – zur Wirklichkeit stehen und wie sie im Kontakt mit dieser entwickelt und revidiert werden.

Begriffe und Wirklichkeit

Zu Beginn unserer Überlegungen haben wir es als das entscheidende Element jeder Erfahrungswissenschaft bezeichnet, daß sie sich an einer objektiven Wirklichkeit orientiert, an der sie die Wahrheit ihrer Aussagen in letzter Instanz bemißt. Diese Vorstellung von Wahrheit als «Korrespondenz» zwischen theoretischen Aussagen und Realität könnte nun mit dem zuletzt gezeichneten Bild der Wirklichkeit als einer unendlichen Vielzahl möglicher Beobachtungen in Widerspruch zu stehen scheinen. Mindestens könnte der Gedanke einer begrifflich gesteuerten Selektion, Klassifikation und Synthese der Gegenstände wissenschaftlicher Erfahrung die Konzeption einer objektivistischen Erfahrungswissenschaft solange in ihrer faktischen Verankerung in Frage stellen, wie wir ihm nicht eine Bedeutung verleihen können, die dem Korrespondenzbegriff der Wahrheit nicht die Grundlage entzieht, ohne dabei in einen naiven Gegenstandsrealismus zurückzufallen. Weniger kompliziert formuliert, läuft unsere Diskussion des Verhältnisses von Begriff und Wirklichkeit damit auf das Problem hinaus, wie «frei» wir tatsächlich bei der Bildung von Begriffen sind bzw. inwieweit die Wirklichkeit unserem Belieben bereits auf dem Gebiet der Begriffsbildung Zügel anzulegen imstande ist.

Zunächst gilt, daß uns *im Prinzip* nichts daran hindern kann, die Wirklichkeit nach jedem beliebigen begrifflichen System zu klassifizieren, das uns in den Sinn kommt. *Insofern* sind alle denkbaren begrifflichen Systeme formal völlig gleichwertig; da «Wahrheit» oder «Unwahrheit» nur Sätzen – also Gesetzeshypothesen oder Theorien – zukommen, nicht aber Begriffen, können Begriffe prinzipiell nach Belieben verwendet oder verworfen werden. Daß sich jedoch das Verhältnis von Begriff und Wirklichkeit hierin nicht erschöpft, wird deutlich, wenn wir danach fragen, warum Menschen bestimmte Klassifikationssysteme verwenden und andere nicht bzw. in welchem Sinne man davon sprechen kann, daß ein bestimmter Begriff oder ein bestimmtes System von Begriffen «besser» seien als andere. Dadurch, daß offenbar Kriterien existieren, nach denen die unterschiedliche «Leistungsfähigkeit» verschiedener begrifflicher Systeme miteinander verglichen werden kann, wird die prinzipiell unbegrenzte Freiheit eines Betrachters, seine Beobachtungen so oder so zu ordnen, *in der Praxis* erheblich eingeschränkt. Wenn nämlich eine vergleichende Bewertung von Begriffen möglich ist, geht es bei der begrifflichen Ordnung der sinnlichen Wahrnehmung nicht lediglich darum, *überhaupt irgendeine* Ordnung zu etablieren, sondern das Problem besteht dann vielmehr darin, die prinzipielle «Autonomie der begrifflichen Basis» (Kaplan) dazu zu nutzen, das in dem jeweiligen Zusammenhang *bestgeeignete* begriffliche System zu suchen und anzuwenden. In der Praxis träte dann an die Stelle der in formaler Hinsicht nach wie vor gegebenen Beliebigkeit ein komplizierter Entscheidungsprozeß, in dessen Verlauf das jeweils vorhandene begriffliche System ständig so revidiert bzw. durch andere begriffliche Systeme ersetzt wird, daß am Ende eine «optimale» Ordnung unserer Erfahrung steht, auf deren Grundlage dann «wahre» Erklärungen bzw. erfolgreiche Handlungsstrategien formuliert werden können.

Welches aber sind die Kriterien, anhand derer Menschen unter der Vielzahl der möglichen, formal gleichberechtigten Betriffssysteme auswählen? Da die Entscheidung für eine bestimmte Begrifflichkeit immer auch eine Entscheidung darüber ist, welcher Ausschnitt der Realität Gegenstand unserer Untersuchung sein soll, hängt die Wahl eines Begriffssystems offensichtlich im allgemeinsten Sinne von dem *Interesse* ab, das wir in einem gegebenen Handlungs- oder Erkenntniszusammenhang verfolgen. Je nach dem *Zweck* unserer Beschäftigung mit der Wirklichkeit wird uns diese unter einem spezifischen *Gesichtspunkt* interessieren – werden uns bestimmte «Merkmalsbündel» wichtig erscheinen und andere nicht. Diesem Interesse muß das zu verwendende Begriffssystem Rechnung tragen; nur in dem Maße, wie es die tatsächlich interessierenden Wirklichkeitselemente auswählt, identifiziert und synthetisiert, werden wir es als *nützlich* oder *fruchtbar* akzeptieren.

Aus diesem Grund sind begriffliche Systeme niemals absolut bewertbar, sondern immer nur relativ, in bezug auf bestimmte Zwecke. Die «Wahrheit» eines Begriffs liegt, wie bei jedem Instrument, in seiner Zweckmäßigkeit. Während z. B. der Jurist an einem Begriffssystem interessiert ist, das zwischen strafbaren und nicht strafbaren Handlungen zu unterscheiden erlaubt – eine Perspektive, unter der die Mitgliedschaft in einer religiösen Sekte nichts mit der Mitgliedschaft in der «Marihuana-Subkultur» gemeinsam hat –, wird ein Soziologe womöglich beide Erscheinungen als von der gesellschaftlichen «Normalität» *abweichendes Verhalten* analysieren wollen und sie deshalb unter einem einzigen Konzept klassifizieren. Diese Abhängigkeit der verwendeten Begriffe von dem mit ihnen verfolgten Interesse ist jedoch nur die eine, gewissermaßen die «relativistische» Seite des Problems. Die andere, «objektivistische» – die durch den Relativismus verschiedener möglicher Interessen und Gesichtspunkte überhaupt nicht berührt wird – macht sich darin bemerkbar, *daß in bezug auf einen bestimmten Zweck verschiedene Begriffe von unterschiedlicher Zweckmäßigkeit sein können.* In diesem Sachverhalt, durch den die Auswahl eines «geeigneten» Begriffssystems überhaupt erst zum theoretischen oder praktischen Problem werden kann, drückt sich aus, daß *der objektive Charakter der Realität von der prinzipiellen Beliebigkeit ihrer Konzeptualisierung in kei-*

ner Weise eingeschränkt wird. «Wenn die Verwendung eines bestimmten Konzepts», so Kaplan, «für uns nützlich oder auch nur ‹bequem› ist, so liegt dies daran, daß irgend etwas in der wirklichen Welt auf unsere Absichten antwortet» (S. 47). Denn «beliebig», d. h. im Überfluß vorhanden und *für die Wissenschaft* prinzipiell gleichwertig, sind allein die Gesichtspunkte, unter denen wir die Welt konzeptualisieren wollen und können, bzw. die Zwecke, die Menschen in der Welt verfolgen; die Wirklichkeit selber bleibt, trotz aller unterschiedlichen Zwecke und Interessen, eine einzige, die für jeden Beteiligten dieselbe ist. Anders als die Unterscheidung zwischen formalen und nichtformalen Handlungssystemen ist der Satz «Alle formalen Organisationen verfolgen wirtschaftliche Ziele» keineswegs dem Interesse oder den Zwecken des Betrachters anheimgestellt: er ist *falsch,* und zwar deshalb, weil die Wirklichkeit ihm nicht entspricht.

Daß begriffliche Systeme also in gewisser Hinsicht der «Willkür» unterliegen, bedeutet keineswegs, daß zwischen wahren und falschen Theorien kein Unterschied besteht, daß «alles auf den Standpunkt» ankommt oder daß sich die Wahrheit von Sätzen nach dem «hinter ihnen stehenden Erkenntnisinteresse» bemessen läßt. Die Relativität unterschiedlicher Gesichtspunkte, die ihren Ausdruck in unterschiedlichen begrifflichen Systemen findet, begründet noch lange keine Relativität der Wahrheit von Aussagen und Theorien: Sobald Begriffe einmal definiert sind, unterliegt ihr Gebrauch objektiven Beschränkungen, die dafür sorgen, daß wahre Theorien «knappe Güter» bleiben. Auch wenn die Struktur der Wirklichkeit so komplex ist, daß wir sie nach Maßgabe unserer jeweiligen Zwecke mit dem Hilfsmittel begrifflicher Systeme auf unsere Verarbeitungsmöglichkeiten zurückschneiden müssen, bleibt sie doch in jedem Falle eine objektiv vorhandene Struktur, an deren tatsächlicher Gegebenheit unsere Begriffe sich als fruchtbar oder unfruchtbar und unsere Theorien sich als wahr oder falsch erweisen können. «Ob ein Begriff nützlich ist», schreibt Kaplan, «hängt davon ab, wozu wir ihn verwenden wollen; aber dies läßt immer noch die zusätzliche Frage offen, ob die solcherart konzeptualisierten Gegenstände sich zu dieser Verwendung auch tatsächlich eignen. Und das ist die eigentlich wissenschaftliche Frage» (S. 51).

Zur Konstruktion wissenschaftlicher Begriffe

Daß der Wert von Begriffen sich nach ihrer Zweckmäßigkeit bemißt, gilt ohne Einschränkung auch für wissenschaftliche Begriffe. Wie jede andere spezialisierte menschliche Tätigkeit dient auch die Wissenschaft bestimmten, identifizierbaren Zwecken, von deren Realisierung wir unser Urteil über ihre Ergebnisse abhängig machen. Wissenschaftliche Begriffe sind um so besser, je eher sich mit ihrer Hilfe die spezifische Aufgabe der modernen Wissenschaft – die Konstruktion erklärungskräftiger Theorien – lösen läßt.

Deshalb besteht der einzige Maßstab für den Wert eines wissenschaftlichen Begriffes darin, ob dieser

«. . . die Welt der Gegenstände derart (gruppiert oder unterscheidet), daß er in zahlreiche und wichtige Sätze über den zugrunde liegenden Gegenstandsbereich eintreten kann, deren Gehalt über die Grundlage der Klassifikation hinausgeht» (Kaplan, S. 50).

Ein solcher Begriff ist wissenschaftlich fruchtbar, weil er «die Entdeckung vieler anderer und wichtigerer Ähnlichkeiten ermöglicht als diejenigen, von denen man ausgegangen ist» (ebd.), d. h. weil sich mit seiner Hilfe erklärungskräftige Sätze und Theorien über die von ihm hervorgehobenen tatsächlichen Zusammenhänge konstruieren lassen.

An dieser Stelle jedoch geraten wir in einen Zirkel. Wenn die Brauchbarkeit wissenschaftlicher Begriffe davon abhängt, daß «die der Klassifikation zugrunde gelegten Attribute signifikante Beziehungen zu anderen Attributen aufweisen» (ebd.) – d. h. davon, daß unsere Begriffe der Struktur der Wirklichkeit entsprechen –, dann müßten wir diese Struktur bereits kennen, *bevor* wir mit der Bildung unserer Begriffe beginnen. Gerade deshalb aber, weil wir die Wirklichkeit erst kennenlernen wollen, versuchen wir jene Theorien zu entwickeln, für deren Wahrheit «realitätsgerechte» Begriffe Voraussetzung sind. Kaplan spricht hier von einem «Paradox der Konzeptualisierung»: «Um eine gute Theorie zu formulieren, brauchen wir die richtigen Begriffe; zugleich aber brauchen wir eine gute Theorie, um an die richtigen Begriffe zu gelangen» (S. 53).

Wie kann dieses Dilemma, wenn nicht ein für allemal gelöst, so doch wenigstens forschungspraktisch überwunden werden? Zunächst muß man sich klarmachen, daß durch die zirkuläre Beziehung zwischen Theorien und Begriffen die Bedeutung wissenschaftlicher Begriffe in bestimmter Weise *offengehalten* wird. Nicht nur, daß der Inhalt eines Begriffs mit dem theoretischen Kontext wechselt, in dem er Verwendung findet – denn in jede Definition gehen notwendig Annahmen über die Beschaffenheit der durch sie abgegrenzten Wirklichkeit ein («systembedingte Offenheit», Kaplan), und nicht nur, daß die Bedeutung eines Begriffs sich unserem wachsenden Wissen über die von ihm zu ordnende Realität anpaßt, Begriffe also ihre Bedeutung innerhalb ein und desselben Forschungsprozesses wechseln können («dynamische Offenheit»), ganz allgemein bewirkt die Unendlichkeit des Wirklichen, zu deren Reduzierung unsere begrifflichen Instrumente dienen sollen, daß «so fein die von uns verwendeten Maschen auch immer sein mögen, es stets noch feinere Unterschiede gibt, die durch unser begriffliches Netz hindurchfallen» (Kaplan, S. 65). Aus diesem Grund sind die Umrisse, die wir der Wirklichkeit verleihen, immer mehr oder weniger unscharf, und die Kategorien, mit denen wir die Welt ordnen, verlieren niemals einen gewissen Rest an Vagheit.

Unter dieser Perspektive erweist sich die verbreitete Forderung nach klaren und eindeutigen Definitionen wissenschaftlicher Begriffe als in höchstem Maße unrealistisch, ja als dem Fortgang wissenschaftlicher Erkenntnis geradezu hinderlich. Eine angemessene Verwendung theoretischer Konzepte setzt voraus, daß man die Konsequenzen des Paradoxes von Begriff und Theorie als unabänderliche Bedingungen wissenschaftlichen Denkens akzeptiert und auf die Suche nach einer prinzipiellen, endgültigen Lösung verzichtet. Für die Entwicklung erfahrungswissenschaftlicher Theorien ist eine solche Lösung auch gar nicht erforderlich. «Wie jedes existentielle Dilemma in der Wissenschaft» kann nämlich das Theorie-Begriffe-Paradox dadurch pragmatisch überwunden werden, daß man die Definition von Begriffen als einen «Prozeß schrittweiser Annäherung» im Rahmen des Prozesses der Theoriebildung auffaßt (Kaplan, S. 54). Auf diese Weise ist es möglich, die unvermeidliche Bedeutungsoffenheit der Begriffe im Prozeß der Forschung selber systematisch zu berücksichtigen. Dabei werden Begriffe in gewisser Hinsicht analog zu *Hypothesen* behandelt und auf der Grundlage neuer Erkenntnisse ständig reformuliert, um einen möglichst hohen Grad an Realitätsbezogenheit zu gewährleiten. Am Anfang eines Forschungsprozesses stehen dann keine «klaren und eindeutigen» Definitionen, sondern im Gegenteil bewußt flexibel gehaltene Ordnungsschemata, die erst im Verlauf der Untersuchung sukzessive präzisiert werden.[2] Diesen Vorgang hat Sigmund Freud in einer methodologischen Anmerkung zu Beginn seiner Studie über «Triebe und Triebschicksale» mit unübertrefflicher Prägnanz beschrieben (wir zitieren die gesamte Stelle ungekürzt; die Hervorhebungen stammen von uns):

«Der richtige Anfang der wissenschaftlichen Tätigkeit besteht ... in der Beschreibung von Erscheinungen, die dann weiterhin gruppiert, angeordnet und in Zusammenhänge eingetragen werdn. Schon bei der Beschreibung kann man es nicht vermeiden, gewisse *abstrakte Ideen* auf das Material anzuwenden, die man von irgendwoher, *gewiß nicht aus der neuen Erfahrung allein*, herbeiholt. Noch unentbehrlicher sind solche Ideen – die späteren Grundbegriffe der Wissenschaft – bei der

2 Darüber, wie *im praktischen Forschungsprozeß* wissenschaftliche Begriffe auf Wirklichkeit bezogen werden können und umgekehrt, ist in den Sozialwissenschaften eine umfangreiche methodologische Diskussion geführt worden. Vor allem zwei Probleme haben dabei im Vordergrund gestanden: die Frage nach der «Operationalisierung» von Begriffen – Wie lassen sich Begriffe messen? Wie kann man herausfinden, welche Elemente der Wirklichkeit ein bestimmtes Konzept am genauesten repräsentieren? – sowie die Suche nach exakten Methoden zur Bildung und Revision von Begriffen auf der Grundlage objektiver Daten. Insbesondere der letztgenannte Problembereich hat zur Anwendung und Entwicklung teilweise hochkomplexer analytischer Verfahren geführt. So kann man etwa mit Hilfe einer sogenannten «Faktorenanalyse» große Mengen von Beobachtungen daraufhin untersuchen, welche Attribute der einzelnen Beobachtungseinheiten so stark «zusammenhängen» – d. h. regelmäßig zusammen auftreten –, daß sie als gemeinsame Folgen eines unterliegenden «Faktors» angesehen werden können. Auf diese Weise lassen sich «Merkmalsbündel» und «Merkmalsräume» identifizieren, also tatsächlich vorhandene Wirklichkeitsstrukturen, deren Berücksichtigung bei der Klassifikation, Selektion und Synthese von Beobachtungen den Realitätsgehalt unserer Begriffe vergrößert. Ein Versuch, hier auch nur in Andeutungen auf die zahlreichen technisch-methodologischen Aspekte des Verhältnisses von Begriff und Wirklichkeit einzugehen, würde den Rahmen dieser Einleitung und dieses Buches insgesamt sprengen. Als erste Einführung in dieses Gebiet verweisen wir auf die Bücher von Jürgen Friedrichs, Empirische Sozialforschung (rororo-studium, Bd. 28) und Karl-Dieter Opp, Methodologie der Sozialwissenschaften (rororo-studium, Bd. 91).

weiteren Verarbeitung des Stoffes. Sie müssen zunächst *ein gewisses Maß von Unbestimmtheit* an sich tragen; von einer klaren Umzeichnung ihres Inhaltes kann keine Rede sein. Solange sie sich in diesem Zustande befinden, verständigt man sich über ihre Bedeutung durch wiederholten Hinweis auf das Erfahrungsmaterial, *dem sie entnommen scheinen, das aber in Wirklichkeit ihnen unterworfen wird.* Sie haben also strenggenommen den Charakter von Konventionen, wobei aber alles darauf ankommt, daß sie doch *nicht willkürlich* gewählt werden, sondern *durch bedeutsame Beziehungen zum empirischen Stoff bestimmt sind, die man zu erraten vermeint, noch ehe man sie erkennen und nachweisen kann.* Erst nach gründlicher Erforschung des betreffenden Erscheinungsgebietes kann man auch dessen wissenschaftliche Grundbegriffe schärfer erfassen und sie *fortschreitend so abändern,* daß sie in großem Umfange brauchbar und dabei durchaus widerspruchsfrei werden. Dann mag es auch an der Zeit sein, sie in Definitionen zu bannen. *Der Fortschritt der Erkenntnis duldet aber auch keine Starrheit der Definitionen.* Wie das Beispiel der Physik in glänzender Weise lehrt, erfahren auch die in Definitionen festgelegten ‹Grundbegriffe› einen stetigen Inhaltswandel» (Triebe und Triebschicksale, Studienausgabe, Bd. III, Frankfurt 1975, S. 81; zum Teil zitiert bei Kaplan, S. 78).

Ein Beispiel dafür, wie planvoll «offengehaltene» Ausgangskonzepte im Verlauf einer Untersuchung aufgrund der in ihr gewonnenen Erkenntnisse präzisiert werden können, findet sich in Durkheims schon erwähnter Untersuchung über den Selbstmord. Durkheim, der sich des «Dilemmas der Konzeptualisierung» voll bewußt war, wählte zu Anfang seines Buches eine sehr lockere und sehr allgemeine Definition des zu analysierenden Phänomens, die möglichst wenig substantielle Annahmen enthielt. Auf diese Weise gelang es ihm, Entscheidungen über den Charakter seines Gegenstandes zu vermeiden, die in einer so frühen Phase des Erkenntnisprozesses nicht legitimierbar gewesen wären und möglicherweise wichtige Perspektiven verstellt hätten. Erst nachdem Durkheim mit Hilfe einer eingehenden statistischen Analyse die Existenz bestimmter «sozialer Muster» – Beziehungen zwischen der Selbstmordwahrscheinlichkeit eines Individuums und seiner Zugehörigkeit zu bestimmten sozialen Gruppen und Strukturen – entdeckt hatte, kehrte er zum Problem der Definition des Selbstmords zurück. Auf der Basis der von ihm mittlerweile verarbeiteten Informationen war er nunmehr in der Lage, seine bloß formale Ausgangsdefinition durch eine sachgerechtere zu ersetzen, die den Selbstmord auf der Grundlage seiner theoretisch nachweisbaren *sozialstrukturellen Ursachen* konzeptualisierte. Dabei ergab sich, daß die Erscheinungen, die im Alltagsverständnis auf der Basis individualistischer Interpretationsmuster (ein Mensch beschließt, seinem Leben ein Ende zu setzen) zu einer einheitlichen Kategorie des Selbstmords zusammengefaßt werden, in Wahrheit drei völlig verschiedene soziale Vorgänge einschlossen: Selbstmord aufgrund von mangelnder sozialer Integration (in Durkheims eigenwilliger Terminologie: «egoistischer Selbstmord»), Selbstmord aufgrund von zu starker sozialer Integration («altruistischer Selbstmord») und Selbstmord aufgrund eines Mangels an verbindlichen sozialen Orientierungen («anomischer Selbstmord»). Diese

Klassifikation ist *soziologisch*, weil sie sich auf *soziale* und nicht auf individuelle Eigenschaften bezieht, und sie ist wissenschaftlich, weil sie zur *Erklärung* beobachtbarer Zusammenhänge entwickelt worden ist.

Wissenschaftliche Begriffe und Alltagsbegriffe

Durkheims systematische Entwicklung eines wissenschaftlichen Selbstmordbegriffs verweist auf einen zweiten Aspekt der Bildung wissenschaftlicher Begriffe: auf ihre Distanz zu den in der Umgangssprache gebräuchlichen «Alltagsbegriffen». Im «normalen» Alltagsleben erscheinen uns unsere Begriffe in aller Regel als «Selbstverständlichkeiten», die uns aufgrund der «Natur» der mit ihnen bezeichneten Gegenstände ein für allemal gegeben sind. Wie wir gesehen haben, ist dies nicht wirklich so: Auch im Alltag vollbringen wir ununterbrochen Selektions-, Klassifikations- und Synthetisierungsleistungen, allerdings ohne uns ihrer bewußt zu sein. Dieser hohe Grad an «Selbstverständlichkeit» ist dem Alltagsleben so sehr eigentümlich, daß wir «Alltagsbegriffe» geradezu durch ihren geringen Reflexionsgrad und ihre starke Integration in routinisierte Lebensvollzüge definieren können.

Der Grund, weshalb unser Alltagshandeln sich überwiegend auf derart unreflektierte und im allgemeinen unbefragte Vorstellungen stützt und stützen kann, besteht – kurz gesagt – darin, daß es in der Mehrzahl der Fälle keiner wissenschaftlich wahren Theorie bedarf, damit Menschen «richtig» handeln können. In einem weiten Bereich genügt es für erfolgreiches Handeln völlig, sich auf traditionell verbürgte, durch unreflektierte Erfahrung bestätigte *«Selbstverständlichkeiten»* zu stützen – d. h. auf Annahmen, von denen man Gebrauch macht, *ohne sie verstanden zu haben.* Ein solches «pragmatisches Funktionieren» einer Vorstellung im Dienste der einen oder anderen gesellschaftlichen Zwecke oder Interessen besagt prinzipiell nichts über ihre Erklärungskraft, d. h. über ihre Brauchbarkeit für die Zwecke einer analytischen Wissenschaft. Im Gegenteil wird ein gesellschaftlicher Bedarf nach wissenschaftlichen Erklärungen und damit nach einem Übergang von alltagspraktisch begründeten zu theoretischen Begriffen in der Regel nur dann entstehen, wenn an der Gültigkeit der traditionellen Vorstellungen von der Welt Zweifel aufgekommen sind, weil diese in irgendeiner Form nicht mehr «funktionieren». Diesen Zusammenhang beschreibt unter anderem Durkheim in dem hier aufgenommenen Auszug aus dem «Selbstmord». Nur wo ein *Bedürfnis* nach Erklärungen besteht, kann legitimerweise gefragt werden, ob man die Welt bisher eigentlich «richtig gesehen» habe, ob nicht bestimmte Dinge, zwischen denen man bisher keine Verbindung hergestellt hatte, «in Wirklichkeit» zusammengehören und bestimmte andere Dinge, die man für identisch gehalten hatte, «in Wirklichkeit» gar nichts miteinander zu tun haben. Und nur wo solche Fragen gestellt werden, bestehen die Voraussetzungen wissenschaftlicher Erkenntnis – nur dort ist es möglich, daß pragmatisch etablierte Begriffssysteme zugunsten theoretischer Zwecke «verflüssigt», disponibel gemacht werden, daß mit Hilfe theoretisch «fruchtbarer» Konzepte eine ausschließlich theoretischen Zwecken dienende *Umklassifizierung*, eine *Neukonstituierung* der untersuchten Gegenstände stattfindet und daß schließlich empirisch kontrollierbare, wahre Theorien konstruiert werden können.

Ein gutes Beispiel für die mangelnde Erklärungskraft pragmatisch fruchtbarer Konzepte ist die für das Alltagsleben unentbehrliche Vorstellung von menschlichem Handeln als Ausdruck des «Willens» der beteiligten Individuen. Das Strafrecht mit seiner zentralen Kategorie der «Schuld» ist nur die am strengsten formalisierte Erscheinungsform jener allgemein akzeptierten individualistischen Deutungsmuster, von denen wir im gegenseitigen Umgang Gebrauch machen. Der pragmatische Wert der Konzeptualisierung menschlicher Handlungen als Ausfluß von individuellen Willensinhalten besteht dabei vor allem in einer unzweideutigen Zuweisung von Verantwortung, auf deren Grundlage funktionierende Handlungsstrategien entwickelt werden können. Dadurch, daß wir die Handlungen eines Menschen seinem «Willen» zurechnen, können wir zum Beispiel den langfristigen Charakter unserer gegenseitigen Beziehungen prognostizieren: Indem wir unsere Erfahrungen mit ihm als Ausfluß einer in ihm verankerten allgemeinen Handlungsdisposition deuten, können wir sie in die Zukunft projizieren und die Handlungen des anderen unter wechselnden Bedingungen vorhersagen. Es ist wichtig zu sehen, daß dieses Verfahren in der Regel außerordentlich gut funktioniert, und zwar *obwohl* es nicht erst der Soziologie bedurft hat, um die Kategorie des «Willens» als überaus dubios erscheinen zu lassen. Der Grund ist, daß für wissenschaftliche Begriffe andere Regeln gelten als für Alltagsbegriffe. So gut der Begriff des «Willens» für die Regulierung von direkten menschlichen Beziehungen geeignet sein mag, so wenig kann er nämlich zu ihrer Erklärung beitragen. Die Feststellung, jemand tue etwas, weil er es «wolle», weil er es allen anderen Alternativen vorziehe, weil es seinen Präferenzen entspreche usw., fügt der eigentlichen Beobachtung, daß der Betreffende dies oder jenes getan habe, nichts hinzu. Die wissenschaftlich interessante Frage ist, *warum* jemand den «Willen» hat, bestimmte Dinge zu tun und andere zu lassen – *warum* also zum Beispiel bestimmte Menschen die eine politische Partei der anderen «vorziehen», bestimmte Verhaltensweisen «billigen» und andere «ablehnen», sich «entschließen», Selbstmord zu begehen, usw.

Durkheims «Sicht» des Selbstmords illustriert, zu welchen Resultaten die systematische Anstrengung führen kann, Wahrnehmung unter nichtalltäglichen Perspektiven zu ermöglichen. Die theoretische Notwendigkeit einer solchen Perspektive bewirkt, daß Wissenschaftler häufig – aus dem Blickwinkel der Alltagserfahrung – in einer «anderen Welt» zu leben scheinen: Sie «sehen» eine Vielzahl von in Bewegung befindlichen Elementarteilchen, wo andere nur ein Stück Metall sehen; oder sie sprechen von «Anomie», wo andere nur Kriminelle, Säufer und Geisteskranke finden. Was für den «gesunden Menschenverstand» ein und dasselbe ist – «Selbstmord» –, erscheint für den Wissenschaftler als drei verschiedene soziale Phänomene; was uns im Alltag «nichts miteinander zu tun» zu haben scheint – z. B. religiöse Sekten, radikale politische Parteien, unorthodoxe wissenschaftliche «Schulen», Verbrecherbanden –, kann für den Wissenschaftler verschiedene Ausprägungen desselben Konzepts darstellen – in diesem Fall: des Konzepts des «devianten Verhaltens» –, also Gemeinsamkeiten aufweisen, die zur Erklärung aller mit ihnen behafteten Phänomene beitragen können. Solche Konzepte sind gewöhnlich nicht «direkt» erfahrbar. Im «Alltag» hat man mit Schulen, Einwohnermeldeämtern, Warenhäusern und Gewerkschaftsverwaltungen zu tun – oder gar nur mit Lehrern, Verwaltungsbeamten, Verkäufern und Gewerkschaftssekretären –, nicht aber mit «formalen Organisationen». Genau das ist der Grund, weshalb wir im allgemeinen so wenig von dem verstehen, was mit uns in derartigen Kontakten geschieht und warum. Gerade *weil* Wissenschaftler gelernt haben, in einer *anderen* Welt zu leben – das Material ihrer und unserer Beobachtungen *zu Zwecken seiner Erklärung* umzugruppieren, «Dinge» als Indikatoren von Konzepten zu «sehen» und unter allgemeine Prinzipien zu subsumieren –, sind sie in der Lage, unser Verständnis *dieser* Welt zu verbessern.

Die Fähigkeit, scheinbar Bekanntes in einem «neuen Licht» zu sehen, ist jedoch nicht nur dazu erforderlich, zwischen Wissenschaft und Alltagserfahrung die zur Konstruktion von Theorien nötige Distanz zu legen. Auch innerhalb der Wissenschaft selbst werden immer wieder die begrifflichen Perspektiven gewechselt und neue «Modelle» des untersuchten Gegenstandes entwickelt, werden Beobachtungen «umklassifiziert» und «rekonzeptualisiert». Solche konzeptuellen «Erfindungen« machen zu einem guten Teil aus, was man wissenschaftlichen Fortschritt nennt, und die Fähigkeit, sie zu produzieren, ist wohl das wichtigste Element wissenschaftlicher Kreativität. Die Frage, ob man seine Beobachtungen auch richtig «gesehen» hat, stellt sich, implizit oder explizit, in jedem Forschungsprozeß, und die Möglichkeit, daß es ein anderes, bislang übersehenes begriffliches Muster gibt, mit dessen Hilfe man das Puzzle seiner Daten zu einem sinnvolleren Bild zusammensetzen könnte, ist stets auf beunruhigende Weise gegenwärtig. Völlige Sicherheit gibt es nie. In der Praxis – im «wissenschaftlichen Alltag» sozusagen – wird das Problem der «richtigen» Konzeptualisierung gemachter Beobachtungen meist «indirekt» gelöst: nicht durch Ausprobieren und Vergleichen alternativer begrifflicher Ordnungsschemata, sondern dadurch, daß schon die Datenaufnahme durch das später zur Interpretation verwendete Raster gesteuert wird, «widerspenstige» Beobachtungen also gar nicht erst gemacht werden. In der Mehrzahl der Fälle garantiert dies, daß alle beobachteten Details «in terms» des verwendeten Begriffssystems interpretierbar sind, daß also das «Puzzle» mindestens insoweit aufgeht, als die gesammelten Daten Schlüsse über den Wahrheitsgehalt solcher Theorien und Gesetzeshypothesen zulassen, die die Angemessenheit der verwendeten Begriffe *voraussetzen.*

Problematisch wird dieses «routinemäßige» Verfahren immer dann, wenn *unerwartete Beobachtungen* ein «unklares Bild» produzieren, das durch keins der bekannten Konzepte theoretischen Zugriffen erschlossen werden kann. In einer solchen Situation ist es möglich und sinnvoll, die Grundannahmen über die Struktur des Gegenstandsbereichs, die man bis dahin als selbstverständlich akzeptiert hatte, in Frage zu stellen. Damit aber wird ein Prozeß ausgelöst, der unter günstigen Voraussetzungen zu begrifflichen Innovationen und darüber hinaus zu Theorien führen kann, deren Anwendungsbereich den unmittelbaren Anlaß ihrer Entdeckung weit übersteigt. Derartige wissenschaftliche «Durchbrüche» sind selten; möglich sind sie nur, wo «widerspenstige Beobachtungen» entweder bewußt gesucht werden – etwa durch genaue Beachtung des Prinzips der «schrittweisen Definition» von Begriffen wie bei Durkheim – oder sich aufgrund genauer Messungen «nebenbei» ergeben, wobei die Sorgfalt des Forschers der Wirklichkeit gewissermaßen die Chance gibt, ein ihr aufgepreßtes, unangemessenes Raster zu sprengen.

Wie solche begrifflichen Innovationen – und die daraus sich ergebenden theoretischen Entwicklungsperspektiven – in der Konfrontation des Forschers mit einer «unklaren» Datenlage zustande kommen können, zeigt unter den hier versammelten Texten derjenige von Peter Blau vielleicht am anschaulichsten. Blaus Text dokumentiert eine jahrelange intensive Beschäftigung mit einem auf den ersten Blick trivial anmutenden Datensatz, aus der schließlich der begriffliche Rahmen einer allgemeinen Theorie sozialer Strukturen hervorgegangen ist. An ihm läßt sich anschaulich demonstrieren, daß bei der Sammlung von Daten die Möglichkeit von «Zufallsentdeckungen» systematisch offengehalten werden muß. Gleichzeitig vermittelt der Text dem Leser ein Gefühl dafür, wie langwierig und schwierig es sein kann, bis ein Konzept gefunden ist, das einen Gegenstand theoretischer Erklärung zugänglich macht. Und schließlich macht er die «befreiende» Wirkung einer erfolgreichen begrifflichen Reorganisation spürbar, durch die zwischen vorher auseinandergerissenen «Bildelementen» ein sinnvoller Zusammenhang hergestellt wird. Genau diese ist es, um derentwillen wissenschaftliche Konzepte konstruiert werden.

Zur Auswahl und Gliederung der Texte

Die vorliegende Textsammlung versucht der Offenheit wissenschaftlicher Begriffe dadurch Rechnung zu tragen, daß sie darauf verzichtet, die in ihr vorgestellten soziologischen Grundbegriffe nach Art eines Fachwörterbuches mit Hilfe allgemeiner «theoretischer» oder gar «wissenschaftstheoretischer» Erörterungen einzuführen. Im Gegenteil wird keiner der hier behandelten Begriffe unabhängig von der Theorie definiert, in der er Verwendung findet, bzw. von dem Gegenstand, der von ihm bezeichnet wird. Wenn es richtig ist, daß Begriffe dadurch «definiert» werden, daß man ihre Anwendung im Rahmen von empirisch kontrollierbaren Theorien *demonstriert*, müßte jede von konkreten Problemen der Erklärung sozialer Wirklichkeit abgelöste Diskussion von Definitionsstreitigkeiten, «wissenschaftstheoretischen» «X-versus-Y-Kontroversen» und subtilen Unterscheidungen zwischen angeblich konkurrierenden «Ansätzen» nur an der Sache vorbeiführen. Schon weil noch das trivialste Element der sozialen Wirklichkeit um ein Vielfaches interessanter ist als die Frage, ob der Theoretiker Soundso ein «Systemtheoretiker» ist oder nicht, und wenn ja, welcher Sorte, werden in diesem Buch die zu behandelnden soziologischen Konzepte ausschließlich in Zusammenhang mit theoretischen Analysen von empirischem «Fallmaterial» vorgestellt, d. h. in jenen Kontext eingerückt, in dem allein sie ihre Fruchtbarkeit beweisen können. Unser Ziel ist es, auf diese Weise einer definitorischen «Verdinglichung» der vorgestellten Begriffe in den Köpfen unserer Leser vorzubeugen und die praktische Funktion von Begriffen als Instrumenten zur Erschließung von Beobachtungen sichtbar und in ihrer forschungspraktischen Anwendung erkennbar zu machen. Mit diesem Vorgehen machen wir den Versuch, sowohl dem Konzept einer erfahrungswissenschaftlichen Soziologie als auch dem Prinzip der kontrollierten Offenheit theoretischer Begriffe gerecht zu werden:

«Was in einer bestimmten Theorie unter ‹Kultur› verstanden wird, erfahren wir dadurch, was die betreffende Theorie über Kultur sagt, welche Schlüsse sie aus ihren Behauptungen zieht, welche Belege sie zu ihrer Stützung anführt. Was wir erhalten, ist kein Wörterbuch der verwendeten Begriffe, sondern eine Einführung in den untersuchten Gegenstand» (Kaplan, S. 73).

Um diesem Anspruch zu genügen, hatten die hier versammelten Texte eine Reihe von Bedingungen zu erfüllen. Zunächst war darauf zu achten, daß keiner der aufzunehmenden Texte seine Daten in einer Weise präsentiert bzw. mit Methoden analysiert, die Lesern ohne Kenntnisse der Techniken empirischer Sozialforschung den Weg zu den jeweils untersuchten Wirklichkeitsausschnitten verstellt hätten. Aus diesem Grunde haben wir vorzugsweise auf Untersuchungen zurückgegriffen, die sich qualitativer Verfahren der Beobachtung und Analyse bedienen. Dementsprechend sind in unserer Auswahl solche Studien bei weitem überrepräsentiert, die vermittels «teilnehmender Beobachtung» durchgeführt wurden, sich häufig also außer durch relativ «untechnische» Methoden durch eine im Sinne der «Lesbarkeit» des Buches überaus wünschenswerte Plastizität und «Lebensnähe» der Darstellung auszeichnen. Berücksichtigt man, daß die Soziologie in den beiden letzten Jahrzehnten immer stärker zu quantitativen und weniger «subjektiv» gefärbten Methoden übergegangen ist, dürfte es kaum überraschen, daß nur ein kleiner Teil unserer Studien aus den sechziger und keine einzige aus den siebziger Jahren stammt.

So wichtig es uns jedoch erschien, daß die aufzunehmenden Texte den Leser mit empirischen Beobachtungen und soziologischen «Daten» konfrontierten, so sehr kam es für unser Konzept gleichzeitig darauf an, daß die einzelnen Abschnitte dieses Buches nicht im rein Deskriptiven steckenblieben. Nur wo über die verständliche Darstellung eines soziologischen Problems hinaus eine weitgehende analytische Durchdringung des vorgestellten Falles stattgefunden hatte, konnte ein Text als Beispiel für die Verwendung eines bestimmten soziologischen Begriffs – und darüber hinaus für die Funktion wissenschaftlicher Begriffe überhaupt – dienen. Diese von uns angestrebte enge Verbindung von Deskription und Analyse wird in einigen der hier aufgenommenen Texte auf nahezu vollkommene Weise verwirklicht; wo andere unserer Meinung nach in dieser Hinsicht zu wünschen übrig ließen, haben wir versucht, die analytische Komponente mit Hilfe der dem Text vorangehenden Einleitungen ein wenig zu verstärken.

Ziel dieses Buches ist eine einführende Darstellung der «soziologischen Perspektive» sowie die Demonstration der Bedeutung einiger soziologischer Begriffe – nicht aber eine «Einführung in die Soziologie», ein repräsentativer Überblick über die Soziologie der Gegenwart oder gar ein Beitrag zur soziologischen Theorie. Diese Feststellung ist wichtig, damit der Stellenwert der in den einzelnen Texten enthaltenen theoretischen Aussagen richtig eingeschätzt werden kann. Die hier zusammengestellten Texte erheben dezidiert *nicht* den Anspruch, dem Leser beispielsweise über den Selbstmord, die soziale Struktur von Straßengangs oder den Aufbau bürokratischer Organisationen umfassende, dem jeweils letzten Forschungsstand entsprechende Informationen zu vermitteln; *im Zusammenhang dieses Buches* ist vielmehr ihr einziger «Gegenstand» der jeweils von ihnen zu demonstrierende Begriff – d. h. in den genannten Beispielen die Begriffe des sozialen Handelns, des sozialen Status und der formalen Organisation. Dies bedeutet nicht nur, daß diejenigen Leser, die sich über den einen oder anderen der hier ausschließlich in exemplarischer Funktion eingeführten Gegenstandsbereiche genauer informieren wollen, sich unter allen Umständen an die entsprechende Spezialliteratur wenden müssen; es bedeutet auch, daß die hier vorgelegte Textsammlung *keinesfalls als Ersatz für eine systematische Einführung in die Soziologie als ganze mißverstanden werden darf*. Die Lektüre der hier versammelten Texte und die Einübung in den Gebrauch der von ihnen demonstrierten Konzepte werden vielmehr dann am meisten Gewinn bringen, wenn sie in Vorbereitung auf eine solche Einführung oder, noch besser, zum Zweck ihrer begleitenden Unterstützung betrieben werden.

Die fünfzehn Konzepte, die im folgenden in exemplarischen Anwendungsfällen vorgestellt werden sollen, gehören zu den zentralen Begriffen der Soziologie. So wichtig jedoch jeder einzelne dieser Begriffe für die Analyse sozialer Zusammenhänge ist, so sehr sind sich die Herausgeber dessen bewußt, daß es ähnlich wichtige Konzepte gibt, auf deren Einführung hier schon aus Platzgründen verzichtet werden mußte. Unvollständigkeitskritik ist deshalb immer möglich; ihr gegenüber hilft nur der ausdrückliche Hinweis, daß die hier versammelten Konzepte *nicht* als geschlossener begrifflicher Kanon gedacht sind und es angesichts des gegenwärtigen Standes soziologischer Theoriebildung auch nicht sein können. Das heißt nicht, daß die Herausgeber bei der Auswahl der vorzustellenden Begriffe willkürlich vorgegangen wären. Angesichts der Unmöglichkeit einer vollständigen Darstellung «der» Grundbegriffe der Soziologie haben die Herausgeber ihre Aufgabe vor allem darin gesehen, durch Auswahl und Gliederung der aufzunehmenden Begriffe deren gegenseitige Isolierung zu vermeiden und kommentierende Querverbindungen zwischen den einzelnen Konzepten zu ermöglichen. Die in diesem Sinne der Auswahl zugrunde gelegten Prinzipien finden ihren Ausdruck in der Gliederung des Buches in vier thematisch bestimmte Abschnitte.

Der erste Abschnitt des Buches bezieht sich auf das Verhältnis zwischen Individuum und Gesellschaft. Die vier hier vorgestellten Konzepte – «Handeln», «Norm», «Soziale Rolle», «Soziale Identität» – bezeichnen unterschiedliche Aspekte jenes Prozesses, durch den soziale Strukturen ihren Einfluß auf die an ihnen beteiligten Individuen geltend machen. Im Kontext dieses Buches haben sie die Aufgabe, dem Leser jene spezifisch soziologische Sichtweise plausibel zu machen, in der Gesellschaft als eine Wirklichkeit «eigener Art» erscheint, die nicht auf die an ihr beteiligten Individuen reduzierbar ist. Vor allem in den Texten von Durkheim über die sozialen Ursachen des Selbstmords und von Coleman über normkonformes Verhalten in der «Kultur der Heranwachsenden» werden dabei Wirksamkeit und Wirkungsweise sozialer Strukturen auf individuelles Handeln empirisch nachgewiesen und theoretisch analysiert. Die hierbei gewonnenen Einsichten werden in den beiden übrigen Texten von Goffman und Gross u. a. elaboriert. Während Goffman zeigt, daß der Konformitätsdruck sozialer Strukturen auch Widerstand produziert und daß soziale Kontrolle auch zur Bildung von Individualität führen kann, macht der zum Begriff der «Rolle» eingeführte Text auf die Möglichkeit widersprüchlicher sozialer Einflüsse aufmerksam, die ebenfalls individuelle Reaktionen erfordern und ermöglichen. Beiden Texten ist gemeinsam, daß sie Individualität, anstatt ihre Bedeutung oder gar ihre Existenz zu bestreiten, selbst noch als *soziales* Phänomen auffassen und damit die erhebliche Komplexität des Verhältnisses von Individuum und Gesellschaft zumindest andeuten.

Im Mittelpunkt des zweiten Abschnitts stehen nicht mehr die Individuen und ihre Wechselbeziehungen zur Struktur der Gesellschaft, sondern die soziale Struktur selber, ihre Formen und Eigenschaften, ihre innere Dynamik und die zwischen verschiedenen Strukturtypen bestehenden Beziehungen. Dieser Perspektivenwechsel, unter dem soziale Strukturen als Gegenstände «sui generis» aufgefaßt werden, macht seit Durkheim das Wesen soziologischer Analyse aus. Anhand des Begriffs des «sozialen Austauschs» und am Beispiel elementarer Vergesellschaftungsprozesse in einer kleinen Gruppe werden zu Beginn des zweiten Abschnitts zunächst die grundlegenden Prozesse von Integration und Differenzierung sozialer Gebilde eingeführt. Daran anschließend wird der Begriff des «sozialen Status» aus dem Verhältnis zwischen horizontaler und vertikaler Differenzierung entwickelt und werden einige der Mechanismen der Entstehung und Erhaltung sozialer Ungleichheit vorgestellt. Mit Hilfe des Austauschbegriffs und unter Bezugnahme auf die in Zusammenhang mit der Kristallisierung von ungleichem Status dargestellten Prozesse vertikaler Differenzierung wird hieran anschließend der Begriff der Macht eingeführt und als einseitige Abhängigkeit auf der Grundlage ungleich verteilter Ressourcen bestimmt. Durch Überwechseln auf die makrosoziologische Ebene gelangen wir von hier aus, in Zusammenhang mit der Untersuchung der Auswirkungen vertikaler Differenzierung auf Lebenschancen und Lebenstil sozialer Gruppen, zum Begriff der «Klasse». Schließlich gibt uns der Begriff der Organisation Gelegenheit, die grundlegende Unterscheidung zwischen personengebundenen und unpersönlichen sozialen Beziehungen einzuführen. Indem wir Organisationen als soziale Arrangements charakterisieren, deren «Sinn» in ihrer Unabhängigkeit von den an ihnen beteiligten Personen liegt, kommen wir in gewisser Hinsicht auf das im ersten Abschnitt behandelte Thema zurück, wobei es diesmal nicht die soziologische Perspektive, sondern die soziale Wirklichkeit selber ist, in der sich die Struktur sozialer Beziehungen von ihren Trägern ablöst.

Gegenstand des dritten Abschnitts ist ein spezieller Teilbereich der soziologischen Theorie – das Verhältnis von kollektiven Wertorientierungen und gesellschaftlicher Wirklichkeit –, dessen besondere Hervorhebung seiner zentralen Bedeutung für jede soziologische Theoriebildung entspricht. Zunächst sollen uns Stellen aus Max Webers klassischer Untersuchung über die «Protestantische Ethik» dazu dienen, «Kultur» als kollektive und sozial verbindliche Deutung der Welt in ihrer Wechselbeziehung zu der das Leben der sie teilenden Gruppe bestimmenden Wirklichkeit einzuführen. Diese Wechselbeziehung wird dann in zwei ihrer Aspekte eingehender dargestellt. Chinoys Studie über amerikanische Automobilarbeiter illustriert die individuellen und sozialen Folgen des Fortbestehens eines unrealistisch gewordenen kollektiven Wertsystems bzw. der gesellschaftlich produzierten Unfähigkeit einer machtlosen Gruppe, ihre Weltdeutung ihrer tatsächlichen Lage anzupassen («Ideologie»). Im Gegensatz zu Chinoy, der vor allem die *Auswirkungen* sozialer Wertsysteme im Auge hat, untersuchen Lipset, Coleman und Trow in erster Linie die *«strukturellen Bedingungen»* der Erhaltung und Verwirklichung von Kulturen, und zwar am Beispiel der Demokratie in Gewerkschaftsorganisationen. Zusammengenommen sollten die drei ausgewählten Texte einen ersten Zugang zu dem komplexen Phänomen des Verhältnisses von sozialen Strukturen und kulturellen Systemen («Ideen») vermitteln können.

Der letzte Teil des Buches betont den dynamischen Aspekt gesellschaftlicher Zusammenhänge. Dies erschien uns nicht zuletzt deshalb nötig, weil analytische Begriffe besonders bei demjenigen, der sich mit ihrem Gebrauch erst vertraut machen muß, häufig den Eindruck einer gewissen «Statik» erwecken, der dann nicht selten auf den von ihnen analysierten Gegenstand übertragen wird. Gerade für die Soziologie ist es jedoch unerläßlich, daß sie ihren Gegenstand als «Prozeß», als in ständiger Fluktuation und in ununterbrochenem Wandel befindlich begreift.

Eine wichtige Ursache dieser Dynamik ist «Devianz» – soziales Handeln, das von den geltenden Wertvorstellungen und Normen abweicht und dadurch zu deren Veränderung beitragen kann. Dieses Thema, das an bestimmte Aspekte der im ersten Abschnitt enthaltenen Texte von Goffman, Coleman und Gross u. a. anschließt, wird durch Beckers Studie über die «abweichende Subkultur» einer Gruppe von Jazzmusikern dargestellt und kommentiert. Im Anschluß daran wird der Begriff des «sozialen Konflikts» eingeführt, dessen enge Beziehung zu dem der «Devianz» in Beckers Text unübersehbar ist. Um einige der Funktionen von Konflikten als Folge und als Ursache sozialer Veränderungen herauszuarbeiten, haben wir auf Gouldners Untersuchung eines «wilden Streiks» zurückgegriffen, in der eine bestimmte Reaktion der Arbeiter auf innerbetriebliche Veränderungen sowie deren Konsequenzen für die Struktur des Betriebes selber beschrieben und analysiert werden. Schließlich soll uns die Einleitung von Engels' Bericht über die Lage der arbeitenden Klasse in England jenen Bereich der Soziologie vorstellen, der nach wie vor ihr wichtigster ist und in dem alle anderen soziologischen Forschungsgebiete letzten Endes kumulieren: die Analyse komplexer Wandlungsprozesse auf der Ebene von Gesellschaften als ganzen. Engels' sorgfältig belegte Schilderung der sozialen Auswirkungen der technologischen Revolution zu Beginn des kapitalistischen Zeitalters läßt Gesellschaft als umfassenden, in ständigem Wandel begriffenen Strukturzusammenhang erkennen, der als empirisch wirksamer und nachweisbarer Kontext, durch vielfältig verzweigte Vermittlungsinstanzen hindurch, Handeln und Bewußtsein der Menschen beeinflußt. Die Verbindungslinien, die sich von hier aus zurück zum ersten Abschnitt dieses Buches und vor allem zu dem Beitrag von Durkheim ziehen lassen, sind offensichtlich.

Viele der hier aufgenommenen Texte stammen von ausgesprochenen «Klassikern» der modernen Soziologie, die aus einer Vielzahl von Gründen niemals ins Deutsche übersetzt und zum großen Teil in Deutschland kaum oder gar nicht rezipiert worden sind. Die Tatsache, daß so wichtige, gerade für die Entwicklung der soziologischen *Theorie* zentrale Werke bei uns noch immer weit unter ihrem Rang gehandelt werden, erscheint uns sowohl als Symptom wie auch als eine mögliche Ursache jener Mißverständnisse über den theoretischen Anspruch der erfahrungswissenschaftlichen Soziologie, die wir eingangs kurz erwähnt haben. Dies gilt beispielsweise für Blaus

Studie über die «Dynamics of Bureaucracy», in gewisser Hinsicht sogar für Whytes «Street Corner Society» und Gouldners Buch über «Patterns of Industrial Bureaucracy», vor allem aber für Lipsets «Union Democracy» und Colemans «Adolescent Society». Arbeiten wie diese, die sorgfältigste empirische Untersuchungen mit weitreichenden theoretischen Überlegungen verbinden, haben in den Vereinigten Staaten und anderswo längst paradigmatischen Rang für Generationen von Sozialwissenschaftlern gewonnen – und zwar unbeschadet dessen, daß die in ihrer Tradition gewachsene Forschung einen Teil ihrer Ergebnisse in mehr oder weniger wichtigen Aspekten revidiert oder überholt hat. Wenn eine Nebenwirkung dieses Readers darin bestehen könnte, diese Art von Soziologie anhand einiger ihrer avanciertesten Beispiele auch hierzulande einem breiteren Leserkreis zugänglich zu machen, so wäre auch dies durchaus im Sinne der Herausgeber.

Teil I

Individuum und Gesellschaft: Menschen als Mitglieder

1. Soziales Handeln

Zu den unbekanntesten unter den Vätern der modernen Gesellschaftswissenschaft gehört der Berliner Pastor Johann Peter Süßmilch (1707–1767). Wie viele Gelehrte seiner Zeit, war Süßmilch an einer großen Vielfalt von Themen und Gegenständen interessiert. So beschäftigte er sich u. a. mit Naturwissenschaften, Politik, Linguistik, Philosophie und natürlich auch Theologie. In erster Linie jedoch galt sein Interesse der Demographie, der Lehre von der Entwicklung der Bevölkerung eines Landes in Abhängigkeit von natürlichen und gesellschaftlichen Bedingungen. Dies war zu Süßmilchs Lebzeiten ein weithin diskutiertes und von vielen Wissenschaftlern behandeltes Thema; anders als seine Zeitgenossen jedoch versuchte Süßmilch, seine Theorie der Bevölkerungsentwicklung nicht spekulativ, sondern empirisch zu begründen und zu quantifizieren. Die dazu erforderlichen Daten beschaffte er sich aus den Kirchenbüchern einer Reihe von preußischen Gemeinden, deren Eintragungen über Geburten, Eheschließungen, Todesfälle usw. Süßmilch zusammenstellte und auswertete.

Bei der Analyse seiner Daten nun machte Süßmilch die Entdeckung, daß die in den Kirchenbüchern verzeichneten Ereignisse auf den ersten Blick unerklärliche, erstaunliche Regelmäßigkeiten aufwiesen. So ergaben Süßmilchs Berechnungen unter anderem, daß auf je 100 Sterbefälle regelmäßig 125 Geburten entfielen, daß auf eine bestimmte Bevölkerungszahl eine bestimmte Zahl von Eheschließungen entfiel usw. Die Konstanz dieser «Raten» ermöglichte die Formulierung von Prognosen; beispielsweise sagte Süßmilch vorher, daß die Bevölkerung Preußens sich im Zeitraum eines Jahrhunderts annähernd verdoppeln werde.

Süßmilch begnügte sich jedoch nicht damit, Daten zu sammeln und Trends zu berechnen. Er begann darüber zu spekulieren, wie es möglich sein konnte, daß sich die unabhängigen Handlungen verschiedener Individuen immer wieder zu demselben globalen Resultat addierten. Die Erklärung, die er schließlich vorschlug, läßt sich aus dem Titel des von ihm 1741 veröffentlichten Buches «Die göttliche Ordnung in den Veränderungen des menschlichen Geschlechts, aus der Geburt, dem Tode und der Fortpflanzung desselben erwiesen», entnehmen. Für Süßmilch äußerte sich in den beobachtbaren kollektiven Regelmäßigkeiten des menschlichen Lebens, im Zusammenwachsen individueller Vorgänge zu einer den beteiligten Individuen verborgenen Ordnung das Wirken Gottes, des «unendlichen und exakten Arithmeticus, der allen Dingen in ihrer zeitlichen Gestalt ihre Zahl, ihr Gewicht und ihre Proportion zugewiesen hat».

Daß diese theologische Erklärung sozialstatistischer Regelmäßigkeiten uns heute kaum mehr akzeptabel erscheinen kann, vermag die Bedeutung von Süßmilchs Leistung nicht zu schmälern. Süßmilch war einer der ersten, die das klassische Problem der sozialen Ordnung mit quantitativen Daten in Zusammenhang brachten. Dadurch gelang es ihm, präziser als jeder andere vor ihm jene Frage zu formulieren, die bis heute im Zentrum der theoretischen Soziologie steht: Wie ist es möglich, daß individuelle Akteure in ihren Handlungen kollektiven Gesetzmäßigkeiten folgen, die ihnen selber unbekannt sind und von ihnen nicht «gewollt» werden?

Gute 150 Jahre später griff der Franzose Emile Durkheim (1858–1917) diese Frage erneut auf, um an ihr die Notwendigkeit einer spezifisch soziologischen Wissenschaft zu demonstrieren. Durkheims Studie über den Selbstmord (1897), die ihren Gegenstand stellvertretend für das allgemeine Problem der sozialen Ordnung behandelt, schloß an ein schon von Süßmilch berichtetes, allerdings eher am Rande behandeltes Phänomen an: an die statistische Regelmäßigkeit der Selbstmordrate. Durkheims Daten, die im Vergleich zu Süßmilchs erheblich genauer waren, ließen erkennen, daß in allen europäischen Nationen die Zahl der jährlichen Selbstmorde, gemessen an der Bevölkerung, über Jahre hinaus stabil blieb. Dasselbe galt auch für einzelne Gruppen innerhalb der verschiedenen Gesellschaften. So gab es unterschiedliche, aber im Zeitablauf konstante Selbstmordraten für Männer und Frauen, Arbeiter und Unternehmer, Soldaten und Zivilisten, Verheiratete und Geschiedene usw. Diese Raten standen zueinander in einer komplexen Beziehung: in allen Nationen, ungeachtet ihrer zusammengefaßten Selbstmordrate, nahmen sich Frauen seltener das Leben als Männer, Katholiken seltener als Protestanten, Zivilisten seltener als Soldaten usw. All dies machte es zum Beispiel möglich, bei Kenntnis der Bevölkerungsstruktur eines Landes mit ziemlicher Genauigkeit vorherzusagen, wieviele verheiratete Akademiker protestantischer Konfession sich in diesem Land im Laufe des folgenden Jahres das Leben nehmen würden.

Theoretisch interessant war der Selbstmord für Durkheim vor allem deshalb, weil sich mit seiner Hilfe das bereits von Süßmilch formulierte Problem erheblich zuspitzen ließ. Dem äußeren Anschein nach ist kaum eine menschliche Handlung stärker an das Individuum gebunden und seinem «souveränen» Willen unterworfen als der Selbstmord. Daß «normale» Ereignisse wie Geburten und Eheschließungen regelmäßig verlaufen, erscheint auf den ersten Blick weit weniger erklärungsbedürftig als die Regelmäßigkeit einer Handlung, die von den meisten Menschen mißbilligt wird und die im Widerspruch zu den moralischen Vorstellungen der Umwelt vollzogen werden muß. Am Selbstmord konnte Durkheim zeigen, daß kollektive Ordnung auch die «Ausnahmen» und «Abweichungen» einschloß und daß jeder Handlungsbegriff, der dem Phänomen der sozialen Ordnung nicht gerecht wurde, an seinem Gegenstand vorbeiging.

Der Begriff des Handelns ist notwendig an die Kategorie des Individuums gebunden. Handeln setzt bestimmte physiologische und psychologische Prozesse voraus – «Bedürfnisse», «Motive», «Bewußtsein», «Wille» –, die allein im menschlichen Individuum stattfinden können. Selbst das Handeln von Gruppen läßt sich unter diesem Aspekt in die Handlungen der sie bildenden Individuen zerlegen und bestimmten Mitgliedern als Ausdruck und Folge ihrer Erfahrungen und Absichten zurechnen. Um jedoch dem Umstand gerecht zu werden, daß die Handlungen verschiedener Individuen zusammengenommen regelmäßige Muster und Strukturen ergeben, bedarf diese Perspektive einer Ergänzung. Dadurch, daß Durkheim den «Doppelcharakter» des Selbstmords als scheinbar unabhängige Handlung isolierter Individuen und zugleich als gesetzmäßige Massenerscheinung hervorhob, wollte er zeigen, daß Handeln nur unter Berücksichtigung seiner kollektiven Dimension angemessen und vollständig analysiert werden kann. Durkheim betonte, daß sich die Gesamtrate der Selbstmorde in einer sozialen Gruppe nicht aus den Motiven und Bewußtseinszuständen der individuellen Selbstmörder ergeben konnte. Gruppenspezifische Selbstmordraten waren kollektive Resultate verschiedener individueller Handlungen und als solche von den Beteiligten nicht «beabsichtigt»; niemand nimmt sich das Leben, um die Erfüllung eines sozialen Gesetzes zu gewährleisten. Da Selbstmordraten andererseits erkennbaren Regelmäßigkeiten unterlagen, mußten sie das Ergebnis identifizierbarer, systematisch wirksamer Ursachen sein. Diese Ursachen des geordneten, gesetzmäßigen Verhaltens verschiedener Individuen konnten nicht in diesen selber liegen, sondern mußten außer- und überindividueller Natur sein und einer den einzelnen Individuen gegenüber externen Wirklichkeit «eigener Art» zugehören. Durkheim hielt deshalb ein rein «psychologisches» Handlungskonzept, das die Handlungen eines Menschen lediglich als Ausdruck seines individuellen «inneren» Zustands auffaßt, für zu kurz gegriffen; um der Existenz kollektiver Gesetzmäßigkeiten gerecht zu werden, war es vielmehr erforderlich, individuelles Handeln zu überindividuellen Kräften in Beziehung zu setzen, die durch Beeinflussung der psychologischen Prozesse eines Individuums dessen Handeln regeln und in eine kollektive Ordnung einpassen.

Der entscheidende Unterschied zwischen Durkheim und Süßmilch bestand nun darin, daß für Durkheim diese dem Individuum äußerliche Ursache kollektiver Gesetzmäßigkeiten die *Gesellschaft* war. In seinem Buch über den Selbstmord versuchte Durkheim durch empirische Analysen den Nachweis zu führen, daß Gleichförmigkeit und Regelmäßigkeit des Handelns verschiedener Individuen durch den Charakter ihrer Beziehungen zu anderen – durch ihre Position in der «sozialen Struktur» – zustande kommen. Durkheims grundlegende Hypothese besagte, daß die Chance, daß ein Mitglied einer Gruppe in einer bestimmten Weise handelte – und damit die relative Häufigkeit einer bestimmten Handlung in einer Gruppe – aus der sozialen Struktur der Gruppe bzw. ihrer Beziehung zu anderen Gruppen abgeleitet und mit deren Hilfe erklärt werden konnte. Die Lösung, die Durkheim für das unter anderem von Süßmilch formulierte Problem vorschlug, bestand also darin, daß er den Begriff des Handelns um eine entscheidende Dimension erweiterte: Indem er menschliches Handeln als Resultat gesellschaftlicher Kräfte auffaßte, betrachtete er es nicht mehr als bloß individuelles, sondern als «soziales Handeln».

Dieser Handlungsbegriff, dessen Fruchtbarkeit die Bedingung der Möglichkeit jeder Soziologie bildet, ist von Anfang an mit den im Alltagsleben weitverbreiteten individualistischen Deutungen des Handelns in Konflikt geraten. Ähnlich wie die psychoanalytische Trieblehre und die Darwinsche Theorie der Abstammung des Menschen scheint die Vorstellung, daß individuelle Motive, Ziele und Entscheidungen von kollektiven Kräften abhängig sein könnten, die Eigenliebe des sich für souverän haltenden menschlichen Individuums empfindlich zu kränken. Die in diesem Zusammenhang häufig geführte Diskussion über «Determinismus versus Willensfreiheit», «Kollektivismus versus Individualismus», «Gesellschaft versus Individuum» usw. beruht jedoch in weiten Teilen auf Mißverständnissen. Die «kollektivistische» Perspektive der Soziologie impliziert keineswegs eine Leugnung der ethischen Bedeutung der menschlichen Person und ihrer Würde, und noch weniger kann sie diese beeinträchtigen oder zerstören. Es handelt sich hierbei vielmehr um zwei ganz verschiedene Dinge: um eine analytische Perspektive und um eine moralisch-sittliche Wertung. Darüber hinaus trifft es keineswegs zu, daß die Soziologie über keinen Begriff von Individualität verfügt – wenn auch für sie das Individuum, seine Möglichkeit und seine Verwirklichung, eine gesellschaftliche Erscheinung darstellt, d. h. sich «in Gesellschaft» und «durch Gesellschaft» und nur unter bestimmten gesellschaftlichen Bedingungen entwickelt. Ein Aspekt dieses Zusammenhangs wird in diesem Band anhand des Begriffs der sozialen «Rolle» diskutiert. –

Der hier wiedergegebene Auszug aus Durkheims «Selbstmord» beginnt mit der Beschreibung eines in den von Durkheim analysierten Selbstmordstatistiken sichtbaren «sozialen Musters»: des Zusammenhangs zwischen Konfessionszugehörigkeit und Selbstmordhäufigkeit. Unser Textauszug zeigt, wie Durkheim diesen Zusammenhang theoretisch analysiert und erklärt. Nachdem er eine Reihe von Hypothesen eliminiert hat, entwickelt Durkheim seine eigene Erklärung, derzufolge die Ursache des Selbstmords in einem zu geringen Grad der Integration des Individuums in soziale Beziehungen zu suchen ist, steigende Selbstmordraten also beispielsweise Folge einer Auflösung traditionaler Sozialstrukturen[1] und der mit ihr verbundenen stärkeren «Individuierung» sein können. Die höhere Selbstmordhäufigkeit bei Protestanten wäre dann Ausdruck des Umstands, daß der Protestantismus «individualistischer» und die Lebensform von Protestanten

1 Vgl. den am Ende dieses Bandes wiedergegebenen Text zum Stichwort «Sozialer Wandel».

von geringerer «sozialer Dichte» ist als die der Katholiken.

Diese Deutung versucht Durkheim im folgenden zu erhärten, und zwar indem er auf die ihm zur Verfügung stehenden statistischen Daten zurückgreift. Wenn Selbstmord Folge einer Auflösung traditionaler Lebensformen ist, dann muß er gleichzeitig mit anderen Folgen derselben Ursache auftreten. Eine solche andere Folge, so Durkheim, ist ein steigendes Bedürfnis nach über die Alltagserfahrung hinausreichendem Wissen. Durkheims Selbstmordtheorie erfordert dementsprechend, daß zwischen der Selbstmordrate einer Gruppe und ihrem Bildungsgrad eine «Korrelation» – ein statistisch meßbarer Zusammenhang – besteht. Durch Vergleiche zwischen und innerhalb von Gesellschaften vermag Durkheim zu zeigen, daß diese Korrelation tatsächlich besteht.

Weitere Unterstützung gewinnt Durkheim durch die Analyse eines auf den ersten Blick «abweichenden» Falles. Juden, so zeigen Durkheims Statistiken, haben die geringste Selbstmordrate aller Konfessionen; zugleich jedoch haben sie den höchsten Bildungsgrad. Die Ursache, argumentiert Durkheim, liegt darin, daß Bildung für Juden eine andere «Bedeutung» hat als für Katholiken oder Protestanten: Sie wird nicht als Reaktion auf die Desintegration traditioneller Lebensformen gesucht, sondern als Abwehr gegen sozialen Druck von außen. Diese Beobachtung ist für Durkheim deshalb wichtig, weil sich mit ihrer Hilfe zeigen läßt, daß es nicht Bildung als solche ist, die die Selbstmordrate erhöht, sondern die Desintegration sozialer Beziehungen (die ihrerseits eine, aber nicht die einzig mögliche Ursache eines hohen Wissensbedürfnisses darstellt).

Durkheim gibt sich jedoch mit dieser Bestätigung seiner These nicht zufrieden. Aus den zahlreichen, detaillierten Analysen, mit denen er unter immer neuen Aspekten versucht, die dem Selbstmord zugrunde liegenden sozialen Zusammenhänge herauszuarbeiten, haben wir seine Bemerkungen über die Auswirkungen politischer Krisen auf die Selbstmordrate herausgegriffen. Wenn soziale Desintegration zum Selbstmord führt, muß umgekehrt ein Anstieg der sozialen Integration die Selbstmordrate sinken lassen. Eine wichtige Situation, in der die Integration einer Gesellschaft zunimmt, ist die einer politischen Bedrohung von außen. In der Tat weisen Durkheims Daten aus, daß in solchen Fällen die Selbstmordhäufigkeit abnimmt. Durkheim nennt Selbstmord, der durch eine Auflösung sozialer Bindungen verursacht wird, «egoistischen» (besser: «individualistischen») Selbstmord. Die beiden anderen von ihm entdeckten Selbstmordtypen («altruistischer» und «anomischer» Selbstmord) entwickelt und definiert Durkheim nach derselben Methode wie den «egoistischen Selbstmord».

Die Bedeutung von Durkheims Arbeit liegt gleichermaßen in ihrem Resultat wie in der Methode, mit der es erreicht wurde. In substantieller Hinsicht hat Durkheim gezeigt, daß auch eine so individuelle Handlung wie der Selbstmord Folge sozialer Verhältnisse sein kann, und zwar auch ohne daß diese vorher den Umweg über das Bewußtsein der beteiligten Individuen gehen müßten. Ursache unterschiedlicher Selbstmordraten ist bei Durkheim ein Zustand des sozialen «Aggregats» – der Integrationsgrad der sozialen Gruppe –, der sich nicht ohne weiteres in Eigenschaften, Gefühlen usw. der beteiligten Individuen ausdrücken läßt. Nicht die in den Köpfen ihrer Mitglieder präsenten Glaubensinhalte einer Konfession führen zum Selbstmord, nicht der das Bewußtsein eines Menschen formende Bildungsgrad oder die aus seiner Armut entstehenden subjektiven Leiden – sondern, ganz «formal» und jenseits aller spezifischen, im Individuum lokalisierbaren Bewußtseinsinhalte, die relative Dichte der sozialen Beziehungen. Auf diesen unmittelbaren, von Willen und Bewußtsein der Betroffenen unabhängigen Zusammenhang zwischen der sozialen Struktur und dem Verhalten der an ihr beteiligten Menschen kam es Durkheim in erster Linie an.

Beinah noch wichtiger als Durkheims substantielle Theorie des Selbstmords ist seine Technik der Analyse soziologischer Daten, die er in der hier vorgestellten Studie zur Perfektion gebracht hat. Anders als die Naturwissenschaften ist die Soziologie nicht in der Lage, ihre Theorien durch Experimente zu testen – also durch Herstellung künstlicher «Labor»situationen, unter denen alle den untersuchten Zusammenhang verzerrenden, externen Einflüsse ausgeschaltet werden und der Forscher die erklärenden Faktoren planmäßig variiert, um ihren Einfluß auf die von ihnen erklärte Erscheinung zu beobachten. Da der Soziologe dies nicht tun kann – Durkheim beispielsweise hätte zum experimentellen Beweis seiner Theorie des «egoistischen Selbstmords» den Integrationsgrad einer Gesellschaft für längere Zeit lokkern und gleichzeitig alle anderen Bedingungen konstant halten müssen –, ist er auf *systematische Vergleiche* zwischen verschiedenen sozialen Situationen angewiesen, mit deren Hilfe er die ihm unmögliche *experimentelle* Variation der untersuchten Faktoren durch deren in der Wirklichkeit vorhandene Variation ersetzt (also etwa durch die Variation des sozialen Integrationsgrades zwischen Katholiken und Protestanten). Durkheim, der diese Methode als erster angewendet und beschrieben hat, erreichte in ihr, trotz des Fehlens nahezu aller technischen Hilfsmittel, eine bis heute vielbewunderte Meisterschaft (vgl. etwa Durkheims Einfall, seine Theorie über die Auswirkungen sozialer Integration auf die Selbstmordrate anhand der Daten über die Selbstmordrate in politischen Krisen zu «testen»).

Der «Selbstmord» ist ein uneinheitliches, schwierig zu lesendes Buch. Brillante Analysen wechseln sich ab mit weitschweifigen, scholastisch-moralisierenden Betrachtungen, deren wissenschaftliche Relevanz uns heute fragwürdig erscheinen muß. Zusätzliche Schwierigkeiten ergeben sich durch eine teilweise veraltete, teilweise verschrobene Terminologie, mit der heutige Leser wenig anfangen können und die viele vor einer Lektüre zurückschrecken läßt. Durch die Auswahl unserer Auszüge haben wir versucht, Durkheim als kreativen Empiriker vorzustellen, der Empirie in theoretischer Absicht betreibt; auf diese Weise glauben wir, seiner wissenschaftshistorischen Bedeutung am besten gerecht zu werden.

Emile Durkheim
Der egoistische Selbstmord

I

Wenn man nur einen Blick auf die Karte der geographischen Verteilung der Selbstmorde in Europa wirft, dann sieht man sofort, daß diese in den rein katholischen Ländern wie Spanien, Portugal oder Italien wenig Bedeutung haben, während ihr Maximum in den protestantischen Ländern wie Preußen, Sachsen, Dänemark liegt. Die folgenden von Morselli errechneten Mittelwerte bestätigen dieses erste Resultat.

	Mittlere Selbstmordhäufigkeit auf 1 Mill. Einw.
Protestantische Staaten	190
Gemischt (protestantisch-katholisch)	96
Katholische Staaten	58
Griechisch-katholische Staaten	40

Die niedrige Zahl bei den Griechisch-Katholischen kann nicht mit Sicherheit auf die Religion zurückgeführt werden. Denn da ihre Zivilisation sich sehr von der anderer europäischer Völker unterscheidet, kann diese kulturelle Ungleichheit die Ursache für die geringere Anfälligkeit sein. Das ist aber nicht der Fall bei den meisten der katholischen oder protestantischen Gesellschaften. Zweifellos sind sie nicht alle auf dem gleichen intellektuellen oder moralischen Niveau; trotzdem sind die ähnlichen Züge doch so wesentlich, daß man den so deutlichen Kontrast beim Selbstmord mit einigem Recht dem Unterschiede in den Konfessionen zuschreiben kann.

Immerhin bleibt dieser erste Vergleich allzu summarisch. Trotz unbestreitbarer Ähnlichkeiten sind die sozialen Milieus, in denen die Bewohner dieser verschiedenen Länder leben, nicht genau gleich. Die Zivilisation in Spanien und in Portugal ist bei weitem nicht so fortgeschritten wie in Deutschland. Es könnte also sein, daß diese Rückständigkeit der Grund ist für die niederen Selbstmordziffern. Wenn man diese Fehlerquelle vermeiden und den Einfluß von Katholizismus bzw. Protestantismus auf die Neigung zum Selbstmord genauer bestimmen will, dann muß man die beiden Religionen innerhalb derselben Gesellschaft vergleichen.

Von allen großen deutschen Staaten zählt Bayern, und zwar bei weitem, die wenigsten Selbstmorde. Es sind jährlich kaum 90 pro Million Einwohner seit 1874, während es in Preußen 122 (1871–75) sind, im Herzogtum Baden 156, in Württemberg 162, in Sachsen 300. Gleichzeitig hat Bayern auch die meisten Katholiken; auf 1000 Einwohner kommen 713,2. Wenn man dann noch die verschiedenen Provinzen Bayerns vergleicht, findet man, daß auch hier die Zahl der Selbstmorde direkt proportional zur Zahl der Protestanten und umgekehrt proportional zur Zahl der Katholiken ist:

Tabelle 1

Bayerische Provinzen (1867–75)[1]

Provinzen mit katholischer Minderheit (unter 50 %)	Selbstmorde pro Mill. Einw.	Provinzen mit katholischer Mehrheit (50–90 %)	Selbstmorde pro Mill. Einw.	Provinzen mit mehr als 90 % Kath.	Selbstmorde pro Mill. Einw.
Rheinpfalz	167	Unterfranken	157	Oberpfalz	64
Mittelfranken	207	Schwaben	118	Oberbayern	114
Oberfranken	204			Niederbayern	19
Im Mittel	192	Im Mittel	135	Im Mittel	75

[. . .]

Die Schweiz ist unter diesem Gesichtspunkt ebenso interessant. Denn da man dort französische und deutsche Bevölkerungsteile vorfindet, kann man den Einfluß der Konfessionen auf jede der beiden Nationalitäten getrennt beobachten. Und wir finden, er ist in beiden Fällen gleich. Die katholischen Kantone haben vier- und fünfmal weniger Selbstmorde als die protestantischen, gleichgültig welche Nationalität vorherrscht.

Tabelle 2

	Selbstmorde pro Million Einwohner		
	Französische Kantone	Deutsche Kantone	Zusammenfassung der Kantone aller Nationalitäten
Katholiken	83	87	86,7
Protestanten	453	293	326,3

Der Einfluß der Konfession ist also so mächtig, daß er über alles andere dominiert.

1 Kinder unter 15 Jahren sind nicht mitberücksichtigt.

Übrigens hat man in ziemlich vielen Fällen die Zahl der Selbstmorde pro Million jeder Konfession direkt feststellen können:

Tabelle 3
Selbstmorde in den verschiedenen Ländern pro Million Einwohner jeder Konfession

		Protestanten	Katholiken	Juden	Name des Beobachters
Österreich	(1852–59)	79,5	51,3	20,7	Wagner
Preußen	(1849–55)	159,9	49,6	46,4	Wagner
	(1869–72)	187	69	96	Morselli
	(1890)	240	100	180	Prinzing
Baden	(1852–62)	139	117	87	Legoyt
	(1870–74)	171	136,7	124	Morselli
	(1878–88)	242	170	210	Prinzing
Bayern	(1844–56)	135,4	49,1	105,9	Morselli
	(1884–91)	224	94	193	Prinzing
Württemberg	(1846–60)	113,5	77,9	65,6	Wagner
	(1873–76)	190	120	60	Wir selbst
	(1881–90)	170	119	152	Wir selbst

[. . .]

Bei den Juden ist die Neigung zum Selbstmord immer geringer als bei den Protestanten. Im allgemeinen ist sie auch geringer, wenn auch nur wenig, als bei den Katholiken. Es kommt allerdings vor, daß dieses Verhältnis sich umkehrt; vor allem ist das in jüngerer Zeit der Fall. Bis zur Mitte des Jahrhunderts kamen bis auf Bayern[2] in allen Ländern bei den Juden weniger Selbstmorde vor als bei den Katholiken. Diese Immunität beginnen sie erst etwa 1870 zu verlieren. Noch immer ist es selten, daß die Rate wesentlich höher liegt als bei den Katholiken.

Außerdem darf man nicht aus den Augen verlieren, daß die Juden durchweg häufiger als die anderen konfessionellen Gruppen in Städten leben und Angehörige intellektueller Berufe sind. Deshalb sind sie dem Selbstmord stärker ausgesetzt als die Mitglieder anderer Religionen, und zwar aus Gründen, die außerhalb der von ihnen ausgeübten Religion liegen. Wenn also trotz dieser erschwerenden Umstände die Selbstmordrate des Judentums so niedrig ist, so kann man annehmen, daß in gleicher Situation von allen Religionen es die jüdische ist, in der man am wenigsten Selbstmord begeht.

Wie soll man nun die so festgestellten Tatsachen erklären?

2 Bayern ist immer noch die einzige Ausnahme: Die Selbstmordrate der Juden ist hier doppelt so hoch wie bei den Katholiken. Ist die Lage des Judentums in diesem Lande irgendwie abnorm? Wir wissen es nicht.

II

Wenn man berücksichtigt, daß die Juden überall nur eine sehr kleine Minderheit bilden und daß bei den meisten Völkern, bei denen wir unsere Beobachtungen gemacht haben, auch die Katholiken in der Minderzahl sind, so könnte man versucht sein, die Seltenheit des Selbstmordes bei den beiden Religionen hierin begründet zu sehen. [. . .] Diese Erklärung würde aber auf keinen Fall ausreichen, die jeweilige Situation der Protestanten und Katholiken zu deuten. Wenn dort, wo die Mehrheit katholisch ist, der schützende Einfluß der Religion auch schwächer ist, so ist er immer noch sehr beträchtlich. Er hängt also nicht lediglich vom Minderheitenstatus ab. Allgemeiner gesprochen, welchen Anteil auch die beiden Religionen an der Bevölkerung haben, hat man überall da, wo man sie im Hinblick auf den Selbstmord vergleichen konnte, gefunden, daß sich mehr Protestanten umbringen als Katholiken. Es gibt sogar Landstriche, wie die Oberpfalz oder Oberbayern, wo die Bevölkerung fast ganz (92 bzw. 96%) katholisch ist, wo aber 300 bzw. 423 Selbstmorde von Protestanten 100 von Katholiken gegenüberstehen: Dieses Verhältnis steigert sich sogar bis auf 528 % in Niederbayern, wo es nicht mehr als einen Protestanten auf 100 Einwohner gibt. Selbst wenn daher der Minderheitenstatus einen Teil des großen Unterschieds in den Selbstmordraten der Konfessionen erklären könnte, sind für diesen im ganzen doch andere Ursachen verantwortlich.

Wir werden sehen, daß diese Ursachen im Wesen dieser beiden Konfessionen begründet sind. Zwar verbieten beide den Selbstmord mit gleicher Strenge. Nicht nur belegen sie ihn mit außerordentlich strengen moralischen Tabus, sie lehren auch, daß jenseits des Grabes ein neues Leben beginnt, in dem die Menschen für ihre bösen Taten bestraft werden; unter diese rechnet der Protestantismus den Selbstmord ebenso wie der Katholizismus. Endlich sind diese Verbote bei beiden Religionen göttlichen Ursprungs; sie werden nicht als logische Folgerung eines vernunftgemäßen Denkens dargestellt, sondern sie stammen von Gott selber. Wenn nun der Protestantismus den Selbstmord begünstigt, dann liegt das nicht an dessen dogmatisch verschiedener Behandlung. Wenn also die beiden Religionen in diesem Punkt die gleiche Auffassung haben, dann muß ihre ungleiche Wirkung auf die Selbstmordrate von allgemeineren Merkmalen herrühren, durch die sie sich unterscheiden.

Nun ist aber der einzige wesentliche Unterschied zwischen Katholizismus und Protestantismus der, daß dieser der freien Forschung weit mehr Raum zugesteht als jener. Dadurch, daß der Katholizismus eine idealistische Religion ist, läßt er an Nachdenken und Meditation zwar weit mehr zu als der gräko-lateinische Polytheismus oder der jüdische Monotheismus. Er gibt sich nicht mehr mit mechanischen Zeremonien zufrieden, sondern er erstrebt eine Herrschaft über das Gewissen. An dieses also wendet er sich, und selbst wenn er von der Vernunft blinde Unterwerfung verlangt, so spricht er doch in der Sprache der Vernunft. Es trifft deshalb aber nicht weniger zu, daß der Katholik seinen Glauben als Ganzes, ohne Kritik, empfängt. Er kann ihn nicht einmal der Nachprüfung durch die Geschichte unterziehen, da ihm die Einsicht in die Originaltexte, auf die dieser Glaube aufgebaut ist, versagt wird. Mit großem Geschick wird eine ganze Hierarchie von Autoritäten aufgeboten, die die Tradition garantieren sollen. Jede *Veränderung* schreckt katholisches Denken. In weit höherem Grade ist der Protestant Schöpfer seines eigenen Glaubens. Man gibt ihm die Bibel in die Hand, und es wird ihm keine bestimmte Auslegung aufgezwungen. Dieser religiöse Individualismus findet nicht zuletzt in der Struktur der protestantischen Kirche seinen Ausdruck. Nur in England findet man eine Hierarchie des protestantischen Klerus. Der Priester ist, wie jeder Gläubige, nur sich selbst und seinem Gewissen verantwortlich. Er ist zwar besser unterrichtet als der normale Gläubige, hat aber keine besondere Autorität, Dogmen zu fixieren. Was aber am deutlichsten diese Freiheit zur Prüfung bezeugt, die von Reformatoren gefordert wurde und die nicht nur Idee blieb, ist die wachsende Vielfalt aller möglichen Sekten, die sich so lebhaft von der unteilbaren Einheit der katholischen Kirche abhebt.

Wir kommen also zu dem ersten Ergebnis, daß die Anfälligkeit des Protestantismus gegenüber dem Selbstmord mit dem diese Religion bestimmenden Geist der freien Forschung zusammenhängt. Versuchen wir dieses Verhältnis richtig zu verstehen. Die freie Forschung selbst ist nur die Folge einer anderen Ursache. Als sie auftauchte und die Menschen, nachdem sie lange Zeit ihren Glauben vorgefertigt von der Tradition übernommen hatten, nun das Recht beanspruchten, selber darüber zu bestimmen, geschah dies nicht, weil die freie Forschung als solche so erstrebenswert wäre – mit ihr ist ebensoviel Leid wie Freude verbunden –, sondern weil die Menschen von da an dieser Freiheit bedurften. Nun aber kann dieses Bedürfnis selbst nur eine Ursache haben: die Erschütterung der überlieferten Dogmen. Solange sich diese noch mit dem gleichen Nachdruck behaupten, würde man nicht einmal daran denken, sie zu kritisieren. Wenn sie immer dieselbe Autorität gehabt hätten, hätte niemand das Recht gefordert, nach dem Grund dieser Autorität zu fragen. Das Nachdenken entwickelt sich erst dann, wenn es notwendig wird, daß es sich entwickelt, das heißt, wenn bestimmte, nicht durchdachte Vorstellungen und Gefühle, die bis dahin das Verhalten ausreichend bestimmten, ihre Wirksamkeit verloren haben. [. . .] Wenn der Protestantismus dem eigenen Denken folglich mehr Raum läßt als der Katholizismus, dann aus dem Grunde, weil er weniger von allgemeingültigen Glaubensvorstellungen und Gewohnheiten ausgehen kann. Nun kann es keine Religionsgemeinschaft ohne ein allen gemeinsames Credo geben, und sie ist um so homogener und stärker, je breiter die Basis dieses Credo ist. Je mehr Denken und Handeln religiös bestimmt und folglich der freien Kritik entzogen sind, um so mehr ist die Gottesidee in allen Einzelheiten des Lebens gegenwärtig und lenkt den Willen des einzelnen auf ein einziges und gleichbleibendes Ziel. Umgekehrt, je mehr eine Glaubensgemeinschaft dem Urteil des einzelnen überläßt, desto mehr entfremdet sie sich seinem Leben, desto weniger Zusammenhalt und Vitalität zeichnet sie aus. Wir kommen also zu dem Schluß, daß der Grund für die größere Selbstmordanfälligkeit des Protestantismus darin zu suchen ist, daß er als Kirche weniger stark integriert ist als die katholische.

Dies erklärt gleichzeitig auch die Situation des Judentums. Unter den Juden hat die langdauernde Verfolgung durch die Christen eine ganz besonders ausgesprochene Solidarität geschaffen. Die Notwendigkeit, sich gegen die allgemeine Feindseligkeit zur Wehr zu setzen, ja die Unmöglichkeit des freien Verkehrs mit der übrigen Bevölkerung hat sie gezwungen, sich eng zusammenzuschließen. Dadurch wurde jede Gemeinde eine kleine Gesellschaft, die, kompakt und eng verbunden, ein sehr lebhaftes Bewußtsein ihrer selbst und ihrer Einheit aufwies. Alles dachte und lebte in derselben Weise. Innerhalb der Gruppe wurden individuelle Abweichungen wegen der Gemeinsamkeit des Lebens und der unaufhörlichen gegenseitigen Kontrolle fast unmöglich. So ist es gekommen, daß die jüdische Kirche einen stärkeren Zusammenhalt aufweist als alle anderen, gerade weil sie infolge der Intoleranz, mit der man ihr begegnete, ganz auf sich gestellt war. Analog unseren früheren Feststellungen über den Protestantismus muß sich infolgedessen die wenig ausgeprägte Neigung des Juden zum Selbstmord auf dieselbe Ursache zurückführen lassen, und zwar trotz aller möglichen Umstände, die diese im Gegenteil verstärken müßten. Zum Teil verdanken die Juden ihre Immunität gegenüber dem Selbstmord zweifellos der sie umgebenden Feindseligkeit. Wenn aber dieser Einfluß vorliegt, dann wirkt er sich nicht etwa in einer überlegenen Moral aus, sondern eben darin, daß er sie veranlaßt, enger verbunden miteinander zu leben. Ihr Schutz gegen den Selbstmord beruht darauf, daß die Religionsgemeinschaft, der sie angehören, so fest zementiert ist. Im übrigen ist die soziale Ächtung, der sie ausgesetzt sind, nur eine der Ursachen für diese Wirkung. Sie wird zum großen Teil durch die Beschaffenheit des jüdischen Glaubens selbst zustande gebracht. Wie alle weniger ausgebildeten Religionen besteht der jüdische Glaube im wesentlichen aus einem Handlungskodex, der bis in die Einzelheiten das Leben regelt und dem Urteil des einzelnen wenig Raum läßt.

III

Diese Deutung wird durch mehrere Tatsachen gestützt.

Die Vorliebe für freie Forschung und Kritik kann nur zusammen mit einer Vorliebe fürs Lernen entstehen. Die Wissenschaft ist das einzige Mittel, wodurch die freie Forschung zu ihrem Ziele kommt. [. . .] Im Grunde sind diese beiden Neigungen nur eine einzige, und sie haben dieselbe Quelle. [. . .] Wenn wir uns also nicht getäuscht haben, wenn die fortschreitende

Abschwächung kollektiver und überlieferter Vorurteile die Selbstmordanfälligkeit verstärkt und wenn sich hieraus die spezielle Veranlagung des Protestantismus zum Selbstmord ableitet, kann man die beiden folgenden Tatsachen feststellen: 1. Das Bedürfnis nach Bildung muß bei den Protestanten stärker sein als bei den Katholiken; 2. insofern es eine Erschütterung allgemeingültiger Dogmen ausweist, muß es in großen Zügen zusammen mit dem Selbstmord auftreten. Bestätigen die Tatsachen diese doppelte Hypothese?

Wenn man das katholische Frankreich und das protestantische Deutschland nur im Hinblick auf ihre obersten Klassen miteinander vergleicht, scheint Frankreich hinsichtlich seines Bildungsgrades nicht schlechter dazustehen als Deutschland. In den großen Zentren unseres Landes ist die Wissenschaft nicht weniger angesehen und verbreitet als bei unseren Nachbarn; es steht sogar fest, daß wir auf diesem Felde mehreren protestantischen Ländern überlegen sind. Aber während in den obersten Schichten der beiden Gesellschaften das Bedürfnis nach Bildung gleich stark ist, ist es in den unteren nicht mehr so, und wenn auch in beiden Ländern ungefähr dieselbe Maximalintensität erreicht wird, so ist doch die mittlere Intensität bei uns geringer. Dasselbe gilt für alle katholischen Länder im Vergleich zu den protestantischen. Während in protestantischen Ländern (Sachsen, Norwegen, Schweden, Baden, Dänemark und Preußen) von 1000 Kindern im Schulalter, d. h. zwischen 6 und 12, im Durchschnitt 957 während der Jahre 1877–1878 die Schule besuchten, so waren es in den katholischen Ländern (Frankreich, Österreich, Ungarn, Spanien und Italien) nur 667, d. h. 31 % weniger. Das Verhältnis ist das gleiche für die Jahre 1874–75 und 1860 bis 61.[3] Das protestantische Land mit der niedrigsten Zahl, Preußen, steht noch weit vor Frankreich, das die katholischen Länder anführt. Preußen zählt 897 Schüler auf 1000 Kinder, Frankreich nur 766.[4] In ganz Deutschland hat Bayern die meisten Katholiken, und dort gibt es auch die meisten Analphabeten. Unter allen bayrischen Provinzen ist die Oberpfalz fast durch und durch katholisch, und von hier kamen auch die meisten Rekruten, die nicht lesen und schreiben konnten (15 % im Jahre 1871). Dasselbe trifft in Preußen für das Herzogtum Posen und die Provinz Preußen zu.[5] Endlich zählte man im ganzen Königreich 1871 insgesamt 66 Analphabeten auf 1000 Protestanten und 152 auf 1000 Katholiken. Bei den Frauen der beiden Glaubensbekenntnisse ist das Verhältnis dasselbe.[6]

Wir wollen jetzt unsere zweite Behauptung beweisen. Stimmt es, daß sich das Bedürfnis nach Wissen in dem Maße, in dem es mit einer Abschwächung gemeinsamer Glaubensüberzeugungen korrespondiert, wie der Selbstmord

---

3 Oettingen, Moralstatistik, S. 586.

4 In einem dieser Zeiträume (1877–78) liegt Bayern leicht vor Preußen. Aber eben nur dieses eine Mal.

5 Oettingen, a. a. O., S. 582.

6 Morselli, a. a. O., S. 223.

entwickelt? Schon die Tatsache, daß die Protestanten eine bessere Bildung haben als die Katholiken und sich gleichzeitig in größerer Zahl das Leben nehmen, ist der erste sichtbare Beweis. Aber das Gesetz bestätigt sich nicht nur, wenn man diese beiden Konfessionen miteinander vergleicht. Es gilt auch innerhalb einer jeden Religion.

Italien ist ein rein katholisches Land. Wir sehen aber, daß Schulbildung und Selbstmord dort gleich verteilt sind:

Tabelle 4[7]
Vergleich der italienischen Provinzen nach Bildungsgrad auf Selbstmordraten

1. Provinzengruppe	Prozent der Eheschließungen mit beiden Partnern lese- und schreibkundig	Selbstmorde je Mill. Einw.	2. Provinzengruppe	Gebildete Eheleute (%)	Selbstmorde	3. Provinzengruppe	Gebildete Eheleute (%)	Selbstmorde
Piemont	53,09	35,6	Venedig	19,56	32,0	Sizilien	8,98	18,5
Lombardei	44,29	40,4	Emilia	19,31	62,9	Abruzzen	6,35	15,7
Ligurien	41,15	47,3	Umbrien	15,46	30,7	Kalabrien	6,81	16,3
Rom	32,61	41,7	Marche	14,46	34,6	Apulien	4,67	8,1
Toskana	24,33	40,6	Campagna	12,45	21,6	Basilikat	4,35	15,0
			Sardinien	10,14	13,3			
Im Mittel	39,09	41,1	Im Mittel	15,23	32,5	Im Mittel	6,23	14,7

Es stimmen nicht nur die Mittelwerte genau überein, sondern auch die Details. Es gibt dabei nur eine Ausnahme, die Emilia, wo unter dem Einfluß lokaler Umstände die Zahl der Selbstmorde mit dem Bildungsgrad keinen Zusammenhang aufweist. Dieselbe Erscheinung kann man in Frankreich beobachten. Die Departements mit den meisten analphabetischen Ehepaaren sind Corrèze, Korsika, die Côtes du Nord, die Dordogne, Finistère, die Landes, der Morbihan, die Haute-Vienne; alle haben verhältnismäßig wenig Selbstmorde. Allgemeiner ausgedrückt, kein einziges der Departements, in denen mehr als 10 % der Ehegatten weder lesen noch schreiben können, liegt in dem Gebiet im Nordosten, das die klassische französische «Selbstmordgegend» darstellt.[8] [. . .]

Es gibt jedoch einen Fall, wo unser Gesetz anscheinend nicht zutrifft.

7 Die auf die gebildeten Eltern sich beziehenden Daten sind aus Oettingen, Moralstatistik, Anhang, Tabelle 85, entnommen. Sie betreffen die Jahre 1872–78, die Selbstmorde die Zeit von 1864–76.
8 Annuaire statistique de la France, 1892–94, S. 50–51.

Unter allen Religionen hat der Selbstmord beim Judentum das geringste Gewicht. Trotzdem hat die Bildung nirgendwo eine so breite Basis. Schon auf dem Gebiet der Elementarkenntnisse haben die Juden mindestens das gleiche Niveau wie die Protestanten. [. . .] Besonders aber auf dem Gebiet der höheren Bildung und Hochschulbildung stellen die Juden proportional einen höheren Anteil als die Angehörigen anderer Religionen. Das beweisen die folgenden Zahlen, die wir der preußischen Statistik (für die Jahre 1875 bis 76) entnehmen.[9]

Tabelle 5
Anteil der Konfessionen an den Schülern höherer Lehranstalten

	Katholiken	Protestanten	Juden
Prozentanteil jeder Konfession an der Bevölkerung im allgemeinen	38,3	64,9	1,3
Prozentanteil jeder Konfession an den Schülern höherer Lehranstalten	17,3	73,1	9,6

[. . .]

Wenn es aber den Juden gelingt, gleichzeitig sehr gebildet und doch von nur geringer Anfälligkeit gegenüber dem Selbstmord zu sein, dann deshalb, weil ihr Wissensdrang einen ganz besonderen Grund hat. Es ist ein allgemeingültiges Gesetz, daß sich die religiösen Minderheiten Mühe geben, in ihrem Wissen der sie umgebenden Bevölkerung überlegen zu sein, entweder um sich so besser gegen den ihnen entgegengebrachten Haß verteidigen zu können, oder einfach aus einer Art Rivalitätsdrang heraus. Aus diesem Grunde zeigen auch die Protestanten eine um so höhere Neigung zum Wissen, wenn sie in der Gesamtbevölkerung eine Minderheit bilden.[10]

9 Nach Alwin Petersilie, Zur Statistik der höheren Lehranstalten in Preußen, in: Zeitschrift des preußischen statistischen Büros, 1877, S. 109 ff.

10 Nachstehend einige Zahlen über die Unterschiede im Anteil der Protestanten an den Schülern höherer Schulen, aufgegliedert nach den verschiedenen preußischen Provinzen:

	Anteil der Protestanten an der Gesamtbevölkerung		Mittlerer Prozentsatz der Protestanten bei den Schülern höherer Schulen	Differenz zwischen dem ersten und zweiten Prozentsatz
1. Gruppe	98,7 bis 87,2 %	Mittelwert 94,6	90,8	— 3,8
2. Gruppe	80 bis 50 %	Mittelwert 70,3	75,3	+ 5
3. Gruppe	50 bis 40 %	Mittelwert 46,4	56	+ 10,4
4. Gruppe	unter 40 %	Mittelwert 29,2	61	+ 31,8

Die Juden suchen also Bildung nicht, um kollektive Vorurteile durch reflektierte Ansichten zu ersetzen, sondern einfach um im Kampf besser gerüstet zu sein. Sie ist für sie ein Mittel, um die unglückliche Lage auszugleichen, in die sie durch Vorurteile und manchmal auch durch das Gesetz gebracht worden sind. Und da die Bildung an sich einer Tradition, die ihr festes Gefüge behalten hat, nichts anhaben kann, pfropfen sie ihr intellektuelles Leben ihrem durch Herkommen bestimmten Verhalten auf, ohne daß dieses dadurch beeinträchtigt würde. Hier liegt der Grund für die Widersprüchlichkeit ihrer Erscheinung. In mancher Beziehung primitiv, sind sie in anderer intellektuell und differenziert. Bei ihnen verbinden sich die Vorteile strenger Disziplin, die kleine Gruppen auszeichnet, mit den Segnungen einer profunden Bildung, die das Privileg der großen Gesellschaften von heute ist. Sie haben in vollem Maße die Intelligenz des modernen Menschen, ohne dessen Verzweiflung zu teilen.

Wenn also in diesem Falle die intellektuelle Entwicklung nicht in Beziehung steht zur Anzahl der Selbstmorde, so deshalb, weil sie einen anderen Ursprung und eine andere Bedeutung hat als sonstwo. So ist die Ausnahme nur scheinbar, ja, sie bestätigt sogar die Regel. In Wirklichkeit beweist sie, daß, wenn die Anfälligkeit für Selbstmord bei Gebildeten stärker ist, dies, wie wir ausgeführt haben, von der Schwächung der traditionellen Glaubensvorstellungen und dem daraus folgenden moralischen Individualismus herrührt. Denn die Selbstmordauffälligkeit verschwindet, sobald die Bildung einen anderen Ursprung hat und anderen Bedürfnissen dient. [. . .]

Wo der Protestantismus in der großen Mehrheit ist, entspricht sein Anteil an den Schülern nicht dem an der Gesamtbevölkerung. Wächst die katholische Minderheit, verändert sich die Differenz beider Anteile vom Negativen zum Positiven, und diese positive Differenz vergrößert sich im gleichen Maße, wie die Protestanten weniger zahlreich werden. Auch die Katholiken zeigen dort größeres intellektuelles Streben, wo sie in der Minderheit sind. (S. Oettingen, Moralstatistik, S. 650.)

Wir können jetzt erkennen, warum, allgemein gesprochen, die Religion auf den Selbstmord prophylaktisch wirkt. Das kommt nicht daher, wie man behauptet hat, daß sie ihn unbedingter als die Laienmoral verdammt, noch daher, daß die Gottesidee ihren Vorschriften eine ganz besondere Autorität mitgibt, die den Willen des einzelnen unterwirft, noch daher, daß die Aussicht auf Leben nach dem Tode und furchtbare Strafen, die dort den Schuldigen erwarten, ihren Verboten mehr Nachdruck verleihen als menschliche Gesetze. Der Protestant glaubt nicht weniger an Gott und an die Unsterblichkeit der Seele als der Katholik. Mehr noch, die Religion mit dem geringsten Hang zum Selbstmord, nämlich die jüdische, ist genau die, die ihn nicht ausdrücklich verbietet, und hier spielt auch die Idee der Unsterblichkeit die geringste Rolle. Tatsächlich enthält die Bibel keine einzige Stelle, die es dem Menschen verbietet, sich zu töten,[11] und die Dogmen, die sich in

11 Die einzige Strafvorschrift, die wir kennen, ist die, von der Flavius Josephus in seiner «Geschichte

ihr auf ein anderes Leben beziehen, sind recht vage. Zweifellos hat die Lehre der Rabbiner allmählich in dem einen oder anderen Punkt die Lücken in der heiligen Schrift geschlossen, aber sie hat nicht deren Autorität. Der wohltätige Einfluß der Religion ist also nicht auf den besonderen Charakter religiöser Vorstellung zurückzuführen. Wenn sie den Menschen schützt vor dem Drang der Selbstzerstörung, dann nicht, weil sie ihm mit Argumenten sui generis die Achtung vor seiner eigenen Person predigt, sondern weil sie eine Gemeinschaft ist. Grundpfeiler dieser Gemeinschaft ist die Existenz einer bestimmten Zahl von Dogmen und Praktiken, die allen Gläubigen gemeinsam, traditionell geworden und damit verpflichtend sind. Je zahlreicher und stärker diese kollektiven Vorstellungen sind, desto geschlossener ist die religiöse Gemeinschaft und um so stärker ihre Schutzfunktion. Die Einzelheiten der Dogmen und Praktiken sind sekundär. Das Wesentliche ist, daß sie dazu geeignet sind, ein ausreichend intensives Sozialleben zu ermöglichen. Und weil die protestantische Kirche nicht denselben Grad von Konsistenz hat wie die anderen, ist ihre mäßigende Wirkung auf den Selbstmord entsprechend schwächer. [. . .]

IV

Wenn es nicht erst seit so kurzer Zeit Statistik gäbe, könnte man mit derselben Methode nachweisen, daß das gleiche Gesetz auch für politische Gesellschaften gilt. [. . .] Man kann gelegentlich lesen, daß große politische Umwälzungen die Selbstmordzahlen erhöhen. Aber Morselli hat schlüssig nachgewiesen, daß die Tatsachen diese Annahme widerlegen. Alle Revolutionen, die Frankreich im Laufe dieses Jahrhunderts mitgemacht hat, haben im Augenblick ihres Ausbruchs fallende Selbstmordziffern bewirkt. 1830 fiel die Gesamtzahl der Fälle von 1904 im Jahr 1829 auf 1756, das ist ein plötzliches Absinken um 10%. Die Rückentwicklung 1848 ist nicht geringer. Die Zahlen bewegen sich von 3647 nach 3301. Dann pflanzt sich in den Jahren 1848–49 die Krise, die gerade Frankreich erschüttert hatte, durch ganz Europa fort. Überall sinken die Selbstmordziffern, und zwar um so fühlbarer, je schwerer und länger die Krise ist. Das ersehen wir aus der folgenden Tabelle:

	Dänemark	Preußen	Bayern	Königr. Sachsen	Österreich
1847	345	1852	217		611 (1846)
1848	305	1649	215	398	
1849	337	1527	189	328	452

des Krieges der Juden gegen die Römer» spricht (III, 25), wo es lediglich heißt: «Die Körper derjenigen, die sich freiwillig den Tod geben, bleiben bis nach Sonnenuntergang unbegraben, obgleich eine frühere Beerdigung der im Kampfe gefallenen erlaubt ist.» Man kann sich sogar fragen, ob das überhaupt eine Strafmaßnahme ist.

In Deutschland war die Erregung viel stärker als in Dänemark, und der Kampf dauerte viel länger als selbst in Frankreich, wo sofort eine neue Regierung zustande kam. Dementsprechend hält der Rückgang in den deutschen Staaten bis 1849 an. Er beträgt für dieses Jahr in Bayern 13 %, in Preußen 18 %. In Sachsen macht er innerhalb eines einzigen Jahres, von 1848 bis 1849, ebenfalls 18 % aus.

Diese Erscheinung wiederholt sich 1851 in Frankreich nicht, ebensowenig wie 1852. Die Selbstmordziffern bleiben konstant. Aber der Staatsstreich in Paris brachte eine Wiederholung der Wirkung. Obgleich er sich im Dezember abspielte, fiel die Selbstmordziffer von 483 im Jahre 1851 auf 446 im Jahre 1852 (– 8 %), und 1853 ist sie erst wieder auf 463.[12] Man scheint aus dieser Tatsache entnehmen zu können, daß die Palastrevolution Paris viel mehr in Aufruhr gebracht hat als die Provinz, die offenbar ziemlich gleichgültig blieb. Übrigens ist, ganz allgemein gesprochen, die Auswirkung solcher Krisen in der Hauptstadt stets stärker fühlbar als in der Provinz. 1830 betrug die Abnahme in Paris 13 % (269 Fälle statt 307 im Vorjahr und 359 im Jahr danach). 1848 belief sie sich auf 32 % (481 Fälle gegenüber 698).[13]

So wenig schwerwiegend einfache Wahlkrisen sein mögen, haben sie doch gelegentlich die gleiche Auswirkung. Daher kommt es, daß man in Frankreich die parlamentarische Krise vom 16. Mai 1877 und die Aufregung, die sie verursachte, ebenso im Selbstmordkalender erkennen kann wie die Wahlen, die 1889 die Ära Boulanger beendeten. Um das zu beweisen, braucht man nur die monatliche Verteilung der Selbstmorde in diesen beiden Jahren mit denjenigen der vorausgehenden und nachfolgenden Jahre zu vergleichen.

	1876	1877	1878	1888	1889	1890
Mai	604	649	717	924	919	819
Juni	662	692	682	851	829	822
Juli	625	540	693	825	818	888
August	482	496	547	786	694	734
September	394	378	512	673	597	720
Oktober	464	423	468	603	648	675
November	400	413	415	589	618	571
Dezember	389	386	335	574	482	475

Während der ersten Monate 1877 sind die Selbstmorde zahlreicher als 1876 (1945 Fälle im Januar bis April gegenüber 1784), und sie bleiben im Mai und Juni hoch. Erst am Ende dieses Monats lösen sich die Kammern auf, und der Wahlkampf beginnt de facto, wenn auch noch nicht de jure. Wahrscheinlich gehen in diesem Augenblick die Wogen der politischen Leidenschaften sogar

12 Nach Legoyt, S. 252.
13 Nach Masaryk, Der Selbstmord, S. 137.

am höchsten, denn sie werden sich in der Folge unter der Einwirkung von Zeit und Erschöpfung wieder etwas glätten. Dementsprechend zeigt die Selbstmordrate im Juli, statt höher zu liegen als im Vorjahr, eine Abnahme von 14 %. Bis auf eine kleine Pause im August hält die Abwärtsbewegung, wenn auch in geringerem Maße, bis Oktober an. Zu dieser Zeit findet die Krise ihr Ende. Und danach beginnt die zeitweise unterbrochene Aufwärtsbewegung der Selbstmordrate von neuem. Im Jahr 1889 ist das Phänomen noch deutlicher. Anfang August geht die Kammer auseinander. Sofort beginnt der Wahlkampf und dauert bis Ende September; zu diesem Zeitpunkt fanden dann die Wahlen statt. Wir haben wieder im August im Vergleich zur entsprechenden Zeit des Vorjahres eine starke Abnahme von 12 %, die im September anhält, aber nicht weniger plötzlich im Oktober aufhört, sobald der Kampf entschieden ist.

Die großen nationalen Kriege haben denselben Einfluß wie politische Wirren. Als 1866 der österreichisch-italienische Krieg ausbricht, gehen die Selbstmorde in beiden Ländern um 14 % zurück.

	1865	1866	1867
Italien	678	588	657
Österreich	1464	1265	1407

Im Jahre 1864 traf es Dänemark und Sachsen. Die Zahl der Selbstmorde im letztgenannten Land fielen von 634 im Jahre 1863 auf 545 (— 16 %) im Jahre 1864 und stiegen 1865 dann wieder auf 619. Da wir für Dänemark die Selbstmordziffer für 1863 nicht kennen, können wir sie nicht mit der von 1864 vergleichen. Wir wissen aber, daß ihre Höhe für dieses Jahr (411) die niedrigste seit 1852 war. Und da sie 1865 auf 451 steigt, ist es sehr wahrscheinlich, daß die Zahl von 411 einen wesentlichen Rückgang darstellt.

Der Krieg von 1870–71 hatte dieselben Folgen in Frankreich und in Deutschland:

	1869	1870	1871	1872
Preußen	3186	2963	2723	2950
Sachsen	710	657	653	687
Frankreich	5154	4157	4490	5275

Man könnte vielleicht annehmen, die Verminderung käme daher, daß in Kriegszeiten ein Teil der Zivilbevölkerung unter den Fahnen steht und es bei der kämpfenden Truppe sehr schwer ist, Selbstmorde zu ermitteln. Aber bei den Frauen zeigt sich die Abnahme genauso wie bei den Männern. In Italien bewegen sich die Selbstmordzahlen für Frauen von 130 im Jahre 1864 nach 117 im Jahre 1866; in Sachsen von 133 im Jahre 1863 nach 120 im Jahre 1864 und 114 im Jahre 1865 (— 15 %). 1870 ist die Abnahme nicht weniger spürbar; von 130 im Jahre 1869 fällt die Zahl der Selbstmorde auf 114 im

Jahre 1870 und bleibt bis 1871 auf derselben Höhe. Der Rückgang beträgt 13% und ist damit größer als der bei den Männern zur gleichen Zeit. Während 1869 in Preußen 616 Frauen Selbstmord begingen, sind es 1871 nur noch 540 (— 13%). Man weiß übrigens, daß waffenfähige junge Männer nur wenig zu den Selbstmordziffern beitragen. Vom Jahre 1870 waren nur sechs Monate Krieg. In Friedenszeiten hätten unter einer Million Franzosen zwischen 25 und 30 etwa 100 Selbstmorde verübt,[14] während zwischen 1870 und 1869 die Differenz 1057 Fälle ausmacht.

Man hat sich auch gefragt, ob dieser plötzliche Rückgang in Krisenzeiten nicht damit zu erklären sei, daß dann die Funktionsfähigkeit der Verwaltung beeinträchtigt ist und Selbstmorde vielleicht weniger genau festgestellt werden. Aber zahlreiche Tatsachen beweisen, daß dieser zufällige Umstand für eine Erklärung des Phänomens nicht ausreicht. Zunächst einmal ist die Erscheinung allzu weit verbreitet. Sie zeigt sich bei Siegern und Besiegten, bei den Besetzern wie bei den Besetzten. Des weiteren, falls die Erschütterung sehr stark war, sind die Folgeerscheinungen noch ziemlich lange nachher zu verzeichnen. Die Zahl der Selbstmorde steigt nur langsam wieder an; es vergehen einige Jahre, bis sie ihren vorherigen Stand wieder erreicht hat. Das ist sogar in den Ländern so, in denen sie normalerweise regelmäßig von Jahr zu Jahr ansteigt. Obgleich einzelne Verwaltungsfehler natürlich vorkommen und in so unruhigen Zeiten sogar wahrscheinlich sind, hat das von der Statistik nachgewiesene Absinken zu viel Konstanz, als daß man es auf eine vorübergehende Unaufmerksamkeit der Verwaltung als Hauptursache zurückführen könnte.

Der beste Beweis jedoch dafür, daß wir es hier nicht mit einem Verwaltungsfehler, sondern mit einer Erscheinung der Sozialpsychologie zu tun haben, liegt darin, daß nicht alle politischen oder nationalen Krisen diese Wirkung haben. Nur solche haben sie, die die Leidenschaften aufrühren. Wir haben früher schon ausgeführt, daß Revolutionen in Frankreich immer einen größeren Einfluß auf die Selbstmorde in Paris hatten als in der Provinz; trotz der Tatsache, daß die Administration in der Provinz ebenso gestört war wie in der Hauptstadt. Nur hat diese Art Geschehnisse die Provinzler stets weniger interessiert als die Pariser, die für sie verantwortlich und an ihnen beteiligt waren. Dementsprechend hatten im Gegensatz zu den großen nationalen Kriegen wie 1870–71, die sowohl in Frankreich wie in Deutschland großen Einfluß auf den Verlauf der Selbstmordkurve hatten, die rein dynastischen Kriege wie der Krimkrieg oder der italienische Krieg, die die Gemüter der Massen nicht so sehr bewegten, keine nennenswerte Auswirkung. 1854 gab es sogar eine fühlbare Steigerung (3700 statt 3415 im Jahre 1853). Dasselbe kann man in Preußen während der Kriege von 1864 und 1866 beobachten. Die Zahlen bleiben 1864 gleich und steigen 1866 etwas

14 In Zahlen betrug 1889–91 für dieses Alter die jährliche Selbstmordrate nur 396, die Halbjahresrate etwa 200. Die Zahl der Selbstmorde jeden Alters ist von 1870 bis 1890 auf das Doppelte gestiegen.

an. Das kommt daher, daß diese Kriege rein politischer Natur waren und nicht wie 1870 das ganze Volk in emotionale Bewegung brachten. [. . .]

Diese Tatsachen lassen nur noch die Deutung zu, daß soziale Erschütterungen und vom Volk getragene Kriege große Kollektivempfindungen wekken, den Parteigeist ebenso wie den Patriotismus, politische ebenso wie nationale Überzeugungen beleben und, indem sie alle Kräfte auf ein einziges Ziel konzentrieren, wenigstens für eine Zeitlang eine größere Integration der Gesellschaft zuwege bringen. Nicht also der Krise selbst danken wir den von uns festgestellten heilsamen Einfluß, sondern den Kämpfen im Gefolge dieser Krisen. Indem sie alle Menschen dazu zwingen, zusammenzustehen und einer gemeinsamen Gefahr die Stirn zu bieten, bewirken sie, daß der einzelne weniger an sich selbst und mehr an die gemeinsame Sache denkt. Es ist einzusehen, daß diese gegenseitige Verbundenheit nicht nur momentan ist, sondern gelegentlich länger dauert als das, was sie unmittelbar hervorgerufen hat, besonders wenn sie stark ist.

2. Soziale Identität

Das Verhältnis von Individuum und Gesellschaft weist viele, oft paradoxe Aspekte auf. Durkheims Theorie des Selbstmords hat einige der Mechanismen herausgearbeitet, die das Handeln menschlicher Individuen steuern und hervorbringen. Aber während die Mechanismen, die Menschen gesetzmäßig zum Selbstmord veranlassen, überaus subtil und untergründig wirken, gibt es andere, die sich viel deutlicher und erkennbarer bemerkbar machen. In Zusammenhang mit solchen Formen der «sozialen Kontrolle» gewinnt die Frage nach der Autonomie des Individuums einen viel konkreteren Sinn als bei Durkheim. Der Begriff der «Identität» erlaubt uns, eben diese Frage – wie nämlich Individuen gegenüber dem «Regelungsdruck» gesellschaftlicher Prozesse ihre Autonomie behaupten können – mit größerer Präzision zu formulieren.

Identität bezeichnet die Einheit und Unverwechselbarkeit einer menschlichen Person. Menschen gewinnen und bestätigen ihre Identität, indem sie sich von anderen Menschen unterscheiden, indem sie in ihrem Handeln unverwechselbar «sie selbst» sind. Handeln aber ist immer soziales Handeln und unterliegt dem Einfluß gesellschaftlicher «Strömungen» und Institutionen. Daraus resultiert die Spannung, die den Begriff der Identität ausmacht: Identität handelnder Menschen ist nur in Gesellschaft – als *soziale* Identität – möglich, zugleich aber ständig durch Gesellschaft gefährdet. In diesem Sinne ist die Identität eines Individuums Teil des Zusammenhangs sozialer Strukturen, ist sie ein gesellschaftliches Phänomen.

Unter den neueren Autoren, die sich mit den gesellschaftlichen Bedingungen und Folgen individueller Identität beschäftigt haben, gehört der Amerikaner Irving Goffman (geboren 1922) zu den einflußreichsten. Für Goffman ist Identität das Resultat eines prinzipiell unlösbaren Dauerkonflikts zwischen menschlichen Individuen und den ihr Leben regulierenden Institutionen. Die Feinstrukturen dieser Konfrontation sind das immer wieder variierte Thema von Goffmans Soziologie. Dabei erscheint Identität in vielen Fällen als Widerstand, als Abweichung von gesellschaftlichen Erwartungen, als nonkonformistische Gegenwehr gegenüber den Regelungsansprüchen gesellschaftlicher Institutionen. Insofern ist Goffmans Konzept der Identität *subversiv.* In der Tat wird, wer seine hochkomplexen «Reportagen» über Gefängnisse, Krankenhäuser, Nervenkliniken liest, die Sympathie spüren, mit der der Autor allen jenen begegnet, die im Angesicht des Konformitätsdrucks derartiger Einrichtungen Wege zur Rettung ihrer individuellen Identität suchen und finden.

Der hier aufgenommene Text stammt aus «Asyle», einem der frühen Werke Goffmans (1961). Material des Buches sind Beobachtungen in einer Nervenheilanstalt mit Patienten in der Nähe von Washington; Goffman hatte dort ein Jahr als Krankenpfleger gearbeitet, um die Details des Lebens in einer «geschlossenen Einrichtung» zu erforschen. Unser Auszug ist dem allgemeinen, wenn man so will, «theoretischen» Teil des Buches entnommen; bei der Auswahl ging es uns vor allem darum, Goffmans Unterscheidung zwischen individueller und gesellschaftlich vorgeschriebener, d. h. von einer sozialen Institution «erwarteter» Identität deutlich werden zu lassen. Aus ihr entwickelt Goffman, wie im Text im einzelnen nachzulesen ist, die Konzepte der «primären» und der «sekundären» Anpassung, die zwischen der Akzeptierung einer sozial vorgesehenen Identität und ihrer Zurückweisung, zwischen Einverständnis und Widerstand unterscheiden sollen. Schließlich gelangt Goffman gegen Ende des Textes zu dem eindrucksvoll plastischen Begriff des «Unterlebens» einer sozialen Institution, «das für die soziale Anstalt dasselbe bedeutet wie die Unter*welt* für eine Stadt» (S. 68) und das sich aus der Gesamtheit derjenigen Praktiken zusammensetzt, mit deren Hilfe Individuen Distanz zu sozialen Erwartungen und damit individuelle Identität gewinnen.

Für die soziologische Analyse menschlichen Verhaltens hat Goffmans Konzept der individuellen Identität, wie es in dem hier wiedergegebenen Auszug entwickelt wird, vor allem drei wichtige Konsequenzen. Wenn es stimmt, daß zur gesellschaftlichen Natur des Menschen *auch* eine unausweichliche Tendenz gehört, sich vollständiger sozialer Integration zu *widersetzen*, dann dürfen wir abweichendes Verhalten, Widerstand usw. nicht länger als Ausnahmeerscheinung ansehen. Das heißt, wir müssen uns von dem Idealbild reibungslos funktionierender Institutionen lösen und *dem «Unterleben seinen ihm zustehenden Platz als einer systematisch notwendigen Komponente sozialer Verhältnisse einräumen»*. Zweitens läßt uns Goffmans Analyse vermuten, daß das «Unterleben» einer Institution um so stärker sein wird, je stärker ihr Anpassungsdruck ist. Versuche, soziale Konformität zu *erzwingen*, werden also immer *auch* zu vermehrter «sekundärer Anpassung» führen. Und drittens können wir damit rechnen, Manifestationen individuellen Widerstands auch dort zu finden, wo sie scheinbar aussichtslos sind und dem Betreffenden nichts als Nachteile einbringen. Jeder kennt Fälle solcher *«Insubordination um ihrer selbst willen»* – vor allem in Umständen, in denen die Identität des Betreffenden in Frage steht, also etwa bei Heranwachsenden im Verhältnis zu ihren Eltern oder bei Rekruten gegenüber ihrem Ausbilder. Goffmans Begriff der Identität lenkt unsere Aufmerksamkeit auf solche Phänomene, rückt sie in einen systematischen Zusammenhang und gibt uns die Möglichkeit, sie zu analysieren und zu verstehen.

Erving Goffman
Identität und Anpassung

Handeln und Sein

I

Die Bande, die den einzelnen mit sozialen Entitäten verbinden, sind Allgemeingut. Gleichgültig, ob es sich bei einer solchen Entität um eine Ideologie, eine Nation, einen Berufsstand, eine Person oder nur um einen Dialog handelt – stets wird die Beteiligung des einzelnen dieselben allgemeinen Merkmale aufweisen. Er wird gewisse Verpflichtungen übernehmen müssen: kalte – hierzu zählen vorgeschriebene Alternativen, notwendige Arbeiten, Dienstleistungen, aufgewandte Zeit oder der Aufwand von Geld: und andere, warme – die ihm das Aufbringen von Zugehörigkeitsgefühlen, Identifikationen und emotionellen Bindungen abverlangen. Die Beteiligung an einer sozialen Entität beinhaltet daher sowohl Verpflichtung als auch Bindung.

Vernünftigerweise kann man nicht von den verpflichtenden oder bindenden Ansprüchen reden, die eine soziale Entität an ihre Mitglieder stellt, ohne zugleich an die diesen Ansprüchen gesetzten Schranken zu denken. Eine Armee verlangt von ihren Soldaten Tapferkeit, aber sie legt eine Grenze fest, jenseits welcher Tapferkeit über das dienstlich erforderte Maß hinausgeht; außerdem erhält der Soldat eventuell Sonderurlaub, wenn sein Vater stirbt oder wenn seine Frau ein Kind zur Welt bringt. Ähnlich kann eine Frau von ihrem Mann erwarten, daß er in der Öffentlichkeit zu ihr hält und eine sichtbare soziale Einheit mit ihr bildet – und dennoch muß sie ihn jeden Wochentag an die Arbeitswelt abtreten; und er seinerseits wird sich hin und wieder das Recht nehmen, einen Abend allein im Wirtshaus zu verbringen, mit den Kollegen Karten zu spielen oder sich irgendwelche anderen Freiheiten zu leisten.

Dieser Sachverhalt, die soziale Bindung und ihre Einschränkung, ist das klassische Doppelmotiv der Soziologie. Diese Doppeldeutigkeit drückt sich in der westlichen Kultur im Vertrag oder im formellen Abkommen aus, wobei die Beteiligten mit einem Federstrich sowohl das fesselnde Band als auch die anerkannten Grenzen der Bindung manifestieren.

Diese Doppelseitigkeit bedarf jedoch einer Ergänzung. Wie Durkheim schon lehrte, stehen hinter jedem Vertragsschluß nicht-vertragliche Annahmen über den Charakter der Beteiligten.[1] In der Übereinstimmung darüber, was sie einander schulden und was sie einander nicht schulden, einigen sich

1 Emilie Durkheim, Leçons de sociologie physique des mœurs et du droit Paris 1962, S. 171–220.

die Parteien stillschweigend über die allgemeine Gültigkeit vertraglicher Rechte und Pflichten, über die verschiedenen Modalitäten der Ungültigkeitserklärung sowie die Legitimität der möglichen Sanktionen im Falle des Vertragsbruchs. Die vertragschließenden Parteien kommen stillschweigend hinsichtlich ihrer Rechtsfähigkeit, der Grundsätze von Treu und Glauben sowie der Grenzen, innerhalb derer vertrauenswürdige Vertragspartner Vertrauen verdienen, überein. Mit seiner Einwilligung, bestimmte Dinge zu veräußern und andere sich vorzubehalten, setzt der einzelne stillschweigend voraus, daß er als Person in der Lage ist, diese Dinge zu veräußern oder zu beanspruchen, und daß er sich als Person für berechtigt hält, einen Vertrag zu schließen, der diese Dinge zum Gegenstand hat. Kurz, wer einen Vertrag schließt, setzt voraus, daß er ein Mensch von bestimmtem Charakter und Wesen ist. Ein pedantisch und eng abgefaßter Vertrag, der sorgfältig die Rechte und Pflichten des einzelnen aufführt, kann mithin auf einer sehr breiten Skala von Annahmen hinsichtlich des Charakters der Beteiligten beruhen.

Wenn es in einem formalen Vertrag für den einen wie den anderen Beteiligten solche selbst-definierenden Konsequenzen gibt – in einer Verbindung, die immerhin unter der Voraussetzung eingegangen wird, daß sie weitestgehend frei von persönlichen Marotten und Charakterzügen der Beteiligten bleiben sollte –, dann gründen andere Bindungen weniger eng umschriebener Art erst recht auf solchen implizierten Selbst-Definitionen. In Bindungen wie der Freundschaft oder der Verwandtschaft, bei denen zuweilen gilt, daß man um alles, was nicht ausdrücklich ausgeschlossen ist, bitten darf, ist es eine ganz wesentliche Voraussetzung, daß jemand nur dann ein guter Freund oder ein treuer Bruder sein kann, wenn er als Mensch in der Lage ist, ein guter Freund oder ein treuer Bruder zu sein. Wer den Unterhalt für seine Frau und seine vier Kinder schuldig bleibt, ist in dieser Hinsicht gewiß ungeeignet.

Wenn also jede Bindung dem sich bindenden Individuum einen breiten Spielraum gewährt, dann sollten wir die Frage stellen, in welcher Weise der einzelne sich selbst definiert.

Da gibt es extreme Möglichkeiten. Er kann seine Verpflichtungen offen vernachlässigen, sich von dem, woran er gebunden ist, trennen und auf die Mißbilligung seiner Mitmenschen pfeifen. Er kann die Konsequenzen, die die Bindung für sein Selbstverständnis hat, zurückweisen und diese Abkehr in allen seinen Handlungen verleugnen. Oder er kann für sich im Stillen zu den Konsequenzen der Bindung für sein Selbst stehen und in seinen eigenen Augen das sein, was die übrigen Beteiligten von ihm erwarten.

Tatsächlich meidet der einzelne in der Praxis all diese Extreme. Meist steht er von der vollen Übernahme der Konsequenzen, die die Bindung für ihn hat, zurück und läßt diese Reserve sogar ein wenig durchblicken, während er seinen Verpflichtungen im wesentlichen nachkommt.

Hier möchte ich mich mit diesem Distanzgebaren und einigen damit zusammenhängenden Verhaltensmustern befassen. Dabei möchte ich einen Typus der sozialen Entität in den Vordergrund stellen, nämlich die «instrumentell-formale Organisation», wobei ich mich weitgehend auf Fallmaterial aus einer psychiatrischen Klinik stützen werde, die ein Beispiel dieser Kategorie darstellt.

II

Eine instrumentell-formale Organisation läßt sich definieren als ein System absichtsvoll koordinierter Aktivitäten, welches geschaffen wurde, um allgemeine, klar umrissene Ziele zu erreichen. Das bezweckte Produkt kann aus materiellen Erzeugnissen, Dienstleistungen, Entscheidungen oder Informationen bestehen, und die Beteiligten können auf die unterschiedlichste Art und Weise daran Anteil haben. Vor allem interessieren mich jene formalen Organisationen, die innerhalb der Mauern eines einzigen Gebäudes oder Gebäudekomplexes beheimatet sind, wobei ich eine solche umzäunte Einheit der Einfachheit halber als soziale Anstalt, Institution oder Organisation bezeichnen will.

[. . .]

Für unsere Gesellschaft, wie vermutlich auch für einige andere, trifft also zu, daß die formale instrumentelle Organisation nicht nur die Aktivität ihrer Mitglieder beansprucht. Die Organisation schreibt auch vor, was als offiziell anerkannter Maßstab des Wohlergehens, als gemeinsame Werte, als Anreiz oder als Strafe zu gelten hat. Dieses Konzept geht über einen bloßen Vertrag bezüglich der Beteiligung hinaus und betrifft die Natur oder das soziale Sein des Teilnehmers. Diese impliziten Imagines stellen ein wichtiges Element der von jeder Organisation aufrechterhaltenen Werte dar, unabhängig davon, wie leistungsorientiert oder unpersönlich diese sein mag.[2] Den sozialen Arrangements einer Organisation liegt also eine sehr umfassende Konzeption des Mitglieds zugrunde – und nicht nur in seiner Eigenschaft als Mitglied, sondern vielmehr in seiner Eigenschaft als Mensch.[3]

Solche Organisationsbegriffe vom Menschen lassen sich leicht bei radikalen politischen Bewegungen und missionierenden religiösen Gruppen feststellen, welche spartanische Wohlfahrts-Standards und stark wirksame, allumfassende gemeinsame Werte aufrechterhalten. Dort wird vom Mitglied erwartet, daß es sich den jeweiligen Bedürfnissen der Organisation unterwirft. Indem sie ihm sagt, was es tun soll und warum es dies tun soll, schreibt die Organisation dem Mitglied sein gesamtes Sein vor. Dabei gibt es

2 Diesen Sachverhalt in wirtschaftlichen Unternehmungen schildert Philip Selznick, Leadership in Administration, Evanston, Ill., 1957.

3 Eine Fallstudie: Alvin Gouldner, Wildcat Strike, London 1955, besonders «The Indulgency Pattern», S. 18–22, wo er die nicht dem Arbeitsvertrag unterliegenden Erwartungen der Arbeiter an das Unternehmen beschreibt.

die verschiedensten Abweichungen, und selbst dort, wo solche Abweichungen selten sind, herrschen mitunter starke Befürchtungen in dieser Hinsicht vor – was eindeutig auf die Fragen der Identität und der Selbst-Definition hinweist.[4]

Wir sollten jedoch nicht übersehen, daß, wenn eine Organisation offiziell äußere Anreize anbietet und offen zugibt, daß sie nur einen beschränkten Anspruch auf die Treue, die Zeit und den Geist des Beteiligten erheben kann, dieser Beteiligte, der dies akzeptiert – gleichgültig, was er mit seiner Belohnung tut und wo seine wahren Interessen liegen – stillschweigend eine bestimmte Auffassung von seiner Motivation und daher von seiner Identität akzeptiert. Die Tatsache, daß er diese Annahmen hinsichtlich seiner Person als vollkommen natürlich und akzeptabel ansieht, lehrt uns, warum wir als Wissenschaftler diese selten erkennen, will aber nicht besagen, daß sie nicht existierten. Ein Hotel, das sich höflich aus nahezu allen Belangen des Gastes heraushält, und ein Gehirnwäsche-Lager, in dem die Auffassung herrscht, der Gast dürfe keinerlei private Angelegenheiten haben, gleichen sich in einer Hinsicht: In beiden gilt eine allgemein anerkannte Ansicht über den Gast, die für ihn bedeutsam ist und die zu akzeptieren man von ihm erwartet.

Extreme Situationen sind lehrreich, weniger im Hinblick auf die pathetischeren Formen von Treue und Verrat, als vielmehr hinsichtlich der unbedeutenden Alltagshandlungen. Erst am Beispiel der Memoiren konsequenter Idealisten, etwa inhaftierter Kriegsdienstverweigerer oder politischer Gefangener, die ernste Gewissensskrupel haben, inwieweit sie mit der Autorität kooperieren dürfen, sehen wir, welche Konseqenzen selbst das kleine Gib-und-Nimm innerhalb einer Organisation für die Definition des Selbst haben kann. Zum Beispiel kann die Frage, ob jemand auf eine höfliche Bitte, geschweige denn auf einen Befehl hin eine Körperbewegung ausführen soll, bereits eine teilweise Anerkennung des Standpunktes des anderen beinhalten. Wenn jemand im Gefängnis Privilegien wie den Hofrundgang oder Material für künstlerische Betätigung akzeptiert, dann akzeptiert er, zumindest teilweise, die Vorstellung der Gefängnisbehörde von seinen eigenen Wünschen und Bedürfnissen und bringt sich dadurch in eine Lage, in der er eine gewisse Dankbarkeit und Kooperationsbereitschaft (wenn auch nur, indem er das Gegebene annimmt) zeigen und damit das Recht der Gefängnisbehörde anerkennen muß, Annahmen über ihn zu hegen.[5] Er wird vielleicht die höfliche Bitte eines freundlichen Wärters, Besuchern seine Gemälde zeigen zu dürfen, zurückweisen müssen, damit nicht der Anschein erweckt wird, als würde er die Legitimität der Gefängnisverwaltung, und

---

4 Dies wird anschaulich dargestellt in Isaac Rosenfelds Kurzgeschichte «The Party», aus The Kenyon Review, Herbst 1947, S. 572–607.

5 Zum Beispiel siehe Lowell Naeve, «A Field of Broken Stones», in: Holley Cantine and Dachine Rainer, Hg., Prison Etiquette, Bearsville, N. Y., 1950, S. 28–44.

schließlich die Legitimität von deren Vorstellungen über ihn, bestätigen.[6]

Obgleich ein politischer Gefangener, der angesichts der physischen Folter lautlos stirbt, vielleicht die Vorstellung seiner Schergen von dem, was ihn motiviert, und mithin von seiner menschlichen Natur widerlegt, vermittelt die Situation des Kriegsgefangenen ähnliche, wenn auch weniger augenfällige, so doch wichtige Aufschlüsse. So kann ein gebildeter Gefangener z. B. in einem subtilen Verhör den Eindruck gewinnen, daß sogar sein Schweigen auf gewisse Fragen Informationen geben und ihn wider Willen zum Kollaborateur machen kann, wodurch die Situation eine selbst-definierende Macht gewinnt, der er sich nicht durch bloße Standhaftigkeit und Wahrhaftigkeit entziehen kann.[7]

Moralisch eingestellte Gefangene sind natürlich nicht die einzigen mit einem empfindlichen Gewissen ausgestatteten Personen, deren Situation uns die selbst-definierenden Konsequenzen der geringeren Aspekte der Beteiligung in einer Organisation bewußt macht. Eine weitere wichtige Gruppe sind jene trainierten und militanten Nicht-Arbeiter, die in einer Stadt wie New York eine Existenz ohne finanzielle Gegenleistungen bestreiten. Auf ihrem Weg durch die Stadt untersuchen sie jede Situation auf ihre Möglichkeiten, sich freies Essen, freie Wärme, freie Schlafgelegenheiten zu verschaffen, und führen uns dadurch die Tatsache vor Augen, daß von normalen Leuten in diesen Situationen erwartet wird, daß sie sich um andere Dinge kümmern, da es ihre Natur ist, sich um diese anderen Dinge zu kümmern. Etwas über die impliziten Voraussetzungen des korrekten Gebrauchs der Einrichtungen einer Stadt erfahren heißt, die Natur ihrer Bürger und die Belange erkennen, die ihnen zugeschrieben und für sie als angemessen erachtet werden. Folgen wir einem einschlägigen Handbuch,[8] so erkennen wir, daß die Grand Central Station tatsächlich für Leute da ist, die ein Reiseziel haben oder Freunde treffen wollen, nicht aber als Wohnstätte dient; daß ein Untergrundbahnwagen ein Verkehrsmittel, eine Hotelhalle ein Treffpunkt, eine Bibliothek ein Ort der Lektüre, eine Feuerleiter ein Mittel des Überlebens, ein Kino ein Ort für Filmvorführungen ist, und daß jeder Fremde, der diese Orte als Schlafraum benützt, nicht die an diesen Orten angemessene Motivation besitzt. Wenn wir von einem Mann hören, der einen ganzen Winter lang jeden Nachmittag in die chirurgische Abteilung eines Krankenhauses ging, um dort ein Mädchen, das er kaum kannte, zu besuchen, weil es im Krankenhaus warm war und er fror,[9] dann werden wir zugeben, daß ein Krankenhaus bei seinen Besuchern ein bestimmtes Spektrum von Motiven voraussetzt, daß es aber wie jede andere soziale Entität ausgenützt, übervorteilt und, kurzum, auf eine Art benützt werden

6 Ebd., S. 35.

7 Albert Biderman, «Social-Psychological Needs and ‹Involuntary› Behavior as Illustrated by Compliance in Interrogation», Sociometry XXIII (1960), S. 120–47, besonders S. 126–28.

8 Edmund G. Love, Subways Are for Sleeping, New York 1957.

9 Ebd., S. 12.

kann, die nicht mit dem Charakter übereinstimmt, den man von den Beteiligten erwarten sollte. Auch wenn wir erfahren, daß militante Taschendiebe kleine, aber gefährliche Ladendiebstähle begehen, weil ihre Selbstachtung es ihnen verbietet, für das Gewünschte zu bezahlen,[10] können wir ermessen, welche Konsequenzen die alltäglichen kleinen Einkäufe für das Selbst haben.

[. . .]

Zusammenfassend schlage ich daher vor, wir sollten der Mitgliedschaft in einer Organisation besonders Rechnung tragen. Es geht in Wirklichkeit nicht darum, was man von dem Beteiligten erwartet und was er tatsächlich tut. Es geht vielmehr um die Tatsache, daß die in Organisationen gehegte Handlungserwartung eine Vorstellung vom Handelnden impliziert und daß eine Organisation daher als ein Ort angesehen werden kann, an dem Annahmen über die Identität der Beteiligten gehegt werden. Indem es die Schwelle der Anstalt überschreitet, übernimmt das Individuum die Pflicht, sich an der Situation zu beteiligen und sich in ihr entsprechend zu orientieren und anzupassen. Indem er an einer Aktivität in der Anstalt teilnimmt, übernimmt der einzelne die Verpflichtung, sich in diesem Augenblick für diese Aktivität zu engagieren. Durch diese Orientierung und durch diesen Aufwand an Aufmerksamkeit und Mühe paßt er seine Haltung sichtbar der Anstalt und der von dieser gehegten Vorstellung von ihm selbst an. Die Beteiligung an einer bestimmten Aktivität und in einem bestimmten Geist bedeutet, daß der Betreffende akzeptiert, ein Mensch zu sein, der in einem bestimmten Milieu zu Hause ist.

Wenn daher jede soziale Institution als ein Ort angesehen werden kann, wo systematisch Konsequenzen für das Selbst eintreten, dann können wir sie folglich auch als einen Ort ansehen, an dem der Teilnehmer sich systematisch mit diesen Konsequenzen auseinandersetzt. Vorgeschriebene Aktivitäten unterlassen oder sie in unvorschriftsmäßiger Weise oder zu unvorschriftsmäßigen Zwecken ausführen heißt, das offizielle Selbst und die ihm offiziell verfügbare Welt ablehnen. Eine Handlung vorschreiben heißt, eine Welt vorschreiben; sich vor einer Vorschrift drücken heißt, sich vor einer Identität drücken.

Ich führe zwei Beispiele an. Von den Orchestermusikern eines Broadway-Musicals wird erwartet, daß sie rechtzeitig, korrekt gekleidet, korrekt vorbereitet und mit der korrekten Aufmerksamkeit für die anstehende Aufgabe zum Dienst erscheinen. Wenn sie ihren Platz im «Graben» eingenommen haben, erwartet man von ihnen, daß sie sich aufmerksam und wohlanständig der Aufgabe widmen, ihren Musikpart zu spielen oder auf ihre Einsätze zu warten. Man erwartet von ihnen als Musikern, daß sie sich diszipliniert auf ihre musikalische Welt beschränken. Dies ist das Sein, das der Orchestergraben und die Musik ihnen vorschreiben.

Sobald sie jedoch die Musik eines bestimmten Stückes beherrschen, haben

10 David Maurer, Whiz Mob, Publication No. 24 of the American Dialect Society, 1955, S. 142.

sie nichts weiter zu tun und sind darüber hinaus halb vor den Blicken derer verborgen, die von ihnen erwarten, daß sie ausschließlich und vollständig ihrer Arbeit als Musiker ergeben seien. Folglich schweifen Orchestermusiker häufig, obgleich physisch auf der Stelle bleibend, von ihrer Arbeit ab und beweisen damit heimlich ihre Zugehörigkeit zu einem Selbst wie zu einer Welt, die vom Publikum weit entfernt sind. Während sie darauf achten, nicht gesehen zu werden, schreiben sie vielleicht Briefe oder komponieren, lesen die Klassiker, lösen Kreuzworträtsel, werfen sich Zettel zu, spielen mit einem am Fußboden hin und her geschobenen Spielbrett Schach oder treiben derbe Späße mit Wasserpistolen. Wenn ein Musiker, der über einen Ohrhörer eine Sportsendung aus seinem Transistorradio verfolgt und plötzlich die Theaterbesucher in der ersten Reihe durch den Ausruf: «Snider – Tor!» schockiert,[11] dann bewegt er sich nicht in der Eigenschaft und in der Welt, die für ihn programmiert wurden; dies belegen die Publikumsbeschwerden.

Ein weiteres Beispiel entnehmen wir dem Leben in einem deutschen Kriegsgefangenenlager.[12] Ein Insasse, der einem Beamten begegnet und an ihm vorbeigeht, ohne daß dieser Anlaß hätte, ihn zu maßregeln, ist anscheinend ein Insasse, der im Gefängnis ein korrektes Betragen zeigt und seine Inhaftierung korrekt akzeptiert. Wie wir aber wissen, kann ein solcher Insasse zuweilen unter seinem Mantel ein paar Bretter verbergen, die zur Abstützung eines Fluchttunnels vorgesehen sind. Ein so ausstaffierter Insasse könnte vor einem Gefängnisbeamten stehen und dabei weder die Person sein, die der Beamte zu sehen glaubt, noch sich in der Welt befinden, die das Lager eigentlich für ihn sein sollte. Der Insasse wird im Lager festgehalten, doch er hat die Eigenschaften eines Menschen, der sich entfernt hat. Da ein Mantel den klaren Beweis für diese Entfernung verbergen kann und da eine persönliche Fassade, einschließlich der Kleidung, Bestandteil unserer Teilnahme an jeglicher Organisation ist, müssen wir darüber hinaus erkennen, daß die persönliche Erscheinung eines Menschen stets den Beweis verbergen kann, daß er sich im Geiste entfernt hat.

Jede Organisation setzt also eine Disziplin des Handelns voraus, doch hier interessiert mich die Tatsache, daß jede Organisation auch eine Disziplin des Seins beinhaltet – eine Verpflichtung, einen bestimmten Charakter zu haben und in einer bestimmten Welt zu leben. In diesem Zusammenhang möchte ich eine bestimmte Form des Absentismus untersuchen, die darin besteht, sich nicht einer vorgeschriebenen Handlung, sondern einem vorgeschriebenen Sein zu entziehen.

11 Albert M. Ottenheimer, «Life in the Gutter», The New Yorker, 15. 8. 1959.
12 P. R. Reid, Escape from Colditz, New York 1956, S. 18.

Primäre und sekundäre Anpassung

I

Nun kann ein Begriff neu eingeführt werden. Wenn ein Mensch auf kooperative Art und Weise eine verlangte Tätigkeit für eine Organisation leistet – in unserer Gesellschaft unterstützt durch die institutionalisierten Standards der Wohlfahrt, den durch Belohnungen und gemeinsame Werte geschaffenen Antrieb und durch die Androhung vorgesehener Strafen –, dann verwandelt er sich in einen Mitarbeiter; er wird zum «normalen», «programmierten» oder zugehörigen Mitglied. In angemessenem Geist gibt und bekommt er das, was für ihn vorgesehen ist, gleich ob dies viel oder wenig von ihm selbst verlangt. Kurz, er stellt fest, daß von ihm offiziell verlangt wird, nicht mehr und nicht weniger als das zu sein, worauf er vorbereitet wurde, und in einer Welt zu leben, die ihm tatsächlich kongenial ist. Unter diesen Bedingungen möchte ich davon sprechen, daß das Individuum eine *primäre Anpassung* an die Organisation unternimmt, und dabei vernachlässige ich die Tatsache, daß es ebenso vernünftig wäre, davon zu sprechen, daß die Organisation eine primäre Anpassung an ihn durchmacht.

Ich habe diesen etwas umständlichen Begriff konstruiert, um zu einem zweiten zu gelangen, nämlich der *sekundären Anpassung*. Darunter verstehe ich ein Verhalten, bei welchem das Mitglied einer Organisation unerlaubte Mittel anwendet oder unerlaubte Ziele verfolgt, oder beides tut, um auf diese Weise die Erwartungen der Oragnisation hinsichtlich dessen, was er tun sollte und folglich was er sein sollte, zu umgehen. Sekundäre Anpassung stellt eine Möglichkeit dar, wie das Individuum sich der Rolle und dem Selbst entziehen kann, welche die Institution für es für verbindlich hält. Z. B. wird gegenwärtig in Amerika angenommen, daß Gefangene Menschen sind, denen eine Bibliothek zur Verfügung stehen sollte, da die Seelen der Gefangenen etwas sind, das vom Lesen profitieren kann und sollte. Angesichts dieser legitimen Bibliotheksaktivität können wir Donald Clemmers Befund vorwegnehmen, daß Gefangene häufig Bücher bestellen nicht zum Zweck der Erbauung, sondern um die Bewährungskommission zu beeindrucken, um den Bibliothekar zu belästigen oder einfach um ein Päckchen zu erhalten.[13]

[. . .]

II

Es sollte völlige Klarheit darüber herrschen, daß primäre und sekundäre Anpassungen eine Frage der sozialen Definition sind und daß eine Anpassung oder ein Anreiz, die zu einer Zeit in einer bestimmten Gesellschaft

13 Donald Clemmer, The Prison Community, 2. Auflage, New York 1958, S. 232.

legitim sind, in einem anderen Zeitraum der Geschichte oder in einer anderen Gesellschaft illegitim sein können. Ein amerikanischer Häftling, dem es gelingt, im Gefängnis oder außerhalb eine Nacht mit seiner Frau zu verbringen, erreicht so etwas wie einen Gipfel der sekundären Anpassung,[14] ein Gefangener in einem mexikanischen Gefängnis hält ein solches Arrangement für einen Teil der minimalen Wohlfahrtsstandards, eine primäre Anpassung an die Situation. In amerikanischen Internierungslagern galt der Besuch einer Prostituierten nicht als ein Bedürfnis, dem in der Anstalt Rechnung getragen werden müßte; andererseits besaßen einige deutsche Konzentrationslager diese großzügigere Auffassung von den wesentlichen und charakteristischen Bedürfnissen eines Mannes.[15] Im neunzehnten Jahrhundert erkannte die amerikanische Marine die Trinkgewohnheiten ihrer Leute an und schenkte täglich Grog aus; heute würde dies als eine sekundäre Anpassung gelten. Andererseits berichtet uns Melville, daß in der Marine damals Freizeitspiele (wie Dame) in den dienstfreien Stunden als besonderes Privileg angesehen wurden[16]; heute gelten an Bord eines Schiffes solche Spiele als vollkommen natürliches Recht. In der britischen Industrie entspricht ein Acht-Stunden-Tag mit einer Stunde Mittagspause und zehn Minuten Frühstückspause den normalen Vorstellungen des arbeitenden Menschen. In den dreißiger Jahren des vorigen Jahrhunderts vertrat man in den Spinnereien die Auffassung, daß die Natur der Arbeiter keine frische Luft und kein Wasser zum Trinken verlangte, und die Arbeiter wurden bestraft, wenn sie bei heimlichen Handlungen ertappt wurden, die sie während der Arbeitszeit in den Genuß solcher Annehmlichkeiten bringen sollten.[17] Damals konnten sich manche Manager ihre Arbeiter offenbar nur in Streß-Situationen vorstellen und ließen sie so lange und so schwer arbeiten, daß sie gerade noch Kraft genug für die Mühen des folgenden Tages hatten.

Die körperliche Züchtigung ist ein gutes Beispiel für eine Praxis, die eindeutig Annahmen über das Selbst der bestraften Person voraussetzt, und eine Praxis, die stark schwankenden Beurteilungen ausgesetzt ist. Im sechsten Jahrhundert bestimmte der hl. Benedikt, als er erwog, was mit denen zu geschehen habe, die beim Oratorium falsch rezitierten, daß Knaben körperliche Strafen erhalten sollten.[18] Diese Vorstellung davon, wie man ungehorsame Jungen zum Gehorsam bringen könne, ist in der westlichen Gesellschaft bemerkenswert konstant geblieben. Erst in den letzten Jahrzehnten haben sich amerikanische Schulen zu der Definition durchgerungen, daß Knaben Objekte seien, die von niemand anderem als ihren Eltern zum Zweck der körperlichen Bestrafung berührt werden sollten. Im letzten halben Jahrhundert ist auch die Marine zu der Überzeugung gelangt, daß Matrosen,

14 Siehe James Peck, bei Cantine and Rainer (Fu. 5), S. 47.
15 Eugen Kogon, Der SS-Staat. Das System der deutschen Konzentrationslager, Frankfurt a. M. 1946, S. 194–196.
16 Herman Melville, White Jacket, New York o. J., S. 346.
17 R. Bendix, Work and Authority in Industry, New York 1956, S. 39.
18 Die Regel des Heiligen Benedikt, 45. Hauptstück.

als «menschliche Wesen» mit einem Minimum an Menschenwürde, nicht der Auspeitschung als einer Form der Bestrafung ausgesetzt werden sollten. Gegenwärtig wird die in Gefängnissen übliche Bestrafung durch Einzelhaft ernsthaft überprüft, und es setzt sich immer mehr die Auffassung durch, daß unsere Natur so beschaffen sei, daß die Isolierung ihr widerspricht und daher nicht verhängt werden sollte.

[. . .]

Das «Unterleben» von Organisationen

I

Untersucht man den aktuellen Ort, an dem sekundäre Anpassungsformen praktiziert werden, sowie das Rekrutierungsgebiet, aus dem diejenigen, die sie praktizieren, stammen, dann verschiebt sich der Blickpunkt vom Individuum und seinen Handlungen auf kollektive Angelegenheiten. Im Falle einer formalen Organisation, etwa einer sozialen Institution, würde sich das Interesse entsprechend von der sekundären Anpassung des Individuums auf das ganze Repertoire solcher Anpassungsmechanismen verlagern, deren sich alle Mitglieder der Organisation je einzeln wie kollektiv bedienen. Zusammengenommen bilden diese Praktiken das, was man das *Unterleben (underlife)* einer Institution nennen könnte und das für die soziale Anstalt dasselbe bedeutet wie die *Unterwelt* für eine Stadt.

[. . .]

Die Untersuchung des Unterlebens in restriktiven totalen Institutionen wirft besonders interessante Fragen auf. Sobald die Existenz bis auf das Gerippe entblößt wird, erkennt man, was die Menschen unternehmen, um ihr Leben auszustaffieren. Verstecke, Transportsysteme, Freiräume, Territorien, Materialien für den wirtschaftlichen und sozialen Austausch – dies sind offenbar die minimalen Voraussetzungen, um ein Leben aufzubauen. Für gewöhnlich gelten diese Bedingungen als gesicherter Bestandteil der primären Anpassung; sobald sie einem durch Vertrag, Intelligenz, Gewalt oder List offiziell aberkannt werden, erkennt man erst, wie wichtig sie sind. Auch vermittelt das Studium der totalen Institutionen die Erkenntnis, daß formale Organisationen an bestimmten Punkten verletzlich sind: Dazu gehören Vorratsräume, Krankenstationen, Küchen oder Plätze mit komplizierter technischer Apparatur. Dies sind die Wetterecken, in denen sich die sekundären Anpassungsformen entwickeln und die Anstalt zu verunsichern beginnen.

[. . .]

II

Wenn es eine der Funktionen der sekundären Anpassung ist, eine Schranke zwischen dem Individuum und der sozialen Einheit zu errichten, an der es sich beteiligen sollte, können wir erwarten, daß einige sekundäre Anpassungsformen keinen eigentlichen Nutzen versprechen und nur dazu dienen, eine unerlaubte Distanz auszudrücken – als eine «selbstbewahrende Ablehnung des Ablehnenden».[19] Dies ist offenbar bei den weit verbreiteten Formen der rituellen Insubordination der Fall, z. B. beim Nörgeln und Meckern – mithin einem Verhalten, das keine wirkliche Veränderung verspricht. Durch direkte Unverschämtheit, die keine unmittelbare Zurechtweisung nach sich zieht, durch praktisch außer Hörweite der Vorgesetzten geäußerte Bemerkungen, durch hinter dem Rücken der Vorgesetzten ausgeführte Gebärden usw. pflegen Untergebene eine gewisse Distanzierung von dem ihnen offiziell zugewiesenen Platz auszudrücken. Ein ehemaliger Insasse der Strafanstalt von Lewisburg gibt dafür ein Beispiel:

> An der Oberfläche scheint das Leben hier beinah gemütlich zu verlaufen, aber man braucht nur ein wenig unter die Oberfläche zu blicken, um die Wirbel und Strudel der Wut und Frustration festzustellen. Da gibt es ein dauerndes Murren der Unzufriedenheit und Auflehnung: das halb-verhohlene Feixen, wenn wir an einem Beamten oder Wärter vorbeigehen, die vorsichtig kalkulierten Blicke, die Verachtung ausdrükken sollen, ohne offene Vergeltung nach sich zu ziehen . . .[20]

Und Brendan Behan berichtet aus einem englischen Gefängnis:

> Der Wärter schrie ihn an. «Jawoll Sir», brüllte er zurück. «Wird gemacht, Sir», und leise setzte er hinzu: «Du Arschloch».[21]

Diese Formen der offenen, aber sicheren Respektsverweigerung sind manchmal ergötzlich, besonders wenn sie kollektiv befolgt werden. Wiederum stammen die anschaulichsten Beispiele aus Gefängnissen:

> Wie kann man seine Verachtung für die Autorität ausdrücken? Eine Möglichkeit ist das «Gehorchen». Die Neger sind besonders geschickte Parodisten und verfallen dabei manchmal in den Gänsemarsch. Mitunter sitzen sie zu zehnt am Tisch und reißen sich im gleichen Moment vorschriftsmäßig die Mützen vom Kopf.[22]
>
> Jeden Sonntag, wenn der Himmelspilot die Kanzel bestieg, um uns unsere wöchentliche Aufmunterungspredigt zu halten, pflegte er ein paar müde Witze zu

---

19 Lloyd W. McCorkle and Richard Korn, «Resocialization Within Walls», The Annals, CCXCIII (1954), S. 88.

20 Alfred Hassler, Diary of a Self-Made Convict, Chicago 1954, S. 70–71. Ein Beispiel solcher «Meckerei» beim Militär gibt T. E. Lawrence, The Mint, London 1955, S. 132.

21 Brendan Behan, Borstal Boy, London 1958, S. 45. In der amerikanischen Gesellschaft lernen die Primärschulkinder sehr früh, die Finger zu kreuzen, Widerrede zu murmeln und heimlich Grimassen zu schneiden – wodurch sie ein Minimum an Autonomie beanspruchen, selbst während sie sich der verbalen Rüge des Lehrers unterwerfen.

22 Cantine and Rainer (Fn. 5), S. 106.

reißen, und wir lachten dann immer so laut und so lange wie möglich, obwohl er gewußt haben muß, daß wir ihn aufzogen. Immer wieder machte er diese mäßig lustigen Bemerkungen, und jedesmal schallte donnerndes Gelächter durch die ganze Kirche, obgleich nur die Hälfte der Zuhörer verstanden haben konnte, was gesagt worden war.[23]

Manche Akte der rituellen Insubordination bedienen sich der Ironie – so gibt es im Alltagsleben den Galgenhumor, und in Anstalten kommt Talismanen eine sehr große Bedeutung zu. Eine Standardform der Ironie besteht in totalen Institutionen darin, daß besonders bedrohliche oder unangenehme Aspekte der Umwelt mit Spitznamen belegt werden. In den Konzentrationslagern wurden die weißen Rüben manchmal «deutsche Ananas»[24] genannt, und der Arbeitsdienst trug den Namen «Erdkunde-Stunde»[25]. Die chirurgisch behandelten Hirnverletzten auf den psychiatrischen Stationen des Mount-Sinai-Hospitals nannten die Klinik «Mount Zyankali»[26], und die Ärzte wurden

mit charakteristischen Namen belegt, wie etwa «Richter», «Stehkragenproletarier», «Kapitän», «Präsident», «Barkeeper», «Unsicherheitsvertreter» und «Kassierer». Der Name eines Arztes (E. A. Weinstein) wurde in «Weinberg», «Weingarten, «Weiner» oder «Weiser Mann» abgewandelt ...[27]

Im Gefängnis wird die Strafabteilung mitunter «Teepavillon» und ähnlich genannt.[28] Im Central Hospital stand eine Station, auf der besonders zuchtlose Patienten lagen, in dem Ruf, Strafstation für die Wärter zu sein, und wurde von ihnen «Rosengarten» genannt. Eine ehemalige psychiatrische Patientin führt ein weiteres Beispiel an:

Kaum war sie wieder im Tagesraum, meinte Virginia, ihr Kleiderwechseln sei eine «Umkleidetherapie»: U. T. Heute war also ich mit der U. T. an der Reihe. Das würde mehr Spaß machen, wenn ein guter harter Drink zur Hand wäre : Paraldehyd-Alkohol. «Wacholder-Cocktail» nannten wir ihn, wir lustigen Weiber vom Wacholderberg. Einen Martini bitte, sagen die Gebildeteren unter uns. «Und wo, Schwester, bleibt die Olive ...?»[29]

Tatsächlich braucht die durch Ironie beantwortete Bedrohung nicht von einer fremden menschlichen Autorität auszugehen. Sie kann auch durch den Betreffenden selbst oder durch natürliche Umstände verursacht sein, so z. B., wenn gefährlich Erkrankte über ihre Situation Witze machen.[30]

Neben der Ironie gibt es jedoch noch eine subtilere und vielsagendere Form der rituellen Insubordination. Es ist möglich, einer fremden Autorität

23 J. F. N. 1797, «Corrective Training», Encounter X, Mai 1958, S. 15–16. Siehe auch Goffman, Presentation of Self, S. 186–88.

24 Kogon (Fn. 15), S. 119.

25 Ebd., S. 110.

26 Edwin Weinstein and Robert Kahn, Denial of Illness, Springfield, Ill., 1955, S. 21.

27 Ebd., S. 61. Siehe besonders Kap. VI, «The Language of Denial».

28 George Dendrickson and Frederick Thomas, The Truth About Dartmoor, London 1954, S. 25.

29 Mary Jane Ward, The Snake Pit, New York 1955, S. 65.

30 Einen nützlichen Bericht über Witze und andere Möglichkeiten, auf lebensgefährliche Situationen zu reagieren, gibt Renée Fox, Experiment Perilous, Glencoe, Ill., 1959, S. 170 ff.

gegenüber eine bestimmte, aus Steifheit, Würde und Kälte zusammengesetzte Haltung einzunehmen, die in dieser Mischung gerade so ausgewogen ist, daß die darin zum Ausdruck gebrachte Anmaßung zwar keine unmittelbare Bestrafung nach sich zieht, gleichwohl aber andeutet, daß der Betreffende vollkommen sein eigener Herr ist. Da eine solche Kommunikation durch die Art der Körperhaltung und des Gesichtsausdrucks erfolgt, kann sie dauernd vermittelt werden, ganz gleich, wo der Insasse sich befindet. Dies wird in der Gefängnisgemeinschaft veranschaulicht:

Ein «richtiger Mann» muß mutig, furchtlos, seinen Kameraden gegenüber loyal sein, er darf andere nicht ausnützen, er muß sich konsequent weigern, die Überlegenheit der offiziellen Wertordnung anzuerkennen, und er muß die Auffassung ablehnen, daß der Insasse einer niedrigeren Klasse angehöre. Die richtige Haltung besteht darin, daß er seine eigene fundamentale Integrität, seine Würde und seinen Wert in einer fundamental degradierenden Situation geltend macht, und daß er solche Eigenschaften auch angesichts der vom offiziellen System angewandten Gewalt beweist.[31]

Ähnlich fanden sich im Central Hospital, in den «harten» Stationen mit maximalen Sicherheitsvorkehrungen, überzeugende Beispiele von Patienten, die sich zwar nicht vorsätzlich bemühten, Schwierigkeiten zu machen, die jedoch durch ihre bloße Haltung Gleichgültigkeit und eine gewisse Verachtung für alle Dienstränge des Personals sowie äußerste Selbstbeherrschung zum Ausdruck brachten.

III

Die Entstehung der sekundären Anpassung ließe sich leicht durch die Annahme erklären, daß das Individuum eine Reihe von angeborenen – oder erworbenen – Bedürfnissen besitze, und daß es in einem Milieu, das diese Bedürfnisse nicht befriedigt, in der Weise reagiere, daß es sich Ersatzbefriedigungen verschafft. Wie ich glaube, wird diese Erklärung jedoch nicht der Bedeutung gerecht, die die geheimen Anpassungsmechanismen für das Selbst haben.

Die Soziologen haben immer mit vollem Recht darauf hingewiesen, daß das Individuum durch Gruppen geprägt wird, sich mit Gruppen identifiziert und den Mut verliert, sobald es keine emotionelle Unterstützung durch Gruppen erhält. Aber wenn wir genauer untersuchen, was sich in einer sozialen Rolle, in einem Austausch geselliger Interaktionen, in einer sozialen Institution – sowie in jedem anderen Gebilde der sozialen Organisation – abspielt, dann werden wir feststellen, daß das Individuum nicht vollkommen darin aufgeht. Wir werden immer sehen, daß das Individuum stets Mittel und Wege findet, eine gewisse Distanz, eine gewisse Ellbogenfreiheit zwi-

---

31 Richard Cloward, «Social Control in the Prison», Social Science Research Council Pamphlet No. 15, Theoretical Studies in Social Organization of the Prison, 1960, S. 40. Siehe auch Gresham Sykes and Sheldon Messinger, «The Inmate Social System», ebd., S. 10–11. Manche Minderheitsgruppen weisen im Verhältnis zur Gesellschaft insgesamt eine Spielart dieser nicht provozierenden, aber unnahbaren Haltung auf. Vgl. das Konzept des «coolen Typs» bei den städtischen Negern Amerikas.

schen sich selbst und dem, womit die anderen es identifizieren möchten, zu bewahren. Zweifellos bietet eine staatliche Heilanstalt dem Wachstum dieser sekundären Anpassungsformen einen nur allzu fruchtbaren Boden, aber tatsächlich erblühen sie in sozialen Organisationen aller Art wie Unkraut. Wenn wir also feststellen, daß die Beteiligten in allen tatsächlich untersuchten Situationen Abwehrmaßnahmen gegen die soziale Bindung ergreifen, warum sollten wir dann unseren Begriff vom Selbst auf Vermutungen über ein Verhalten stützen, welches das Individuum an den Tag legen würde, wenn die Bedingungen «in Ordnung» wären?

Die einfachste soziologische Auffassung vom Individuum und seinem Selbst besagt, daß es vor sich selbst das ist, was sein Platz innerhalb einer Organisation ihm vorschreibt. Wenn es sein muß, findet der Soziologe sich allerdings bereit, sein Modell zu modifizieren und gewisse Einschränkungen gelten zu lassen: So ist es möglich, daß das Selbst noch nicht geformt ist oder daß es konfligierende Neigungen zeigt. Vielleicht sollten wir noch eine weitere Komplikation dieses Bildes zulassen, indem wir diesen Modifikationen eine zentrale Bedeutung beimessen und für die Zwecke der Soziologie folgende erste Definition des Individuums wagen: Es ist eine Stellung beziehende Entität, ein Etwas, das eine irgendwo zwischen der Identifikation mit einer Organisation und der Opposition gegen diese gelegene Haltung einnimmt, und es ist bereit, beim leisesten Zwang sein Gleichgewicht wiederherzustellen, indem es sein Engagement in die jeweilige Richtung verlagert. Das Individuum kann sich also gegen etwas setzen. Diese Tatsache ist von Wissenschaftlern, die sich mit dem Totalitarismus befaßten, konstatiert worden:

> Kurz, Ketman bedeutete die Selbstverwirklichung gegen etwas. Derjenige, der Ketman praktiziert, leidet unter den Hemmnissen, auf die er stößt; aber wenn diese Hindernisse plötzlich verschwänden, dann befände er sich in einer Leere, die vielleicht noch schmerzhafter wäre. Die innere Auflehnung ist manchmal für die innere Gesundheit wesentlich und kann eine bestimmte Form des Glücks bedingen. Was offen gesagt werden darf, ist häufig lange nicht so interessant wie die emotionelle Magie der Verteidigung des eigenen, privaten Heiligtums.[32]

Dasselbe habe ich im Hinblick auf totale Institutionen festgestellt. Könnte dies nicht auch in einer freien Gesellschaft der Fall sein?

Ohne etwas, zu dem wir uns zugehörig fühlen, haben wir kein stabiles Selbst, erfordert doch die totale Hingabe und Bindung an jegliche soziale Einheit eine gewisse Selbstlosigkeit. Unser Gefühl, jemand zu sein, kann daraus resultieren, daß wir einer größeren sozialen Einheit angehören; unser Gefühl der Individualität kann sich in den kleinen Maßnahmen bewähren, durch die wir deren Sog widerstehen. Unser Status wird durch das solide Bauwerk unseres Milieus getragen, doch unser Gefühl der persönlichen Identität steckt häufig gerade in den Brüchen.

---

32 Czeslaw Milosz, The Captive Mind, New York 1955, S. 76.

3. Norm

Eine soziale Norm ist eine «Idee» in den Köpfen der Mitglieder einer Gruppe, «die in die Form einer Aussage darüber gebracht werden kann, was andere Menschen tun sollten und tun müßten, was man unter gewissen Umständen von ihnen erwartet»[1]. Diese direkte Beziehung auf erwartetes Verhalten unterscheidet soziale Normen von *Werten*, d. h. von allgemeinen Vorstellungen darüber, was Menschen für wünschenswert halten (vgl. die entsprechenden Einleitungen und Texte in diesem Band). Normen wie Werte entstehen aus gemeinsamen Handlungszusammenhängen und verleihen dem Handeln der Mitglieder einer Gruppe einen sozial verbindlichen Rahmen; beide bilden Elemente der kollektiven Identität einer Gruppe. Während jedoch Werte einen weitgehend situationsunabhängigen Standard darstellen, definieren soziale Normen das in spezifischen Situationen zur Verfolgung bestimmter Werte zugelassene Verhalten.

Soziale Normen stehen also zu Werten in einem *instrumentellen* Verhältnis: Die Befolgung der Norm ermöglicht «wertgemäßes» Verhalten. Dabei handelt es sich keineswegs um eine eindeutige Zuordnung: Wertvorstellungen wie z. B. «Gleichheit» bilden den Hintergrund einer ganzen Reihe von Instrumentalisierungen, die das Handeln von Menschen in den verschiedensten sozialen Beziehungen regeln; umgekehrt kann eine konkrete Verhaltensregel auf mehrere wünschenswerte Standards bezogen sein. In jedem Falle jedoch regulieren soziale Normen menschliches Verhalten und bewirken dadurch beobachtbare Gleichförmigkeiten in den Beziehungen zwischen den Mitgliedern einer Gruppe.[2]

Normen und Werte sind nicht selbstverständlich; sie müssen in Interaktionen mit anderen Menschen gelernt werden. Dieser Vorgang wird in der Soziologie als *Sozialisation* bezeichnet. Im Verlauf der Sozialisation werden die Normen und Werte einer sozialen Gruppe durch die jeweiligen Sozialisationsinstanzen (die Eltern, die Schule, die Universität, der Betrieb) an neue Mitglieder (z. B. Kinder, Schüler, Studenten, neue Kollegen) weitergegeben. Die Mechanismen, über die diese Weitergabe erfolgt, heißen *Sanktionen*. Die positive Sanktionierung («Belohnung») konformen Verhaltens und die negative Sanktionierung («Bestrafung») der Verletzung von Regeln ermöglichen, daß neue Mitglieder sich in das vorhandene Netz sozialer Beziehungen in einer Gruppe einfügen, und sichern dessen Fortbestand unabhängig vom Wechsel der Mitglieder.

Nicht in jedem Fall jedoch hat Konformität mit sozialisierten Normen und

---

1 George C. Homans, Theorie der sozialen Gruppe, S. 136.

2 Das bedeutet nicht, daß jede beobachtbare Verhaltensgleichförmigkeit Resultat der Wirksamkeit sozialer Normen darstellt: Auch Gewalt (z. B. seitens einer Besatzungsmacht in einem «eroberten» Land) produziert ein gewisses Maß an gleichem Verhalten, ebenso die bloße Reaktion auf einen gemeinsamen Stimulus (z. B. Flucht vor dem Feuer).

Werten stabilisierende Wirkungen auf die Struktur einer Gruppe. Die Normen und Werte, die neue Mitglieder über die jeweiligen Sozialisationsinstanzen kennenlernen, müssen nicht notwendig der tatsächlichen Struktur der Gruppe entsprechen: Sie können Relikte bereits überwundener Muster sozialer Beziehungen sein oder auch Vorwegnahme einer möglichen oder erwünschten Zukunft (vgl. etwa die Einschulungsprobleme «antiautoritär» erzogener Kinder). Darüber hinaus kann Sozialisation nur dann Konformität und Stabilität bewirken, wenn die erlernten Normen Verhalten klar und eindeutig regeln. Die anschließende Diskussion des Rollenbegriffs zeigt jedoch, daß für einen großen Teil sozialer Normen geradezu das Gegenteil charakteristisch ist: Ihre innere Widersprüchlichkeit konfrontiert den einzelnen mit Konflikten, denen er sich nur in begrenztem Maße entziehen kann. Diese äußere und innere Konflikthaftigkeit der in Sozialisationsprozessen vermittelten Normen bildet ein Veränderungspotential, das zu tiefgreifenden Wandlungen führen kann.[3]

Die Reichweite der in Sozialisationsprozessen erlernten Normen ist unterschiedlich. Soziale Normen können Beziehungen in einer kleinen Gruppe regeln (in der Familie oder in einer Gruppe von Freunden), sie können sich auf eine Teilgruppe der Gesamtgesellschaft beziehen (wie z. B. auf Katholiken in Nordirland), oder sie können von fast allen Mitgliedern einer Gesellschaft akzeptiert werden (wie z. B. die Norm der Monogamie). Neben ihrer verschiedenen Reichweite unterscheiden sich Normen auch nach dem Grad ihrer Befolgung: In jeder sozialen Gruppe gibt es Normen, die von fast allen Mitgliedern streng befolgt, und andere, die immer wieder übertreten werden.

Ein anderes Kriterium, anhand dessen sich soziale Normen unterscheiden lassen, ist das Ausmaß, in dem sie den Mitgliedern einer Gruppe wichtig und befolgenswert erscheinen: das Ausmaß ihrer *Internalisierung.* Normen sind internalisiert, wenn sie einen Teil des Bewußtseins und des Selbstverständnisses der betroffenen Individuen bilden; die Wahrscheinlichkeit, daß sie befolgt werden, ist dementsprechend sehr hoch. Je geringer der Grad der Internalisierung einer Norm ist, desto größer wird die Notwendigkeit eines institutionalisierten Systems *sozialer Kontrolle,* das *abweichendes Verhalten* mit Hilfe von Sanktionen bestraft oder verhindert. Während die Befolgung internalisierter Normen durch – informelle – Appelle an das «Gewissen» der Betroffenen gesichert werden kann, reichen die Sanktionen bei nicht oder nicht vollständig internalisierten Normen von mehr oder weniger subtilen Mechanismen sozialer Isolierung bis zur Anwendung der verschiedensten Formen von Gewalt. Am wirkungsvollsten sind Sozialisationsprozesse deshalb immer dann, wenn sie eine weitgehende Internalisierung der vermittelten Normen bewirken.

Die Studie von Coleman über heranwachsende Jugendliche, aus der der

3 Vgl. hierzu Einleitung und Text zum Begriff der «Devianz».

folgende Text stammt, untersucht die soziale Struktur von Schülergruppen in amerikanischen Schulen. Coleman fand, daß bestimmte Schüler und Schülerinnen unter ihren Mitschülern eine führende Rolle spielten, mehr Einfluß ausübten als andere und für ihre Mitschüler ein Vorbild darstellten. Diese Sonderstellung – die Zugehörigkeit zur «Elite» der «Adolescent Society» – ließ sich durch Faktoren wie den familiären Hintergrund oder die Karrierepläne der Betreffenden nicht hinreichend erklären. Die entscheidende Ursache für den Elitestatus eines Schülers, so ergaben Colemans Analysen, lag in seinem Verhältnis zu den von der Gruppe insgesamt geteilten Wertvorstellungen: Mitglieder der Elite waren besser als andere in der Lage, diesen Vorstellungen zu entsprechen. Eine Erklärung der Struktur der untersuchten Gruppen war deshalb nur möglich, wenn dabei die von ihren Mitgliedern geteilten Normen und Werte berücksichtigt wurden.

Aus Colemans Darstellung geht hervor, daß die entscheidende Wertvorstellung in diesem Zusammenhang der «gute Ruf» eines Schülers war. Obschon ein «guter Ruf» für Schüler *und* Schülerinnen Bedeutung hatte, erwies er sich für die Mitgliedschaft in einer weiblichen Führungsgruppe als weit wichtiger als bei den Jungen. Dementsprechend waren auch die sozialen Normen, durch deren Befolgung man der geltenden Wertvorstellung entsprechen konnte, bei den Schülerinnen stärker ausgeprägt. Jede Abweichung von der Norm wurde scharf sanktioniert, wobei die Sanktion vor allem darin bestand, daß die betroffene Schülerin ihren «guten Ruf» und damit auch die Chance zum Aufstieg oder zum Verbleib in der Führungsgruppe einbüßte.

Die Normen, denen gegenüber die Schülerinnen konformes Verhalten zeigen mußten, bezogen sich unter anderem auf den Bereich sexueller Attraktion. Von den Mädchen wurde erwartet – und Coleman zeigt, daß sie diese Erwartung schon in frühen Sozialisationsphasen, d. h. durch die Mutter, kennengelernt hatten –, daß sie dem Werben der Jungen nur in strategisch wohldosierten Portionen entgegenkamen. Ein zu leichtfertiger Umgang mit Gunstbezeigungen ruinierte ihren «guten Ruf» und führte außerdem zu einem Verlust an Attraktivität gegenüber den Jungen, die die in der Gruppe herrschenden Vorstellungen teilten und von ihnen abweichendes Verhalten der Mädchen durch ihr nachlassendes Interesse «negativ sanktionierten».

Einer der Vorzüge der Colemanschen Studie besteht darin, daß sie nicht nur die Wirksamkeit von Normen innerhalb sozialer Gruppen und ihre Erlernbarkeit in Prozessen der Sozialisation demonstriert, sondern darüber hinaus die Struktur der sozialen Beziehungen analysiert, die diesen Normen unterliegt und die durch ihre Befolgung aufrechterhalten wird – d. h. die *Funktion,* die die Norm für den Bestand der sozialen Struktur erfüllt. Diese Struktur ist nach Coleman dadurch gekennzeichnet, daß der Junge als «Eroberer» handelt, das Mädchen dementsprechend als die «zu Erobernde». Die Mädchen, die sich gegenüber den Normen der Gruppe konform verhalten und ihre Gunstbeweise strategisch «verknappen», bewahren dadurch die

Struktur dieser asymmetrischen Beziehung. Da dieselbe Struktur auch das Verhalten am «Heiratsmarkt» bestimmt, haben die Mädchen, die die entsprechenden Normen in ihrer Jugend internalisiert haben, später auch bessere Chancen, den Mann zu finden, den sie sich wünschen. Die von Coleman analysierte sexuelle «Doppelmoral» fungiert auf diese Weise als konservierendes Moment der Struktur von Partnerwahl und Familie – und das Konzept der sozialen Norm beweist dadurch, daß es eine Erklärung dieses Zusammenhangs ermöglicht, seine Fruchtbarkeit.

James Coleman
Funktionen und Folgen sexueller Doppelmoral im sozialen Leben Heranwachsender

Unterschiede der sozialen Herkunft und der Absicht, nach der Schule ein College zu besuchen, geben nur einen ersten Anhaltspunkt über die Art der informellen Elitebildung in der Kultur der Jugendlichen. Die Wertvorstellungen der Gruppen, zu denen diese Eliten gehören, ermöglichen uns, ein weit detaillierteres Bild vom Charakter der Eliten zu gewinnen.

Alle Schüler wurden gefragt:

«Welche der folgenden Punkte sind wichtig, wenn man in deiner Clique beliebt sein will?

Gut tanzen können – Schicke Sachen tragen – Einen guten Ruf haben – Wirbel um sich verbreiten – Geld haben – Rauchen – Über Autos Bescheid wissen (Für Mädchen: Wissen, wie man sich richtig anzieht) – Über Schlagersänger und Filmstars Bescheid wissen.»

Der meistgenannte dieser Punkte (die auf der Grundlage eines unstrukturierten Pre-Tests ausgewählt wurden) war «einen guten Ruf haben». Ungefähr 70 Prozent der Jungen und 90 Prozent der Mädchen gaben diese Antwort. Ein «guter Ruf» ist für Mädchen offenbar von beträchtlich größerer Bedeutung als für Jungen; dies stimmt damit überein, daß Mädchen häufiger als Jungen einen guten Ruf als Voraussetzung dafür nannten, Mitglied der Führungsgruppe der Schule zu werden.

Diejenigen Schüler, die der Führungsgruppe angehörten, sowie diejenigen, die für andere ein Vorbild darstellten, hielten einen guten Ruf für noch wichtiger als die Schüler insgesamt (Schaubild 1 und 2). Die Bedeutung eines «guten Rufs» bei den Jungen und unter ihren Elitegruppen variiert von Schule zu Schule, wobei jedoch in allen Schulen – ausgenommen Elmtown – die Eliten jeweils über dem Durchschnitt der Schule rangieren. In St. John's und Newlawn legen die Schüler insgesamt nur geringen Wert auf diesen Punkt. Ein «guter Ruf» scheint bei den Jungen etwas zu sein, das von der jeweiligen Kultur mehr oder weniger stark betont werden kann und gegebenenfalls überhaupt nicht betont zu werden braucht.

Andererseits scheint der Ruf eines *Mädchens* ein entscheidendes und invariantes Element der Kultur darzustellen. Bei den als beispielhaft angesehenen Mädchen (solchen, mit denen andere gerne «Freundschaft schließen» wollen und denen man «ähnlich sein» möchte) bestand beinah vollkommene Einmütigkeit über die Bedeutung des «guten Rufs». Von den 111 Mädchen, die hinsichtlich ihrer «Beispielhaftigkeit» die zwei höchsten Kategorien bildeten (aus Schaubild 2 nicht ersichtlich, da hier die mittlere Kategorie eingeschlossen ist), versäumte in den neun untersuchten Schulen nur *ein* dchen zu erwähnen, daß ein guter Ruf für die mit ihr befreundeten

Schaubild 1

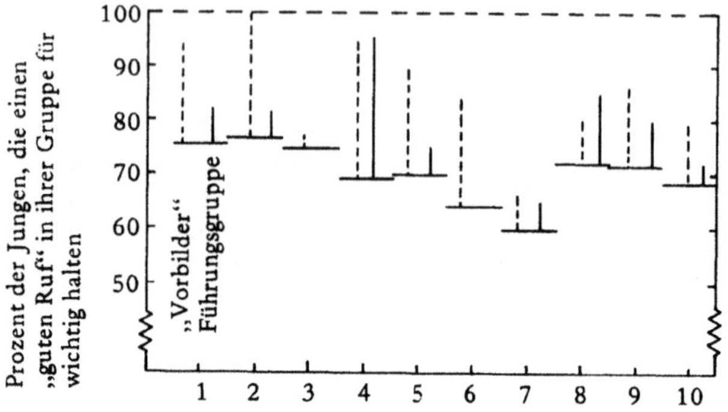

Die Bedeutung eines „guten Rufs" bei den Jungen an zehn untersuchten Schulen sowie bei jeweils zwei Elitegruppen

1 Farmdale
2 Marketville
3 Elmtown
4 Maple Grove
5 Green Junction
6 St. Johns
7 Newlawn
8 Millburg
9 Midcity
10 Executive Heights

Schaubild 2

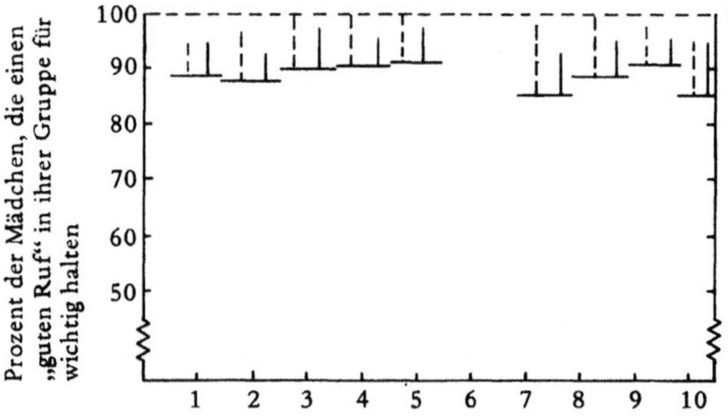

Die Bedeutung eines „guten Rufs" bei den Mädchen an zehn untersuchten Schulen sowie bei jeweils zwei Elitegruppen

Mädchen von Bedeutung war. Die Normen der *faktischen* Anführer, d. h. derjenigen, die als Freunde oder Mitglieder der *Führungs*gruppe genannt wurden, sind denen der Schülerschaft insgesamt etwas näher, betonen aber immer noch mit großer Häufigkeit den Wert eines «guten Rufs».[1]

In allen Schulen war es für die Elitegruppen der Mädchen von extremer Wichtigkeit, einen «guten Ruf» zu haben. Schaubild 2 zeigt, daß, obwohl der *soziale Hintergrund* und die Zukunftspläne der Eliten im Vergleich zu den übrigen Schülern von Schule zu Schule variierten, die Norm des «guten Rufs» bei den Eliten der Mädchen in allen Fällen stärker war als bei den Nicht-Eliten. Warum ist das so – und zwar nicht nur bei den als «Vorbilder» geltenden Mädchen, sondern auch bei den aktiven Führungsgruppen?

Diese Frage ist besonders deshalb interessant, weil unter den Jungen die Bedeutung eines guten Rufs weniger durchgängig ist, während für die Mädchen in allen Schulen der gute Ruf eine Voraussetzung für die Mitgliedschaft in der Elite zu sein scheint. Wie dieser Mechanismus funktioniert, geht aus der ausführlichen Schilderung eines Jungen über ein Mädchen hervor, das trotz seiner Intelligenz, seiner schulischen Aktivitäten, einer wohlhabenden Familie und eines lebhaften und angenehmen Wesens aus der Führungsgruppe ausgeschlossen wurde.

(Und was ist mit N.?)

N. gilt als eine Art Schandfleck.

(Warum?)

Ich weiß nicht. Ich selber mag sie ganz gern; ich habe nicht das mindeste gegen sie. Wenn ich das hätte, würde ich es sagen; ich hätte dabei schließlich nichts zu verlieren. Viele denken, daß sie zu viel redet. Ihr läuft immer sozusagen der Mund über, sie redet dauernd darüber, was sie gemacht hat oder was ihre Familie alles hat oder so.

(Warum gehört sie nicht zur Clique?)

Sie wird einfach nicht akzeptiert, das ist alles, was ich dazu sagen kann. Ich weiß nicht, wie sie das im einzelnen machen. Es interessiert mich auch nicht.

(Ist sie arrogant?)

Nein. Aber sie ist ein bißchen wild, kann man vielleicht sagen.

(Was heißt das?)

Also – Sex. Sie ist ziemlich wild, was das betrifft.

(Die Clique ist da sehr dagegen?)

Ja, so ungefähr. Die Jungen können sich das vielleicht leisten. Aber als Mädchen, Mann, da muß man anständig bleiben.

(Wie kommt es, daß N. . . .?)

---

1 Eine Schülerin über die Bedeutung, die ein «guter Ruf» für ein Mädchen hat: «Hier in Y. ist ein guter Ruf wichtig. Ein Mädchen wurde aus unserer Gruppe ausgeschlossen, weil sie keinen guten Ruf hatte. Sie trinkt zu viel und läuft Jungen nach. Sie wohnt am Rand einer guten Gegend, aber in einem sehr miesen Haus. Es ist beinah eine Baracke. Das hat alles eine Rolle gespielt. Ordentliches Anziehen spielt auch eine Rolle, aber ich glaube, man würde niemand ausschließen deswegen, ausgenommen sie würde sich wirklich unmöglich aufdonnern. Ich glaube, Ordentlichkeit zählt am meisten. Irgendwie bedeutet es, daß man rundherum in Ordnung ist. Wenn ein Mädchen Spaß versteht, sich einigermaßen ordentlich anzieht, einen guten Ruf hat und mitmachen will, kann sie durchaus in eine ‹sorority› [prestigereiche Verbindung von Schülerinnen an High Schools bzw. von College-Studentinnen, etwa analog unseren akademischen Burschenschaften – d. Ü.] aufgenommen werden – natürlich nur, wenn kein Mitglied persönlich etwas gegen sie hat.»

Sie ist wirklich ein intelligentes Mädchen. Ich weiß, Sie wissen das von ihren Zeugnissen.

(Aber wieso ist sie so wild nach Sex?)

Ich weiß nicht, weil . . . Also, sie hat – das ist jetzt wirklich nur für Sie und mich – sie hat mich mal eingeladen zusammen mit einer ihrer Freundinnen aus X. Also das war nicht meine Freundin, sondern ein Mädchen aus X. Das war also heimlich, sozusagen. Aber am Ende wurde daraus – na ja, um zu sagen, was wir machten, wir fuhren zum Autokino.

(Also ihr wart zu viert . . .?)

Ja, zu viert. Also erst hielten wir an und holten uns einen halben Kasten Bier. Dann fuhren wir zum Autokino, und dann kamen wir zurück vom Autokino. Dann fuhren wir zu ihrer Wohnung. Ich war in dem einen Raum und N. N. war in dem anderen. Und man konnte an den Geräuschen hören . . ., also ich weiß, was sie machten. Und ich weiß, was in meinem Raum passierte. Das dürfte wahrscheinlich eine von den Sachen sein, um die es geht – ich glaube, die Mädchen wissen wahrscheinlich ziemlich genau, daß sie so ist.

Ein Mädchen, das mit sich selbst zu freigebig ist, wird ausgeschlossen, unabhängig von ihrem sozialen Hintergrund – offenbar zunächst von den Mädchen, dann auch von den Jungen. Es mag sein, daß ein solches Mädchen deshalb ausgeschlossen wird, weil sie «die Währung entwertet» – genau wie jemand mit unbeschränktem Reichtum, der sein Geld wegwirft, von anderen Reichen schief angesehen würde, weil er auf diese Weise den Wert des Geldes herabsetzt. Offensichtlich werden beim «Dating» die Gunstbezeigungen eines Mädchens – in Gestalt von Küssen in frühen Phasen, von mehr oder weniger weitgehenden sexuellen Handlungen unter älteren Jugendlichen – bzw. die Andeutungen solcher Gunstbezeigungen durch kokettierende Worte und Gesten als Mittel zum Austausch gegen «Dates» *verwendet*, d. h. dazu, den Jungen zumindest in einem gewissen Ausmaß den Wünschen des Mädchens gefügig zu machen. Dies ist wahrscheinlich schon seit langem der Fall; man denke an die Ermahnungen der erfahrenen Mutter: «Verkaufe dich nicht zu billig, Kind.» Manche Mädchen versäumen, dies zu lernen; ihr Ruf wird dadurch ruiniert oder beeinträchtigt, und sie sind nicht mehr in der Lage, ihre Gunst zum Austausch gegen Kontrolle zu verwenden. Gunstbezeigungen solcher Mädchen sind nicht mehr «so viel wert» wie vorher, und ein Mädchen muß mehr und mehr von ihnen austeilen, wenn es die Aufmerksamkeit auf sich ziehen will, die es sich wünscht.

Am Anfang der Adoleszenz, bevor man sich ernsthaft untereinander den Hof macht, werden Küsse bei Partyspielen freigebig verteilt. Zu diesem Zeitpunkt sind sie noch nicht zur Währung im Wettbewerb um Status und Kontrolle geworden. Später plazieren die Mädchen, die sich einst mit Hingabe an solchen Spielen beteiligt hatten, ihre Küsse viel strategischer.

Die entscheidende Bedeutung des «guten Rufs» wird durch einen Vorfall illustriert, an dem eines derjenigen Mädchen mit einwandfreiem Ruf beteiligt war, die das in dem zuletzt geschilderten Fall erwähnte Mädchen aus der Clique ausgeschlossen hatten. Ein Junge berichtet:

Sie ist eine ziemlich große Nummer. Seit einiger Zeit jedoch geht es mit ihr bergab. Sie verliert ziemlich an Ansehen. Viele von den andern mögen sie nicht. Nach außen hin ist sie ein wirklich nettes Mädchen. Aber ungefähr vor sechs Monaten war ich mit ihr aus . . . Und es stellte sich heraus, daß sie überhaupt kein so nettes Mädchen war. Sie ging damals mit A.: er war in der letzten Klasse, und sie war gerade in die Oberstufe gekommen. Dann machte er Examen. Danach hatte sie mit verschiedenen Jungen Dates. Also ich ging mit ihr aus, und sie erwies sich als überhaupt nicht so nett. Sie läßt sich ziemlich gehen.

Also ich vermute, am nächsten Tag dachte sie: «Ich bin unvorsichtig gewesen und hab das und das mit ihm gemacht, und alles, und ich hätte das nicht tun sollen, weil ich doch so eine große Nummer bin.» Also wollte sie am nächsten Tag nicht mehr mit mir reden. Dann kam einer zu mir, dem muß sie irgendwas erzählt haben, weil er sagte: «Sag mal, ich höre, du warst mit B. aus.» Ich sage: «Richtig», und er sagt: «Wie bist du denn mit ihr hingekommen?» Ich sage: «Och, ziemlich gut, aber ich will darüber nichts weiter sagen.» Er also gleich zu ihr und sagt ihr alles, was ich ihm gesagt habe. Sie hat wohl geglaubt, ich würde niemandem etwas davon erzählen. Und alles, was ich gesagt hatte, war, daß ich gut mit ihr hingekommen war, ohne daß ich damit angedeutet hätte, daß ich irgendwas mit ihr gemacht hätte oder so.

Dann kam sie selber zu mir und wurde unwahrscheinlich böse. Aber ich sagte gar nichts zu ihr, ich sagte: «Ich habe überhaupt kein Wort über dich verloren. Man hat mich gefragt, und ich habe gesagt, ich war mit ihr aus, ich bin gut mit ihr hingekommen, es hat mir Spaß gemacht, und es war ein angenehmer Abend. Und das kannst du verstehen, wie immer du willst.» Am Schluß sagte ich: «Wenn du jemanden finden kannst, der etwas anderes behaupten will . . .» Au, war die sauer! Sie war deshalb ziemlich lange böse. Also ich kann nur sagen, sie hat mich sehr überrascht; ich dachte, sie wäre wirklich auf Draht – daß sie wirklich etwas darstellt –, und als ich mit ihr aus war, war ich so enttäuscht, weil es eben so – einfach war.

Wie ich an dem Abend nach Hause komme und ins Badezimmer gehe, um mir das Gesicht zu waschen und die Zähne zu putzen – kennen Sie dieses Make-up, dieses fingerdicke Make-up? Ich hatte es in jedem Mundwinkel. Das gab mir den Rest – seitdem hatte ich überhaupt kein Interesse mehr an ihr. Aber wie ich gesagt habe, es geht allmählich mit ihr bergab, weil die Leute ihr langsam auf die Schliche kommen.

Als das Mädchen seinen Ruf durch ihren Freimut gegenüber diesem Jungen in Gefahr geraten sah, tat sie alles, was sie konnte, um ihn wiederherzustellen: zuerst, indem sie am nächsten Tag nicht mehr mit dem Jungen sprach, um auf diese Weise zu versuchen, die Macht zurückzugewinnen, die sie über ihn gehabt hatte, bevor sie sich am Abend vorher zu sehr hatte gehen lassen; danach durch zornige Reaktionen, nachdem der Vorfall publik geworden war. Demgegenüber bestand die Reaktion des Jungen in einem Nachlassen seines Interesses, nachdem er die Früchte, die ihm als unerreichbar erschienen waren, zu einfach bekommen hatte.

Dies ist ein eindeutiges Beispiel dafür, wie die Doppelmoral funktioniert. Der Junge ist der Eroberer, das Mädchen die zu Erobernde. Wenn sie nicht mehr zurückhält, was er haben möchte, ist der Grund für die Eroberung entfallen. Deshalb ist es für ihren Status und für die Erhaltung des Systems insgesamt entscheidend, daß sie wählerisch ist und ihre Gunst mit äußerster Sorgfalt verteilt. Andernfalls bedroht ihre Philanthropie den Bestand der Kultur. Deren Strafe besteht darin, daß sie gegebenenfalls den «Ruf» des

Mädchens ruiniert und es seines Status beraubt.

Das sexuelle Verhalten des Jungen jedoch bedroht die Kultur nicht, weil er der Eroberer ist. *Seine* sexuellen Abenteuer sind Eroberungen und damit Handlungen, die seinen Status erhöhen, statt ihn herabzusetzen. Es ist diese Asymmetrie in der Beziehung zwischen den Geschlechtern, die mehr als alles andere die Doppelmoral aufrechtzuerhalten scheint. Würde diese Beziehung vertauscht, wäre zu erwarten, daß auch die Doppelmoral sich umkehren würde: Die Männer verfügten über das begehrte Gut, und es wäre wichtig für das System der Auswahl von Geschlechtspartnern, daß sie dieses Gut dazu benutzten, das Mädchen zu bekommen, das sie sich wünschen, anstatt es bedingungslos zu verteilen. In diesem Fall würde die Erhaltung des Systems davon abhängen, daß die *Jungen* ihren «guten Ruf» bewahren. Solange die Beziehung zwischen Eroberern und zu Erobernden so bleibt, wie sie ist, wird sich die bestehende Doppelmoral kaum ändern.[2]

Möglicherweise ist dies eine zynische Sicht von Partnerwahl und Heirat. Andererseits scheinen tatsächlich diejenigen Mädchen am ehesten den Mann zu bekommen, den sie wollen, die am besten gelernt haben, ihre Attraktivität am großen Verhandlungstisch des Heiratsmarktes klug zur Geltung zu bringen. Eine andere Frage ist freilich, ob heranwachsende Mädchen in Anbetracht ihrer späteren Lebenssituation ihre Zeit nicht besser als mit dem Erlernen derartiger Techniken verbringen könnten. Es scheint problematisch, daß ein so großer Teil der Energien der Jugendlichen auf die Ausbildung von Fähigkeiten verwendet werden muß, die ihnen nur an einem Punkt ihres Lebens von Nutzen sein können: beim Spiel an der Heiratsbörse. Die hierbei erworbenen Fähigkeiten und Gewohnheiten können im späteren Leben Hindernisse für glückliche Beziehungen bilden. Bei Männern und Frauen kann nach der Heirat das «Jagdfieber» andauern und das Leben in der Ehe unbefriedigend erscheinen lassen.

Oder auch nicht. Über diesen Gegenstand wissen wir wenig oder nichts.[3] Mit Sicherheit läßt sich jedoch sagen, daß die Normen jugendlicher Gruppen – besonders von Gruppen mit hohem Status innerhalb des Systems der «Jugendkultur» – sehr stark an den Beziehungen zwischen Jungen und

---

2 Eine Abnahme der Rollendifferenzierung zwischen Jungen und Mädchen in der heutigen Mittelschicht könnte diese Asymmetrie verringern. Aber die Schule, in der der oben beschriebene Vorfall stattfand, gehörte zu denjenigen mit dem ausgeprägtesten Mittelschichtcharakter. Das zeigt, daß auch in Mittelschichtkulturen die herkömmliche Beziehung zwischen «Eroberern» und «zu Erobernden» noch lange nicht überwunden ist [. . .]

3 Sorgfältige Forschung wäre imstande, diese Frage zu beantworten. Es wäre beispielsweise nützlich, wenn man Heirats- und Scheidungsraten zwischen Männern und Frauen, die Koedukationsschulen besucht haben (in denen mehr Energie auf die Beziehungen zwischen den Geschlechtern verwendet wird), mit denen solcher Personen vergleichen könnte, die bei ähnlichem sozialem Hintergrund auf nach Geschlechtern getrennte Schulen gegangen sind. Gleichfalls würde es sich lohnen, Scheidungsraten von Männern und Frauen, die sich während ihrer Schulzeit sehr stark am «Dating» beteiligt haben, mit den Scheidungsraten anderer zu vergleichen, die nur sehr wenige «Dates» hatten. Die Absolventenlisten von koedukativen und nach Geschlechtern getrennten Colleges könnten erste Anhaltspunkte für die Effekte der Koedukation liefern. Oder es ließen sich, solange systematische Forschung fehlt, Hinweise aus den Scheidungsraten von Städten gewinnen, deren höhere Schulen nach Geschlechtern getrennt sind.

Mädchen innerhalb der Schule orientiert sind und das große Maß an Energie widerspiegeln, das auf diese Beziehungen verwendet wird. Ob diese Verausgabung von Energie für das Individuum und die Gesellschaft sinnvoll ist, kann hier nicht entschieden werden ...

Das Dating-System und die starken Normen, die ein Teil von ihm sind, haben zahlreiche Konsequenzen. Ein Umstand, der eine Folge der die Mädchen betreffenden Normen sein könnte, bezieht sich auf deren Einstellung gegenüber ihrer Heimatstadt. Oberflächliche Beobachtungen von Unterschieden zwischen Mädchen und Jungen legen die Vermutung nahe, daß Jungen – deren Bindung an die Familie weniger stark ist – mehr als Mädchen den Wunsch haben, nach der Schule ihren Heimatort zu verlassen, um in eine andere Stadt oder gar in die Großstadt zu ziehen. Aber dies ist nicht der Fall, wie die Antworten auf zwei Fragen in unserem Fragebogen erkennen lassen. Die Fragen und die nach Jungen und Mädchen aufgeschlüsselten Antworten sehen wie folgt aus:

Wenn du zwischen zwei ähnlichen Stellen wählen könntest, eine in dieser Stadt und die andere in einer Stadt gleicher Größe, aber in einem anderen Bundesstaat, welche würdest du nehmen?

	Jungen	Mädchen
Andere Stadt	24,5 %	38,1 %
Zahl der Fälle	(4020)	(4134)

Wenn eine dieser Stellen in deiner Heimatstadt wäre und die andere in einer Großstadt, welche würdest du dann nehmen?

	Jungen	Mädchen
Großstadt	28,8 %	46,0 %
Zahl der Fälle	(4020)	(4134)

Bei beiden Fragen zeigen die Mädchen einen stärkeren Wunsch, ihren Heimatort zu verlassen. Der Unterschied ist am größten, wenn die Alternative eine Großstadt ist; und zwischen Jungen und Mädchen in kleinen Städten ist der Unterschied viel größer als in Vororten oder Großstädten (die Tabelle für die verschiedenen Schulorte werden hier nicht im einzelnen wiedergegeben). Diese Ergebnisse, die in keiner Weise mit unseren naiven Erwartungen übereinstimmen, lassen die Vermutung plausibel erscheinen, daß der Wunsch der Mädchen, ihren Heimatort zu verlassen, eine Reaktion gegen eine Reihe von sozialen Zwängen sein könnte, die für sie weit repressiver sind als für die Jungen.

4. Soziale Rolle

Ein Teil der in einer Gesellschaft vorhandenen Normen bezieht sich ausschließlich auf spezifische soziale Beziehungen und Situationen. Sie regeln, wie bestimmte Kategorien von Individuen sich in bestimmten Situationen gegenüber verschiedenen Gruppen von Interaktionspartnern zu verhalten haben. So wird z. B. erwartet, daß ein Arzt seine Patienten, ein Gastgeber seine Gäste, ein Vorgesetzter seine Untergebenen auf eine bestimmte Weise behandeln. Die Summe dieser normativen Erwartungen, die Personen in bestimmten Lagen – *Positionen* – hinsichtlich ihrer Beziehung zu anderen Personen entgegengebracht werden, bezeichnet die Soziologie als *soziale Rollen.*

Die Verhaltenserwartungen gegenüber den Inhabern sozialer Positionen tragen stets komplementären Charakter. Rollen sind «Erwartungen auf Gegenseitigkeit», sie beziehen sich sowohl auf den Rollenträger als auch auf die Personen, die mit ihm als dem Inhaber einer bestimmten Position in Beziehung treten und dabei selber eine Rolle übernehmen. Das «rollengemäße Verhalten» des Inhabers einer Position (z. B. eines Gastgebers) drückt seine Erwartung aus, daß auch die Partner der Rollenbeziehung (seine Gäste) sich in einer bestimmten Weise verhalten.

Der Inhaber einer bestimmten Position steht jedoch nicht nur zu einer Gruppe von Menschen in Beziehung, sondern zu mehreren. Diese verschiedenen «Bezugsgruppen» können miteinander unvereinbare Erwartungen hegen. Die Rolle eines Akkordarbeiters z. B. ist durch solche unvereinbaren Erwartungen gekennzeichnet: Die Bezugsgruppe seiner Kollegen erwartet vor allem, daß er den Akkord nicht «bricht», d. h. nicht so viel arbeitet, daß die Betriebsleitung zur Erhöhung des Akkordsatzes veranlaßt wird; die Betriebsleitung dagegen erwartet von ihm, daß er seine volle Arbeitsleistung ohne Rücksicht auf die Folgen für die Festsetzung des Akkordes erbringt. Rollen stehen somit im Schnittpunkt mehrerer Beziehungen; der Konflikt, der aus den unvereinbaren Erwartungen resultiert, die sich in einer Rolle schneiden, wird als *Intra*rollenkonflikt bezeichnet. Aufgrund der Vielfalt der Beziehungen, die Menschen zueinander aufnehmen, und der Vielfalt der Erwartungen, die dementsprechend in ihren Rollen zusammentreffen, ist auch der Intrarollenkonflikt kein Ausnahmefall, sondern die Regel: Es gibt keine sozialen Mechanismen, die die Vereinbarkeit der unterschiedlichen Erwartungen an den Inhaber einer Position garantieren und dadurch Konflikte dieser Art verhindern könnten.

In der Regel jedoch haben Menschen mehr als nur eine Position inne. Ihre Stellung in der Gesellschaft besteht aus der Summe ihrer verschiedenen Positionen, die zueinander in einem komplexen und häufig widersprüchlichen Verhältnis stehen. Widersprüche treten immer dann auf, wenn der einzelne sich als Inhaber einer Position Erwartungen seiner «Bezugsgruppen» ausgesetzt sieht, die sich mit den Erwartungen, die ihm als Inhaber einer anderen Position entgegengebracht werden, nicht vereinbaren lassen, wenn sich etwa aus unterschiedlichen Beziehungen unterschiedliche Erwartungen hinsichtlich der Verwendung seiner Zeit ergeben und er sich z. B. in einem Konflikt zwischen seiner Rolle als Familienvater und seiner Rolle als Vereinsmitglied befindet. Diesen Typ des Konflikts, der nicht aus unvereinbaren Erwartungen an dieselbe Position resultiert, sondern aus der jeder differenzierten Gesellschaft eigentümlichen Verschachtelung von Rollen, bezeichnet die Soziologie als *Inter*rollenkonflikt.

Beiden Arten von Rollenkonflikt ist gemeinsam, daß sie auf einen gesellschaftlich grundlegenden Tatbestand verweisen: auf die untereinander in Widerspruch liegenden Einflüsse, denen Individuen als Mitglieder von Gesellschaften ausgesetzt sind. Das Konzept der «widersprüchlichen Einflüsse», der «cross pressures», hat von Simmels Diskussion der Bedeutung sich schneidender «sozialer Kreise» über Lazarsfelds Untersuchung des Zustandekommens von Wahlentscheidungen bis heute einen zentralen Platz in der soziologischen Forschung eingenommen. In den sozialen Rollen eines Menschen manifestieren sich die widersprüchlichen Einflüsse der Gesellschaft auf individuelles Verhalten in zweierlei Hinsicht: als die sich schneidenden Erwartungen unterschiedlicher Bezugsgruppen und als das komplexe Verhältnis sich überlagernder Positionen.

Der im folgenden wiedergegebene Text von Gross u. a. untersucht, wie sich Träger sozialer Rollen angesichts widersprüchlicher Einflüsse verhalten. Die Ergebnisse einer Erhebung bei 105 amerikanischen Schuldirektoren dokumentieren Konfliktsituationen, deren Auftreten und deren jeweilige Lösung mit Hilfe des Rollenkonzepts analysiert werden. Die auftretenden Konflikte sind dabei sowohl vom Typ des Intra- als auch des Interrollenkonflikts: Der Schulleiter muß sich entscheiden, ob er bei der Einstellung neuer Lehrer die «protektionistischen» Erwartungen des Schulbeirats oder einflußreicher Steuerzahler berücksichtigt oder sich ausschließlich an der Leistung des Bewerbers orientiert und damit den «professionellen» Erwartungen folgt, die er selber an sein Verhalten richtet.[1] Zugleich ist er gezwungen, seine berufliche Rolle (Schulleiter) mit anderen, «privaten» Rollen (Ehemann, Vater) in Einklang zu bringen, ohne die Erwartungen der einen oder der anderen Gruppe in so hohem Maße zu verletzen, daß seine jeweilige Position gefährdet ist.

Auf der Grundlage der von ihnen erhobenen Daten haben Gross u. a. in einem hier nicht wiedergegebenen Abschnitt ihrer Studie untersucht, wie die Schulleiter die sie konfrontierenden Rollenkonflikte «lösten». Die Möglichkeit einer Analyse allgemeiner Lösungsstrategien ergibt sich dabei aus der Tatsache, daß die widersprüchlichen Erwartungen an den einzelnen zwar

1 Vgl. die Einleitung zum Stichwort «Organisation», in der die Spannung zwischen unterschiedlichen Rekrutierungskriterien in Zusammenhang mit den Parsonschen «pattern variables» diskutiert wird.

je individuell «bewältigt» werden, andererseits aber Resultat gesellschaftlicher Differenzierung sind und somit Elemente der sozialen Struktur darstellen. Die Individualität, die persönliche Verantwortung, die der einzelne angesichts von «cross pressures» entwickelt, stellen gewissermaßen Mechanismen dar, in denen die Konflikthaftigkeit sozialer Strukturen im Individuum ihren Ausdruck und ihre – wenn auch nur punktuelle – Lösung findet.

Die Lösungsstrategien, die die von Gross u. a. befragten Schulleiter angesichts von Rollenkonflikten entwickeln, lassen sich grob in zwei Typen unterteilen: Die Schulleiter orientieren ihr Verhalten entweder an den von den jeweiligen Bezugsgruppen an sie gerichteten Erwartungen oder aber an den mit einer Erwartungsverletzung verbundenen negativen Sanktionen. Der Unterschied zwischen diesen beiden Strategien liegt vor allem in dem Grad, in dem einem Schulleiter eine «persönliche Entscheidung» abverlangt wird. Der zweite Typ – die von den Autoren beobachtete «Start-Stop-Technik» – stellt im Grunde keine «Entscheidung» dar, sondern nur eine oberflächliche Anpassung an Erwartungen, die als gegeben hingenommen werden. Der erste Typ dagegen erfordert eine bewußte Auseinandersetzung mit den widersprüchlichen Einflüssen, denen der einzelne ausgesetzt ist: Das Verhalten des Schulleiters orientiert sich dabei an der von ihm wahrgenommenen Intensität der Erwartungen – er wird also weniger dazu neigen, nachdrückliche und explizite Erwartungen zu verletzen – oder an ihrer Legitimität, an der Berechtigung, die er der Erwartung zumißt. Ob Rollenkonflikte auf der Basis wahrgenommener Intensität oder Legitimität von Erwartungen gelöst werden – in beiden Fällen verlangt die Lösung ein Bewußtsein der Widersprüchlichkeit gesellschaftlicher Einflüsse, in deren Schnittpunkt der Positionsinhaber steht und die seine Entscheidung sowohl ermöglichen als auch determinieren.

N. Gross, W. S. Mason, A. W. McEachern

Rollenkonflikte und Konfliktlösungsstrategien
Ergebnisse einer Befragung bei amerikanischen Schuldirektoren

Die personelle Situation

Aus unseren Vorinterviews wurde ein Aspekt der Situation von Schulleitern deutlich, der von Nichtpädagogen kaum zur Kenntnis genommen wird. In vielen Gemeinden ist der Schulleiter der Direktor einer der größten Organisationen des Ortes – des Schulsystems. Er ist nicht nur für die finanzielle Verwaltung seines «Unternehmens» verantwortlich, sondern er ist gleichzeitig auch dessen oberster Personalchef. Seine Aufgaben bestehen sowohl in der Aufsicht über das gesamte Personal der Schulen als auch in der Abgabe von Empfehlungen zur Einstellung und Beförderung von Mitarbeitern. Verständlicherweise treffen die meisten Schulleiter solche Entscheidungen auf der Grundlage der Leistung des jeweiligen Bewerbers.

Die Beantwortung unseres Fragebogens ergab, daß 86 Prozent der Direktoren dieses Kriterium für die einzig mögliche Basis ihrer Empfehlungen hielten – sei es in bezug auf die Einstellung neuer Lehrer oder auch in bezug auf Beförderungen. Dieser «professionelle» Grundsatz läßt sich jedoch nicht immer mit den Erwartungen einflußreicher Bürger der Gemeinde oder den Interessen örtlicher Organisationen vereinbaren. Ein Kommunalpolitiker oder ein Mitglied des Schulbeirats [eines gewählten Verwaltungsgremiums – die Übers.], die großen Einfluß im Stadtrat oder im Finanzausschuß haben, bitten vielleicht den Direktor um den «kleinen» Gefallen, einen Freund oder Verwandten für die freie Stelle des Rektors der örtlichen Grundschule zu empfehlen. Einer seiner persönlichen Freunde erwartet von ihm, daß er seine Tochter für eine freie Lehrerstelle empfiehlt. Bürger der Gemeinde, die überdurchschnittlich viel Steuern zahlen, glauben möglicherweise, daß ihrem Wort in Hinblick auf die Anstellung von Lehrern an den Schulen ihres Wohnviertels größeres Gewicht beizumessen ist. Mitglieder des Schulbeirats haben vielleicht den Eindruck, daß der nicht vergütete Zeit- und Energieaufwand, der mit dieser Position verbunden ist, ihnen das Recht gibt, ihre Vorstellungen bei anstehenden Neueinstellungen entsprechend zur Geltung zu bringen. Solche Situationen können den Direktor in große Schwierigkeiten bringen. Verhält er sich entsprechend seinen «professionellen» Erwartungen, so gefährdet er womöglich ein neues Bauprogramm oder seinen nächsten Haushaltsplan. Gleichzeitig verletzt er damit die «nichtprofessionellen» Erwartungen der Mitglieder des Schulbeirats oder anderer einflußreicher Bürger der Gemeinde und bringt auf diese Weise seine eigene Position in Gefahr.

Auf der anderen Seite werden viele Gruppen innerhalb der Gemeinde mit ihm unzufrieden sein, wenn er irgendeiner der speziellen Vorlieben für einen bestimmten Kandidaten nachgibt. Sie erwarten vielleicht von ihm, daß er sich entsprechend seinem Beruf als Erzieher verhält. Die Elternorganisationen, die Lehrer oder andere Gruppen mit ähnlich «pädagogischen» Interessen sehen möglicherweise ihre Erwartungen verletzt, wenn der Schulleiter seine Empfehlungen nicht ausschließlich auf der Basis des Qualifikationskriteriums abgibt. Tabelle I zeigt, in welch hohem Ausmaß dieser Entscheidungsbereich als eine ständige Quelle von Rollenkonflikten wahrgenommen wird.

Tabelle 1
Anzahl der Schulleiter (in %), die sich in bezug auf vier Problemfelder in Rollenkonflikt oder in Rollenkongruenz befanden

Problemfeld	Rollenkonflikt %	Rollenkongruenz %	N
Einstellung und Beförderung von Personal	71	29	105
Verwendung der Freizeit	53	47	105
Besoldungsempfehlungen	88	12	105
Haushaltsempfehlungen	91	9	105

In bezug auf die Einstellung und Beförderung von Lehrern sahen sich 71 Prozent der Schulleiter einem Rollenkonflikt ausgesetzt. Von den übrigen 30 (29 %) sagten 29, daß sie ausschließlich mit der Erwartung konfrontiert seien, sich an der Leistung des Betreffenden zu orientieren. Der verbleibende Schulleiter meinte dagegen, daß *alle* Gruppen oder Personen mit speziellen Vorstellungen und Präferenzen von ihm erwarteten, daß er ihre jeweiligen Kandidaten bevorzugt behandle. Es ist im übrigen interessant zu beobachten, daß dieser Direktor sich gegenüber den «nichtprofessionellen» Erwartungen ausdrücklich konform verhielt und sie sogar als legitim betrachtete. Er meinte: «Es ist nicht mein Schulsystem, es ist ihres. Darum gebe ich ihnen, was sie wollen.»

Tabelle 2 zeigt den Umfang, in dem sich die Schulleiter seitens verschiedener Gruppen bestimmten Erwartungen in «professioneller» oder «nichtprofessioneller» Hinsicht ausgesetzt sehen, und zwar a) der Erwartung, daß der Schulleiter seine Empfehlungen auf der Grundlage von Leistung abzugeben habe, b) der Erwartung, daß er die Vorstellung der jeweiligen Gruppe besonders berücksichtigen sollte, c) uneinheitlichen Erwartungen (d. h. einige Mitglieder der Gruppe haben Erwartungen vom Typ a, andere vom Typ b), und schließlich d) keinerlei Erwartungen in bezug auf die Personalentscheidungen des Schulleiters.

Tabelle 2
Prozentualer Anteil der Schulleiter, die sich in ihren Personalentscheidungen spezifischen Erwartungen seitens bestimmter Gruppen oder Personen ausgesetzt sehen

Gruppen oder Person	(a) Orientierung an Leistung %	(b) Berücksichtigung spezieller Vorstellungen %	(c) Uneinheitliche Erwartungen %	(d) Keine Erwartungen %	N*
1. Politiker	23,8	27,6	7,6	41,0	105
2. Kirchliche oder religiöse Gruppen	40,4	20,2	11,5	27,9	104
3. Bauernverbände	30,6	0,0	1,6	67,8	62
4. Geschäfts- und Handelsverbände	42,0	2,9	0,0	55,1	105
5. Gewerkschaften	26,4	7,5	0,0	66,1	53
6. Eltern	88,6	6,6	3,8	1,0	105
7. Lehrer	81,9	4,8	10,4	2,9	105
8. Persönliche Freunde	60,0	17,1	6,7	16,2	105
9. Verband der Steuerzahler	62,3	3,3	3,3	31,1	61
10. Einflußreiche Personen der Wirtschaft	39,9	21,0	2,9	36,2	105
11. Gemeinnützige Clubs	65,6	5,7	0,0	28,7	87
12. Verbindungen	42,9	15,1	5,4	36,6	93
13. Kriegsteilnehmerverbände	38,5	29,8	4,8	26,9	104
14. Mitglieder des Schulbeirats	64,8	10,4	24,8	0,0	105
15. Finanzausschuß oder Stadtrat	67,7	3,9	4,9	23,5	103
16. Ehefrau – Familie	80,6	0,0	0,0	19,4	103
17. Handelskammer	58,4	6,2	0,0	35,4	65
18. Presse	68,2	3,4	4,5	23,9	88

* Wenn N niedriger ist als 105, so ist die Gruppe oder Person in der Gemeinde nicht vertreten; außerdem wurden die wenigen Fälle von «keine Antwort» trotz Bestehens der Gruppe oder Person ausgeschieden.

Diese Tabelle dokumentiert in umfassender Weise die Quellen der Erwartungswidersprüche, mit denen sich die Schulleiter bei ihren Personalentscheidungen konfrontiert sehen. Die größte zusammenhängende Gruppe, die nur «Leistungserwartungen» hegt, bilden die Eltern bzw. Elternorganisationen (89 % in Spalte a), gefolgt von Lehrern (82 %) und den Ehefrauen (81 %). Kriegsteilnehmerorganisationen neigen am ehesten zu der Erwartung, daß ausschließlich ihre spezifischen Präferenzen berücksichtigt werden sollten (30 % in Spalte b), gefolgt von Kommunalpolitikern (28 %), einflußreichen Personen der Wirtschaft (21 %) und kirchlichen Gruppierungen (20 %). Interessanterweise bilden die Mitglieder des Schulbeirats diejenige Gruppe, bei der am häufigsten uneinheitliche Erwartungen angenommen werden (25 % in Spalte c), und zwar obwohl die meisten Schulleiter vermuten, daß die Erwartungen des Schulbeirats nur auf das Leistungskriterium abzielen (65 % in Spalte a); hinsichtlich der Kategorie «uneinheitliche Erwartungen» folgen als nächste kirchliche Gruppen (12 %) und Lehrer (10 %). Aus den Angaben in der nächsten Spalte läßt sich ablesen, daß Bauernverbände (68 %), Gewerkschaften (66 %) und geschäftliche Vereinigungen (55 %) die Gruppen sind, von denen die Schulleiter annehmen, daß sie hinsichtlich der Personalentscheidungen keine Erwartungen haben.

Aus diesen Daten kann nicht nur geschlossen werden, daß die Direktoren in ihren Personalentscheidungen häufig Rollenkonflikten ausgesetzt sind, sondern daß diese Widersprüche sowohl von verschiedenen Gruppen und Personen als auch von gleichartigen Gruppen und Personen herrühren können. In einigen Fällen konfligieren die Erwartungen des Schulbeirats mit denen der Lehrer, in anderen haben einzelne Mitglieder des Beirats miteinander unvereinbare Erwartungen. Für die 71 Prozent der Schulleiter, die sich Erwartungswidersprüchen ausgesetzt fühlen, besteht hier eindeutig ein Problem, das es zu lösen gilt.

Wie verhalten sich nun Direktoren, wenn ihnen bewußt wird, daß einige Gruppen oder Personen Entscheidungen von ihnen erwarten, die ausschließlich an der Leistung des Bewerbers orientiert sind, während gleichzeitig andere Gruppen oder Personen eine gesonderte Behandlung ihres Kandidaten wünschen?

In den Fällen, in denen die Schulleiter die Widersprüchlichkeit der sie konfrontierenden Erwartungen bemerkt hatten, wurden sie gefragt, wie sie das daraus entstehende Problem lösten. Von den 105 Direktoren des Samples fühlten sich 30 (oder 29 %) keinen widersprüchlichen Erwartungen ausgesetzt, und in drei der verbleibenden 75 Fälle waren die Daten für eine Beurteilung der Problemlösung unzureichend. Die Erörterung von Lösungsstrategien im Falle von Erwartungswidersprüchen bei Personalentscheidungen bleibt aus diesem Grund auf 72 Direktoren beschränkt.

61 der 72 Schulleiter (oder 85 %) widersetzten sich «protektionistischen» Erwartungen, sie lösten das Problem auf «professioneller» Basis, durch die ausschließliche Orientierung ihrer Personalentscheidungen an Leistungskriterien.

Sieben weitere lösten das Problem dadurch, daß sie den «nichtprofessionellen» Erwartungen entsprachen. In Situationen, in denen sie sich widersprüchlichen Erwartungen ausgesetzt sahen, gaben sie den Präferenzen bestimmter Gruppen oder Personen ihrer Gemeinde den Vorzug vor dem Leistungskriterium. Einige beschrieben diese Zugeständnisse an «protektionistische» Erwartungen als einen «praktischen Teil ihres Berufs». Ein anderer meinte, daß er sich schon deshalb den Erwartungen der Mitglieder des Schulbeirats zu fügen habe, weil sie seine Vorgesetzten seien.

Vier der Schulleiter, die Konflikte empfanden, entschieden sich für irgendeine Art von Kompromiß. Alle vier gaben an, sich hauptsächlich an «professionellen» Erwartungen zu orientieren, räumten aber gleichzeitig ein, daß es gerade in ihrer Gemeinde unumgänglich sei, die Vorstellungen des Schulbeirats und – in einem Fall – der Kriegsteilnehmerverbände in Betracht zu ziehen. Ihre Lösung bestand im wesentlichen darin, den vom Schulbeirat oder der Kriegsteilnehmerorganisation vorgeschlagenen Kandidaten zu bevorzugen, falls die «übrigen Voraussetzungen gleich sind», wenn jedoch der vorgeschlagene Kandidat deutlich geringer qualifiziert war, sich einer bevorzugten Behandlung zu widersetzen. Einer dieser Schulleiter sagte:

«Ich schließe Kompromisse. Es hängt davon ab, wie groß der Unterschied zwischen den beiden Kandidaten ist. Wenn der Kompetenzunterschied groß ist, entscheide ich auf ‹professioneller› Grundlage. Wenn der Unterschied aber gering ist, schadet es niemandem, wenn ich meine Empfehlung an den Vorstellungen des Schulbeirats orientiere. Wenn ich mich so verhalte, wird der Schulbeirat mich umgekehrt in anderen Fällen unterstützen – es nützt also dem gesamten Schulsystem. Wenn man Entscheidungen damit rechtfertigen kann, daß sie dem Wohl des Ganzen dienen, dann ist doch alles in Ordnung.»

Zusammenfassend läßt sich sagen, daß in den Fällen, in denen die Schulleiter sich nicht zu vereinbarenden Erwartungen bezüglich ihrer Personalentscheidungen ausgesetzt sahen, die Mehrzahl (85 %) sich konform zu den hier als «professionell» gekennzeichneten Erwartungen verhielt, während einige (10 %) den «nichtprofessionellen» Erwartungen Rechnung trugen und die übrigen 5 Prozent sich um einen Kompromiß zwischen «professionellen» und «nichtprofessionellen» Handlungsstrategien bemühten.

Die Verwendung der Freizeit

Unsere Voruntersuchungen legten bereits die Vermutung nahe, daß die Anforderungen an die Inhaber der Position «Schulleiter» – wie übrigens auch die Anforderungen an andere Beamte in hohen öffentlichen Positionen in der Gemeinde – die Schulleiter unter Umständen zu Entscheidungen zwischen nicht zu vereinbarenden Erwartungen in bezug auf die Verwendung ihrer Zeit zwingen. Viele Direktoren berichteten, daß man von ihnen den Besuch von Sitzungen und die Teilnahme an Ausschüssen der akademischen Berufsvereinigungen erwarte. In der Gemeinde vertretene Organisationen wie der Rotary Club oder die Handelskammer legen häufig Wert darauf, daß «ihr» Schulleiter sich aktiv an ihren Veranstaltungen beteiligt. Des öfteren sind solche Anforderungen mit den Vorstellungen, die der Schulbeirat oder die Lehrer über die Verwendung seiner Zeit haben, unvereinbar. Noch häufiger jedoch kommen alle diese Erwartungen des Schulbeirats oder der verschiedenen Gruppen in der Gemeinde mit den Wünschen und Vorstellungen in Konflikt, die seine Frau und seine Kinder ihm hinsichtlich seiner Freizeit entgegenbringen.

Mehr als 90 Prozent der Schulleiter berichteten in Zusammenhang mit den Auswirkungen ihres Berufs auf ihr Familienleben, daß ihre Frauen sich darüber beklagten, daß sie ihrer Familie nur noch einen Bruchteil an Zeit widmen können. Allerdings zeigten einige der Ehefrauen offensichtlich Verständnis dafür, daß der Beruf ihres Mannes von der Familie Opfer verlangt, und akzeptierten letztlich widerwillig diese unangenehme, aber «unabänderliche» Situation. Andere bestanden jedoch darauf, daß ihre Ehemänner den größten Teil der Abende zu Hause verbrachten. Viele Schulleiter berichteten darüber hinaus, daß ihre Kinder sich wünschen, daß sie «wie andere Väter» abends zu Hause sind. Auf der anderen Seite erwarten vielleicht der Schulbeirat, die verschiedenen Elternorganisationen, die Bürger- oder Wohlfahrtsvereinigungen von ihnen, daß sie ihre Freizeit der Schul- oder Gemeindearbeit widmen. Beiden Erwartungsbündeln jedenfalls wird der Schulleiter schwerlich entsprechen können.

In Hinblick auf das Zeitproblem wurden die Schulleiter gebeten, die Erwartungen zu benennen, die ihnen ihrer Meinung nach in bezug auf die Verwendung ihrer Freizeit entgegengebracht würden. 53 Prozent gaben an, daß sie sich hinsichtlich dieser Frage einem Rollenkonflikt ausgesetzt fühlten (vgl. auch Tabelle 1). Der Tabelle 1 läßt sich allerdings entnehmen, daß, obschon mehr als die Hälfte der Schulleiter sich in bezug auf ihre Zeitverwendung in Rollenkonflikten befanden, dieses Problem doch weniger häufig erwähnt wurde als die nicht zu vereinbarenden Erwartungen gegenüber Personal-, Besoldungs- und Finanzentscheidungen, die ebenfalls in diesem Teil des Interviews diskutiert worden waren.

Tabelle 3

Erwartungskategorien, nach Angaben der Schulleiter, die bezüglich des Zeitverwendungsproblems keine Rollenkonflikte empfanden.

Kategorie	Erwartung der Ehefrau	Erwartungen anderer Gruppen und Personen*	Verhalten des Schulleiters**	N
1	A	A	a	11
2	B	B	b	9
3	B	B oder C	a	9
4	C	A	a	14
5	C	B oder C	b	6
Gesamt:				49

* Erwartung A: Die Freizeit ist für Schul- und Gemeindearbeit zu verwenden
Erwartung B: Die Freizeit gehört der Familie
Erwartung C: Keine Erwartungen

** Verhalten a: entspricht Erwartung A
Verhalten b: entspricht Erwartung B

In Tabelle 3 sind die Schulleiter, die *keinen* Rollenkonflikt empfanden, in fünf Kategorien eingeteilt, die entsprechend den von ihnen wahrgenommenen Erwartungen ihrer Ehefrauen und der anderen Personen und Gruppen der Gemeinde jeweils in Hinblick auf die Verwendung ihrer Freizeit gebildet wurden. 20 der befragten Direktoren halten die Erwartungen ihrer Ehefrauen und die Erwartungen anderer Gruppen für identisch (Kategorien 1 und 2). 11 von ihnen (Kategorie 1) glauben, daß diese Erwartungen gleichermaßen darauf abzielen, daß sie ihre Abende Schul- und Gemeindeaufgaben widmen, die anderen 9 (Kategorie 2) vermuten, daß man von ihnen ebenfalls allseitig erwartet, daß sie ihre Abende mit Freunden oder ihrer Familie verbringen. Die Schulleiter in der dritten Kategorie nehmen an, daß ihre Frauen sie abends gerne zu Hause sehen würden und daß die anderen Gruppen entweder dieselben oder gar keine Erwartungen haben. Die Direktoren der Kategorien 4 und 5 glauben, daß ihre Ehefrauen in dieser Hinsicht keine besonderen Erwartungen hegen, und befinden sich dementsprechend nicht in einem Rollenkonflikt, was auch immer die Erwartungen der anderen Gemeindemitglieder sein mögen.

In Tabelle 4 sind die Antworten sämtlicher Schulleiter auf die Frage nach der Verwendung ihrer Zeit zusammengefaßt. Eltern und Elternorganisationen erwarten demnach am häufigsten, daß die Direktoren sich mit Schulproblemen befassen (53 % in Spalte a), gefolgt von Mitgliedern des Schulbeirats (37 %), den Verbänden der Steuerzahler (30 %) und Mitgliedern des städtischen Finanzausschusses. In der Gruppe derjenigen, die von den Schulleitern erwarten, daß sie den größten Teil ihrer Zeit zu Hause verbringen, werden erwartungsgemäß die Ehefrauen am häufigsten genannt (66 % in Spalte b), am zweithäufigsten persönliche Freunde (44 %). Uneinheitliche Erwartungen vermuten die Schulleiter nur bei wenigen Gruppen oder Individuen, am ehesten noch bei den Mitgliedern des Schulbeirats (8 %). Mehrheitlich sehen sich die Schulleiter allerdings keinen besonderen Erwartungen in bezug auf ihre Freizeit ausgesetzt, mit Ausnahme von seiten der Ehefrauen, der Mitglieder des Schulbeirats, der Eltern und ihrer persönlichen Freunde.

Wie verhalten sich nun die Schulleiter, wenn sie sich in Zeitfragen in einem Rollenkonflikt befinden? Es ist zunächst interessant zu beobachten, wie sich die Direktoren verhalten, die keine widersprüchlichen Erwartungen wahrnehmen. In Tabelle 3, in der Schulleiter ohne Rollenkonflikte in fünf Kategorien eingeteilt sind, finden sich auch Aussagen über ihr jeweiliges Verhalten. Wie erwartet verhalten sich die 11 Schulleiter (Kategorie 1), bei denen sowohl die Ehefrauen als auch die anderen Gruppen erwarten, daß sie sich mit Schulproblemen befassen, in der Tat dieser Erwartung gemäß. Ebenfalls erwartungskonform verhalten sich die Direktoren (Kategorie 2), die bei ihrer Frau und bei anderen Gruppen gleichermaßen die Erwartung vermuten, daß sie ihre Zeit mit Familie und Freunden verbringen. Die 9 Befragten (Kategorie 3), deren Frauen erwarten, daß sie zu Hause bleiben,

Tabelle 4:
Prozentualer Anteil der Schulleiter, die sich hinsichtlich ihrer Freizeit spezifischen Erwartungen seitens bestimmter Gruppen ausgesetzt sehen

Gruppe oder Person	(a) Erwartung: Schulangelegenheiten %	(b) Erwartung: Familie %	(c) Uneinheitliche Erwartungen %	(d) Keine Erwartungen %	N*
1. Politiker	22,9	1,0	0,0	76,1	105
2. Kirchliche oder religiöse Gruppen	16,2	10,4	0,0	73,4	104
3. Bauernverbände	4,8	1,6	0,0	93,6	62
4. Geschäfts- und Handelsverbände	5,7	2,9	0,0	91,4	105
5. Gewerkschaften	5,7	5,7	0,0	88,6	53
6. Eltern	53,3	12,4	2,9	31,4	105
7. Lehrer	18,1	19,0	0,0	62,9	105
8. Persönliche Freunde	6,7	43,8	1,0	48,5	105
9. Verband der Steuerzahler	29,5	0,0	0,0	70,5	61
10. Einflußreiche Personen der Wirtschaft	9,5	4,8	1,0	84,7	105
11. Gemeinnützige Clubs	26,4	6,9	0,0	66,7	87
12. Verbindungen	14,0	8,6	0,0	77,4	93
13. Kriegsteilnehmerverbände	15,4	2,9	0,0	81,7	104
14. Mitglieder des Schulbeirats	37,1	18,2	7,6	37,1	105
15. Finanzausschuß oder Stadtrat	26,2	2,9	1,9	69,0	103
16. Ehefrau – Familie	14,6	66,0	0,0	19,4	103
17. Handelskammer	12,3	0,0	1,5	86,2	65
18. Presse	25,0	2,3	0,0	72,7	88

* Wenn N niedriger ist als 105, so ist die Gruppe oder Person in der Gemeinde nicht vertreten; außerdem wurden die wenigen Fälle von «keine Artwort» trotz Bestehens der Gruppe oder Person ausgeschieden.

und die annehmen, daß andere entweder dieselbe Erwartung haben oder gar keine, widmen ihren Angaben gemäß den größten Teil ihrer Zeit Schulangelegenheiten – obschon dieses Verhalten den Erwartungen ihrer Frauen widerspricht und obschon auch die Erwartungen von anderer Seite eine solche Entscheidung nicht nahelegen. Wir können daraus schließen, daß diese 9 Personen dieses Verhalten von sich selbst erwarten und sich trotz der widersprechenden Vorstellungen ihrer Ehefrauen dieser eigenen Erwartung gemäß verhalten. Die 14 Schulleiter, deren Frauen keine ausdrücklichen Erwartungen hegen, die sich aber seitens anderer Gruppen mit der Anforderung konfrontiert sehen, ihre Zeit der Schule zu widmen, verhalten sich entsprechend dieser expliziten Erwartung (Kategorie 4); die Schulleiter der fünften Kategorie schließlich, deren Ehefrauen keine Erwartungen haben und von denen von anderer Seite entweder erwartet wird, daß sie zu Hause bleiben, oder ebenfalls gar nichts, verbrachten ihre Freizeit mit Familie und Freunden.

Wie lösten auf der anderen Seite die Schulleiter, die sich nicht zu vereinbarenden Erwartungen hinsichtlich ihrer Freizeit ausgesetzt sahen, das hieraus resultierende Problem? Da vier von ihnen verwitwet oder Junggesellen waren und bei zwei weiteren die vorhandenen Daten für eine Beurteilung unzureichend erschienen, ist die Diskussion der Lösungsstrategien auf 50 Fälle beschränkt.

33 der 50 Direktoren gaben den beruflichen Erwartungen gegenüber denen der Familie den Vorzug. Einer sagte, er mache das, weil es zu seinem Beruf gehöre, obwohl er glaubte, daß es seiner Familie gegenüber ungerecht sei. «Schulbeirat und Elternorganisationen», meinte er, «wären verärgert, wenn ich es nicht tun würde, und ich selber würde es auch bedauern. Ich glaube, wenn ich mich anders verhielte, würde ich meine Sache als Schulleiter nicht gut machen.» Ein anderer beschreibt seine Entscheidung, einen großen Teil seiner Freizeit Schulangelegenheiten zu widmen, als «. . . eine Sache des Bewußtseins. Ich meine, ich muß mindestens vier Abende in der Woche unterwegs sein, um meine Pläne anzubieten und zu verteidigen. Wenn ich nicht zu ihren Veranstaltungen gehen würde, hätten sie den Eindruck, ich fühlte mich für die Schulen oder die Stadt nicht verantwortlich. Einige von meinen Freunden glauben, ich sei verrückt.»

Vier von den 50 Schulleitern gaben allerdings ihrer Familie vor den beruflichen Verpflichtungen den Vorrang. Zwei davon gaben als Grund ihren Gesundheitszustand an. Einer hatte nur einen Zeitvertrag über ein Jahr, der vierte schließlich entging den meisten abendlichen Veranstaltungen mit Hilfe von «Notlügen». Er entgegnete denjenigen, die von ihm die Teilnahme an einer Schul- oder Gemeindeveranstaltung erwarteten, daß er durch andere Verpflichtungen verhindert sei. Wichtig ist dabei, daß seine Schulen in einer relativ großen Gemeinde lagen, so daß es schwer war, seine Angaben zu überprüfen.

Die übrigen 13 Schulleiter versuchten, den Rollenkonflikt über Kompromisse zu lösen. Einer von ihnen ließ sich gerade so oft auf wichtigen Sitzungen sehen, daß der Eindruck vermieden wurde, er sei an Schul- und Gemeindeangelegenheiten desinteressiert, ein anderer sagte, daß seine Frau so «mies» würde, wenn er nicht zu Hause bliebe, daß er wenn irgend möglich ihren Erwartungen entsprach. In einigen anderen Fällen erwarteten zwar mehrere Gruppen in der Gemeinde von den Schulleitern, daß sie Interesse an öffentlichen Angelegenheiten zeigten, die Direktoren waren sich jedoch ihrer Stellung so sicher oder die Gemeinde war insgesamt doch so vernünftig in ihren Ansprüchen, daß sie bis zu einem gewissen Grad ihren familiären

Verpflichtungen nachkommen konnten.

Die anderen Fälle von Kompromiß verliefen in der Regel nach der «Stop-Start-Technik», die im wesentlichen vom Protest der Frauen abhängig ist. Diese Männer verbrachten ihre Abende so lange außer Haus, bis ihre Frauen energisch gegen die wenige Zeit protestierten, die der Familie noch übrigblieb. Angesichts dieses Protests reduzierten sie drastisch die Zahl der Abende, die für Schul- und Gemeindearbeit bestimmt waren. Erst wenn der Druck seitens der Gemeinde sich wieder vergrößert, geben sie nach und nach den beruflichen Erwartungen wieder den Vorrang und verhalten sich so lange diesen Anforderungen entsprechend, bis ihre Frauen sich wieder melden und ein neuer Zyklus anfängt.

Man kann zusammenfassen, daß die Mehrzahl der Schulleiter (66 %), die sich mit widersprüchlichen Erwartungen konfrontiert sehen, eher zur Konformität mit beruflichen als mit familiären Erwartungen neigen. Vier (8 %) erfüllten überwiegend ihre familiären Verpflichtungen, und die verbleibenden 13 (26 %) gingen irgendeine Art von Kompromiß ein, der bis zu einem gewissen Grad beiden Erwartungsbündeln hinsichtlich der Verwendung ihrer Zeit entgegenkam.

Teil II

Grundformen sozialer Beziehungen

5. Austausch

Gesellschaften entstehen aus den Beziehungen zwischen ihren Mitgliedern. Auf der Grundlage gemeinsamer Beziehungen entwickeln sich Prozesse der *sozialen Integration,* die in kollektiven Identifikationen und gemeinsamen Wertsystemen («Kulturen») ihren Ausdruck finden. Aber da nicht jeder mit jedem in Beziehungen eintritt – und nicht mit jedem in *dieselben* Beziehungen –, führt Integration zugleich zu *sozialer Differenzierung,* zur Produktion von gesellschaftlichen Unterscheidungen. In dem Maße, wie Menschen zwischen «ingroup» und «outgroup», zwischen Mitgliedern und Nichtmitgliedern, zwischen «innen» und «außen» Unterschiede machen, wie sie verschiedene Handlungssituationen gegeneinander abgrenzen, wie sie verschiedene Arten von Beziehungen auseinanderhalten – entsteht eine soziale Struktur. Jede Gesellschaft ist das Resultat des Zusammenwirkens einer Vielzahl solcher Integrations- und Differenzierungsmechanismen, die einander überschneiden und überlagern, zu komplizierten Verschachtelungen unterschiedlicher Beziehungssysteme führen und nicht selten zueinander in Widerspruch geraten.

Warum konstruieren Menschen so komplizierte Gebilde? Was motiviert sie dazu, soziale Beziehungen mit anderen Menschen aufzunehmen? Wenn es für eine derart weitreichende Frage überhaupt eine sinnvolle Antwort gibt, dann ist diese in der Struktur menschlicher *Bedürfnisse* zu suchen. Daß Menschen füreinander «attraktiv» sind, daß sie sich gegenseitig «anziehen», liegt daran, daß sie Bedürfnisse haben, die ohne die Hilfe anderer Menschen, d. h. außerhalb gesellschaftlicher Beziehungen nicht befriedigt werden können. Die aus diesen Bedürfnissen resultierende *wechselseitige Abhängigkeit* menschlicher Individuen bildet den «Zement» jeder sozialen Struktur.

Gesellschaftliche Beziehungen, die auf die Notwendigkeit einer auf *Gegenseitigkeit* gegründeten Bedürfnisbefriedigung zurückgehen, können als eine Art von *Austausch* aufgefaßt werden. Auch diejenigen, auf deren Hilfe wir jeweils angewiesen sind, haben Bedürfnisse, die ohne Kooperation nicht befriedigt werden können. Ein solches komplementäres Verhältnis von Bedürfnissen und Befriedigungschancen kann dazu führen, daß beide Seiten einer Beziehung auf die Wünsche der anderen eingehen, um diese dadurch zu für sie selber wichtigen Gegenleistungen zu veranlassen. Der damit sich entwickelnde Austausch von Leistungen und Gegenleistungen kann für beide Seiten befriedigende, dauerhafte Bindungen begründen und dadurch Prozesse sozialer Integration, und gleichzeitig sozialer Differenzierung, in Gang setzen. Dies ist der Anknüpfungspunkt der soziologischen Austauschtheorie, die den Versuch macht, soziale Beziehungen in ihrer elementarsten Form als Austauschbeziehungen zu konzeptualisieren und soziale Strukturen als Resultate von Austauschprozessen zu erklären.

Der Begriff des Austauschs entstammt der Wirtschaftstheorie, nicht der Soziologie. Wenn dennoch von *sozialem* Austausch gesprochen wird, so unterliegt dem die Annahme, daß bestimmte soziale Vorgänge in dem Sinne *analog* zu ökonomischen Austauschprozessen verlaufen, daß sie in ihren grundlegenden Strukturen theoretisch relevante Ähnlichkeiten aufweisen. Diese Annahme ist keineswegs «logisch richtig»; ihre Berechtigung muß sich daran erweisen, ob mit ihrer Hilfe tatsächlich ein Zugang zu befriedigenden Erklärungen sozialer Prozesse gewonnen werden kann. Letztlich hängt, wie bei allen wissenschaftlichen Begriffen, die Fruchtbarkeit einer Analogie von der Struktur der Realität ab, auf die sie angewendet wird; wo soziale Prozesse in wichtigen Elementen keine Entsprechungen mit ökonomischen Austauschprozessen aufweisen, wäre es kaum sinnvoll, sich des Begriffs des «sozialen Austauschs» zu bedienen.

Daß es soziale Beziehungen gibt, die *keine* Austauschbeziehungen sind, ist gerade von den Soziologen immer wieder betont worden, die in den letzten Jahren und Jahrzehnten zur Entwicklung der sogenannten «Austauschtheorie» beigetragen haben. Diese Theorie erhebt ausdrücklich keinen Universalitätsanspruch. Der Begriff des Austauschs, wie er in der Austauschtheorie verwendet wird, umfaßt ausschließlich solche Handlungen, die erstens nicht durch physische Gewalt erzwungen worden sind und zweitens durch erwartete Gegenleistungen eines anderen motiviert werden, bei Ausbleiben dieser Gegenleistungen also selber ausbleiben würden.[1] Damit ist zwar unterstellt, daß weite Bereiche des sozialen Lebens – darunter auch Beziehungen, in denen oberflächlich das Prinzip der Äquivalenz von Leistung und Gegenleistung überhaupt keine Rolle zu spielen scheint – als «Austausch» konzeptualisiert und dadurch der soziologischen Analyse erschlossen werden können. Zugleich aber bleibt die Entscheidung, ob und wie diese Unterstellung zutrifft, der empirischen Forschung überlassen. Wie kaum eine andere Theorie ist deshalb die Austauschtheorie auf ständige Demonstrationen ihrer empirischen Erklärungskraft angewiesen.

Die Verwendung begrifflicher Analogien als Mittel zur Erklärung empirischer Sachverhalte hat sowohl Vor- als auch Nachteile. In der Regel finden

1 Dies setzt nicht notwendig voraus, daß die betreffende Beziehung von den Beteiligten «bewußt» unter dem Gesichtspunkt von Leistung und Gegenleistung erfahren wird. Beispielsweise liegt, nach Blau, sozialer Austausch auch dann vor, wenn «ein Individuum einem Armen Geld gibt, weil er dessen Ausdruck der Dankbarkeit und der Unterwerfung zu erhalten wünscht, und wenn er aufhört, Bettlern Almosen zu geben, die keine derartigen Gefühle ausdrücken» (Exchange and Power in Social Life, S. 81). Selbst eine so «selbstlose» und unkalkulierte Beziehung wie Liebe kann als sozialer Austausch verstanden werden, wie Blau in einem Exkurs in «Exchange and Power» gezeigt hat.

als Analogien nur solche Begriffe Verwendung, die in ihrem Ursprungsgebiet bereits eindeutig definiert sind. Wer sich also einer Analogie bedient, kann auf einen fertigen analytischen Raster zurückgreifen, dessen Grundstruktur bereits festliegt und der lediglich noch auf den neuen Gegenstandsbereich angewendet werden muß. Der Nachteil von Analogien besteht demgegenüber darin, daß sie die Unterschiede zwischen den beiden Gegenstandsbereichen gegenüber den von ihnen hervorgehobenen Gleichförmigkeiten in Vergessenheit geraten lassen können. So fruchtbar nämlich der Begriff des sozialen Austauschs unter bestimmten Umständen sein kann, so wichtig sind – wie gegen Ende des im folgenden wiedergegebenen Textes hervorgehoben wird – die Unterschiede zwischen sozialen und wirtschaftlichen Austauschprozessen. Jede begriffliche Analogie hat derartige Grenzen, in denen sich die spezifischen Eigenarten der miteinander verglichenen Gegenstandsbereiche bemerkbar machen. Analogien können deshalb nur dann wirklich erfolgreich verwendet werden, wenn man zugleich ihre Grenzen deutlich herausarbeitet. Dies dient nicht nur der Vermeidung von Mißverständnissen, sondern stellt auch einen hervorragenden Weg dar, auf dem Umweg über die Unterschiede der untersuchten Gegenstände deren Eigenarten noch genauer zu bestimmen.

Der folgende Text – ein Kapitel aus Peter M. Blaus «The Dynamics of Bureaucracy» (1955) – bildet einen der Ausgangspunkte der soziologischen Austauschtheorie. Kaum eine soziologische Analyse läßt besser als Blaus Studie über «Konsultation unter Kollegen» sichtbar werden, daß Begriffe und die mit ihnen konstruierten Theorien in Konfrontation mit «widerspenstigen» Daten entwickelt werden und daß ihr Wert davon abhängt, was sie zur Erklärung dieser Daten beitragen können. Bezeichnenderweise ist «The Dynamics of Bureaucracy» ursprünglich nicht als Studie über sozialen Austausch konzipiert gewesen. Der eigentliche Gegenstand des Buches ist das Verhältnis zwischen bürokratischen Regelsystemen und den von ihnen betroffenen Personen, ist die Vielfalt der Wechselwirkungen zwischen Organisationsstruktur und Mitgliedern. Der Begriff des Austauschs ist anfangs mehr oder weniger ein Notbehelf, auf den Blau bei dem Versuch verfiel, ein bestimmtes System der gegenseitigen Konsultation zwischen den Angehörigen einer Behördenabteilung zu erklären. Es gehört zu den Vorzügen des hier wiedergegebenen Abschnitts, daß in ihm der Prozeß der «Aufschlüsselung» der beobachteten Vorgänge durch das theoretische Instrument des Austauschkonzepts relativ gut nachvollzogen werden kann.

Das Problem, zu dessen Lösung Blau schließlich den Begriff des sozialen Austauschs verwendete, bestand in einer Reihe von auf den ersten Blick paradox anmutenden Beobachtungen. Wie im Text ausführlich beschrieben, war es den in der Abteilung beschäftigten Beamten offiziell verboten, einander in schwierigen Fragen um Rat zu bitten. Dennoch hatte sich ein intensives System gegenseitiger Konsultation entwickelt, dessen Struktur dem Beobachter zunächst unlösbar erscheinende Rätsel aufgab. So hatte

Blau gefunden, daß drei Viertel der Beamten ein bis drei intensive «Konsultationspartnerschaften» unterhielten, indem sie bestimmte Gruppenmitglieder gegenüber anderen als Ratgeber bevorzugten. Das Interessante und zunächst Irritierende war dabei, daß in nahezu allen Fällen die an solchen Partnerschaften Beteiligten sich hinsichtlich ihrer beruflichen Kompetenz kaum unterschieden, Konsultationen also am ehesten zwischen Partnern mit geringen Kompetenzunterschieden stattfanden. Die wenigen Beamten, die keiner derartigen Partnerschaft angehörten, waren zugleich die kompetentesten. Obwohl sie am häufigsten von allen konsultiert wurden, entstanden hieraus keinerlei dauerhafte Partnerschaften; ihre Konsultationen waren vielmehr relativ gleichmäßig auf die übrigen Gruppenmitglieder verteilt. Offenbar bestand also ein komplexes Verhältnis zwischen der Kompetenz eines Beamten bzw. dem Kompetenzunterschied zwischen ihm und seinen Kollegen einerseits sowie der Intensität der von ihm unterhaltenen Konsultationsbeziehungen – oder allgemeiner, der Form seiner Integration in die Struktur der untersuchten Gruppe – andererseits. Dieses Verhältnis war offenbar erklärungsbedürftig, wobei das theoretische Problem darin bestand, warum und auf welche Weise eine bestimmte Kompetenzverteilung die beobachteten strukturellen Konsequenzen haben konnte.

Blaus Analyse demonstriert, daß das dargestellte «Muster» sozialer Interaktion mit Hilfe des Austauschbegriffs erschlossen bzw. durch die allgemeinen Annahmen der Austauschtheorie erklärt werden kann. Man kann im Text nachlesen, wie die von Blau beobachteten Phänomene, so unwahrscheinlich und widersprüchlich sie auf den ersten Blick erschienen sein mögen, in dem Augenblick verständlich werden, in dem der Prozeß der Konsultation als ein sozialer Austauschprozeß angesehen wird. Legt man Prämissen von der Art zugrunde, daß Menschen in sozialen Beziehungen im allgemeinen darauf achten, daß «Aufwand» und «Ertrag» ihrer Interaktionen in einem «fairen» Verhältnis zueinander stehen, daß Leistungen von Gegenleistungen abhängen und umgekehrt, daß unbalancierte Beziehungen zu Konflikten bzw. zu Abhängigkeiten führen – dann läßt sich die Struktur des von Blau beobachteten Konsultationssystems als die notwendige Folge der Geltung dieser Annahmen darstellen. Stimmt aber die logisch notwendige Konsequenz einer Theorie mit der empirischen Wirklichkeit überein, gilt die Wirklichkeit als im strengen Sinne durch die Theorie *erklärt*.

Die Fruchtbarkeit eines Begriffssystems für die Entwicklung von Theorien hängt unter anderem auch davon ab, ob es andere Begriffe, die sich in anderen Forschungskontexten bereits bewährt haben, in sich aufnehmen und ihnen einen systematischen Stellenwert zuweisen kann. Hierzu muß es gelingen, das bis dahin «unintegrierte» Konzept mit Hilfe des zugrunde gelegten begrifflichen Bezugsrahmens auf befriedigende Weise neu zu definieren, d. h. es in begriffliche Komponenten zu zerlegen, die dem Bezugsrahmen der «integrierenden» Theorie zugehören. In dieser Hinsicht läßt Blaus Analyse erkennen, daß die Theorie des sozialen Austauschs, indem sie von Beziehungen auf der Basis *wechselseitiger* Abhängigkeit zu solchen auf der Basis *einseitiger* Abhängigkeit einen systematischen Übergang herstellt, nicht nur keine Schwierigkeiten hat, den Begriff der *Macht* in sich aufzunehmen, sondern daß sie diesen darüber hinaus erheblich zu präzisieren vermag. Auf diese Weise stellt das Ende des folgenden Textes eine Verbindung zu dem im Anschluß daran einzuführenden Konzept der Macht her.

Blaus Studie besticht nicht zuletzt durch die Art ihres Vorgehens.[2] In immer neuen Schriften werden die zu erklärenden Phänomene in theoretische Probleme umformuliert und nacheinander bearbeitet. Jeder Lösung folgt ein Übergang zu neuen Aspekten, zu komplexeren, schwierigeren Problemen, zu allgemeineren theoretischen Prinzipien. Über wie lange Zeit sich ein derartiger Prozeß erstrecken kann, zeigt ein Vergleich des 1962 der zweiten Auflage hinzugefügten letzten Teils des Kapitels («Der Begriff des sozialen Austauschs») mit dem Text von 1955. In diesem neuen Abschnitt wird das gesamte Material noch einmal analysiert – diesmal jedoch auf noch abstrakterem Niveau und unter strikter Anwendung der formalen Prinzipien, die den Begriff des Austauschs in der ökonomischen Theorie bestimmen, sowie unter deutlicher Berücksichtigung der Unterschiede zwischen sozialem und wirtschaftlichem Austausch. Im selben Jahr, in dem dieser Zusatz verfaßt wurde, erschien Blaus umfangreiches Werk über «Exchange and Power in Social Life», das heute zu den wichtigsten Büchern der theoretischen Soziologie zu zählen ist. Unter diesem Gesichtspunkt ist der folgende Text auch theoriegeschichtlich von Interesse: Er dokumentiert, wie empirische Beobachtungen und die mit ihnen verbundenen Erklärungsprobleme theoretische Intuitionen auslösen und wie diese über langwierige Entwicklungsprozesse zu Theorien ausgebaut werden können.

2 Die Entstehungsgeschichte von «The Dynamics of Bureaucracy» – ursprünglich Blaus Doktorarbeit – sowie seine eigene Arbeitsweise hat Peter M. Blau in einem lesenswerten Essay dargestellt: The Research Process in the Study of the ‹Dynamics of Bureaucracy›, in: Ph. E. Hammond (Hg.), Sociologists at Work, Garden City 1967, S. 18–57.

Peter M. Blau
Konsultation unter Kollegen

Die zweite in diesem Buch untersuchte Organisation ist eine Abteilung einer Bundesbehörde – eine von neun Distriktsbehörden eines Amtes mit Hauptquartier in Washington. Der Distriktsleiter war verantwortlich «für die Überwachung der einheitlichen Anwendung der Bestimmungen»[1] zweier Bundesgesetze in zwei östlichen Bundesstaaten der USA. Um die korrekte Befolgung dieser relativ neuen Gesetze sicherzustellen, war unter anderem eine Inspektion von wirtschaftlichen Betrieben erforderlich. Wenn Gesetzesverletzungen gefunden wurden – was etwa in der Hälfte der untersuchten Firmen der Fall war –, wurde auf zukünftige Einhaltung der Bestimmungen gedrängt. Schwerwiegende Verstöße, vor allem im Wiederholungsfall, wurden auf dem Rechtsweg verfolgt.

Abteilung Y, die hier untersuchte Organisationseinheit, hatte 18 Mitglieder. Ein Abteilungsleiter beaufsichtigte sechzehn Inspektoren und einen Verwaltungsbeamten. Die wichtigsten Aufgaben der Inspektoren wurden außerhalb der Büroräume ausgeführt. Der Abteilungsleiter übertrug ihnen Fälle von zu untersuchenden Firmen. Die Bearbeitung eines Falles bestand in einer Durchsicht der Bücher und Aufzeichnungen der Firma, in Interviews mit dem Arbeitgeber bzw. seinem Vertreter und mit einer Anzahl von Beschäftigten, gegebenenfalls in der Feststellung des Vorliegens rechtlicher Verstöße und der Entscheidung über die zu treffenden Maßnahmen, sowie in Verhandlungen mit dem Arbeitgeber. Die dazu benötigte Zeit lag zwischen einem halben Tag und mehreren Monaten. Im Durchschnitt brauchte ein Beamter für eine Untersuchung siebzehn Stunden.[2]

Die Inspektoren hatten den Wahrheitsgehalt der ihnen gegebenen Informationen zu überprüfen – da es natürlich vorkam, daß Verstöße verschwiegen wurden –, und sie hatten auf der Grundlage umfangreicher und komplexer Rechtsbestimmungen zu entscheiden, ob Verstöße vorlagen oder nicht. Dies war eine schwierige Aufgabe, die oft langwierige Untersuchungen sowie Konsultationen mit dem Abteilungsleiter oder mit Mitgliedern der Rechtsabteilung der Behörde erforderte. War ein Fall abgeschlossen, wurde ein umfassender Bericht verfaßt. Diese zuletzt genannten Aktivitäten fanden innerhalb der Büroräume statt. Zusätzlich wurden in den Amtsräumen mitunter Arbeitnehmer interviewt oder Verhandlungen mit Arbeitgebern geführt. Die Beamten hatten ferner alle zwei Wochen Abteilungsbesprechungen zu besuchen sowie gelegentlich besondere Konferenzen. Durch-

1 Aus dem Jahresbericht der Behörde für 1948. Um die Anonymität der Informanten zu schützen, wird der Bericht nicht mit seiner vollen Bezeichnung zitiert; aus demselben Grund sind die Bezeichnungen der Beamten, der Behörden und ihrer Untergliederungen geändert worden.

2 Von der Übertragung eines Falls an einen Beamten bis zu seiner Erledigung dauerte es jedoch im Durchschnitt 31 Tage, da mit den untersuchten Betrieben Termine abgemacht werden mußten und jeder Beamte an etwa einem Dutzend Fällen gleichzeitig arbeitete.

schnittlich verbrachten sie 42 % ihrer Arbeitszeit in ihren Büroräumen. [...]

Um den Beamten bei schwierigen Fällen Unterstützung zuteil werden zu lassen, bestanden besondere Vorkehrungen. Entscheidungen eines gewissen Komplexitätsgrades oder einer gewissen Größenordnung – zum Beispiel, wenn der in Frage stehende Geldbetrag eine gewisse Grenze überschritt –, mußten vom Abteilungsleiter autorisiert werden, der selbst wiederum in bestimmten Fällen die Zustimmung seiner Vorgesetzten einholen mußte. Wenn ein Beamter auf ein Problem stieß, das er nicht lösen konnte, hatte er den Abteilungsleiter zu konsultieren; war dieser nicht selbst in der Lage, die notwendige Hilfestellung zu geben, konnte er dem Beamten die Erlaubnis erteilen, einen Mitarbeiter der Rechtsabteilung zu konsultieren. Den Inspektoren war es verboten, jemand anderen als den Vorgesetzten direkt um Rat zu fragen; dies galt selbst für ihre Kollegen.

Diese Regel, die die Beamten zwang, mit ihren Problemen zu ihrem Abteilungsleiter zu kommen, war ein integraler Bestandteil der Autoritätsstruktur der Behörde. Der Abteilungsleiter war seinen Vorgesetzten dafür verantwortlich, daß die von seiner Abteilung getroffenen Entscheidungen rechtlich unanfechtbar waren. Damit er dieser Verantwortung gerecht werden konnte, hatte er die Autorität, alle amtlichen Entscheidungen seiner Untergebenen zu kontrollieren. Im Extremfall konnte er bei der Durchsicht der erledigten Fälle Fehler korrigieren und Beamte anweisen, fehlerhafte Entscheidungen zurückzunehmen. Dieses Verfahren beinhaltete jedoch viel unnützen Aufwand und ließ die Behörde nicht selten nach außen in schlechtem Licht erscheinen. Zwei andere Methoden der Autoritätsausübung waren effektiver. Erstens konnte der Abteilungsleiter Fehler von vornherein verhindern, indem er seine Beamten in schwierigen Fällen beriet oder sie durch Rechtsexperten beraten ließ. Die Bestimmung, daß die Beamten ihn immer dann zu konsultieren hatten, wenn sie auf Schwierigkeiten gestoßen waren – d. h. in Fällen, in denen Fehlentscheidungen am wahrscheinlichsten waren –, erleichterte ihm die Kontrolle über Entscheidungen, für die er verantwortlich gemacht werden konnte.[3] Zweitens konnte er verhindern, daß bestimmte Arten von Entscheidungen, die er für fehlerhaft hielt, wiederholt wurden: Seine Beurteilung der Leistung der Beamten beeinflußte deren Karrierechancen.[4] Um diese Beurteilung sachgerecht und als effektives Kontrollinstrument einsetzen zu können, mußte der Abteilungsleiter in der Lage sein, für alle Entscheidungen eindeutige Verantwortlichkeiten festzustellen. Dies wäre unmöglich geworden, wenn an jedem Fall ein halbes Dutzend Beamte zusammengearbeitet hätten. Das Verbot der Konsultation

3 Ein anderer Grund für diese Bestimmung lag darin, daß die Rechtsexperten – die offiziell an der Bewertung der Leistungen der Beamten keinen Anteil hatten – von ratsuchenden Beamten überlaufen worden wären, wenn der Abteilungsleiter sie nicht abgeschirmt hätte.

4 Beobachtungen nach einem Wechsel des Abteilungsleiters ergaben denn auch, daß die Beamten ihre Arbeitsweise daran orientierten, wie der Vorgesetzte die für ihre Arbeit geltenden Regeln interpretierte.

unter Kollegen war dazu bestimmt, diese Möglichkeit auszuschließen.

Andererseits waren die Beamten nur ungern bereit, ihrem Vorgesetzten ihre Unfähigkeit zur Lösung eines Problems einzugestehen: sie mußten befürchten, daß ein derartiges Eingeständnis ihre Beurteilung ungünstig beeinflussen würde. Das Bedürfnis nach Hilfe und die Bestimmung, daß diese nur beim Abteilungsleiter eingeholt werden durfte, setzten die Beamten unter in sich widersprüchlichen Druck (cross-pressures).

Das System der Konsultation

«Den Beamten ist es verboten, sich untereinander zu konsultieren. Wenn sie ein Problem haben, müssen sie zu mir kommen», sagte der Abteilungsleiter. Aber durchschnittlich hatte jeder Beamte pro Stunde etwa fünf Kontakte mit Kollegen. Kaum einer dieser Kontakte war offiziell erforderlich, da die Beamten die ihnen zugewiesenen Fälle unabhängig voneinander zu bearbeiten hatten. Einige der Kontakte bestanden aus rein privaten Unterhaltungen, aber viele bezogen sich auf dienstliche Angelegenheiten, wobei sowohl einfache Informationsfragen vorkamen, die mit einem Satz beantwortet werden konnten, als auch Konsultationen über komplexe Probleme.

Diese inoffiziellen Praktiken hatten sich entwickelt, weil ein Bedürfnis nach Rat und Hilfe bestand, das vom Abteilungsleiter nicht befriedigt werden konnte. Das ängstliche Bestreben des Beamten, korrekte Feststellungen und Entscheidungen zu treffen – von denen abhing, wie seine Arbeitsleistung beurteilt wurde –, behinderte ihn bei der Arbeit und ließ ihn ständig an der Richtigkeit seiner Entscheidungen zweifeln. Konsultationen mit dem Abteilungsleiter – der einzig legitime Weg, sich von anderen helfen zu lassen –, konnten diese Ängste deshalb nicht beheben, weil sie auf der Besorgnis des Beamten über die Einschätzung seiner Kompetenz durch den Vorgesetzten beruhten. Im Gegenteil, es waren gerade diese Befürchtungen, die den Beamten veranlaßten, seine Probleme vor dem Abteilungsleiter zu verbergen. In den Worten eines Beamten: «Ich versuche, dem Abteilungsleiter so weit wie möglich aus dem Weg zu gehen. Je öfter man zu ihm geht, desto dümmer sieht man aus.» Selbst wenn ein Beamter nur um Bestätigung einer im übrigen korrekten vorläufigen Entscheidung nachgesucht hätte, wäre dies bei mehrfacher Wiederholung als Unfähigkeit zu selbständigen Entscheidungen erschienen und hätte gleichfalls seine Beurteilung negativ beeinflußt. Ihr Bedürfnis, Hilfe ohne Wissen des Abteilungsleiters zu erhalten, zwang die Beamten, sich untereinander zu konsultieren, obwohl dies eine offizielle Regel verletzte.[5]

Einfache Informationsfragen, die lediglich der Zeitersparnis dienten,

5 Der enge Zusammenhang zwischen der Besorgnis der Beamten über ihre Beurteilung und dem Bedürfnis nach inoffiziellen Konsultationen wurde in der folgenden Begebenheit deutlich. Während einer Abteilungsversammlung teilte der Abteilungsleiter mit, Konsultationen mit ihm seien von den Beamten in ihrem abschließenden Bericht zu vermerken. Dies machte jede derartige Konsultation

müssen von anderen Konsultationen unterschieden werden. Wenn ein Beamter eine Bestimmung vergessen hatte oder nicht wußte, wo er sie nachschlagen konnte, wandte er sich häufig, um langwieriges Suchen zu vermeiden, an einen Kollegen. Da jeder andere Beamte das benötigte Wissen haben konnte, je nachdem an welcher Art von Fällen er in letzter Zeit gearbeitet hatte, wurde derjenige gefragt, der einem räumlich am nächsten war. Die Beamten wandten sich bei derartigen Informationsfragen an ihren Nachbarn oder an Kollegen, die zufällig an ihrem Schreibtisch vorbeigingen. Daß hierbei keine Unterschiede gemacht wurden, hatte zur Folge, daß jeder Beamte häufig konsultiert wurde.

Wenn jedoch ein Beamter auf ein schwierig zu lösendes Problem stieß, war er bei der Auswahl seines Konsultationspartners wählerischer. Die sechzehn Mitglieder der Abteilung Y wurden gefragt, mit wem sie sich bei Problemen gewöhnlich berieten. Sieben Beamte wurden von zwei oder mehr Kollegen genannt. Alle sieben gehörten zu den neun Beamten, die vom Abteilungsleiter als hochkompetent eingeschätzt wurden, und keiner von ihnen gehörte zu den sieben mit unterdurchschnittlicher Kompetenz.

Es war eindeutig, daß die Kompetenz eines Beamten und seine Popularität als Ratgeber miteinander in Beziehung standen. Das System der Konsultationen war jedoch nicht auf einige Experten beschränkt. Sämtliche Kontakte zwischen Beamten, die länger als drei Minuten dauerten, wurden vom Beobachter vermerkt. Die meisten dieser Diskussionen waren Konsultationen. Je zwei Beamte, die während der dreißig Beobachtungsstunden einander mindestens fünfzehn Minuten lang konsultiert hatten, wurden als «Paar» definiert. Diese Beziehungen sind in Tafel I dargestellt. Das Soziogramm zeigt keine «Stars», sondern – wenn man von der Position eines Individuums (Y2) absieht – zwei «Ketten» (Y8 – Y14 – Y13 – Y10 – Y6 – Y11 – Y9 – Y15 und Y16 – Y12 – Y7) und vier Beamte ohne Beziehung.

Die meisten der Beamten hatten also einen oder zwei reguläre Partner, mit denen sie ihre Probleme diskutierten. Eine dieser Partnerschaften bestand aus zwei Beamten, deren Kompetenz, gemessen an der Bewertung durch den Abteilungsleiter und der Einschätzung durch die Kollegen, stark unterschiedlich war. Dies legt die Vermutung nahe, daß der eine im allgemeinen den anderen beriet und nicht umgekehrt. Typisch war jedoch, daß die Mitglieder eines Paars sich gegenseitig konsultierten. Alle vier Beamten ohne Partner waren «Experten», und drei von ihnen waren darüber hinaus sehr gefragte Berater.[6] Diese drei waren also keineswegs von dem Austausch

offiziell zu einem aktenkundigen «Schandfleck». Eine Woche später sagte einer der am häufigsten konsultierten Beamten beim Mittagessen zu seinen Freunden: «Also diese dauernden Fragen sind schrecklich! Bei der letzten Sitzung hat (der Abteilungsleiter) ihnen gesagt, sie sollten ihn nicht um Rat fragen. Wenn sie es doch tun, vermerkt er es in ihrer Akte. Das Ergebnis ist, daß sie alle zu mir kommen anstatt zu ihm und mich fragen.»

6 Der vierte Beamte war erst kürzlich in die Abteilung versetzt worden und war noch nicht in das Konsultationssystem integriert. (Die Bezeichnung «Experte» bedeutet lediglich, daß der Betreffende zu den kompeteren Beamten der Abteilung gehörte.)

Tafel 1

Soziogramm der Konsultationen zwischen den Beamten

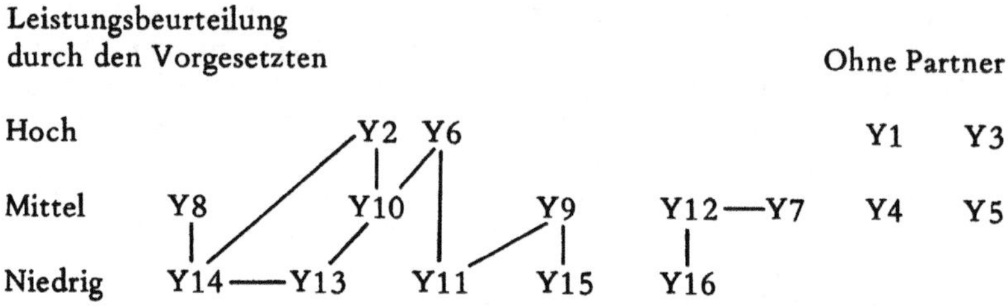

Die Position der Beamten auf der vertikalen Achse ergibt sich aus ihrer letzten offiziellen Beurteilung durch den Abteilungsleiter.

Die Beamten sind durch Nummern gekennzeichnet, die ihren Rang im Ansehen ihrer Kollegen ausdrücken. Die Ränge wurden als Durchschnittswerte der Antworten aller anderen Abteilungsmitglieder auf die Aufforderung ermittelt, ihre Kollegen nach dem Grad ihrer fachlichen Kompetenz zu ordnen.

von Ratschlägen ausgeschlossen. Im Gegenteil, sie waren so intensiv an ihm beteiligt, daß sie mit keinem einzelnen Kollegen sehr viel Zeit verbringen konnten.

Konsultation kann als Austausch von Gütern angesehen werden; beide Seiten gewinnen etwas, und beide müssen einen Preis zahlen.[7] Der Beamte, der einen anderen um Hilfe bittet, wird dadurch in die Lage versetzt, seine Arbeit besser zu erledigen, als er es ohne Konsultation gekonnt hätte – und zwar ohne daß er dem Abteilungsleiter hätte Aufschluß über seine Schwierigkeiten geben müssen. Wer um Rat fragt, erweist damit dem überlegenen Wissen seines Kollegen Respekt. In dieser Anerkennung der eigenen Unter-

7 Diese Auffassung von Konsultation als Austausch von Werten ist von William F. Whytes Begriff der «gegenseitigen Verpflichtung» angeregt worden. Siehe Whytes Diskussion der Bedeutung des Austausches von Verpflichtungen für soziale Kohäsion in «Street Corner Society», revidierte Ausgabe, Chicago 1955, S. 256–8, sowie passim.

legenheit bestehen die Kosten der empfangenen Hilfe. Der Konsultierte wiederum gewinnt Prestige; dafür ist er bereit, einen Teil seiner Zeit für Konsultationen zu opfern und seine eigene Arbeit zu unterbrechen. Dieser Zusammenhang wird von der folgenden Bemerkung eines Beamten veranschaulicht: «Ich gebe gerne Ratschläge. Ich glaube, es ist irgendwie schmeichelhaft, wenn man das Gefühl hat, daß die anderen einen um Rat fragen.»

Der Experte, dessen Rat oft gesucht wurde, erhielt dadurch eine soziale Bestätigung seiner überlegenen Fähigkeiten. Dies vergrößerte sein Vertrauen in seine eigenen Entscheidungen und verbesserte damit seine Leistung als Untersuchungsbeamter. Ein solcher gefragter Ratgeber brauchte nicht nur seltener Rat als andere, er konnte auch Diskussionen seiner eigenen Schwierigkeiten auf verschiedene Kollegen verteilen, da ihm die meisten für seine Hilfe verpflichtet waren. Darüber hinaus diente es der Aufrechterhaltung seiner eigenen Reputation als Experte, wenn er es vermied, irgendeinen Kollegen zu oft um Hilfe zu bitten. Folgerichtig hatten drei der am häufigsten konsultierten Beamten keinen regulären Konsultationspartner.

Alle Beamten hatten es gern, konsultiert zu werden. Für die Experten jedoch nahm der Wert jeder einzelnen der vielen Konsultationen, in die sie verwickelt waren, ab, und der Preis, den sie in Gestalt häufiger Arbeitsunterbrechungen zu zahlen hatten, stieg beträchtlich. Einer von ihnen bemerkte über die zahlreichen an ihn gerichteten Hilfsersuchen: «Ich sage niemals nein, aber manchmal geht es mir auf die Nerven.» (Vgl. auch den in Fußnote 5 zitierten Satz.) Eine Bitte um Hilfe war zu wertvoll, um einfach zurückgewiesen werden zu können; Beamte jedoch, die häufig gefragt wurden, hatten keine Lust, derartige Anfragen auch noch zu ermutigen.[8]

Die Rolle des Beamten, der häufig um Rat fragen mußte, war weniger beneidenswert, obwohl er am direktesten von dieser inoffiziellen Praxis profitierte. Einen Kollegen zu fragen war nicht so unangenehm, wie sich an den Abteilungsleiter zu wenden; andererseits untergrub es das Selbstvertrauen eines Beamten und seine Stellung in der Gruppe, wenn er wiederholt eingestehen mußte, daß er zur Lösung seiner Probleme nicht in der Lage war. Die Kosten einer Konsultation wurden unerträglich hoch, sobald der Gefragte – nachdem der Fragende durch seine Bitte seine Unterlegenheit eingestanden hatte – sich auch nur im geringsten abweisend verhielt, etwa indem er die Diskussion verschob oder in ihrem Verlauf seine Ungeduld spüren ließ. Um solche Zurückweisungen zu vermeiden, konsultierten die Beamten gewöhnlich nur solche Kollegen, mit denen sie auf freundschaftlichem Fuß standen, selbst wenn diese keine Experten waren. Auf die Frage, ob er jemals einen bestimmten Kollegen konsultiere, den er für außerordentlich kompetent hielt, erklärte ein Beamter: «Ich würde manchmal gern,

8 Der Experte, der sich gegenüber Anfragen am entgegenkommendsten verhielt, wurde am häufigsten konsultiert und war bei den übrigen Mitgliedern der Gruppe am beliebtesten. Als Folge davon wurde er in gewisser Hinsicht ihr informeller Führer. [. . .] Seine große Bereitschaft, anderen zu helfen, war der Preis, den er für seine soziale Position zu entrichten hatte.

aber ich weiß nicht recht, ich habe immer das Gefühl, ich hätte nicht das Recht, von seinem Wissen Gebrauch zu machen. Ich frage diejenigen, die ich gut kenne, weil ich da weniger Hemmungen habe.»

Da bei Partnerschaften zur gegenseitigen Konsultation die Rollen des Fragers und des Ratgebers von Zeit zu Zeit gewechselt wurden, war hier die Gefahr einer Zurückweisung ebensowenig gegeben wie die einer Bedrohung des eigenen Status als Folge einer Bitte um Hilfe. Derartige Partnerschaften ermöglichten es darüber hinaus, Konsultationen mit Experten, mit denen man sich persönlich nicht besonders gut stand, für wirklich schwierige Probleme zu reservieren. Als Folge davon konnte man in derartigen Fällen mit weniger Zurückweisung rechnen.

Wenn die Komplexität eines Problems einem Beamten dessen Lösung unmöglich machte, brauchte er den Rat eines Experten. Oft war es jedoch weniger Mangel an Wissen als vielmehr übertriebene Ängstlichkeit in bezug auf die Richtigkeit seiner Entscheidung, die den Beamten bei seiner Arbeit behinderte. In dieser Situation konnte der Rat eines Kollegen, auch wenn dieser nicht zu den Experten mit überragender Kompetenz gehörte, die für eine Entscheidung notwendige Unterstützung liefern.

Das in der Abteilung bestehende Konsultationssystem befreite den Beamten aus der Isolierung, in der er sich andernfalls befunden hätte; offiziell nämlich erforderte seine Arbeit an seinen eigenen Fällen kaum jemals Kontakte mit seinen Kollegen. Die aus den Konsultationen erwachsende Gewißheit, daß man nicht allein mit Schwierigkeiten zu kämpfen hatte, und das Wissen, daß man Rat und Hilfe erhalten konnte, ohne dafür dem Vorgesetzten in seine Schwierigkeiten Einblick geben zu müssen, verringerten die Ängste der Beamten bei ihrer Arbeit. Die wiederholte Erfahrung, von anderen um Rat gefragt zu werden, bewirkte auf noch effektivere Weise dasselbe Ergebnis. Indem das inoffizielle Konsultationssystem die Angst der Beteiligten herabsetzte, machte es ihre Arbeit erträglicher und verbesserte ihre Fähigkeit zu Entscheidungen auch in Fällen, in denen keine Konsultationen vorgenommen wurden.

Andere zu konsultieren hatte jedoch auch Nachteile. Es konnte zu Konflikten mit dem Abteilungsleiter führen, da es eine offizielle Regel verletzte. Obwohl der Abteilungsleiter Konsultationen tolerierte, bekundete er öffentlich sein Mißfallen über Beamte, «die sich die Lösungen für ihre Probleme bei anderen zusammensuchen». Darüber hinaus schadete es dem Ansehen eines Beamten bei seinen Kollegen sowie seinem Selbstvertrauen, wenn er durch zu viele Fragen seine Wissenslücken allzu deutlich erkennen ließ. Je kompetenter ein Beamter war, um so größer war sein Widerwille dagegen, Schwierigkeiten bei der Lösung von Problemen einzugestehen. Zugleich jedoch hatten auch Experten bei schwierigen Entscheidungen ein Bedürfnis nach Unterstützung.

Verdeckte Konsultation

Es kam häufig vor, daß ein Beamter, der an einem interessanten Fall arbeitete, seinen Kollegen davon erzählte. Alle Mitglieder der Abteilung waren an derartigen Diskussionen interessiert und fanden sie lehrreich. Eine Beamtin drückte ihre Verärgerung darüber aus, daß Vorgesetzte an solchen Unterhaltungen oft Anstoß nahmen: «Ich wünschte, sie wären weniger dagegen. Mir haben unsere Schwatzstunden immer gut gefallen. Man hat immer viel dabei gelernt, wenn jemand seinen Fall zur Diskussion stellte – Fälle, wie man sie selber nie zu bearbeiten kriegt. Ich glaube, sie [die Vorgesetzten; d. Ü.] haben das Gefühl, wir würden damit zuviel Zeit vertun.» Die Tatsache, daß die Beamten für solche Diskussionen ihre Freizeit verwendeten – die Mittagspausen waren voll von ihnen, trotz gelegentlicher Proteste: «Keine Fachsimpeleien!» –, zeigt, wie gern man sich an ihnen beteiligte. Man fand es interessant zu hören, wie ungewöhnliche Probleme gelöst worden waren; häufig schlugen die Beteiligten von sich aus mögliche Lösungen vor. [. . .]

Diese Diskussionen waren funktionale Alternativen für Konsultationen. Für den, der ein Problem präsentierte, erfüllten sie dieselben Funktionen wie eine Bitte um Rat, ohne daß sie für ihn dieselben Nachteile gehabt hätten. Einen komplexen Fall anderen zu erklären stand nicht in Widerspruch zu der Vorschrift, Kollegen nicht um Rat zu fragen, und es war weder dem Prestige noch dem Selbstvertrauen des Beamten abträglich. Im Gegenteil, anders als das Fragen um Rat *vergrößerte* es den Respekt der Kollegen für einen Beamten, wenn dieser einen interessanten Fall zu präsentieren wußte. Natürlich galt dies nur dann, wenn die von dem Betreffenden gezogenen Schlußfolgerungen auch tatsächlich richtig waren; berichtete jemand falsche Schlußfolgerungen, schadete dies seinem Ansehen in der Gruppe.[9] Beamte, die kein Vertrauen in ihre eigenen Fähigkeiten hatten, fühlten sich daher weniger als Experten aufgelegt, die von ihnen gefundenen Problemlösungen mitzuteilen. Auch wurden kompliziertere Fälle mit ungewöhnlichen Problemen, die anderen interessant erscheinen konnten, ohnehin häufiger von Experten als von anderen Beamten bearbeitet. Dies hatte zur Folge, daß genau diejenigen Beamten, die am wenigsten bereit waren, einen etwaigen Mangel an Wissen durch Bitten um Hilfe gegenüber anderen einzugestehen, am ehesten von dieser Alternative zu direkten Konsultationen Gebrauch machen konnten.

Das Bewußtsein beider Teilnehmer einer Konsultation von dem Umstand, daß der eine dem anderen einen Dienst erwies, erhöhte den Status des Befragten und unterwarf oder verpflichtete ihm den Fragenden. Genau dies

9 Während jedoch ein Beamter, der einen anderen um Rat fragte, als Preis a priori seine Unterlegenheit eingestehen mußte, konnte der Teilnehmer an einer derartigen Diskussion für richtige Entscheidungen Bestätigung finden bzw. Hilfe bei der Erarbeitung von Entscheidungen erhalten, ohne diesen Preis entrichten zu müssen.

war es, was den Befragten veranlaßte, dem anderen Rat zu erteilen; umgekehrt bestanden hierin die Kosten, die der Empfänger der Hilfe für diese zu entrichten hatte. Diskussionen interessanter Probleme galten jedoch nicht als ein Dienst, den man dem den Fall schildernden Kollegen erwies, und dieser begann derartige Diskussionen nicht deshalb, weil er ein Bedürfnis nach *Rat* verspürt hätte.[10] Auf der manifesten Ebene nahmen sowohl er selber als auch seine Zuhörer, die den Fall zuweilen kommentierten, an derartigen Diskussionen ausschließlich deshalb teil, weil sie sie interessant fanden. Die Tatsache, daß sie ihm bei der Lösung seiner Probleme halfen, war weder dem Erzähler noch seinen Zuhörern bewußt; dies war eine *latente Funktion* solcher Diskussionen. [. . .]

Die Vorteile derartiger Diskussionen veranlaßten mitunter den einen oder anderen Beamten, der einen Rat benötigte, seine Bitte um Hilfe bewußt zu tarnen. Hierauf bezieht sich der folgende Kommentar: «Auch (Casey) fragt mich manchmal, aber er macht das mit großer Finesse. Er tut so, als wolle er bloß wissen, was ich von dem Fall halte, ganz als ob es ihm gar nicht um die Lösung ginge.» Solche manipulativen Versuche, ohne Gegenleistung Hilfe zu erhalten – d. h. ohne das eigene Bedürfnis nach dem Rat eines anderen einzugestehen –, stießen allgemein auf Ablehnung. Eine Diskussion mußte interessant sein, damit Zuhören und Kommentieren lohnend sein konnten. Dies war nur dann der Fall, wenn das diskutierte Problem tatsächlich ungewöhnlich war und wenn der betreffende Beamte sein eigenes Interesse dadurch manifestierte, daß er in der Darstellung seiner Lösung aufzugehen schien und sich über ihre Richtigkeit keine Gedanken machte. Wenn jemandes Rat benötigt wurde, bestand der Betreffende darauf, daß er um seine Hilfe *gebeten* und daß ihm auf diese Weise der schuldige Respekt erwiesen wurde. Ein Beamter, dessen absichtliche Verschleierung einer Bitte um Rat entdeckt wurde, zog sich den Ärger seiner Kollegen zu und verlor an Ansehen. Nur Diskussionen, die wirklich interessant waren, ermöglichten Zugang zu kostenlosen Entscheidungshilfen.

Die Praxis der Konsultation von Kollegen, in direkter ebenso wie in indirekter Form, erfüllte zugleich soziale und psychologische Funktionen. Erstens transformierte sie eine Anzahl von Individuen, die zufällig denselben Vorgesetzten hatten, in eine kohäsive Gruppe. Die sich wiederholende Erfahrung der Abhängigkeit von der Gruppe, deren Mitglieder bei Bedarf Hilfe leisteten, sowie der in Bitten um Rat sich äußernden Anerkennung durch andere Gruppenmitglieder führte zu starken gegenseitigen Bindungen. Informationsfragen, die an jeden der Beamten gerichtet werden konnten, der sich gerade in der Nähe aufhielt, ermöglichten jedem Mitglied der Abteilung, auch den am wenigsten kompetenten, die Erfahrung, von ver-

---

10 So berichtete zum Beispiel ein hochkompetenter Beamter, daß er manchmal andere um Rat frage. Dies unterschied er jedoch streng von der Einleitung von Diskussionen: «Oft möchte ich jemand anders eine interessante Erfahrung mitteilen oder mit ihm ein interessantes Problem diskutieren . . . Ich weiß schon vorher, was die Lösung ist, aber ich will sehen, ob er den Dreh mitkriegt.»

schiedenen anderen Mitgliedern benötigt zu werden. Die hierbei entstehende soziale Kohäsion trug umgekehrt auf einer Vielzahl von Wegen [. . .] zum Funktionieren der Abteilung bei.

Zweitens ermöglichte die Praxis der Konsultation unter Kollegen eine effektivere Kontrolle der Einhaltung der von der Behörde zu überwachenden Gesetzesbestimmungen, da sie die Qualität der von den Beamten getroffenen Entscheidungen verbesserte. Jeder der Beamten wußte, daß er bei der Lösung seiner Probleme Hilfe erhalten konnte, wann immer er sie brauchte. Dieses Wissen, das durch das Gefühl verstärkt wurde, Mitglied einer kohäsiven Gruppe zu sein, verringerte die bei Entscheidungen auftretenden Ängste. Gleichzeitig erhöhte es das Selbstvertrauen der Beamten bei Inspektionen außerhalb der Arbeitsräume, wenn sie von ihren Kollegen oft um Rat angegangen wurden. Das bloße Vorhandensein des Konsultationssystems vergrößerte auf diese Weise die Fähigkeit aller Beamten, der Experten wie auch der anderen, unabhängig Entscheidungen zu treffen, auch wenn sie im Außenbereich, d. h. allein tätig waren.

Drittens verstärkten die in der Abteilung üblichen Diskussionen über schwierige Fälle das Interesse der Beamten an ihrer Arbeit und erweiterten ihr Wissen. Nicht nur, daß sie Gelegenheit boten, am Beispiel der Experten zu lernen, wie schwierige Fragen gelöst wurden; sie sorgten zugleich für Anreize, die eigenen Fähigkeiten zu verbessern, da die Präsentation einer einfallsreichen Lösung das Ansehen eines Beamten in der Gruppe erhöhte. Darüber hinaus trugen solche stimulierenden Diskussionen zu dem großen Interesse bei, das die Beamten an ihrer Arbeit hatten, und bestärkten sie in ihrem Stolz darüber, daß sie für derart komplexe Aufgaben zuständig waren. Die meisten der Beamten [. . .] sahen in der Interessantheit und Wichtigkeit ihrer Aufgaben die attraktivste Eigenschaft ihres Berufs. Eine solche Art von Arbeitszufriedenheit motiviert zu verstärkten Anstrengungen. Soziale Kohäsion und Zufriedenheit mit dem Inhalt der eigenen Tätigkeit sind für den amerikanischen Beamten womöglich von besonderer Bedeutung, da diesem der hohe Status und die Autorität fehlen, auf welche sich der Esprit de corps seines europäischen Gegenparts, des *Herrn Geheimrats*[11], stützt.

Viertens stabilisierte das System gegenseitiger Konsultationen die Beziehungen zwischen den Mitgliedern und beugte Konflikten vor. Es sorgte dafür, daß alle Beamten genaue Kenntnis von den zwischen ihnen bestehenden Unterschieden in ihren beruflichen Fähigkeiten besaßen. Dies fand seinen Ausdruck in der starken Übereinstimmung zwischen der Einschätzung der Kompetenz eines Beamten durch seine Kollegen und seiner Beurteilung durch den Abteilungsleiter, der jeden abgeschlossenen Fall überprüfte (die Rangkorrelation betrug +.93; siehe auch Tafel 1). Darüber hinaus drückten die Beamten ihre *soziale* Anerkennung überlegener Fähigkeiten aus, indem sie bestimmte Kollegen um Rat baten und, nicht selten in kleinen

11 Im Original französisch bzw. deutsch; d. Ü.

Gruppen, bewundernd der Darstellung vorbildlicher Problemlösungen zuhörten. Dies verringerte die Wahrscheinlichkeit von Reibungen, wenn Beamte aufgrund ihrer Leistungen unterschiedlich belohnt wurden. Eine gute Beurteilung durch den Vorgesetzten oder sogar eine Beförderung führten um so weniger zu Verärgerung über den Abteilungsleiter oder den betreffenden Beamten, wenn dessen überlegene Kompetenz bereits im voraus sozial anerkannt war. Dementsprechend waren die Beförderungserwartungen der Beamten äußerst realistisch. Nur zwei Beamte erwarteten, während der nächsten zehn Jahre Abteilungsleiter zu werden; bei ihnen handelte es sich um dieselben, die sowohl von allen Kollegen als auch von dem Abteilungsleiter für die kompetentesten gehalten wurden.[12]

Die Mechanismen, die diese vielfältigen Funktionen erfüllten, beinhalteten auch eine Reihe von Dysfunktionen. Beispielsweise tendierte das beschriebene Interaktionsmuster dazu, Kompetenzunterschiede zu verfestigen, indem es sie allgemein bekannt machte. Das Ansehen, das häufig konsultierte Beamte genossen, stärkte ihr Selbstbewußtsein auf Kosten des Selbstvertrauens anderer. Zusätzlich führte das in der Abteilung vorherrschende Interaktionsmuster, indem es soziale Kohäsion bewirkte, zu Widerstand gegen die häufigen Versetzungen von Beamten von einer Abteilung in die andere. Versetzungen waren unbeliebt, da die Beamten Loyalitätsgefühle zu den Kollegen ihrer Abteilung entwickelten und weil sie Anpassung an neue Konsultationsbeziehungen erforderlich machten. Schließlich schwächte die Praxis der Konsultation die Autorität des Abteilungsleiters. Nicht nur, daß sie zu selteneren Konsultationen des Abteilungsleiters durch seine Untergebenen führte, zusätzlich beeinträchtigte sie den Respekt der Beamten für die Kompetenz ihres Vorgesetzten, die bei ihnen im Vergleich zu derjenigen der kompetentesten Kollegen nur schlecht abschnitt. Der Kommentar eines der Beamten macht dies deutlich: «Wenn (zwei bestimmte Kollegen) keine Antwort wissen, ist die Wahrscheinlichkeit, daß irgendein Vorgesetzter Bescheid weiß, minimal.» Es ist durchaus möglich, daß die mit einer Konsultation des Abteilungsleiters verbundenen Ängste und deren Abwesenheit bei Konsultationen mit Kollegen eine gewisse Voreingenommenheit zugunsten der von Kollegen erhaltenen Ratschläge bewirkten. Auf jeden Fall beeinträchtigte es die Kontrolle des Abteilungsleiters über seine Untergebenen, daß seine fachlichen Entscheidungen nicht deren vollen Respekt genossen; dies wiederum machte es ihm schwerer, seiner Verantwortung nachzukommen.

---

12 Diese Bewertungen waren unabhängig von dem derzeitigen Dienstgrad der Beamten. [. . .]

Der Begriff des sozialen Austauschs[13]

[. . .] Wenn soziale Interaktion als Austauschprozeß verstanden wird, gewinnen einige, wenn auch natürlich nicht alle Prinzipien der Wirtschaftstheorie Bedeutung für ihre Analyse. Ein wichtiges ökonomisches Prinzip ist das des abnehmenden Grenznutzens: «Wenn ein Konsument seinen Verbrauch einer bestimmten Ware steigert und dabei seinen Konsum aller anderen Waren konstant hält, muß der Grenznutzen der variablen Ware am Ende abnehmen.»[14] Dieses Prinzip ist von uns auf den von seinen Kollegen konsultierten Beamten angewendet worden. Wenn dieser mit zunehmender Häufigkeit um Rat gefragt wird, nimmt der Wert (Nutzen) des Respekts ab, den er durch jede zusätzliche Konsultation hinzugewinnt. Gleichzeitig nehmen die Kosten der während einer Konsultation verbrauchten Zeit für ihn zu, da der Nutzen jeder Einheit der ihm verbleibenden Zeit um so größer ist, je weniger Zeit er für andere Aktivitäten übrig hat. Aus diesem Grunde wird er zunehmend weniger geneigt sein, anderen seinen Rat zu erteilen.

Diese Analyse kann dadurch noch erweitert werden, daß dasselbe Prinzip auch auf den Ratsuchenden angewendet wird. Einem Beamten, der nur selten einmal einen Kollegen um Rat bittet, entstehen in bezug auf seine Selbstachtung keine besonderen Kosten. Je öfter er jedoch andere konsultiert, desto bedrohlicher wird es für seine Selbstachtung ebenso wie für sein Ansehen in der Gruppe, wenn er eingestehen muß, daß er immer noch weitere Hilfe von seinen Kollegen benötigt. In anderen Worten, der Rat eines Experten wird für ihn immer kostspieliger, da der Nutzen des ihm verbleibenden abnehmenden Respekts ihm immer größer erscheint. Natürlich wird letzten Endes auch sein Bedürfnis nach der Hilfe anderer abnehmen – das Problem des Beamten, der viel Hilfe benötigt, besteht jedoch genau darin, daß der Punkt, an dem zusätzlicher Rat für ihn keinen Nutzen mehr hat, bei ihm erst sehr spät erreicht wird. In dem Maße, wie der Rat von Experten für ihn zu teuer wird, wird sich der betreffende Beamte mit Ratschlägen minderer Qualität zufriedengeben, wenn diese zu einem geringeren Preis zur Verfügung stehen; auf diese Weise kommen Partnerschaften zur gegenseitigen Konsultation zwischen Beamten zustande, von denen beide häufig Rat brauchen. In derartigen Partnerschaften zahlen nämlich die Beteiligten nicht mit Respekt – was sie sich nicht leisten können –, sondern mit der den Problemen des Partners gewidmeten, in Konsultationen verbrachten Zeit; dies ist für sie deshalb «billig», weil niemand sonst ihre Zeit für Konsultationen in Anspruch nimmt und weil es ihnen Freude bereitet, um Rat gefragt zu werden.

Ein anderes hier relevantes ökonomisches Prinzip besteht darin, daß «kein Austausch stattfindet, wenn nicht beide Parteien zum betreffenden Zeit-

13 Der folgende Abschnitt wurde im Jahre 1962 geschrieben.
14 Kenneth E. Boulding, Economic Analysis, 3. Aufl., New York 1955, S. 682–3.

punkt der Ansicht sind, daß sie aus ihm Nutzen ziehen werden»[15]. Letzteres ist nur dann möglich, wenn beider Wünsche und Präferenzen sich voneinander *unterscheiden*. Wenn alle Beteiligten darauf aus sind, zusätzliche Mengen derselben Ware einzutauschen, und keiner bereit ist, von seinem Anteil an dieser Ware etwas abzugeben (oder wenn der Preis, der die Beteiligten zum Verkauf veranlassen würde, für alle derselbe ist), besteht für einen Austausch zwischen ihnen keine Basis.[16] Unterschiede in der Kompetenz der Beamten führten zu einem unterschiedlichen Bedarf nach Rat sowie zu Unterschieden in der Fähigkeit, Rat zu erteilen. Diese Unterschiede waren es, die die Beamten dazu motivierten, in für beide Parteien vorteilhafte Austauschbeziehungen einzutreten; sie ermöglichten es dem einen, einen hohen Status unter seinen Kollegen zu erreichen, dem anderen dagegen, seine beruflichen Leistungen zu verbessern. Der Umstand, daß die Partner in auf Gegenseitigkeit beruhenden Konsultationsbeziehungen sich nur wenig hinsichtlich ihrer Kompetenz und ihres Bedarfs nach Konsultationen unterschieden, wirft demzufolge die Frage auf, wie es möglich ist, daß beide Seiten, oder auch nur eine davon, von dem Austausch profitieren konnten. Die Antwort dürfte darin zu suchen sein, daß die Qualität der ausgetauschten Ratschläge sich womöglich von der Qualität der Entscheidungen unterschied, die dieselben Beamten in den von ihnen selbst bearbeiteten Fällen trafen. Das ängstliche Bestreben, dem Abteilungsleiter auf jeden Fall richtige Entscheidungen zur Beurteilung vorzulegen, behindert einen Beamten bei Entscheidungen in Zusammenhang mit seinen eigenen Fällen; derartige Ängste treten jedoch nicht auf, wenn Probleme aus von anderen Kollegen bearbeiteten Fällen zur Diskussion stehen. Gegenseitige Konsultationen versorgen beide Partner mit Entscheidungen, die vergleichsweise nur wenig durch Angst entstellt sind; auf diese Weise können beide Seiten aus ihnen Nutzen ziehen.

Die Unterschiede zwischen wirtschaftlichem und sozialem Austausch sind nicht weniger wichtig als ihre Gemeinsamkeiten. Wirtschaftlicher Austausch beruht auf einem formalen Vertrag, der die genauen Mengen der auszutauschenden Waren festsetzt. Der Käufer bezahlt 9000 Mark für ein bestimmtes Auto, oder er unterschreibt einen Vertrag, in dem er sich dazu verpflichtet, im Laufe des kommenden Jahres für das betreffende Auto 10300 Mark zu bezahlen. Unabhängig davon, ob die gesamte Transaktion auf einmal abgeschlossen wird oder nicht, setzt der Vertrag im voraus fest, welche Leistungen und Gegenleistungen zu erbringen sind. Im Unterschied dazu liegt der besondere Charakter sozialer Austauschbeziehungen darin, daß eine Person der anderen einen Dienst erweist, ohne daß die Art der zu erwartenden Gegenleistung im einzelnen festgelegt worden wäre; es besteht lediglich eine allgemeine Erwartung, daß der Partner in der Zukunft *irgend-*

15 Ebd., S. 21.
16 Siehe ebd., S. 68–71.

eine Gegenleistung erbringen wird. Dieser wichtige Punkt kann durch eine weitere Verfeinerung unserer Analyse des mit der Konsultation unter Kollegen verbundenen Austauschsystems illustriert werden.

Beamte, die regelmäßig einen besonders kompetenten Kollegen um Rat fragen, zahlen dafür nicht nur dadurch, daß sie ihm durch ihre Bitte Respekt erweisen; zusätzlich geraten sie für den empfangenen Rat in die Schuld des anderen. Die auf diese Weise entstehenden Verpflichtungen bilden die Hauptursache der informellen Statusunterschiede innerhalb der Gruppe. Eine Verwandlung des sozialen in einen ökonomischen Austausch würde es den Beteiligten ermöglichen, sich derartigen Verpflichtungen zu entziehen. Wenn jemand seinem Konsultationspartner für dessen Dienste eine Gebühr entrichtet, hat er damit keine Verpflichtungen mehr. Freilich ist die Grenze zwischen ökonomischem und sozialem Austausch nicht sehr scharf. Jemand kann zum Beispiel einen Kollegen beim Mittagessen konsultieren und sich revanchieren, indem er dessen Rechnung übernimmt oder ihn zu einem späteren Zeitpunkt zu sich nach Hause zum Abendessen einlädt. Eine andere Möglichkeit, sich seiner Verpflichtungen gegenüber einem konsultierten Kollegen zu entledigen, besteht darin, ihm im Bedarfsfalle den eigenen Rat anzubieten; dies ist allerdings nur dann möglich, wenn der andere zufällig Rat von der Art braucht, die der Betreffende zu erteilen in der Lage ist. Wenn ein Beamter keine spezifischen Dienste anzubieten hat, mit denen er sich für empfangenen Rat in angemessener Weise erkenntlich zeigen kann, zwingen ihn seine allgemeinen Verpflichtungen, sich im gesellschaftlichen Umgang mit seinem «Gläubiger» dessen Wünschen und Vorschlägen zu beugen. Es ist diese Unterwerfung, die über bloßen Respekt hinausgeht, mit der die Mitglieder der Gruppe für den Rat besonders kompetenter Kollegen bezahlen; auf ihr beruht der hohe soziale Status des Experten innerhalb der Gruppe seiner Kollegen.

Sozialer Austausch dreht sich um Leistungen, die unspezifizierte zukünftige Verpflichtungen begründen und dadurch einen tiefgehenden Einfluß auf soziale Beziehungen ausüben. Da keine vorgängigen Abmachungen über Gegenleistungen getroffen werden, setzt sozialer Austausch Vertrauen in die sozialen Beziehungen der Beteiligten voraus. Zu Anfang jedoch ist nur ein Minimum an Vertrauen nötig, weil die zu diesem Zeitpunkt aufs Spiel gesetzten Investitionen nur sehr gering sind. Wenn jemand ein paar Mal einem Kollegen hilft und dieser anschließend versäumt, durch irgendwelche Gegenleistungen die von ihm eingegangenen Verpflichtungen zu erfüllen, ist der Verlust nicht sehr groß. Für die Zukunft wird man sich dann vor weiteren Verlusten dadurch zu schützen wissen, daß man aufhört, einem so undankbaren Kollegen Gefälligkeiten zu erweisen. Wenn sich der Kollege jedoch im erwarteten Ausmaß erkenntlich zeigt, besteht eine Basis für eine Fortsetzung und Erweiterung der geleisteten Hilfe. In dem Maße, wie die Investitionen der am Austausch beteiligten Personen schrittweise zunehmen, wächst ihre gegenseitige Abhängigkeit, wobei beide gleichzeitig einander Beweise ihrer Vertrauenswürdigkeit liefern. Auf diese Weise vergrößern soziale Austauschprozesse das Vertrauen der Beteiligten in ihre sozialen Beziehungen.

Die Notwendigkeit von Gegenleistungen als Voraussetzung weiterer Leistungen, die den Kern des Austauschbegriffs darstellt, fungiert nach Gouldner als «Startmechanismus» für soziale Interaktion und die Entwicklung von Gruppenstrukturen.[17] Wenn eine Anzahl von Individuen zusammentrifft, liefern die Vorteile eines Eintritts in Austauschbeziehungen sowohl Anreize für soziale Interaktion als auch Mechanismen zu ihrer Regulierung, und zwar auch dann, wenn sich noch keine gemeinsamen Normen und Ziele bzw. noch keine differentiellen Rollenerwartungen herausgebildet haben. Auf diese Weise fördern Austauschkontakte die Entstehung eines Netzes sozialer Beziehungen und einer rudimentären Gruppenstruktur. Der Prozeß des Austauschs verwendet das Eigeninteresse der Beteiligten, um Vertrauen in soziale Beziehungen aufzubauen, und regt auf diese Weise die Entstehung einer differenzierten Gruppenstruktur an. [. . .] Sozialer Austausch, in dem Individuen ihre Verpflichtung zu Gegenleistungen erfüllen, um künftig in den Genuß weiterer Leistungen zu kommen, ist ein gutes Beispiel für das wichtige Prinzip, daß nicht alle sozialen Zwänge normative Zwänge sind.

Wenn eine Person einer anderen einen wichtigen Dienst erweist, gerät der Empfänger in Abhängigkeit von dem Geber und entstehen Verpflichtungen. Wenn der Empfänger sich revanchieren kann, indem er seinerseits dem Geber wichtige Leistungen liefert, vermag er sich seiner Verpflichtungen zu entledigen und seine Abhängigkeit dadurch auszugleichen, daß er den anderen von sich ebenso abhängig macht. Wenn derartige Gegenleistungen jedoch nicht möglich sind, bleibt die Abhängigkeit einseitig, und der Empfänger muß seinen Verpflichtungen dadurch nachkommen, daß er sich den Wünschen des anderen beugt; andernfalls muß er auf die Leistungen verzichten, von denen er abhängig geworden ist. In diesem Augenblick hat der Lieferer einer Leistung über den Empfänger Macht gewonnen. Es ist das Bestreben, die Unterwerfung unter die Macht eines anderen zu vermeiden, von dem die so mächtigen Antriebe ausgehen, empfangene Leistungen wenn irgend möglich durch Gegenleistungen auszugleichen. Wenn dies nämlich nicht möglich ist, ist ein Verlust an Unabhängigkeit die notwendige Folge. Wer von den Leistungen eines bestimmten Individuums abhängig geworden ist, ohne etwas anbieten zu können, das für den anderen ebenso wichtig ist wie dessen Leistungen für den Betreffenden selbst, kann seine Verpflichtungen nur dadurch einlösen, daß er sich dessen Wünschen unterwirft. Wo Gewaltanwendung ausscheidet, besteht die wichtigste Quelle von Macht über andere darin, sie von sich abhängig zu machen; ja, in ihrer extremen Form besteht zwischen dieser Art von Macht und Gewalt kein großer Unterschied mehr. [. . .]

---

17 Alvin W. Gouldner, The Norm of Reciprocity, American Sociological Review, 25 (1960), S. 176.

6. Sozialer Status

Unterschiedliche Bedürfnisse und Fähigkeiten menschlicher Individuen führen zu sozialem Austausch und zur Integration der Beteiligten in dauerhafte soziale Beziehungen. Soziale Integration jedoch ist zugleich auch soziale Differenzierung. Indem Menschen sich zu Gruppen zusammenschließen, etablieren sie Unterscheidungen gegenüber denen, die ihrer Gruppe *nicht* angehören, und indem sie zur Befriedigung unterschiedlicher Bedürfnisse in unterschiedliche Beziehungen eintreten, definieren sie unterschiedliche Kategorien von Interaktionspartnern und -situationen. Dieser Prozeß der Produktion sozialer Unterscheidungen und der Zuordnung von Individuen zu sozial definierten Gruppen und Situationen bildet die *horizontale* Dimension sozialer Differenzierung.

Sozialer Austausch produziert jedoch nicht nur Unterscheidungen, sondern auch Ungleichheit, nicht nur horizontale, sondern auch *vertikale* Differenzierung. Wo die Fähigkeit, ein bestimmtes Bedürfnis zu befriedigen, sich bei wenigen Mitgliedern konzentriert und die Nachfrage nach ihren Leistungen groß ist, sind diejenigen, die im Besitz der begehrten Ressourcen sind, im Vorteil: Ihre für die Gruppe strategisch wichtigen Eigenschaften werden zum Ausgangspunkt sozialer Unterschiede *in der vertikalen Dimension.* Dieser Prozeß kann, wie im Fall der von Blau untersuchten Gruppe, ganz «spontan» und «unbewußt» verlaufen: Die Verteilung von Prestige ist, ihrer Natur gemäß, jeder ausdrücklichen Regelung ohnehin entzogen, und die Transaktionen von Prestige gegen Rat blieben meistens «implizit» – der Empfänger eines Rats «zahlte» für ihn, indem er um ihn bat. Dennoch aber führten die unterschiedlichen Fähigkeiten der Gruppenmitglieder dazu, daß die als Gegenleistung getauschte Ressource – Prestige – in den Händen weniger Mitglieder konzentriert wurde.

Die Unterscheidung zwischen horizontaler und vertikaler Differenzierung wird dadurch kompliziert, daß es sich bei ihr in den meisten Fällen lediglich um eine analytische handelt. In der Wirklichkeit sind beide Formen der Differenzierung eng miteinander verzahnt. Horizontale Differenzierung führt häufig zu vertikaler Differenzierung, etwa wenn verschiedene berufliche Spezialisierungen unterschiedlich mit Einkommen und Prestige belohnt oder wenn bestimmte Gruppen, z. B. rassische Minderheiten oder Frauen, faktisch vom Zugang zu bestimmten begehrten Ressourcen ausgeschlossen werden. Obwohl jedoch beide Formen der Differenzierung in der Regel zusammen auftreten, ist es nötig, sie auf der begrifflichen Ebene auseinanderzuhalten: nur dann nämlich kann man untersuchen, wie sich das eine auf das andere auswirkt, wie sich etwa die Zugehörigkeit zu einer bestimmten Gruppe (horizontaler Aspekt) auf die Stellung eines Individuums in einer bestimmten Schichtungsdimension auswirkt (vertikaler Aspekt) oder wie die ungleiche Verteilung strategisch wichtiger Ressourcen die Struktur der in einer Gesellschaft bestehenden Gruppen und deren Lebenssituation bestimmt.[1]

Das Verhältnis von horizontaler und vertikaler Differenzierung bildet den Kern des jeder politischen Philosophie zentralen Problems von Freiheit und Gleichheit. Horizontale Differenzierung repräsentiert und produziert zugleich die Vielfalt menschlicher Bedürfnisse und Erfahrungen. Je mehr alternative Lebensformen und Entfaltungsmöglichkeiten eine Gesellschaft ihren Mitgliedern gewährt, um so größer ist die Chance, daß jedes Mitglied seine individuellen Bedürfnisse entwickeln und befriedigen kann. Soziale Vielfalt steht jedoch in einer komplexen Beziehung zu sozialer Ungleichheit. Unterschiede zwischen Individuen und Gruppen können zum Ausgangspunkt vertikaler Differenzierung werden, die ihrerseits wiederum auf die Bedürfnisse und Vergesellschaftungsformen der von ihr Betroffenen zurückwirken kann. Dabei besteht die Gefahr, daß soziale Ungleichheit das soziale Leben dem Diktat starrer ökonomischer und machtpolitischer Interessen unterwirft, seine Vielfalt reduziert und die Freiheit individueller Entfaltung einigen wenigen vorbehält. Die praktische Frage, zu deren Lösung die Soziologie womöglich einen Beitrag leisten könnte, besteht darin, wie soziale Vielfalt ohne Ungleichheit bzw. soziale Gleichheit ohne Uniformität dauerhaft verwirklicht werden können.

Zu den elementaren Erscheinungen sozialer Differenzierung in menschlichen Gruppen gehört die Entwicklung vertikaler Statusordnungen. Unterschiedliche Beiträge der beteiligten Individuen zu gemeinsam angestrebten Zielen führen in vielen Fällen zu einer unterschiedlichen Verteilung von Prestige, wobei hohes Ansehen der Preis ist, den die Gruppe für von ihr geschätzte Leistungen entrichtet. Dieser Austauschprozeß wird in der Regel in der Etablierung einer allgemein anerkannten Rangordnung kulminieren, deren ständige Artikulierung und Bestätigung im gegenseitigen Umgang der Gruppenmitglieder sie zu einem eigenständigen, von aktuellen Handlungszusammenhängen in gewissem Sinne unabhängigen Element der sozialen Situation der Gruppe werden läßt. So würde zum Beispiel die Gruppe als ganze, und nicht nur ihre angeseheneren Mitglieder, von einem Neuling diesen gegenüber ein respektvolles Verhalten *erwarten* und auf Verletzungen dieser Erwartung mit Sanktionen reagieren. Diese «normative» Verfestigung einer differentiellen Verteilung zu einem anerkannten *Recht* wird durch den Begriff des *«sozialen Status»* bezeichnet.

Der Status, den ein Individuum in seiner Gruppe innehat, hat wichtige Konsequenzen für sein Handeln und sein Bewußtsein. In Blaus Studie haben wir gesehen, daß ein hoher Status seinem Inhaber ermöglichen kann, Leistungen zu erbringen, zu denen er sonst womöglich nicht fähig gewesen wäre (vgl. den Zusammenhang zwischen der Selbstsicherheit, die aus dem

1 Vgl. hierzu die in Zusammenhang mit dem Begriff der «Klasse» eingeführte Analyse von Goldthorpe u. a., in der die Auswirkungen niedriger «Marktchancen» im Bereich der materiellen Produktion auf die Vergesellschaftungsformen und Lebenschancen einer sozialen Gruppe untersucht werden.

Respekt anderer erwächst, und der Qualität der von einem Beamten gefällten Entscheidungen), bzw. daß mit der Inhaberschaft eines hohen Status die Mittel verbunden sein können, die diesem zugrunde liegende Überlegenheit aufrechtzuerhalten (vgl. die den «Experten» offenstehende Möglichkeit der «verdeckten Konsultation»). Im Ergebnis wirkt damit die soziale Statusordnung, wenn sie erst einmal etabliert ist, verstärkend oder modifizierend auf ihre eigenen Ursachen und Voraussetzungen zurück, macht sich also in gewissem Sinn diesen gegenüber selbständig. Dementsprechend ist die «soziale Reichweite» einer Statusordnung auch keineswegs an den sozialen Kontext gebunden, aus dem sie ursprünglich hervorgegangen ist. Im Gegenteil kann sozialer Status weit über seinen «eigentlichen» Bereich hinaus Handeln beeinflussen, ohne daß dies den Betroffenen bewußt sein und ohne daß der Zusammenhang nach außen sichtbar werden müßte. Dieser Aspekt von sozialem Status steht im Mittelpunkt des folgenden Textes, eines Auszugs aus William F. Whytes Buch über die «Street Corner Society».

Whytes Studie entstand gegen Ende der dreißiger Jahre. Das Buch, das das soziale Leben in einem amerikanischen Slum und insbesondere das einer «gang» von jungen Arbeitslosen («street corner boys») untersucht, gehört sowohl methodisch als auch substantiell zu den wichtigsten Werken der modernen Soziologie. In ihm erreicht die systematische Verwendung der «teilnehmenden Beobachtung» als einer soziologischen Forschungstechnik einen eindrucksvollen Höhepunkt. Gleichzeitig gehört «Street Corner Society» zu den ersten empirischen Studien sozialer Gruppen mit «abweichenden» Verhaltensorientierungen.[2] Als Whyte nach Abschluß seines Studiums für drei Jahre in das italienische Einwandererviertel von Boston zog, ging es ihm vor allem um authentische, vorurteilsfreie Informationen über die Wirklichkeit des Alltagslebens in einem Slum. Wie ernst der Autor diese Aufgabe nahm, wird unter anderem daran deutlich, daß er eigens für die Zwecke seiner Studie Italienisch lernte, Mitglied einer «street gang» wurde und später sogar als Wahlkampfleiter eines mit der Unterwelt des Viertels verbundenen Politikers arbeitete. Diese weitgehende Integration in sein Beobachtungsfeld, verbunden mit einer außergewöhnlichen Offenheit für unerwartete Einsichten, ermöglichte Whyte für die damalige Zeit durchaus überraschende Erkenntnisse. Im Unterschied zu weitverbreiteten Vorstellungen fand Whyte, daß im Slum keineswegs ein soziales Chaos herrschte; im Gegenteil bestand eine durchaus «zweckmäßige», Integration und Stabilität gewährleistende soziale Ordnung, die mit der Struktur der Gesellschaft als ganzer durchaus vergleichbar war, ja, deren Untersuchung die anscheinend so vertrauten «normalen» Sozialbeziehungen in einem neuen Licht erscheinen ließ. Insofern ist Whytes Buch letzten Endes eine Studie über soziale Strukturen überhaupt – wobei die Untersuchung der «abweichenden» Slum-Gesellschaft, analog der Psychopathologie bei Freud, vor allem

2 Vgl. hierzu den in dieser Textsammlung wiedergegebenen Auszug aus Beckers «Outsiders».

den Zweck hat, das «Normale» und scheinbar Selbstverständliche in ein neues Licht zu rücken.

Der folgende Auszug gehört zu den Abschnitten des Buches, für die der italienische Slum von Boston nur Hintergrund und nicht eigentlich Hauptgegenstand ist. Ausgangspunkt der Analyse ist Whytes Beobachtung, daß die Mitglieder der von ihm untersuchten «Street Gang» beim gemeinsamen Bowling – einer Lieblingsbeschäftigung der Gruppe zur Zeit von Whytes Mitgliedschaft – in der Regel in der Reihenfolge ihres sozialen Status abschnitten, und zwar obwohl dieselben Personen beim Bowling *außerhalb* der Gruppe ganz andere Ergebnisse erzielten. Insbesondere fiel Whyte auf, daß Gruppenmitglieder mit niedrigem Status, die sich außerhalb der Gruppe als die «an sich» besseren Bowler erwiesen hatten, in der Konkurrenz mit den Führern der Gang regelmäßig unterlagen. Whyte fragte danach, wie ein solches Übergreifen der vertikalen Statusordnung einer Gruppe auf anscheinend ganz und gar personengebundene Leistungen und Fähigkeiten ihrer Mitglieder zustande kam und welche Bedeutung es für die Mitglieder und die Gruppe als ganze hatte. Bei seinem Versuch, hierauf eine Antwort zu finden, gelang es Whyte, einige der Mechanismen herauszuarbeiten, über die sozialer Status menschliches Handeln beeinflussen kann.

Im Mittelpunkt von Whytes Analyse steht die Erkenntnis, daß die beobachtete Übereinstimmung zwischen dem sozialen Rang eines Mitglieds und seiner Punktzahl beim gemeinsamen Bowling das Resultat identifizierbarer sozialer Prozesse war. Mehr noch als bei den von Blau untersuchten Beamten erwies sich die von der jeweiligen Position in der Statushierarchie erzeugte Selbstsicherheit bzw. Unsicherheit als ein die Leistungen der Mitglieder bestimmender Faktor, der die bestehende Statusverteilung gewissermaßen «rückwirkend» bestätigte. Whyte fiel auf, daß die führenden Gruppenmitglieder diesen Mechanismus mit einem auffallenden Maß an soziologischem «common sense» durchschaut hatten und ihn relativ bewußt zur Erhaltung ihres Status einsetzten. Insofern kann der von Whyte geschilderte Vorgang als ein weiteres Beispiel für das Prinzip angesehen werden, daß die Vorteile eines hohen Status unter anderem dazu genutzt werden können, diesen gegen Herausforderungen zu verteidigen.

Aber warum unternahmen die Führer der Gruppe solche Anstrengungen, sich auch im Bowling gegen die anderen Gruppenmitglieder durchzusetzen? Whyte macht deutlich, daß es ihnen dabei keineswegs um das Bowling als solches ging. Ihr Interesse, die anderen beim Bowling zu besiegen, war in erster Linie ein Reflex ihres übergeordneten Interesses an der Erhaltung ihres allgemeinen Status. Wie aus ihren Kommentaren hervorgeht, waren sich die führenden Gruppenmitglieder, insbesondere der Anführer der Gang, Doc, darüber klar, daß Niederlagen auf einem für die Gruppe wichtig gewordenen Gebiet ihre Position auf Dauer unterminiert hätten. Diese Drohung erwies sich als tragfähige Basis einer entschlossenen Mobilisierung aller der Führungsgruppe zur Verfügung stehenden Einflußmöglichkeiten mit dem Ziel, die übrigen Mitglieder «an ihrem Platz» zu halten.

Whytes Analyse bleibt jedoch nicht bei dem *Interesse* der Führungsgruppe stehen. Im Anschluß an einige Bemerkungen, mit denen Doc sein Vorgehen dem Interviewer gegenüber zu rechtfertigen versucht hatte, diskutiert Whyte die *Funktion* des Interesses der Führungsgruppe an der Aufrechterhaltung ihres Status. Wie in dem Buch an anderer Stelle berichtet wird, war Docs hoher Status die Gegenleistung der Gruppe für seinen beträchtlichen Beitrag zum Zusammenhalt der «Norton Street Gang» und ihren Erfolgen im Verhältnis zu anderen, ähnlichen Gruppen. Docs Führungsposition beinhaltete deshalb die Verpflichtung, Konflikte zwischen den Mitgliedern der Gruppe zu verhindern und die Funktionsfähigkeit der Gruppe nach außen aufrechtzuerhalten. Beides wäre, nach Docs Darstellung, durch einen vom Bowling ausgehenden Konflikt über die gruppeninterne Rangordnung in Frage gestellt worden. Dadurch, daß Doc, zusammen mit den anderen führenden Mitgliedern, eine homogene Rangordnung auch für das Bowling durchsetzte, verteidigte er also nicht nur seine eigene Position, sondern auch die Funktionsfähigkeit der Gruppe insgesamt – tat also genau das, was von ihm erwartet wurde. Docs Äußerungen zeigen, daß er diesen ambivalenten Zusammenhang von Interesse und Funktion durchaus durchschaute (vgl. etwa seine sarkastische Bemerkung am Ende unseres Auszugs).

Zum Verständnis des Textes sind einige zusätzliche Erläuterungen erforderlich. Doc und die übrigen Mitglieder der «Nortons» waren zum Zeitpunkt der Studie zwischen 20 und 30 Jahre alt. Von kriminellen Aktivitäten der Gruppe wird nichts berichtet – wie überhaupt das Buch Straßengangs in einem anderen Licht erscheinen läßt, als der unbefangene Leser vielleicht erwarten würde. Der ebenfalls erwähnte «Italian Community Club» war eine Organisation von stark aufstiegsorientierten, mehr der sozialen Mittelschicht zuzurechnenden Bewohnern des Viertels; die Nortons dagegen zählten eher zur Unterschicht. Insofern befaßt sich der Text nicht nur mit sozialem Status, sondern auch, zumindest am Rande, mit den Auswirkungen unterschiedlicher Klassenzugehörigkeit auf menschliches Handeln und Bewußtsein: Das Verhalten der Nortons vor und während ihres Wettkampfs gegen den Community Club wäre ohne Berücksichtigung des zwischen den beiden Gruppen vorhandenen Klassenunterschieds nicht zu verstehen. Interessant ist, daß Doc, als Führer der Nortons, eine gewisse Zwischenstellung einnahm: Er gehörte beiden Gruppen an, wobei er seine Mitgliedschaft im Community Club seiner führenden Stellung bei den Nortons verdankte, und nicht umgekehrt.

William F. Whyte
Bowling und soziale Rangordnung

Im Oktober 1937 sprach Doc eines Abends mit dem «Italian Community Club» einen Wettkampf im Bowling ab. Dieser Club bestand überwiegend aus College-Absolventen, die ihre Treffen alle zwei Wochen im Gemeindehaus der Norton-Street-Siedlung abhielten, und sollte eine Vereinigung von «besseren Herren mit Bildung» sein. Trotzdem gehörte Doc ihm an, und Angelo, Lou und Fred von den Nortons waren auf seinen Vorschlag hin hineingewählt worden. Die anderen Nortons hielten den Club für «etwas Vornehmes» und sprachen von ihm unter sich nur als der «Nachwuchsliga». Sie fühlten sich ein wenig geschmeichelt, daß Mitglieder ihrer Gruppe Einlaß in einen solchen Verein gefunden hatten; ihre Meinung über den Club wurde jedoch überwiegend durch die Persönlichkeiten Chick Morellis, des Präsidenten, und Tony Cardios, eines anderen prominenten Mitglieds, geprägt, die sie beide für snobistisch und eingebildet hielten. Die Nortons nahmen deshalb den Wettkampf sehr ernst.

Doc war Mannschaftskapitän der Nortons. Als Mitglieder seines Teams wählte er Long John, Frank, Joe und Tommy. Danny und Mike spielten zu dieser Zeit kein Bowling. Chick und Tony führten das Team des Community Clubs an.

Es ging hoch her. Die Nortons deckten die Spieler des Clubs mit Zurufen ein und veranstalteten allen möglichen Krach, um deren Konzentration zu stören. Die Clubmitglieder waren guter Laune, als sie eine frühe Führung erspielten, hatten dann aber nur wenig entgegenzusetzen, als die Nortons sie hinter sich ließen, um das Spiel mit deutlichem Abstand zu gewinnen.

Nach der Partie fragte ich Frank und Joe, ob es irgendein Team gäbe, das sie lieber geschlagen hätten. Sie sagten, wenn sie sich ihre Opfer aussuchen könnten, dann müßten es Chick Morelli, Tony Cardio, Joe Cardio (Tonys Bruder), Mario Testa und Hector Marto sein. [. . .]

Frank und Joe sagten, sie hätten nichts gegen die übrigen drei Spieler im Team des Community Clubs, die Jungs wären vielmehr deshalb darauf aus gewesen, den Club zu schlagen, weil sie Chick und Tony «die Grenzen aufzeigen» wollten. Es war bezeichnend, daß Frank und Joe ihre bevorzugten Opfer nicht nach deren Können beim Bowling auswählten. Alle fünf Spieler des Clubs waren Könner, aber das gab bei der Wahl nicht den Ausschlag. Es waren deren Ehrgeiz und soziale Position, die zum Ziel des Angriffs wurden; und eben das war es, was den Sieg über den Community Club so befriedigend machte. [. . .]

Das Spiel gegen den Community Club hatte unter den Nortons ein Bowling-Fieber ausgelöst. Zuvor hatten die Mitglieder der Gruppe nur ganz sporadisch und in anderen Gruppen gespielt, jetzt aber wurde das Bowling erstmals ein vollwertiger Bestandteil ihrer sozialen Aktivitäten. Long John,

Alec, Joe Dodge und Frank Bonelli spielten während des Winters an mehreren Abenden in der Woche. Andere spielten bei häufigen Gelegenheiten, und alle Spieler erschienen mindestens an einem Abend der Woche in der Bowlingbahn.

Um beim Bowling auf eine hohe Punktzahl zu kommen, muß man mehrere sogenannte «Spares» oder «Strikes» erzielen. Da ein «Strike» (Volltreffer) nur selten gelingt – nur dann, wenn die erste Kugel den «Kingpin» (den vordersten der in einem Dreieck aufgestellten Bowlingkegel) innerhalb eines Bereichs von wenigen Zentimetern trifft – und da keiner der Männer so genau zielen konnte, galten «Strikes» als Glückssache. Trotzdem erwartete man natürlich von einem guten Spieler, daß sie ihm öfter gelängen als einem schlechten. Ansonsten aber wurden die Spieler vor allem nach ihrem Vermögen eingestuft, «Spares» zu erzielen, d. h. beim zweiten Wurf die noch übriggebliebenen Kegel «abzuräumen».

In Verbindung mit dem Bowling ergeben sich eine ganze Reihe von psychischen Belastungen. In jedem Sport gibt es kritische Momente, in denen der Spieler seine Nerven in der Gewalt haben muß, wenn er «bestehen» will. Bei Mannschaftsspielen mit relativ pausenloser Aktion kann sich der Spieler bisweilen jedoch in der Hitze des Gefechts selbst vergessen und die kritischen Momente hinter sich lassen, ehe er die Möglichkeit hat, sich zu verkrampfen. Ein Bowling-Spieler jedoch, der innerhalb einer fünfköpfigen Mannschaft kämpft, muß längere Zeit warten, bis er wieder dran ist, und hat so reichlich Gelegenheit, über seine Fehler nachzugrübeln. Wenn man auf alle zehn Kegel zielt, kann man die Kugel noch ganz locker werfen. Steht aber nur noch ein Kegel und rufen die Gegner: «Der schafft's nie», dann spürt man den Druck. In solchen Situationen neigt man dann dazu, sich zu verkrampfen und die Kontrolle zu verlieren.

Wenn ein Spieler sicher ist, daß ihm ein schwieriger Wurf gelingen wird, dann besteht die Aussicht, daß er es schaffen oder nur knapp verfehlen wird. Ist er dagegen unsicher, wird ihm der Wurf nicht gelingen. Ein Spieler ist sicher, wenn er in der Vergangenheit bereits ähnliche Würfe gemacht hat und gewöhnt ist, gute Ergebnisse zu erzielen. Doch das ist nicht alles. Er ist zudem sicher, wenn seine Kameraden, seien sie für oder gegen ihn, glauben, daß er es schaffen wird. Wenn sie es ihm nicht zutrauen, dann muß der Spieler gegen seine eigene Unsicherheit und gegen ihre negative Meinung zugleich ankämpfen. Dies macht deutlich, warum es wichtig ist, die Beziehungen einer Person zu ihren Kameraden in die Untersuchung ihrer Bowling-Ergebnisse einzubeziehen.

Während des Winters und Frühjahrs 1937–38 war Bowling für die Nortons die wichtigste soziale Aktivität. Die gruppeninternen und privaten Spiele am Samstagabend wurden zum Höhepunkt der Woche. Unter der Woche diskutierten die Männer, was sich am vergangenen Samstagabend ereignet hatte und was am kommenden Samstagabend passieren würde. Die Leistung jedes einzelnen war Gegenstand ständiger Bewertung und Kritik.

Es bestand daher ein enger Zusammenhang zwischen den Bowlingergebnissen des Betreffenden und seinem Status innerhalb der Gruppe.

Die Mannschaft, die gegen den Community Club gespielt hatte, bestand aus zwei Spielern mit hohem Rang in der Gruppe (Doc und Long John) und dreien mit niedrigem (Joe Dodge, Frank Bonelli und Tommy). Als Bowling zu einer festen Gruppeneinrichtung wurde, bildete sich das Team der Nortons nach anderen Gesichtspunkten. Danny schloß sich den sonnabendlichen Aktivitäten an und sicherte sich schnell einen Platz im Team. Er spielte ausgezeichnet und wählte sich Doc als seinen bevorzugten Gegner. Zwischen den beiden ergab sich eine wohlwollende Rivalität. Im Einzel blieb gewöhnlich Danny der Sieger, obwohl sein Durchschnitt in den Mannschaftskämpfen nicht besser war als der von Doc. Als Doc nach dem Spiel gegen den Community Club eine Mannschaft zusammenstellte, die für die Nortons gegen andere Straßenbanden und Clubs spielen sollte, nominierte er nur Long John, Danny und sich selbst und ließ zwei Plätze offen. Mike, der nie ein guter Spieler gewesen war, hatte gerade erst regelmäßig zu spielen begonnen und sich noch keinen Ruf erworben. Es war bezeichnend, daß die freien Plätze nicht aus den Reihen der Gruppe besetzt wurden. Samstagabend hatte die Gruppe mit Chris Teludo, Nutsys älterem Cousin, und mit Mark Ciampa gespielt, der sich nur an der Bowlingbahn zu ihr gesellte. Beide waren beliebt und zudem erstklassige Spieler. Mit Zustimmung von Danny und Long John bestimmte Doc, daß sie für die Nortons spielen sollten. Nur wenn ein reguläres Mannschaftsmitglied abwesend war, wurde einer aus der Gruppe ins Team berufen, zeichnete sich aber bei solchen Gelegenheiten nie aus.

Die restlichen Mitglieder der Gruppe waren jedoch nicht damit zufrieden, die Ersatzmänner zu stellen. Sie nahmen für sich in Anspruch, sie hätten nie die Gelegenheit gehabt, ihre Fähigkeiten zu beweisen. Deshalb organisierte Mike an einem Samstagabend im Februar 1938 einen gruppeninternen Wettkampf. Sein eigenes Team bestand aus Chris Teludo, Doc, Long John, ihm selbst und mir. Danny war zu dieser Zeit krank, und so spielte ich als sein Ersatz. Frank, Alec, Joe, Lou und Tommy bildeten das andere Team. Das Interesse an dieser Partie war intensiver als das an den gewöhnlichen Ausscheidungsspielen. Doch der Anhang spielte schlecht und hatte nie eine Chance.

Nach diesem Treffen wurden die rangniederen Gruppenmitglieder als zweite Mannschaft anerkannt. Sie forderten das Team von Doc, Danny, Long John, Mark und Chris nie mehr heraus. Statt dessen unternahmen sie individuelle Versuche, ihren Status zu verbessern.

Allein nach seinen sportlichen Fähigkeiten zu urteilen, hätte Frank ein außerordentlicher Spieler sein müssen. Seine Leistungen im Baseball hatten ihm Plätze in halbprofessionellen Mannschaften verschafft und das – jedoch nie eingelöste – Versprechen eines Vertrages bei einem Club der zweiten Liga. Auch mangelndes Training war nicht das Problem, das ihm zu schaffen machte, denn wie Alec und Joe Dodge spielte er öfter als Doc, Danny oder Mike. Während des Winters 1937–38 nahm Frank eine besonders untergeordnete Stellung in der Gruppe ein. Er verbrachte seine Zeit mit Alec in der Konditorei von Alecs Onkel und wurde, da er während des Winters nur wenig Arbeit fand, für einen Großteil der mit seiner Teilnahme an den Gruppenaktivitäten verbundenen Ausgaben von Alec abhängig. Frank fiel auf den untersten Rang in der Gruppe zurück. Die finanzielle Abhängigkeit machte ihm schwer zu schaffen. Obwohl er manchmal gut spielte, stellte er für die Spieler der ersten Mannschaft nie eine ernste Gefahr dar.

Einige Ereignisse vom Juni 1937 werfen zusätzliches Licht auf Franks Position. Mike stellte ein Baseball-Team aus einigen Mitgliedern der Nortons zusammen, das gegen eine jüngere Gruppe aus der Norton-Straße spielen sollte. Auf Grund seiner bisherigen Erfolge galt Frank als der stärkste Spieler beider Mannschaften. Doch seine Leistung war miserabel. Er sagte mir: «Es scheint, als ob mir nichts gelingt, wenn ich mit Leuten spiele, die ich kenne, wie mit dieser Clique hier. Ich bin viel besser, wenn ich für den Stanley AC gegen irgendeine Mannschaft in Dexter, Westmoreland oder auswärts spiele.» Da Frank daran gewöhnt war, eine untergeordnete Stellung einzunehmen, gelang es ihm nicht einmal, sich in seinem Lieblingssport hervorzutun, wenn er gegen Mitglieder seiner eigenen Gruppe antrat.

Eines Abends hörte ich, wie Alec sich gegenüber Long John brüstete, er sei jetzt so gut in Form, daß er gegen jeden aus der ersten Mannschaft spielen und ihn schlagen könne. Long John wehrte ab und sagte wörtlich: «Du glaubst, du kannst uns schlagen, aber wenn's drauf ankommt, gehst du ein!»

Alec widersprach mit Leidenschaft, nahm jedoch die vorherrschende Gruppenmeinung zur Kenntnis. Er schaffte die höchste Punktzahl für ein Spiel in der ganzen Saison und tat sich auch unter der Woche häufig hervor, wenn er mit Frank, Long John, Joe Dodge und mir spielte; Samstagabend aber, wenn die ganze Gruppe versammelt war, fielen seine Ergebnisse ganz anders aus. Kurz nach dieser Unterhaltung hatte Alec mehrmals die Gelegenheit, sich zu beweisen, doch jedesmal war er «nicht in Form» und versagte.

Carl, Joe, Lou und Fred waren nie gut genug, um irgendwelche Anerkennung zu erringen. Tommy galt als erstklassiger Spieler, machte die meisten seiner Partien aber mit einer jüngeren Gruppe.

Den wohl besten Hinweis auf die Rangordnung der Gruppenmitglieder beim Bowling vermittelte ein Turnier, das Ende April 1938 stattfand. Doc hatte die Idee, daß wir die Saison mit einer gruppeninternen Einzelkonkurrenz als Höhepunkt abschließen sollten. Er überredete den Besitzer der Bowlingbahn, als Preisgeld 10 Dollar auszusetzen, die unter die drei Spieler mit den besten Ergebnissen verteilt werden sollten. Es wurde beschlossen, daß nur die, die regelmäßig Bowling gespielt hatten, teilnahmeberechtigt sein sollten. So schieden Lou, Fred und Tommy von vornherein aus.

Das Interesse an dem Turnier war intensiv. Das zu erwartende Abschneiden der einzelnen Spieler wurde in aller Breite erörtert. Doc, Danny und Long John gaben jeder ihre Voraussagen bekannt. Übereinstimmend räumten sie sich, Mark Ciampa und Chris Teludo die ersten fünf Plätze ein, obwohl ihre Vorhersagen über die genaue Reihenfolge unter den ersten fünf voneinander abwichen. Die beiden nächsten Plätze wurden allgemein Mike und mir eingeräumt. Alle Voraussagen plazierten Joe Dodge an letzter Stelle, während Alec, Frank und Carl nur kurz vor ihm rangierten.

Der Anhang stellte keine solche Liste zusammen, doch ließ Alec wissen, er beabsichtige, es einigen Leuten einmal zu zeigen. Joe Dodge war verärgert, als er entdeckte, daß man ihn übereinstimmend auf den letzten Platz sah, und versicherte, er werde gewinnen.

Da Chris Teludo nicht zum Turnier erschien, schrumpfte das Feld der Teilnehmer auf zehn. Nach den ersten vier Runden führte Alec mit mehreren Kegeln. Er wandte sich zu Doc und sagte: «Heute werde ich euch Jungs kriegen.» Doch dann begann er, daneben zu werfen, und als sich die Fehler häuften, hörte er auf, sich anzustrengen. Zwischen den Runden ging er nach draußen, um zu trinken, so daß er rot anlief und unsicher auf den Füßen wurde. Er warf die Kugel nachlässig und tat so, als sei er am Ausgang des Turniers nicht interessiert. Sein Sturz war plötzlich und vollständig; innerhalb weniger Würfe fiel er vom ersten auf den letzten Platz zurück:

Das Ergebnis sah wie folgt aus: 1. Whyte, 2. Danny, 3. Doc, 4. Long John, 5. Mike, 6. Joe, 7. Mark, 8. Carl, 9. Frank, 10. Alec.

An den Voraussagen von Doc, Danny und Long John gemessen, gab es nur zwei Überraschungen: Mark spielte ausgesprochen schlecht, und ich gewann. Es ist jedoch wichtig anzumerken, daß weder Mark noch ich ganz zum einen oder anderen Teil der Gruppe gehörten. Mark gehörte nur beim Bowling zur Gruppe und hatte keinen bestimmten Status in ihr. Obwohl ich ein gutes Verhältnis zu allen Mitgliedern hatte, stand ich doch den Anführern näher als dem Anhang, da Doc mein spezieller Freund war. Wenn man Mark und mich einmal außer acht läßt, dann waren die Ergebnisse fast genau so, wie sie die Anführer vorausgesagt und die Anhänger gefürchtet hatten. Danny, Doc, Long John und Mike drängten sich an der Spitze zusammen. Joe Dodge schnitt besser ab als erwartet, doch auch er konnte nicht in die geschlossenen Ränge der Anführer einbrechen.

Mehrere Tage später diskutierten Doc und Long John mit mir über das Turnier.

Long John: Ich wollte nur sicher gehen, daß Alec oder Joe Dodge nicht gewinnen. Das wäre nicht richtig gewesen.

Doc: Das stimmt. Wir wollten es dir nicht schwer machen, weil wir dich alle gern mögen und die anderen Kumpels auch. Wenn jemand versucht hätte, es dir schwer zu machen, hätten wir dich beschützt . . . Wenn Joe Dodge oder Alec in Führung gewesen wären, hätte es anders ausgesehen. Wir hätten es ihnen ausgeredet. Wir hätten allerhand Krach gemacht. Wir wären richtig gemein gewesen.

Ich fragte, was passiert wäre, wenn Alec oder Joe gewonnen hätten.

Sie hätten es nicht zu verdauen gewußt. Deshalb waren wir drauf aus, sie zu schlagen. Wenn sie gewonnen hätten, hätte es viel Aufregung gegeben. Viele Diskussionen. Wir hätten gesagt, es wäre Glück gewesen – oder sowas. Wir hätten versucht, sie in einem neuen Spiel zu packen, und sie dann vernichtet. Wir hätten sie auf den Boden zurückholen müssen.

Jedes Mitglied einer Straßengruppe erwartet, gestört zu werden, wenn es Bowling spielt; doch die Störung kann verschiedene Formen annehmen. Als ich mich schon nach dem zweiten Durchgang an die Spitze setzte, war ich nur gutmütigen Frotzeleien ausgesetzt. Die Anführer beobachteten mich mit einer Mischung aus Überraschung und Belustigung; in einem ganz handfesten Sinn *erlaubte* man es mir, zu gewinnen.

Trotzdem erforderte mein Sieg gewisse Anpassungen. Ich wurde scherzhaft «der Champion» oder sogar «unser absoluter Star» genannt. Doch statt diese Bezeichnung hinzunehmen, bemühte ich mich, meinen Anspruch auf Anerkennung durchzusetzen. Doc arrangierte für mich ein Spiel gegen Long John. Sollte ich gewinnen, würde man mir das Recht einräumen, Doc oder Danny herauszufordern. Alle vier gingen wir zur Bowlingbahn. Von Doc und Danny moralisch unterstützt, holte Long John einen entscheidenden Sieg heraus. Ich verzichtete auf weitere Herausforderungen.

Alec war durch seine Niederlage nur vorübergehend getroffen. Einige Tage lang sah man ihn nicht auf der Straße, doch dann tauchte er wieder auf und versuchte, seinen Status wiederzuerlangen. Als die Gruppe zum Bowling ging, forderte er Long John zu einem Einzel heraus und besiegte ihn. Danach begann Alec wieder, große Sprüche zu machen. Erneut forderte er Long John heraus und besiegte ihn ein weiteres Mal. Als man im Herbst wieder mit dem Bowling begann, wurde Long John Alecs bevorzugter Gegner, und einige Zeit lang hatte Alec fast immer die Nase vorn. Er sonnte sich in seinem Erfolg. Long John erklärte: «Er scheint mich verhext zu haben.» Und das war auch die Erklärung, die den anderen zu den Ereignissen einfiel – ganz einfach eine seltsame Laune des Spiels.

Es ist bezeichnend, daß Alec sich mit seiner Herausforderung an Long John statt an Doc, Danny oder Mike wandte. Der Grund lag nicht darin, daß Long Johns Fähigkeiten in Zweifel standen. Sein Durchschnitt war ungefähr derselbe wie der von Doc oder Danny und besser als der von Mike. Als Mitglied der Führungsgruppe, das seinen Rang nicht seinen eigenen Leistungen und Fähigkeiten verdankte, war es vielmehr sein sozialer Status, der Long John angreifbar erscheinen ließ.

Wenn Long John und Alec außerhalb der Gruppensituation aufeinandertrafen, wurde es Alec möglich zu gewinnen. Long John blieb aber weiterhin der verläßliche Spieler im Mannschaftskampf, und das war für das Ansehen innerhalb der Gruppe wichtiger. Trotzdem meinten die Anführer, daß Alec Long John nicht ständig besiegen dürfe, und versuchten, die Situation umzukehren. So sagte mir Doc: «Alec ist gegenwärtig nicht mehr so aggressiv. Ich war furchtbar wütend darüber, wie er Long John verfolgte. Ich hab ihn zur Schnecke gemacht . . . Dann sprach ich mit Long John. John ist introvertiert. Er brütet über Dinge nach und bekommt manchmal Minderwertigkeitsgefühle. Er kann nicht so aggressiv sein wie Alec, und wenn Alec ihm immer wieder vorhält, daß er ihn schlagen kann, wird Long John langsam glauben, daß Alec der bessere Spieler ist . . . Ich hab mit ihm gesprochen. Ich hab ihm klar gemacht, daß er besser als Alec spielen sollte. Ich hab ihn überzeugt, daß in Wirklichkeit er der bessere Spieler ist . . . Jetzt paß mal auf, was beim nächsten Spiel passiert. Ich wette, Long John wird ihn vernichtend schlagen.»

Bei der nächsten Gelegenheit besiegte Long John Alec wirklich. Das gelang ihm dann zwar nicht jedesmal, doch beide wurden dermaßen ausgeglichen, daß Alec die Lust an diesem Kräftemessen verlor.

Die Aufzeichnungen der Saison von 1937–38 zeigen eine sehr enge Beziehung zwischen dem sozialen Status und der Leistung im Bowling. Das ergab sich, weil Bowling die wichtigste soziale Aktivität der Gruppe wurde. Bowling entwickelte sich zum hauptsächlichen Instrument, mit dem jemand sein Prestige gewinnen und erhalten oder durch das er es verlieren konnte.

Die Bowlingergebnisse entsprachen diesem Bild nicht automatisch. Es gab gewisse gewohnheitsmäßige Verhaltensweisen, durch die Druck auf den einzelnen ausgeübt wurde. Die wichtigsten davon waren die Art der Mannschaftswahl und die verbalen Angriffe, die die Mitglieder gegeneinander richteten.

Üblicherweise wählten zwei Mann, um die Gruppe in zwei Teams von je fünf Spielern aufzuteilen. Diejenigen, die die Wahl hatten, gehörten meist, aber nicht immer, zu den besten Spielern. Waren diese in gerader Zahl erschienen, dann wählten manchmal zwei schlechte Spieler; doch in allen Fällen war das Vorgehen im wesentlichen das gleiche. Jeder versuchte, den besten Spieler unter den noch nicht Gewählten auszusuchen. Waren mehr als zehn Mann anwesend, dann wurde die Wahl auf die zehn begrenzt, die als erste gekommen waren, so daß auch schlechte Spieler gewählt wurden, wenn sie früh genug eintrafen. Was zählte, war die Reihenfolge der Wahl. An jedem Samstagabend wurden mehrmals Mannschaften gewählt. Dadurch wurde jeder ständig daran erinnert, wie hoch seine Kameraden seine Fähigkeiten einschätzten und welche Leistungen sie von ihm erwarteten.

Natürlich spielten auch persönliche Sympathien bei der Auswahl der Spieler eine Rolle. Wenn jedoch jemand ein Team von schlechten Spielern zusammengestellt hätte, nur weil sie seine Freunde waren, dann hätte er damit niemandem einen Gefallen getan, am wenigsten seinen Mannschaftskameraden. Bei den Nortons war es Brauch, daß die Verlierer für die Spiele der Gewinner zahlten. In der Regel spielte dieser geringe Betrag beim Bowling keine wichtige Rolle, doch niemand bezahlte gern, ohne zum Ausgleich die Freude eines heißumkämpften Spiels gehabt zu haben. Aus diesem Grund stimmten die guten wie die schlechten Spieler bei ihrer Wahl sehr eng überein. Es herrschte allgemeines Einverständnis darüber, welche Spieler man zuerst wählen mußte, damit ein interessantes Spiel zustande käme.

Wenn Doc, Danny, Long John oder Mike in verschiedenen Mannschaften spielten, dann frotzelten sie einander auf gutmütige Weise an. Man erwartete gute Ergebnisse von ihnen, schlechte wurden als Pech oder temporäre Formschwankungen erklärt. Wenn jedoch einer aus dem Anhang seine Position zu verbessern drohte, dann nahmen die Bemerkungen ganz andere Formen an. Die Männer riefen ihm zu, daß er nur Glück habe, daß er «über seine Verhältnisse» spiele. Man versuchte ihn zu überzeugen, daß er nicht so gut spielen solle, wie er es gerade tat, und daß eine gute Leistung für ihn abnorm sei. Diese Art des verbalen Angriffs war ein wichtiges Instrument, den Anhang «unten zu halten». Es wurde vor allem von den rangniederen Gruppenmitgliedern selber benutzt, so daß sie im Effekt versuchten, sich untereinander nicht hochkommen zu lassen. Während Long John, auf den solche Attacken am häufigsten zielten, mit gleicher Münze zurückzahlte, nutzten Doc, Danny und Mike diese Waffe nur selten. Angesichts einer echten Bedrohung durch Alec oder Joe jedoch hätten auch die führenden Mitglieder der Gruppe psychologischen Druck angewendet.

Das Anregen von Gruppenaktivitäten ist ein weiterer Faktor in diesem Zusammenhang. Das Spiel gegen den Community Club machte Bowling erst richtig zu einer Betätigung in der Gruppe, und diese Partie war von Doc arrangiert worden. Gruppenaktivitäten gehen von den Personen mit dem höchsten Ansehen in der Gruppe aus. Dabei ist es ganz natürlich, daß sie solche Betätigungen unterstützen, bei denen sie sich hervortun können, und von Aktivitäten abraten, die ihnen diese Gelegenheit nicht bieten. [. . .]

Zur Erhaltung der sozialen Differenzierung innerhalb der Gruppe trug auch das Ansehen bei, das die Mitglieder bei anderen Gruppen genossen. In der Saison 1938–39 begann Doc damit, jeden Samstagabend die Ergebnisse aller Spieler aufzuschreiben, damit das Team der Nortons streng nach den durchschnittlichen Ergebnissen aufgestellt werden könnte und es keinen Grund mehr für den Vorwurf der Bevorzugung gäbe. Als wir eines Nachmittags über die Leistungen beim Bowling sprachen, fragte ich Doc und Danny, was passieren würde, wenn die fünf Mitglieder der zweiten Mannschaft bessere Ergebnisse erzielen sollten als die Spieler des ersten Teams. Würden sie dann die erste Mannschaft werden? Danny sagte: «Nehmen wir an, sie schlagen uns, und die San Marcos kommen und wollen gegen uns spielen. Wir würden sagen, eigentlich sind die anderen Typen das erste Team, aber die San Marcos würden sagen: ‹Gegen die wollen wir nicht spielen, wir wollen gegen euch spielen.› Wir würden sagen: ‹Ist gut, also ihr wollt gegen Docs Team spielen?› Und *wir* würden das Spiel gegen sie machen.» Doc fügte hinzu: «Ich möchte, daß du verstehst, Bill, daß wir das Ganze nach demokratischen Prinzipien organisieren. Es sind die anderen, die uns nicht demokratisch sein lassen.»

7. Macht

«Macht», definiert Max Weber, «ist jede Chance, innerhalb einer sozialen Beziehung den eigenen Willen auch gegen Widerstreben durchzusetzen.» Entscheidend dabei ist das «Widerstreben». Um «den eigenen Willen durchzusetzen», um das Handeln anderer im eigenen Sinne zu beeinflussen, bedarf es nicht notwendig der Anwendung von Macht. Auch in Austauschbeziehungen setzen Menschen «ihren Willen durch», wenn sie ihren Beitrag zur Befriedigung der Bedürfnisse des anderen von dessen Gegenleistungen abhängig machen. Der Unterschied liegt darin, daß in einem Austauschverhältnis jede Seite die andere etwa im gleichen Maße beeinflussen kann, während im Falle von Macht die eine Seite stärker auf die andere einzuwirken vermag als umgekehrt. In dieser Asymmetrie liegt das Wesen der Macht: Nur wo in einer sozialen Beziehung nach Aufrechnung aller gegenseitigen Beeinflussungsmöglichkeiten einer der beiden Seiten ein «Überschuß» verbleibt, handelt es sich um ein Machtverhältnis und ist, in Webers Worten, «Durchsetzung gegen Widerstreben» möglich.[1]

Ein Hinweis darauf, wie Macht entsteht und «funktioniert», findet sich am Ende von Blaus Studie über «Konsultation unter Kollegen». In dem Maße, wie sich das Prestige der am häufigsten konsultierten Beamten zu einem anerkannt hohen Status verfestigte,[2] konnte für sie der Ertrag zusätzlicher Konsultationen den mit ihnen verbundenen Aufwand in vielen Fällen nicht mehr rechtfertigen. Von einem Nichtexperten um Rat gebeten zu werden war kaum geeignet, dem Prestige eines anerkannten Experten etwas hinzuzufügen, und der Nutzen eines Konsultationsverhältnisses auf Gegenseitigkeit mit einem fachlich weit weniger qualifizierten Kollegen mußte eher noch niedriger erscheinen. Beamte, die den Rat eines Experten suchten, hatten deshalb keine spezifische Gegenleistung anzubieten, mit der sie dessen Interesse hätten wecken und sich für empfangene Hilfe hätten revanchieren können. Die Entscheidung, ob und zu welchem «Preis» ein Experte einer Bitte um Hilfe nachkam, konnte deshalb von dem hilfesuchenden Kollegen in keiner Weise beeinflußt werden. *Diese einseitige Abhängigkeit ist der Kern jedes Machtverhältnisses.* Wer auf den Rat eines Gruppenmitgliedes mit anerkanntem Expertenstatus nicht verzichten wollte oder konnte, mußte diesem das Recht einräumen, den Preis seiner Hilfe nach eigenem Gutdünken festzusetzen. Damit aber trat an die Stelle einer zwischen den

---

1 Der hier eingeführte Machtbegriff ist ein «relationales Nettokonzept»: Macht wird ausschließlich als ungleiche Beziehung zwischen verschiedenen Akteuren aufgefaßt, wobei sich das Ausmaß der relativen Macht der Beteiligten *per saldo* aller relevanten Beeinflussungsmöglichkeiten ergibt. Wir sind uns dessen bewußt, daß es in der Soziologie Versuche gegeben hat, weniger «konfliktorische» Machtbegriffe zu entwickeln, glauben jedoch, daß der von uns verwendete besser als alle anderen geeignet ist, bestimmte wichtige Momente sozialer Beziehungen sichtbar zu machen. Eine Kritik alternativer Machtbegriffe können wir in diesem Rahmen nicht vornehmen.

2 Zum Begriff des Status vgl. den vorangegangenen Text von W. F. Whyte.

beteiligten Seiten ausgehandelten *spezifischen* Gegenleistung eine *allgemeine*, inhaltlich unbestimmte Fügungsverpflichtung, durch die der Beitrag des weniger Mächtigen, unabhängig von seinem «Widerstreben», dem «Willen» des Mächtigeren anheimgestellt wurde.

In «Exchange and Power» ist Blau der Dynamik solcher asymmetrischer Beziehungen genauer nachgegangen.[3] Macht, definiert als die Möglichkeit einseitiger Verfügung über die Befriedigungschancen anderer, beruht demnach auf *monopolistischer Kontrolle über begehrte Ressourcen*. Diese Ressourcen können – im weitesten Sinne – Güter sein, auf die andere dringend angewiesen sind, oder sie können in überlegenen Mitteln physischer Gewaltanwendung bestehen. In beiden Fällen kann, wer die jeweiligen Ressourcen kontrolliert, darüber bestimmen, ob andere ihre Bedürfnisse befriedigen können oder nicht – entweder indem er ihnen dazu nötige Güter vorenthält oder indem er sie ihnen wegnimmt. Der Preis, den der Schwächere für die Nichtanwendung dieser Sanktionen zu zahlen hat, besteht in der Unterwerfung unter den Willen dessen, dem sie zu Gebote stehen.

Einer der größten Vorzüge dieses Machtbegriffs besteht darin, daß er die Zusammenhänge und Gemeinsamkeiten zwischen *Eigentum* und *Gewalt* als Grundlagen von Macht deutlich herausarbeitet. Unter austauschtheoretischer Perspektive erscheinen beide Momente als zwei verschiedene Aspekte desselben Phänomens, gewissermaßen als dessen «ökonomische» und «politische» Seite. Ein derartiges Machtkonzept ermöglicht es, Macht auch dort zu erkennen, wo an der Oberfläche keinerlei Gewalt ausgeübt wird und wo im Gegenteil sogar wichtige «Funktionen» erfüllt werden – laut Blau die große Mehrzahl der Fälle. Zugleich läßt Blaus Machtbegriff die «latente Gewaltsamkeit» und die «Gewaltnähe» von Situationen deutlich werden, in denen zwischen dem Lieferer und dem Empfänger einer Leistung ein Verhältnis gegenseitiger Abhängigkeit besteht.

Bevor jedoch Verfügung über Ressourcen zu Macht werden kann, müssen drei wichtige Voraussetzungen erfüllt sein. Wer über andere Macht ausüben will, muß sich gegenüber deren Ressourcen *indifferent* halten: Die anderen müssen auf *ihn* angewiesen sein, *er* aber nicht auf *sie*. Dies ist am ehesten der Fall, wenn eine große Zahl von Interessenten um Ressourcen konkurriert, deren Kontrolle in der Hand eines einzigen konzentriert ist. Dieser kann dann mit jedem Bewerber einzeln in Beziehungen eintreten, wodurch die jeder Seite möglichen Sanktionen gegenüber dem anderen in ein krasses Mißverhältnis zueinander geraten. Unter dieser Perspektive erscheint Macht letzten Endes als eine Frage des «Organisationsgrads»: Sie ist um so größer, je organisierter die eigene Seite und je desorganisierter die andere ist – je besser es gelingt, einerseits benötigte Leistungen zu monopolisieren und andererseits unter denen, die sie benötigen, Wettbewerb herzustellen.[4]

---

3 P. M. Blau, Exchange and Power in Social Life, New York 1964, inbes. S. 115 ff.

4 Eine andere Möglichkeit, die eigene Indifferenz gegenüber den Ressourcen anderer zu sichern,

Zweitens erfordert die Umsetzung von Ressourcen in Macht, daß diejenigen, die ihrer bedürfen, keine Möglichkeit haben, sie sich mit Gewalt zu nehmen oder die Entscheidung des Eigentümers durch Androhung von Gewalt in ihrem Sinne zu beeinflussen. Wie wir schon gesehen haben, vermag die Fähigkeit zur Gewaltanwendung fehlende Ressourcen in einem bestimmten Sinn zu kompensieren. Blau spricht in diesem Zusammenhang von dem «law-and-order»-Problem der Machterhaltung, wobei es darum geht, den «Besitzstand» des Machthabers aus seiner Auseinandersetzung mit den von ihm Abhängigen herauszuhalten. Aus diesem Grund ist jede herrschende Klasse daran interessiert, sich die Kontrolle über den staatlichen Machtapparat mit seinem «Monopol auf die Anwendung legitimer Gewalt» (Weber) zu sichern, und sei es nur, um zu verhindern, daß er in die Hände anderer Klassen fällt.

Drittens setzt Macht voraus, daß die ihr Unterworfenen ein *Bedürfnis* nach den mit ihr verbundenen Belohnungen haben. Ressourcen, nach denen kein Bedarf besteht, können nicht in Macht verwandelt werden. Stabile und dauerhafte Machtverhältnisse lassen deshalb meist darauf schließen, daß die Inhaber der Macht irgendeine für die von ihnen Abhängigen wichtige Leistung erbringen. Davon ausgenommen ist selbstverständlich der Fall direkter Gewaltherrschaft; jedoch ist andererseits selbst Gewalt wirkungslos, wo Menschen ihre physische Unversehrtheit geringer schätzen als ihre Unabhängigkeit. Nicht nur durch Organisation oder durch «Gegengewalt», sondern auch durch Verzicht auf die mit Unterwerfung verbundenen «Belohnungen» können sich Menschen deshalb der Macht anderer entziehen. Hieraus, so Blau, resultiert ein starkes Interesse jedes Machthabers an den *Wertorientierungen* der von ihm Abhängigen: Nur solange die von ihm kontrollierten Leistungen geschätzt werden, kann er seiner Macht sicher sein, und nur wenn umgekehrt die Empfänger seiner Leistungen mindestens für eine Zeit auf diese zu verzichten bereit sind, besteht die Möglichkeit einer Rebellion.[5] Zu den Strategien der Machterhaltung gehört es deshalb auch, durch Lenkung der Bedürfnisse anderer auf die von einem selbst kontrollierten Ressourcen eine fortdauernde Abhängigkeit sicherzustellen. Blau spricht hier von dem «ideologischen» Problem der Macht.

Der folgende Text beschreibt die Machtstruktur in einer amerikanischen Kleinstadt der dreißiger Jahre, von den Autoren um der Anonymität ihrer Informanten willen «Middletown» genannt. Die in ihm enthaltenen Beobachtungen illustrieren anhand zahlreicher, präzise dokumentierter Beispiele, wie die «Mechanik» ungleicher Machtverhältnisse funktioniert. Middletown repräsentiert einen extremen Fall einseitiger Abhängigkeit von mono-

---

besteht natürlich darin, selber genug von diesen Ressourcen zu haben. So konnte der hohe Status der Experten in der von Blau untersuchten Behörde deshalb in Macht transformiert werden, weil er seine Inhaber gegen das als Gegenleistung für Konsultationen angebotene zusätzliche Prestige weitgehend indifferent machte.

5 Vgl. unter diesem Gesichtspunkt Einleitung und Text zum Stichwort «Ideologie».

polistisch kontrollierten Ressourcen. Daß Macht auf einem unterschiedlichen Organisationsgrad beruht, läßt sich hier ebenso demonstrieren (vgl. die Anstrengungen der X-Familie, einerseits konkurrierende Unternehmen – Anbieter von Arbeitsplätzen – fernzuhalten, zum anderen die gewerkschaftliche Organisierung der Arbeiterklasse zu verhindern) wie die Entstehung von Abhängigkeit aus der Unfähigkeit, sich für empfangene Leistungen zu revanchieren (vgl. die umfangreiche Spendentätigkeit der X, die der von Blau beschriebenen Strategie der «überwältigenden Wohltaten» entspricht). Die Stabilität und die Reichweite der von den X ausgeübten Macht werden auf einleuchtende Weise mit den «Leistungen» in Beziehung gesetzt, deren Lieferung die X-Familie zu monopolisieren imstande war. Der «law-and-order»-Aspekt der Macht kommt in den Bemühungen der X-Familie zum Ausdruck, sich die Kontrolle über die Stadtverwaltung und damit über die Polizei zu sichern, und das «ideologische» Problem der Machtausübung steht hinter dem Einfluß der X auf Schulen, Universitäten, Kirchen und Jugendverbände. Vor allem aber zeigt der Text, was man die *kumulative Dynamik ungleicher Machtverteilung* nennen kann. Macht tendiert zur Konzentration, und zwar sowohl innerhalb eines sozialen Bereichs (vertikale Konzentration) als auch zwischen verschiedenen sozialen Bereichen (horizontale Konzentration). Wer über Macht verfügt, kann diese nicht nur zur Überwindung von «Widerstreben», sondern auch zur Anhäufung zusätzlicher Macht verwenden. Dabei kommt ihm zugute, was Blau als das «Versicherungsprinzip der Macht» bezeichnet: die Möglichkeit, in zahlreiche «Unternehmen» gleichzeitig zu investieren, Verluste in einem Bereich durch Gewinne in einem anderen auszugleichen und zur Stützung gefährdeter Positionen auf anderwärts erworbenes «Kapital» zurückzugreifen. Die Politik der X-Familie im allgemeinen und die Auswirkung der Wirtschaftskrise auf ihre Machtstellung im besonderen illustrieren die Wirkungsweise dieses Prinzips.

Middletown war, wie die Studie der Lynds in zahlreichen Details schildert, in fast allen Lebensbereichen von einer einzigen Familie beherrscht. Der Begriff der Macht ist jedoch keineswegs an die Familie gebunden. Macht kann auch von sozialen Gruppen ausgeübt werden, deren Mitglieder weder durch Verwandtschaft noch überhaupt durch persönliche Kontakte miteinander in Beziehungen stehen. Sobald soziale Gebilde eine gewisse Größe überschreiten, können gemeinsame Interessen ohnehin nur noch durch unpersönliche Mechanismen aktualisiert, miteinander abgestimmt und «kartelliert» werden: Aktiengesellschaften und Devisenbörsen sind ebenso Beispiele derartiger Mechanismen wie politische Parteien oder Wirtschaftsverbände. Daß personalisierbare, in konkreten Familieneinheiten lokalisierbare Macht nur ein Sonderfall ist und daß unpersönliche Macht, obwohl weniger spektakulär, die «modernere» und umfassendere Machtform darstellt, war den Lynds sehr wohl bewußt. Middletown, schreiben sie, sei bereits 1935 insofern eine Ausnahme gewesen, als es «jene Art von Kontrolle, die die Kontrolle über Kapital der Unternehmerschaft in unserer Kultur» verschaffe, noch in «*konzentrierter und personalisierter Form*» aufgewiesen habe. Der letzte Abschnitt unseres Auszugs läßt keinen Zweifel daran, daß dies nicht mehr lange der Fall sein würde: Die fortschreitende Konzentration der gesellschaftlichen Macht ließ die Absorption der X-Familie in die überregionale Machtstruktur der großen «corporations» und damit die Entpersönlichung und «Entfamilialisierung» der Macht in Middletown absehbar erscheinen.

«Middletown in Transition» ist die 1935 entstandene Nachfolgeuntersuchung zu «Middletown» (1925), einer der ersten sogenannten «Gemeindestudien». Die Autoren von «Middletown» hatten sich zum Ziel gesetzt, anhand intensiver Beobachtungen des Lebens in einer «typischen» amerikanischen Kleinstadt eine möglichst umfassende Bestandsaufnahme der wesentlichen Elemente der amerikanischen Kultur vorzunehmen. Zehn Jahre später, nach der großen Depression, kehrten die Lynds nach Middletown zurück, um sich anhand eines Vergleichs am konkreten Beispiel ein Bild von den fundamentalen gesellschaftlichen Veränderungen zu machen, die die Wirtschaftskrise in Amerika in Gang gesetzt hatte. Zugleich nahmen sie sich vor, eine Schwäche ihrer ersten Studie zu berichtigen, die ihnen insbesondere von Bewohnern Middletowns immer wieder vorgehalten worden war: In «Middletown» war die Rolle der X-Familie nur ganz am Rande behandelt und damit das Problem der Machtverteilung in der untersuchten Gemeinde übersehen worden. Das im folgenden auszugsweise wiedergegebene dritte Kapitel von «Middletown in Transition» ist der Versuch der Lynds, diesen Fehler zu korrigieren.

Robert und Helen Lynd
Die Familie X und die Bewohner von Middletown

«Wenn ich arbeitslos bin, gehe ich zur Fabrik von X, wenn ich Geld brauche, gehe ich zur X-Bank, und wenn sie mich dort nicht leiden können, bekomme ich es nicht; meine Kinder gehen auf das X-College; wenn ich krank bin, komme ich ins X-Krankenhaus. Ich kaufe ein Grundstück oder ein Haus bei einem Maklerbüro von X. Meine Frau geht in die Stadt und kauft ihre Kleider beim Kaufhaus X. Wenn mein Hund entlaufen ist, kommt er ins X-Tierasyl. Ich kaufe X-Milch, trinke X-Bier, stimme für die X-Partei, und der Wohltätigkeitsverein von X hilft mir. Mein Sohn geht zur X-Jugendgruppe und meine Tochter zum X-Mädchenclub. Ich höre das Wort Gottes in Kirchen, die von X subventioniert werden, und wenn ich Freimaurer bin, gehe ich in die Freimaurerloge von X. Ich lese die Morgennachrichten in der X-Morgenzeitung, und falls ich reich genug bin, benutze ich den Flughafen von X» (Kommentar eines Einwohners von Middletown, 1935).

[. . .] Schon im Jahre 1925 war das Bild von Middletown vom Einfluß dieser Familie geprägt. Mit bescheidenem Kapital waren die Gebrüder X während des Glas-Booms in die Stadt gekommen, waren bald Millionäre geworden und hatten seitdem eine unauffällige, aber zunehmend einflußreiche Stellung im Leben der Stadt inne. Die fünf Brüder waren auf einer Farm in Ohio geboren, von wo die Familie während des Bürgerkriegs mit einem Planwagen auf eine neue Farm im Staat New York übergesiedelt war. Nach dem Besuch der Volksschule verließen die Brüder das Elternhaus, um allein in der Welt ihr Glück zu machen; einer wurde Landarbeiter und Holzfäller, einer wurde Arzt, andere begründeten ein kleines Unternehmen, das Angelgeräte herstellte. Als dieses Unternehmen durch einen Brand zerstört wurde, wechselten die Brüder in die Glasfabrikation über. Der ursprüngliche Betrieb in Middletown hatte 1887 mit einem Startkapital von 7000 Dollar begonnen, in einem Gebäude, das ohne gemauerte Fundamente auf hölzernen Planken errichtet worden war. Heute gilt das Unternehmen als der größte Hersteller von Einmachgläsern in der Welt. In der Folgezeit lebten alle fünf Brüder in Middletown, einer von ihnen als praktizierender Arzt, die anderen vier leiteten die Glasfabrik und ihre zahlreichen Zweigunternehmen. [. . .]

Ein halbes Dutzend weiterer Namen sind mit der industriellen Entwicklung von Middletown verbunden, aber keiner von ihnen verkörpert so vollkommen die Errungenschaften der Stadt. Von den fünf Brüdern waren 1924 noch vier am Leben, und als kurz darauf ein weiterer starb, kam während der Beerdigung das gesamte Geschäftsleben der Stadt zum Stillstand. Zwei der Brüder leben heute noch; beide sind in den Siebzigern – rege, tüchtig, demokratisch gesinnte und christlich eingestellte Männer, aufgewachsen in der Tradition eines ungebrochenen Individualismus, Förderer von Kunst, Bildung, Religion und einer langen Liste von wohltätigen Organisationen. Diese Männer standen nie abseits, wenn es um geschäftliche oder öffentliche Angelegenheiten ging; sie waren Musterbeispiele der erfolgreichen und verantwortlichen Anwendung der amerikanischen Formel vom freien Unternehmertum. In ihrer überzeugten und vollkommen offenherzigen Verbindung von hohem Profit, großer Wohltätigkeit und niedrigen Löhnen verkörpern sie das rauhe Ethos des protestantischen Kapitalismus mit seiner Gleichsetzung des Christentums mit dem Prinzip, daß unkontrolliertes Unternehmertum noch immer für jedermann das Beste ist. In ihrer Bescheidenheit und persönlichen Aufrichtigkeit, verbunden mit ihrem Aufstieg aus relativ armen Verhältnissen zu großen Wohlstand, entsprechen sie vollkommen dem amerikanischen Traum vom Erfolg. [. . .]

Man kann kleinere Industriestädte in Amerika in zwei Gruppen einteilen: die einen, in denen die Pioniere der Industrialisierung und ihre Söhne noch immer das Geschäftsleben der Stadt bestimmen, und die anderen, in denen neue Leute die Führung übernommen haben. Eine Untersuchung würde heute wahrscheinlich zeigen, daß die zweite Gruppe heute unter den Städten mit größeren Industriebetrieben zahlenmäßig vorherrscht.

Middletown ist daher in dieser Beziehung wahrscheinlich in der Minderheit. Die zwei noch lebenden Brüder X, unterstützt von vier Söhnen und zwei Schwiegersöhnen, die im Unternehmen mitarbeiten, besitzen und kontrollieren nicht nur ihre verzweigten Unternehmen vollständig – inmitten der Verwüstungen, die die Depression in der Stadt angerichtet hat, sind sie heute einflußreicher denn je. Es ergab sich, daß ihr Industriezweig, die Herstellung von Einmachgläsern, während der Depression Hochkonjunktur hatte. Das Unternehmen war nicht nur voll ausgelastet und ließ in den mageren Jahren oft Nachtschicht arbeiten, sondern die Gewinne, die es in dieser Zeit abwarf, waren angeblich die höchsten in den gesamten 45 Jahren seines Bestehens. Dadurch, daß die Depression das Niveau ihrer sozialen Umgebung zum Sinken brachte, ließ sie die Stellung der Familie X um so deutlicher hervortreten. Ihre finanzielle Liquidität war so groß, daß sie imstande war, in einer Reihe von Fällen die örtlichen Auswirkungen der Depression zu mildern. Eine Nebenwirkung ihrer Stärke in einer Zeit allgemeiner Schwäche war die Zunahme ihres finanziellen und persönlichen Einflusses in einer Reihe von Bereichen im Geschäftsleben der Stadt. Sowohl wegen ihrer großzügigen Hilfe und der daraus resultierenden Zunahme ihres wirtschaftlichen Einflusses als auch wegen eines sehr menschlichen Respekts gegenüber dem Zauberkünstler, der aus einer Wirtschaftsflaute Geld machen kann, sind die Macht und das Ansehen der Familie X unter den Geschäftsleuten von Middletown durch die Depression entscheidend gewachsen. Die Tatsache, daß ein Bürger von Middletown Ende 1934 davon sprechen konnte, daß «das Wichtigste an dieser Stadt» der Umstand sei, «daß die X die ganze Stadt beherrschen, ja eigentlich die Stadt selber *sind*», ist der Grund für die gesonderte Untersuchung der Familie in diesem Kapitel.

Middletown hat daher gegenwärtig so etwas wie eine regierende königliche Familie.[1] Die Macht dieser Familie ist so groß geworden, daß sich die Stadt durch sie von anderen Orten mit diffuseren Formen der Kontrolle in gewissem Maße unterscheidet. Wenn man allerdings die in Middletown zu beobachtende Situation einfach als Konzentration und Personalisierung jener Art von Kontrolle ansieht, die in unserer Kultur mit der Kontrolle über Kapital einhergeht, läßt sich Middletown als ein gedrängtes und vereinfachtes Bild des amerikanischen Systems der Kontrolle durch die Klasse der Unternehmer auffassen. Ja, Middletown könnte sogar eine Entwicklung ankündigen, die in Zukunft in dem Maße vorherrschen könnte, wie die besitzende Klasse in Amerika versucht, ihre Macht zu wahren.

Die Klasse der Unternehmer in Middletown verwaltet und lenkt die Stadt. Der Kern dieser Kontrolle durch die Unternehmerschaft ist die Familie X. Wie das Netz der Fäden im Jahr 1935 aussah, durch die die X das Leben der Stadt kontrollierten, kann man aus der folgenden, notwendigerweise unvollständigen Aufzählung von Vorgängen ersehen, die mehr oder weniger an der Oberfläche des Geschehens in Middletown stattfanden.

Erwerbsleben

a) Banken: Im Jahre 1925 hatte Middletown fünf Banken. Wenn man von «den Banken» sprach, meinte man die zwei führenden Banken und die dazu gehörige Kreditbank. An allen drei Banken war die Familie X beteiligt. Die zwei kleineren Banken gingen während der Depression in Konkurs. Am 27. Februar 1933, kurz bevor die Banken im ganzen Land geschlossen wurden, veröffentlichte die Lokalzeitung auf der ersten Seite die Ankündigung: «Gebrüder X garantieren Liquidität von drei Banken in Middletown», gefolgt von einer Erklärung der Brüder, daß «wir aus erster Hand erfahren haben, daß diese drei Banken in guter finanzieller Verfassung sind». Als zwei Wochen später die Banken von Middletown nach der allgemeinen Bankenschließung wieder aufmachten, blieben nur noch eine Bank und ihre Kreditgesellschaft übrig. Dank der Familie X war Middletown der Bankenkrise entkommen, und die Gemeinde hatte den gefährlichen Verlust einer größeren Bank durch «Zusammenlegung» vermieden.

Im Direktorium der verbliebenen Bank sitzen drei Mitglieder der Familie X, eines von ihnen ist der Vorsitzende. Dem Direktorium der Kreditgesellschaft sitzt einer der Söhne vor; ein Schwiegersohn ist ebenfalls Mitglied. Zusätzlich zu den Mitgliedern der Familie X sind sieben der elf Direktoriumsmitglieder der Kreditgesellschaft auch im Aufsichtsrat der Bank. Die Kreditmöglichkeiten in Middletown werden daher sehr zentral kontrolliert.

---

1 Außerhalb des Hofstaates der X gibt es nur eine wohlhabende Familie von Geschäftsleuten, obwohl mindestens eine weitere sich sehr unabhängig verhält.

Einer der Söhne ist außerdem Direktor einer der örtlichen Bausparkassen. Zwei weitere Söhne sind Direktoren einer kleineren «Morris Plan»-Kreditgesellschaft.[2] [. . .]

b) Rechtswesen: Die besten Rechtsanwaltsfirmen von Middletown stehen auf die eine oder andere Weise im Dienste von Unternehmungen der Familie X. Das macht einen Kommentar verständlich, den eine Lokalzeitung während der Depression veröffentlichte: «Anwälte und Banken kommen hier gut miteinander aus. Verglichen mit dem Konflikt in anderen Städten haben sie hier ein gutes Verhältnis zueinander.» Der persönliche Anwalt eines führenden Mitglieds der Familie X ist gleichzeitig Syndikus der Stadt.

c) Industrie: Die Familie X verfolgt nicht die Strategie, andere Industrieunternehmen in der Stadt planmäßig unter ihre finanzielle Kontrolle zu bringen. Obwohl sie neben ihrer Glasfabrik, einer Kartonagenfabrik und der örtlichen Güterbahn (die ihr ganz gehören) direkten oder indirekten Anteil an anderen örtlichen Unternehmen hat, besteht ihre Macht hauptsächlich in ihrer Kontrolle über das Bankwesen sowie in ihrem Ansehen und ihrem Beispiel.[3] Kein Geschäftsführer der Handelskammer könnte bei Gegnerschaft der X seine Stelle behalten. 1925 ebenso wie 1935 konnte man wiederholt die Behauptung hören, daß der Einfluß der X die Errichtung eines Ford-Werkes in Middletown verhindert habe, um den Wettbewerb mit den höheren Löhnen von Ford zu vermeiden. Die allseits bekannte Opposition des Unternehmens gegen jeden Ansatz zur Organisierung der örtlichen Arbeiterschaft bildet das Zentrum der Gewerkschaftsfeindlichkeit in Middletown. Wie ein in Middletown tätiger Angehöriger eines freien Berufes bemerkte: «Die X haben eine lange Tradition in der Unterdrückung jeder Art von Forderungen der Arbeiter. Ihre Philosophie lautet: ‹Halt sie nieder, wohlwollend, aber entschlossen.›» Geschäftsleute nennen die angebliche Drohung der X, ihre Fabrik von Middletown anderswohin zu verlegen, als Beweis für die Gefährlichkeit von Gewerkschaftsaktivitäten für die Stadt. [. . .]

d) Einzelhandel: Während der Depression ging Middletowns größtes Kaufhaus in Konkurs. Da es in einem Gebäude untergebracht war, das der

2 Die beiden älteren Brüder haben Anteile an einer Bank in der Nachbarstadt, die früher von einem inzwischen verstorbenen Schwiegersohn kontrolliert wurde. Diese Bank ging während der Depression in Konkurs, und die Brüder brachten eine beträchtliche Summe auf, um die Neueröffnung der Bank zu ermöglichen.

3 Einer der Brüder ist Leiter einer gutgehenden Fleischwarenfabrik am Ort, die einen großen Teil des Fleischbedarfs von Middletown deckt und auch den östlichen Teil des Staates beliefert; er ist außerdem Direktor einer Fabrik für Metallmöbel in Middletown. Außerhalb der Stadt gehört er unter anderem dem Direktorium der Dictaphone Corporation, der Great Lakes Portland Cement, der Intertype Corporation, der S. R. Dresser Manufacturing Co. (ein Unternehmen in Pennsylvania, das Röhren für die Ölindustrie herstellt und eine Tochtergesellschaft hat, die Klimaanlagen produziert) und der Nickel-Plate-Eisenbahngesellschaft an. Das Glasunternehmen der Familie verfügt zur Zeit über 5 Zweigbetriebe, eine Papierfabrik, die Versandkartons für den Eigenbedarf herstellt, und eine Zinkfabrik. Andere Unternehmungen sind unter anderem: eine Brauerei (die ihre Flaschen von der Glasfabrik bezieht), die Amhempo Corporation in Danville/Illinois (ein Hersteller von Kunstfasern für den Autobedarf) sowie Ölprojekte in Texas.

Familie X gehörte – das auffälligste Einzelhandelsgeschäft in der Stadt –, hat es die Familie als «Kaufhaus X» wieder eröffnet. Und, wie bei allen X-Unternehmungen, ist es ein weit besseres Geschäft geworden als vor zehn Jahren unter der alten Geschäftsführung – ein klarer Gewinn für die Stadt. Es heißt, daß die Familie an mindestens einem weiteren Einzelhandelsunternehmen finanziell beteiligt ist: dem führenden Möbelgeschäft, dessen Direktor einer der X-Brüder ist. Zudem sind ihre indirekten Kontrollen durch das Bankwesen im Bereich des Einzelhandels besonders wirksam. Zwei Molkereien, die jüngere Familienangehörige zum Zeitvertreib leiten, brachten die in Middletown ansässigen Milcherzeuger in Bedrängnis, indem sie öffentliche Einrichtungen, die zum Teil durch Spenden der X unterstützt wurden, zwangen, X-Milch zu verwenden. 1934 kapitulierte einer der größeren unabhängigen Händler, verkaufte sein Geschäft an die X und wurde deren Geschäftsführer. Dieser Schachzug gereicht Middletown abermals zum Vorteil, da ein Teil der in der Stadt hergestellten Milch schlecht ist, wohingegen die X-Milch von sehr viel besserer Qualität ist. Von den Erzeugnissen einer Brauerei in der Nachbarstadt, an der die Familie X großes Interesse hat, weil sie sie mit ihren Glasflaschen beliefert, heißt es, daß ihr Vertrieb auf dem lokalen Markt von Middletown von heftigem Druck gegen alle Konkurrenten begleitet sei.[4]

Bauen und Wohnen

Seit 1925 hat die Familie X das Hauptwohngebiet der Stadt buchstäblich verlegt. Eine der herausragenden Veränderungen in diesen zehn Jahren ist die Umwandlung des nordwestlichen Teils der Stadt – des Stadtteils, in dem die X leben und das am weitesten vom örtlichen Industriegebiet entfernt ist – in das beste Wohnviertel der Stadt. Diese Verlagerung ist von Angehörigen der Familie X sorgfältig gelenkt worden. Das Ergebnis war, daß das vornehme alte Ostviertel, das beste Wohngebiet in der Zeit vor der Motorisierung bis hinein in die zwanziger Jahre, als es noch ein Vorteil war, nah an der Innenstadt zu wohnen, weit abgeschlagen auf den zweiten Platz zurückgefallen ist. Die anspruchsvolleren Damen der Stadt ziehen heute mit ihren Familien in die zwei neuen Erschließungsgebiete der Familie X am Westende von Middletown. Hier hat die Familie das modernste Appartmenthaus der Stadt errichtet; hier hat sie vor kurzem auch einen der zwei gesellschaftlich «korrekten» Reitclubs der Stadt angesiedelt (der andere befindet sich auf einem ihrer Bauernhöfe einige Meilen außerhalb); und hier befindet sich das erste moderne Wohnviertel der Stadt, das ihr einen Anflug von dem ver-

4 Es war unmöglich, alle Verästelungen der Familie X im Geschäftsleben der Stadt aufzuspüren. Zum Beispiel heißt es von einer Bäckerei, sie habe während der Depression Gelder von den X erhalten. Zweifellos gibt es eine Reihe von anderen Fällen, in denen Gelder der X entweder heute oder in der Vergangenheit in den örtlichen Einzelhandel geflossen sind.

leiht, was die Zeitungen gern «Großstadtluft» nennen.[5]

Die Bebauung des X-Wohnviertels im Westen hat mit zwei anderen Projekten in diesem Stadtteil zu tun, die von den X in Gang gebracht wurden und die an die neue Siedlung angrenzen; der Kauf und die Verwandlung des heruntergekommenen alten Volksschulgebäudes in eine Gruppe von außerordentlich schönen Bauten, die heute «Staatliche Pädagogische Hochschule» heißen. Hierzu gehört eine hübsche neue Versuchsschule, die aus einer Grundschule und aus einer weiterführenden Schule besteht und die der Neid des übrigen Schulsystems ist. Direkt neben dem College liegt das neue Anderthalb-Millionen-Dollar-Krankenhaus, ein Geschenk der Familie X an die Stadt. Diese beiden Projekte zusammen verleihen dem Westviertel Vorzüge, mit denen sich keines der vom Rauch der Braunkohle verrußten Stadtviertel des Jahres 1925 hätte messen können.

Und dennoch, wenn man das Wachsen und Gedeihen der Stadt unter der lenkenden Hand der Familie X beobachtet, darf man den Kommentar eines Bürgers von Middletown nicht vergessen, daß «die X die einzigen Leute sind, die ich kenne, die es geschafft haben, ihr Vermögen durch die Kunst der Philanthropie zu vergrößern». Nachdem fünf Privatschulen hintereinander auf dem unkrautbewachsenen Grundstück der städtischen Volksschule in Konkurs gegangen waren, kauften die Gebrüder X das Grundstück auf einer Versteigerung im Jahre 1917. Sie vereinbarten mit dem Staat eine Schenkung unter der Bedingung, daß dieser die kränkelnde Einrichtung in eine gute staatliche Volksschule umwandelte. Im Jahre 1922 spendete die Familie X der Schule eine viertel Million Dollar für Neubauten. Während dessen, als Anfang der zwanziger Jahre die Schule zum Leben erwachte, kauften die Grundstücksmakler der Familie in aller Stille ein Grundstück nach dem anderen in dem damals noch unbeachteten Stadtviertel, in dem die Schule lag. Die Häuser auf diesen Grundstücken wurden in der Folgezeit entweder abgerissen oder renoviert. Diese umfangreichen Operationen müssen der Familie einen beträchtlichen Profit eingebracht haben, der die Stiftungen für das Krankenhaus und die Pädagogische Hochschule mehr als wettgemacht haben dürfte.[6]

---

5 Die schönen alten Häuser, die der ersten Generation der X gehörten, stehen seit Jahren nebeneinander auf einer eigenen Straße in dem genannten nordwestlichen Teil der Stadt, aber näher am Stadtzentrum, am Ufer des Flusses. Eine andere Gruppe von etwa einem halben Dutzend wohlhabender Familien lebt ebenfalls am Fluß, aber außerhalb der Innenstadt und am entgegengesetzten (östlichen) Ende der Stadt. Diese letztgenannte Vorstadtbebauung, die schon 1925 begonnen hatte, ging der Errichtung des neuen Wohnviertels im Westen um drei bis vier Jahre voraus. Ihr Ausgangspunkt war der Bau eines Anwesens für eine Familie, deren Unabhängigkeit allgemein bekannt ist.

6 Geben und Nehmen dieser Art ist charakteristisch für «Fortschritt» in der Kultur von Middletown, in der «Geld die Welt regiert».

Ausbildungswesen

Ein Angehöriger der Familie X ist Vorsitzender von Middletowns Schulausschuß, und ein bekannter Rechtsanwalt der Familie X ist Rechtsvertreter von Middletowns Schulen. Middletown ist damit zufrieden, daß ein Mitglied der Familie X an der Spitze seiner Schulen steht. Ein Zeitungskommentar aus dem Jahre 1936 meint: «Bei den Frauenverbänden ist man doch immer der Ansicht, daß im Schulausschuß eine Frau sitzen sollte, aber das wird, wenn überhaupt, erst in einem Jahr möglich werden. Herrn Xs Amtszeit wird in einem Jahr auslaufen, und *nichts spricht dafür, daß ein anderer gewählt wird, wenn er das Amt behalten will.*» (Hervorhebung der Verf.)

Es heißt, daß das örtliche College, obwohl eine staatliche Einrichtung, sowohl bei größeren Entscheidungen als auch in gelegentlichen Detailangelegenheiten unter der Kontrolle der X steht. Von Dozenten und Studenten (sehr vorsichtig von ersteren, deutlicher von letzteren) erfuhr man von dem Druck der Familie gegen «Linksradikalismus» im College. Einer der X ist angeblich persönlich verantwortlich dafür, daß Bücher wie Bertrand Russells *«Ehe und Moral»* und John Dos Passos' *«1919»* aus der College-Bibliothek verbannt wurden. Die Namensliste von auswärtigen Gästen, die von den Studenten zu Vorträgen eingeladen werden, wird von der Familie X, so heißt es, genau geprüft. Und es wird offen erzählt, daß Studenten mit radikalen Ideen Schwierigkeiten haben, nach ihrem Abschlußexamen Empfehlungsschreiben für Stellenbewerbungen zu erhalten.

Das alles soll nicht heißen, daß die nach der Familie X benannte Staatliche Pädagogische Hochschule unter bewußter repressiver Kontrolle steht. Die Studentenschaft der Hochschule bildet die progressivste politische Kraft in der Stadt. Worum es sich hier handelt, ist die Tatsache, daß das College, obwohl es eine staatliche Einrichtung ist, so genau von der Familie X beobachtet wird und von ihrer Macht und ihrem Einfluß so abhängig ist, daß es dazu neigt, offiziell ihrem intellektuellen und politischen Kurs zu folgen. Das bedeutet jedoch nicht, daß jeder fortschrittliche Unterricht verhindert wird.

Die Vormachtstellung der Familie X in allen schulischen Angelegenheiten wird untermauert durch die Tatsache, daß sie auch der Staatsuniversität eine Million Dollar gespendet hat. Einer der Brüder ist Präsident des Kuratoriums der Universität.

Freizeit

Das Gebäude des YMCA und das des YWCA[7] sind Stiftungen der X. Ersteres wird von der örtlichen Presse als «das größte und am besten ausgestattete YMCA-Gebäude aller Städte unter 100000 Einwohner in den USA» be-

7 Anmerkung des Übersetzers: Young Men's (bzw. Women's) Christian Association; entspricht

zeichnet. Das Sommerlager des YMCA, einer der meistbesuchten Plätze im ganzen Staat, ist ein Geschenk der Familie X und trägt den Namen eines Familienmitglieds. Drei- bis vierhundert Jungen aus Middletown besuchen es für ein bis zwei Wochen Sommerferien; einige von ihnen erhalten Freiplätze, die von den X bezahlt werden. Es ist bezeichnend für Middletown und die Familie X, daß Freiplätze im Ferienlager als Belohnung für ausgezeichnete Leistungen im Bibelunterricht vergeben werden, der vom YMCA in den Schulen abgehalten wird.[8] Obwohl das Grundstück für das YWCA-Ferienlager von einem örtlichen Bürgerverein gestiftet wurde, wird auch dieser Club von den X stark unterstützt. Das Lager des Pfadfinderklubs wird in der Presse «X-Pfadfinderlager» genannt.

Das Personal und die Verbandspolitik in beiden «Ys» werden von Mitgliedern der Familie X genau kontrolliert. Als man 1935 eine neue Geschäftsführerin für den YWCA benötigte, wurde die Entscheidung von einer der X-Frauen persönlich getroffen, die sich nach einem «Mädchen» auf die Suche machte, «das noch nicht von der Ausbildung und den Ansichten der YW-Mehrheit verdorben» war. Zu den Einstellungsvoraussetzungen für eine YW-Leiterin in Middletown gehörte unter anderem, daß sie «unsere jungen Arbeiterinnen erreichen», aber nichts von den liberalen wirtschaftspolitischen Ideen der progressiven Mehrheit des New Yorker Bundesvorstands des Vereins importieren sollte. [. . .]

Kirchen

Eine Reihe von Kirchen, darunter auch solche, denen größtenteils Arbeiter angehören, wurden bei Neubauten von großzügigen Spenden der X unterstützt. Die Familie X, besonders die ältere Generation, glaubt an den Wert der Religion und eines regelmäßigen Kirchgangs. Der Einfluß der älteren Generation in theologischer Hinsicht ist im ganzen gesehen konservativ. Es wäre nicht richtig zu behaupten, daß ihre Hilfe für die örtlichen Kirchen – von Spenden für Neubauten bis zur Ausstattung von Spielplätzen – mit der Absicht geleistet wird, deren Lehren zu beeinflussen. Ihren Schenkungen liegt zweifellos der Wunsch zugrunde, Middletown zu einer lebenswerteren Stadt zu machen, wobei für sie, als Menschen, die aus einer alten religiösen Tradition kommen, Kirchen wichtige gemeinschaftsfördernde Einrichtungen darstellen. Jedoch, ohne daß dies notwendigerweise in ihrer Absicht läge, funktioniert ihre Wohltätigkeit hier wie anderswo als Teil des Kontrollsystems der örtlichen Unternehmerschaft. Die gesamte Mittelklasse von Middletown, einschließlich ihrer Geistlichen, nimmt nur ungern offen

---

etwa dem Christlichen Verein Junger Männer bzw. Mädchen (CVJM), größte Jugendorganisation in den Vereinigten Staaten.

8 Der Bibelunterricht in den öffentlichen Schulen floriert heute genauso wie 1925; etwa 6000 Schüler nehmen daran teil.

gegen die Pläne und Ansichten der X Stellung. Es wird berichtet, daß vor zehn Jahren ein widerspenstiger «liberaler» Geistlicher von der Familie «kaputtgemacht» worden sei. Es ist bezeichnend, daß ein verantwortungsbewußter und gut informierter Bürger der Stadt vermutete, ein Geistlicher in der angesehenen Kirche, die von den meisten X-Angehörigen besucht wird, habe «auf Befehl» gehandelt, als er den angeblich aufkeimenden politischen Radikalismus am X-College von der Kanzel herab verurteilte. Die Bedeutung dieser Bemerkung liegt nicht in der Behauptung, daß der Geistliche «auf Befehl» handelte, was sehr unwahrscheinlich erscheint, sondern in der darin enthaltenen Einsicht wenigstens einiger scharfsichtiger Bürger, daß in solchen Angelegenheiten subtile psychologische Mechanismen wirksam werden. Die Geistlichen selbst äußern sich sehr vorsichtig über die X. Einer von ihnen, der aus einsichtigen Gründen vollkommen anonym bleiben muß, meinte vorsichtig zum Interviewer: «Wenn die X nur etwas von ihren großen Profiten dadurch wieder in die Gemeinde zurückbringen würden, daß sie ihre niedrigen Löhne von fünfzehn bis siebzehn Dollar pro Woche nur um zwei bis drei Dollar erhöhten, statt soviele wohltätige Spenden zu verteilen, würden sie Middletown zu einem erheblich christlicheren Ort machen.» [. . .]

Politik

Middletown ist eine Domäne der Republikaner. Die führenden Geschäftsleute sind feste Anhänger dieser Partei, und die Familie X setzt ihnen hierin ein deutliches Beispiel. Ein Angehöriger der Familie vertritt den Staat im Nationalrat der Republikanischen Partei; die Familie spendet beträchtliche Summen für den Republikanischen Wahlkampffond und die «Freiheitsliga», und ihre Mitglieder setzen sich bei sämtlichen Wahlen – auf Bundes-, Landes- und kommunaler Ebene – persönlich und finanziell für die republikanischen Kandidaten ein.

Angesichts dieser wohlbekannten und eindeutigen Situation war es für Middletowns Demokraten eine kleine Sensation, als nach dem Sieg der Demokraten bei den Präsidentschafts- und Gouverneurswahlen von 1932 plötzlich einer der begabtesten Angehörigen der zweiten Generation der X als einflußreichster demokratischer Kommunalpolitiker und Vorsitzender des (vom demokratischen Gouverneur eingesetzten) Staatsausschusses zur Bekämpfung der Arbeitslosigkeit auftauchte. Das Wochenblatt der Demokraten kommentierte im Sommer 1935:

«Der junge X hat sich als neuer Demokrat ganz gut gemacht, wenn man bedenkt, daß er noch bei den letzten Vorwahlen seine Stimme den Republikanern gab. Als Demokrat hat er sich einen Posten im Schulausschuß gesichert, kontrolliert den demokratischen Bürgermeister und den Kreisvorsitzenden, entscheidet in zehn Landkreisen, wer zur Durchführung von Arbeitsbeschaffungsprogrammen angestellt wird, und ist der unbestrittene Chef der Demokratischen Partei am Ort.»

Diese Zeitung, die unberechenbare Hauspostille ihres altgedienten, säbelrasselnden Redakteurs, der von 1930 bis 1934 Bürgermeister von Middletown war, ist das einzige Blatt der Stadt, das sich unverblümt mit unsauberen Angelegenheiten in der Lokalpolitik beschäftigt.[9] Die Zeitung beschreibt die Situation mit charakteristischer Farbigkeit:

«Hiesige Demokratische Partei jetzt Eigentum des mächtigen X-Sohnes: Rücksichtslos im Geschäftemachen und wie Piraten auf Jagd in der Welt der Finanzen treiben sie's mit beiden Parteien, nach dem Motto: ‹Entweder wir gewinnen oder ihr verliert.› (Und in einer späteren Ausgabe:) Gut geschmierte Politik macht frischgebackenen Demokraten zum Vorsitzenden des Schulausschusses; D. wird ausgebootet und G., Republikaner, bleibt Schulanwalt gegen schwache Proteste des Bürgermeisters; Jung-X bringt Demokraten mit harter Hand auf Linie, aber Vermögen und Familie sorgen hier für genügend Speichellecker.»

Der gegenwärtige Bürgermeister – ein Demokrat, der im Herbst 1935 wieder gewählt worden war, nachdem er das Amt 15 Jahre vorher schon einmal innegehabt hatte – wird heute manchmal als «unter der Kontrolle der X-Familie stehend» bezeichnet. Einer seiner politischen Freunde behauptet, der Bürgermeister führe seine frühere Gefängnisstrafe auf die Gegnerschaft des örtlichen Finanzkapitals einschließlich der Familie X zurück, die er gegen sich aufgebracht habe. Mittlerweile habe er jedoch, so sein Freund, nach eigener Aussage «dazugelernt» [. . .]

Die Familie X versucht nicht, ihre politische Macht in Middletown in der Weise zum eigenen Vorteil auszunutzen, wie sie oft in Untersuchungen über amerikanische Kommunalpolitik beschrieben worden ist. Man braucht auch nicht anzunehmen, daß – wie ein Kommentator in Middletown andeutete[10] – Korruption im Spiel war, als die Regierung Hoover im Jahre 1932 einem der X, der dem republikanischen Nationalkomitee angehört und beträchtliche Spenden zum republikanischen Wahlkampffonds geleistet hatte, eine Einkommenssteuerrückzahlung von 52000 Dollar gewährte. Es ist wahrscheinlicher, daß wir es hier lediglich mit einem Konflikt zwischen

---

9 Das soll nicht heißen, daß die jeweilige Version des Redakteurs immer die richtige ist. Er vertritt eine sehr persönliche Art von Journalismus, der geprägt ist von jahrelangem engem Kontakt mit den Mitgliedern der örtlichen Parteiorganisationen und vielen offen ausgedrückten Vorurteilen. Wie schon in der Studie von 1925 festgestellt, machen sich einige der örtlichen Geschäftsleute in der Öffentlichkeit über ihn lustig, während sie unter vier Augen einräumen, daß «der Kerl den Nerv hat, Sachen zu veröffentlichen, die andere nicht drucken». Typisch für seine Art von Journalismus ist ein Beispiel aus dem Jahre 1925: Der Geschäftsführer der Handelskammer war entlassen worden, weil er angeblich mit einer weiblichen Angestellten sexuelle Beziehungen hatte. Die anderen Zeitungen druckten lediglich eine kurze Notiz des Inhalts, daß der Geschäftsführer eine neue Stelle in einem Nachbarstaat angenommen habe. Die Zeitung des betreffenden Redakteurs dagegen veröffentlichte die ganze Geschichte mit der charakteristischen achtspaltigen Überschrift: «Handelskammer verliert Unschuld».

10 Dieser Mann, ein prominenter Lokalpolitiker, meinte: «Seit Jahren unterstützen die X W. als Kandidat für den Senat der Vereinigten Staaten, und W. hat bisher mit Hilfe der normalerweise beträchtlichen republikanischen Mehrheit in Lake County und im Bezirk Middletown stets die Wahl gewonnen. Im Herbst 1932 spendeten die X beträchtliche Summen für W.s Wahlkampagne, und als W. verlor, fuhr dieser nach Washington und setzte eine große Einkommenssteuerrückzahlung an einen der X durch, bevor die Regierung Hoover abtrat.»

zwei nach außen hin voneinander unabhängigen, in Wahrheit aber ineinander verschränkten kulturellen Institutionen zu tun haben. Auf der einen Seite steht ein in seiner Entwicklung zurückgebliebenes politisches System, das durch das geringe Format derjenigen, die eine Kandidatur für ein öffentliches Amt finanziell attraktiv finden, sowie durch die seinem Funktionieren immanente Verschwendung und Korruption jegliches Ansehen verloren hat. Ihm gegenüber stehen eine Reihe von ökonomischen Institutionen, die sich der Dienste der fähigsten Mitglieder der männlichen Bevölkerung versichern können und dadurch effektiver und besser imstande sind, auf die Bedürfnisse einer Gemeinde unter industriellen Bedingungen einzugehen. Die Leiter der wirtschaftlichen Institutionen haben keine Lust, sich mit politischen Vorgängen abzugeben; andererseits sind sie daran interessiert, daß politische Einmischungen in ihre wirtschaftlichen Angelegenheiten möglichst unterbleiben. Aus diesem Grund bemühen sie sich, gerade soviel Kontrolle über das Durcheinander der lokalen Politik auszuüben, um akzeptable Steuern, Unterstützung durch die Stadtverwaltung bei der Verhinderung gewerkschaftlicher Organisierung, Kontrolle über die zahlenmäßig überwiegende Arbeiterschaft und ähnliche politische Maßnahmen sicherzustellen, die den Zweck haben, ihrer wichtigsten Beschäftigung – dem Geldverdienen – ungehinderten Fortgang zu ermöglichen. Und all dies wird von Männern wie von X mit der ausgeprägten Überzeugung betrieben, daß ihr Handeln in Einklang mit dem «Gemeinwohl» steht. [. . .]

Informationssystem (die Presse)

Die Familie X besitzt seit langem einen großen, allgemein als «entscheidend» bezeichneten Aktienanteil an der örtlichen Morgenzeitung. Diese Zeitung wird manchmal von Bewohnern der Stadt «X-Zeitung» genannt. Die Familie besitzt außerdem Anteile an einer der führenden Tageszeitungen in der Landeshauptstadt.

In Verbindung mit Verbreitung von Informationen ist ein weiterer Punkt erwähnenswert. Ein örtlicher Gewerkschaftsfunktionär wies 1935 darauf hin, daß die X durch ihre Verbindungen mit dem Schulausschuß, der Freimaurerloge und der Pädagogischen Hochschule alle größeren Versammlungsräume in Middletown kontrollieren. Diese «Kontrolle» ist gegenwärtig von untergeordneter Bedeutung und ohne Konsequenzen. Sie könnte allerdings dann bedeutsam werden, wenn z. B. die Gewerkschaften oder eine radikale politische Bewegung in Middletown an Boden gewinnen würde. [. . .]

Das Bild der Kontrolle durch eine Familie, das auf den vorhergehenden Seiten entwickelt wurde, könnte den Eindruck erwecken, als gäbe es unter den Mitgliedern der Familie eine genaue und koordinierte Planung. In Wirklichkeit ist die Lage viel weniger formell. Selbst in der Familie gibt es ein erhebliches Ausmaß an Individualismus. Es gibt eine gemeinsame Orientierung, aber von einem «Generalstab», der die Strategien von Investition und Kontrolle entwickelt, kann nicht die Rede sein. [. . .]

Man darf daher nicht vergessen, daß «Kontrolle durch die X» etwas ist, das informell und zum großen Teil ohne jegliche zentral koordinierte Planung stattfindet. Der harte Kern der wirtschaftlichen Tätigkeit der Familie und ihrer gemeinsamen ökonomischen Interessen und Stiftungen bildet ein einheitliches Ganzes. Außerhalb dieses Bereichs jedoch verwischen sich die Konturen und hängen in gewissem Maße von den Launen der einzelnen Familienmitglieder ab. Und doch, worauf es ankommt, ist, daß – soweit es Middletown angeht – an allen wichtigen Punkten im Leben der Stadt ein Mitglied der Familie X im Mittelpunkt oder nah am Mittelpunkt der jeweiligen Ereignisse zu finden ist und dadurch die schützende Zusicherung gibt, daß «die X ein Interesse daran» haben. Wenn der Sohn eines Mannes, der sein Leben lang gegen den Alkohol gekämpft hat und die «Liga gegen den Ausschank alkoholischer Getränke» unterstützt, eine Brauerei kauft; wenn ein anderer Sohn Demokrat wird («ausgerechnet ein Angehöriger *dieser* Familie», wie ein Unternehmer bemerkte) und sich nachsagen läßt, daß er nichts gegen die Organisierung der Arbeiter gemäß dem neuen Gewerkschaftsgesetz einzuwenden hat, dann hat das keinen Familienzwist zur Folge. Die Mitglieder der Familie kommen gut miteinander aus; grundsätzlich gehen ihre Ansichten in die gleiche Richtung. Es überrascht nicht, daß die Wasser, die aus so vielen verschiedenen Öffnungen sprudeln, so oft am Ende den gemeinsamen goldenen Teich füllen, von dem alle Mitglieder der Familie leben.

Die zentralen Fragen, die sich bei der Betrachtung eines derart personalisierten Kontrollsystems aufdrängen, bestehen darin, was Middletown darüber denkt und was dies für die Kultur als ganze bedeutet.

Es ist ein gewagtes Unternehmen, Vermutungen darüber anzustellen, was eine Stadt von 50000 Einwohnern über eine so komplexe Situation «denkt» oder «meint». Im großen und ganzen läßt sich jedoch feststellen, daß – von einigen individuellen Ausnahmen abgesehen – Middletowns Arbeiterschaft dazu neigt, die Familie und ihre Macht abzulehnen, wohingegen die Geschäftsleute auf ihrer Seite stehen und ihre Freundschaft suchen. Derart allgemeine Einteilungen bedürfen natürlich gewisser Einschränkungen. Die Haltung der Arbeiterschaft ist wahrscheinlich weniger eine Reaktion auf Personen als auf bestimmte Vorfälle: z. B. wenn es heißt, daß ein Nachbar auf eine «schwarze Liste» gesetzt wurde; wenn eine neue Kläranlage errichtet wird, um den Fluß hinter den Villen der X-Familie zu reinigen und «sie» («die Reichen, die die Stadt in ihrer Hand haben») «uns» im Südviertel dafür Steuern abnehmen wollen; oder auf die gewerkschaftsfeindliche Politik und die geringen Löhne in der X-Fabrik, usw. – eine Reaktion auf «Reichtum», «Macht», «Kommandiertwerden» auf seiten von traditionell unabhängigen Menschen, die ihrer Arbeitsplätze nicht sicher sein können und nicht das Gefühl haben, «dazuzugehören». Ein typischer Fall derartiger Opposition gegen «die Versuche der Reichen, die Stadt reinzulegen», ereignete sich im Jahre 1930, als die X Berichten zufolge eine am Stadtrand liegende Straße, die an einem ihnen gehörenden Baugrundstück entlangführte, auf Kosten der Gemeinde asphaltieren lassen wollten. Das Südviertel erklärte den entsprechenden Antrag zu einem «Antrag von Millionären, der von den reichen Leuten in der Handelskammer unterstützt wird und dazu dienen soll, eine Straße auszubauen, die in einem Nichts beginnt, nirgends hinführt und in einem Nichts endet. Die ganze Sache ist nichts anderes als ein Teil einer versteckten Grundstücksspekulation». Dessen ungeachtet wurde die Straße später auf Kosten der Gemeinde asphaltiert. Ein charakteristischer Kommentar eines Bewohners der Stadt war: «So ziemlich alle Arbeiter hier sind gegen die X-Familie. Sie sind der Meinung, daß sie zu niedrige Löhne zahlt und hinterher die Stadt mit Spenden beglückt. Ich kann das beurteilen; ich lebe im Arbeiterviertel und arbeite für die X.» Dieser verborgenen Abneigung wird von den örtlichen Politikern dadurch Rechnung getragen, daß sie «im Südviertel andere Reden halten als hier im Norden». Auch die Familie berücksichtigt die gegen sie gerichtete Stimmung. So heißt es beispielsweise, sie habe öffentlich erklärt, daß sie eine ihrer Molkereien verkauft habe, während es sich in Wahrheit darum handelte, daß anläßlich der Übernahme einer weiteren Molkerei der Name der ersten geändert und der Verkauf ihrer Milch unter einem neuen Namen fortgesetzt wurde, der im Südviertel weniger unbeliebt war.

Die Mehrzahl der Geschäftsleute dagegen erblickt in den X ihre wichtigste Stütze. Sie wissen, daß das System, das sie ihre Gehälter verdienen, Dividenden erzielen, neue Luxusautos kaufen und ihre Kinder zur Universität schicken läßt, vom Unternehmungsgeist von Leuten wie den X abhängt. Für die Geschäftsleute von Middletown symbolisieren die X Sicherheit. Auf ganz unmittelbare Weise gewährleisten sie Sicherheit, indem sie die Stadt «zuverlässig und konservativ» kontrollieren, durch großzügige Spenden das Defizit des örtlichen Wohlfahrtsfonds ausgleichen, während der Depression den Zusammenbruch der ansässigen Banken verhindern, für die Stadt ein System von Hauptverkehrsstraßen planen, für ein neues Krankenhaus sorgen, ein College einrichten, in dem die Kinder der Bürger ohne zu große Kosten ausgebildet werden und das die örtliche Wirtschaft belebt, usw. Und indirekt stützen sie die Klasse der Geschäftsleute dadurch, daß «wir wissen, daß die Familie X Middletown niemals zugrunde gehen lassen wird». «Wo wären wir ohne die Familie X? Sie haben alles Menschenmögliche für die Stadt getan», erklärte die Frau eines Unternehmers. Ein Geschäftsmann bemerkte zufrieden: «Während der Depression erklärten sie gegenüber der Stadt, daß niemand bei einer der großen Banken einen einzigen Dollar verlieren wird, und wenn ein X aufsteht und *das* sagt, hört jeder auf, sich Sorgen zu machen.» Middletowns Unternehmerschaft blickt auf die X wie Burke auf den englischen Adel: als auf «die großen Eichen, die ein Land beschatten und einer Generation nach der anderen Nutzen bringen».[11] Für die Mitglieder des Rotary-Klubs bedeutet die Möglichkeit, zu Angehörigen des Finanzadels «hallo, Frank» und «hallo, George» zu sagen, eine wohltuende Selbstbestätigung. Die Kiwanis [ein Wohltätigkeits- und Honoratiorenverein, ähnlich dem Rotary- oder Lions-Club; d. Ü.] verliehen der Familie ihren «Verdienstorden mit Stern» für ihre Tätigkeit zum Wohl der Gemeinde, und in Zeitungskommentaren wird die Familie wegen ihrer Bereitschaft, schon zu Lebzeiten ihrer Mitglieder Teile ihres Vermögens für wohltätige Zwecke zu spenden, mit Julius Rosenwald verglichen.

Von den männlichen Mitgliedern der Geschäftswelt, die ununterbrochen mit dem Geldverdienen beschäftigt sind, ist nicht viel Kritisches über die Familie X und ihre Kontrolle über Middletown zu hören. Manchmal mag sich ein Händler vertraulich darüber beklagen, daß er in der Sonderausgabe der Lokalzeitung, die die Eröffnung eines neuen, mit ihm in Konkurrenz tretenden X-Warenhauses feiert, zu inserieren gezwungen ist; oder der eine oder andere junge Mann mit einem hartnäckigen Bedürfnis nach Unabhängigkeit mag sich dem reibungslosen Zusammenspiel der die Stadt kontrollierenden Unternehmergruppe widersetzen. Aber im großen und ganzen beschränken sich die Geschäftsleute auf Feststellungen wie: «Die X sind tatkräftig, reich, vernünftig, anständig und gute Christen. Ihr Reichtum hat sie nicht dazu gebracht, sich auf die faule Haut zu legen. Mag sein, daß sie ihren Beschäftigten zu wenig bezahlen; mag sein, daß sie die Ansiedlung anderer Unternehmen in Middletown verhindert haben, daß sie die Banken kontrollieren und das Wirtschaftsleben im allgemeinen – aber sie spenden reichlich und tun viel für die Stadt.» [. . .]

Nach Abschluß dieses Kapitels ist der 33jährige «Kronprinz» der Familie, der tatkräftige Sohn des «Patriarchen», gefeiert als «erster Bürger» von Middletown, bei einem Unfall im Mai 1936 am Steuer seines eigenen Flugzeugs tödlich verunglückt. Dies könnte möglicherweise eine deutliche Veränderung in der Art des Einflusses der Familie auf das Leben der Stadt bewirken. Obwohl dieser Sohn in der Familientradition aufgewachsen war, war er zu einer erneuernden Kraft innerhalb der Einflußsphäre der Familie geworden. Es war typisch für ihn, daß er innerhalb und außerhalb Middletowns Geld für medizinische Forschung gespendet hatte. Die anspruchsvolle Forschungsabteilung in Middletowns Krankenhaus, die in einem speziell dafür errichteten Neubau untergebracht ist, war eine seiner bedeutendsten Leistungen. Der Verlust dieses wichtigsten Mitglieds der jüngeren Generation kann möglicherweise den ersten Schritt in einer Reihe von Ereignissen bedeuten, die am Ende dazu führen könnten, daß die Industrieanteile der Familie an größere, auswärtige Konzerne übergehen und die jüngeren Familienmitglieder sich als finanziell unabhängige Männer auf die Politik und andere Interessenbereiche verteilen.

11 In seinem Brief an den Herzog von Richmond vom 17. November 1772.

8. Klasse

Soziale Ungleichheit kann nicht nur im Verhältnis von Individuen zueinander bestehen, sondern auch ganze Gruppen können sich in bezug auf ihnen jeweils gemeinsame Merkmale unterscheiden. Diese *makrosoziologische* Dimension vertikaler Differenzierung wird durch die Begriffe der *Schicht* und der *Klasse* gekennzeichnet.

Der Begriff der *sozialen Schicht* bezieht sich auf jeweils ein Merkmal, das vertikaler Differenzierung zugrunde liegt, erfaßt also nur eine Dimension sozialer Ungleichheit. Die Vielzahl vertikal differenzierender Merkmale findet demzufolge ihren Ausdruck in einer ebensogroßen Zahl von Schichtungsdimensionen. Die Mitglieder einer Gesellschaft lassen sich so je nach ihrem Einkommen, ihrem Bildungsgrad, dem Ansehen des von ihnen ausgeübten Berufs usw. verschiedenen Schichten zuordnen.

Die Grenzen der isolierten Betrachtung einzelner Felder sozialer Ungleichheit erweisen sich da, wo zwischen diesen Dimensionen eine mehr als nur zufällige Verbindung besteht, wo also z. B. die soziale Stellung der Eltern Auswirkungen auf die Bildungschancen der Kinder hat und deren Möglichkeiten bestimmt, gesellschaftlich hoch angesehene Berufe zu ergreifen. Eine solche Verschmelzung von Schichtungsdimensionen wird durch den Begriff der *sozialen Klasse* erfaßt.

Während der Begriff der sozialen Schicht die Annahme enthält, daß Menschen ihren niedrigen Status in einer Dimension vertikaler Differenzierung durch einen hohen Status in einer anderen Dimension ausgleichen können, daß also die Zugehörigkeit zu einer sozialen Schicht keine Aussage über die Lebenssituation einer Gruppe zuläßt, charakterisiert der Klassenbegriff die Anhäufung von Benachteiligungen oder Privilegierungen in mehreren Dimensionen und kennzeichnet somit kollektive Lebenslagen.

Eine Erklärung für die beobachtbare Verschmelzung von Schichtungsdimensionen und für die Entstehung sozialer Klassen ergibt sich im Anschluß an die Überlegungen zur Bildung von Macht im vorangegangenen Kapitel: Macht beruht danach auf der Möglichkeit der monopolistischen Kontrolle über Ressourcen, auf die andere dringend angewiesen sind. Ungleiche Machtverteilung jedoch besitzt – wie der Fall der X-Familie gezeigt hat – eine kumulative Dynamik, der bei der machtabhängigen Gruppe eine Kumulation von Benachteiligungen in verschiedenen Dimensionen vertikaler Differenzierung entspricht.

Der Bedarf nach Ressourcen, über die eine bestimmte Gruppe verfügt, führt auf diese Weise zur Herausbildung unterschiedlicher Lebenssituationen und -chancen. Aus gleichen Lebenssituationen wiederum resultieren in der Regel Prozesse der sozialen Integration, d. h. aus der kumulativen Benachteiligung oder Privilegierung, die Gruppen infolge der ungleichen Verteilung begehrter Ressourcen erfahren, entwickelt sich eine Beschränkung der sozialen Beziehungen auf Mitglieder der eigenen Gruppe – eine interne Assoziation auf gleicher Klassenlage.

Der Klassenbegriff umfaßt demnach sowohl ungleichgewichtige Austauschbeziehungen als Folge einseitiger Verfügung über begehrte Ressourcen als auch die sich daraus ergebende ungleiche Verteilung von Lebenschancen und deren Auswirkungen auf die Lebensformen der Mitglieder einer Klasse. Sowohl bei Marx als auch bei Weber ist die Ungleichgewichtigkeit von Austauschbeziehungen Angelpunkt ihrer Definition der sozialen Klasse. Marx zufolge ist es die Stellung der Menschen in der Produktion, die ungleichen Austausch und die Bildung sozialer Klassen begründet und aufrechterhält. Die Organisation der Produktion, d. h. das Verhältnis der Menschen zu den Ressourcen der materiellen Produktion bzw. ihre eigene Rolle als Ressource im Produktionsprozeß, bildet die Basis kumulativer Benachteiligung oder Privilegierung.

Ähnlich definiert auch Max Weber den Klassenbegriff durch die «Art der Chance auf dem Markt» als diejenige Instanz, «welche die gemeinsame Bedingung des Schicksals der Einzelnen darstellt. Klassenlage ist in diesem Sinne letztlich ‹Marktlage›»[1]. Webers Definition fügt der Marxschen nichts grundsätzlich Neues hinzu, verweist aber nachdrücklicher auf den Austauschaspekt der Klassenbildung und verbindet diesen mit der ökonomischen Dimension sozialer Differenzierung, deren Ausmaß und deren Auswirkungen auf andere Dimensionen Marx in seinem umfangreichen Werk analysiert hat.

Dem entgegen stehen die hauptsächlich in den fünfziger Jahren entwickelten Vorstellungen einer «nivellierten Mittelstandsgesellschaft» (Schelsky) oder einer «Verbürgerlichung» der Arbeiter. Die soziale Wirklichkeit entwickelter Industriegesellschaften läßt sich diesen Vorstellungen zufolge mit Hilfe des Klassenbegriffs schon deshalb nicht mehr adäquat erfassen, weil eine Beziehung zwischen den einzelnen Dimensionen sozialer Schichtung nur noch in sehr lockerer, gleichsam zufälliger Form besteht. Eine lebensstilprägende Wirkung der unterschiedlichen «Marktlagen» sozialer Gruppen jedenfalls läßt sich – wenn überhaupt – höchstens als Relikt aus der Tradition der Arbeiterbewegung nachweisen.

Vor allem im angelsächsischen Sprachraum ist die Annahme der «Verbürgerlichung» in einer Reihe empirischer Studien einem Test unterzogen worden. Die Untersuchung, die Goldthorpe u. a. in Luton, einer Industriestadt unweit London, durchgeführt haben, bezieht sich dabei auf die differenzierteste Version der Verbürgerlichungsthese, die vertikale Differenzierung in der Organisation der Produktion nicht aufgehoben sieht, ihren lebensstilprägenden Effekt jedoch leugnet. Die zweifellos vorhandenen und beobachtbaren Unterschiede in den Lebensformen von Gruppen, die sich in ihren Rollen als Ressourcen im Produktionsprozeß unterscheiden – also

1 Wirtschaft und Gesellschaft, S. 532.

manuelle Arbeiter und Angestellte («white collar workers») – sind demzufolge nur als Resultat unterschiedlicher Einkommenshöhe oder der Verschiedenheit der Wohnsituation, nicht jedoch ihres unterschiedlichen Status auf dem Arbeitsmarkt zu erklären.

Um die Aufhebung der Trennung zwischen manuellen Arbeitern und Angestellten zu überprüfen und damit die Annahme einer weitgehenden Integration der Arbeiter und ihrer Familien in die «Mittelklassengesellschaft» zu testen, befragten Goldthorpe u. a. vor allem gutverdienende – «wohlhabende» – Arbeiter in einer Arbeits- und Wohnsituation, die einen Abbau der Trennungslinie nahelegen würde, in der also vor allem die traditionellen Bindungen an Familie und Arbeitermilieu weitgehend zerstört oder zumindest behindert waren. Sollte unter diesen Bedingungen keine Angleichung der Lebensstile stattfinden, dann war sie unter anderen Bedingungen erst recht unwahrscheinlich.

Die Ergebnisse der Studie zeigen in der Tat *keinen* charakteristischen Mittelklassestil des sozialen Lebens «wohlhabender» Arbeiter, sondern dokumentieren den entscheidenden Einfluß, den der Erwerb ihres Lebensstandards über manuelle Lohnarbeit auf ihr Leben außerhalb der Arbeit hat. Die Seltenheit, mit der die «wohlhabenden» Arbeiter in ihrer Freizeit Kontakte zu Angestellten haben, und die Intensität ihrer Beziehungen zu Verwandten beweisen die Fruchtbarkeit der mit dem Konzept der sozialen Klasse verbundenen Annahme einer internen Assoziation auf gleicher Klassenlage. Nach wie vor bildet die Organisation der Produktion, die Art der Arbeitskraft, die soziale Gruppen auf dem Markt anbieten, die Grundlage von kollektiven Differenzierungsprozessen in mehreren kumulierenden Dimensionen sozialer Ungleichheit – der Klassenbegriff erweist sich also auch gegenüber den «avanciertesten» Mitgliedern der Arbeiterschaft als erklärungskräftiges Konzept.

John H. Goldthorpe u. a.
Das Gemeinschaftsleben «wohlhabender» Arbeiter

Wie schon festgestellt wurde, stammte die Mehrzahl in unserem Sample von gutentlohnten Arbeitern nicht aus Luton. Sie waren in die Stadt während der letzten zwei Jahrzehnte auf der Suche nach höheren Löhnen und besseren Wohnungen zugewandert. Es ist auch schon darauf hingewiesen worden, daß mehr als die Hälfte heute in Gegenden wohnt, die nicht als typische Arbeiterviertel bezeichnet werden können. Dies hängt eng mit der Tatsache zusammen, daß ein etwa gleich großer Anteil (57 %) ein Eigenheim besitzt oder im Begriff ist, eines zu kaufen. Diese Tatsache ist vielleicht schon Hinweis genug, daß viele der Beteiligten an unserem Sample nicht an den «traditionellen» Formen des Gemeinschaftslebens unter städtischen Industriearbeitern und ihren Familien teilhaben, wie man es sich gerne vorstellt. Damit ist ein Milieu gemeint, das auf Stabilität hinsichtlich des Wohnorts und sozialer Homogenität beruht, in welcher Verwandtschaft und verschiedene Formen von Geselligkeit eine entscheidende Rolle spielen.

Was die Verwandtschaft angeht, so ergibt sich unsere Schlußfolgerung aus verschiedenen anderen Daten. Aufgrund ihrer hohen Mobilität wurde ein großer Anteil der Männer unseres Sample von ihrer Verwandtschaft örtlich getrennt, so daß ein täglicher Kontakt unmöglich wurde. Ebenso ging es in vielen Fällen ihren Frauen. Von denjenigen, deren Eltern noch lebten, konnten nur 13 % der Männer und 18 % der Frauen ihre Eltern in zehn Minuten Fußweg erreichen. Die Eltern von 56 % der Männer und 48 % der Frauen lebten völlig außerhalb Lutons und seiner Umgebung. Trennung von Geschwistern war weniger häufig, da diese oft ebenfalls nach Luton gekommen waren. Doch selbst so waren es nur 36 % der untersuchten Paare, deren Verwandtschaft (Eltern, Geschwister und Schwäger) in der Mehrzahl in Luton und Umgebung wohnten. Die übrigen teilten sich fast genau zur Hälfte in solche, deren Verwandte in der Mehrzahl im Umkreis von 50 Meilen um Luton lebten und solche, deren Verwandtschaft noch weiter entfernt war.

Kann man also voraussetzen, daß sich für viele der von uns befragten Paare der gesellschaftliche Umgang nicht mehr primär auf die Verwandtschaft stützte, dann erhebt sich die Frage, ob dies einherging mit der Annahme von anderen Formen des Gemeinschaftslebens, die mehr typisch Mittelklasse sind, und ob zugleich eine spürbare gesellschaftliche Vermischung mit Mittelklassen-Angehörigen stattgefunden hat. Denn wenn Verbürgerlichung eine wahrscheinliche Begleiterscheinung des steigenden Arbeiter-Lohnniveaus ist, dann muß man erwarten, daß Arbeiter nach der Gesellschaft und dem Lebensstil der Mittelklasse streben – zumal sie, vom hohen Lohneinkommen abgesehen, von den sozialen Kontrollen einer festgefügten Gemeinschaft der Arbeiterklasse und insbesondere auch vom wesentlich konservativen Einfluß der Großfamilie befreit sind. Die Befunde unserer Untersuchungen zu diesem Punkt sind noch nicht ganz analysiert und sind auch recht komplex.[1] Nichtsdestoweniger sind sie im allgemeinen klar genug, um erkennen zu lassen, daß die These von der Verbürgerlichung damit kaum Bestätigung findet, zumindest in der groben Formulierung, in der sie meistens vorgebracht wird.

Zunächst ist festzuhalten, daß trotz der räumlichen Distanz die Verwandtschaft im gesellschaftlichen Leben der untersuchten Paare noch immer eine sehr wichtige Rolle spielte. Wie zu erwarten, hatten diejenigen Paare, deren Verwandte in Luton und Umgebung wohnten (rund ein Drittel), mit diesen weit häufiger Kontakt als mit anderen vergleichbaren Gruppen wie Nachbarn, Arbeitskollegen oder anderen Freunden. Doch auch bei den übrigen zwei Dritteln, deren Verwandtschaft zumeist außerhalb Lutons wohnte, spielte diese durchaus eine gesellschaftliche Rolle. Wir fragten zum Beispiel die Personen unseres Sample nach den zwei oder drei Personen, mit denen sie, abgesehen von Ehegatten und Kindern, am häufigsten ihre Freizeit verbrachten. Bei den Paaren, die vom größten Teil ihrer Verwandtschaft getrennt lebten, wurde diese gleichwohl von 22 % genannt. Als wir die Frauen fragten, wen sie im Lauf der letzten Woche besucht und von wem sie Besuch erhalten hatten, nannte wiederum ein Fünftel Verwandte. Das läßt auf zweierlei schließen: Entweder wurden diejenigen Verwandten, die man in Luton hatte, besonders häufig besucht, oder man hielt auch über weite Entfernungen hinweg Kontakt mit nahen Verwandten. Natürlich kann auch beides der Fall gewesen sein.[2]

Jedoch ist das eigentlich Bezeichnende bei jenen Paaren, welche von ihrer Verwandtschaft getrennt sind, auf welche Weise diese Isolierung kompensiert wird. Der Platz der abwesenden Verwandtschaft wird, wie sich herausstellen sollte, primär nicht von Freunden aus der ganzen Stadt eingenommen, sondern von *Nachbarn* (als solche bezeichneten wir Leute, welche im Umkreis von zehn Minuten Fußweg leben). Auf die Frage zum Beispiel, mit wem die Freizeit zumeist verbracht werde, wurden Nachbarn zu 47 % genannt, andere Freunde nur jeweils zu 12 %.[3] Auf die Frage nach den

1 Anmerkung der Herausgeber: Es handelt sich bei dem vorliegenden Text um einen Auszug aus einem Aufsatz, den Goldthorpe u. a. 1967 unter der Bezeichnung «Vorläufige Forschungsergebnisse» veröffentlicht haben. Die endgültige Auswertung der Ergebnisse erschien zwei Jahre später in einer dreibändigen Ausgabe. Aus diesem Text stammt auch die hier mit abgedruckte Tabelle. Die Unterschiede zwischen einigen Prozentwerten der Tabelle und den im Text angegebenen Werten erklären sich aus der unvollständigen Analyse, die dem Text zugrunde liegt – sie stellen die Interpretation der Daten jedoch keineswegs in Frage.

2 Sogar im Falle jenes Drittels des Sample, dessen Verwandte in der Mehrzahl über 50 Meilen von Luton entfernt wohnen, blieb der Anteil dieser an den Personen mit denen man am häufigsten die Freizeit verbrachte, bei 22 %; unter den Besuchern der Ehefrauen waren gleichfalls 16 % verwandtschaftlich verbunden.

3 Die verbleibenden 19 % (nach Einschluß der 22 % Verwandten) bestanden aus gegenwärtigen oder ehemaligen Arbeitskollegen. Die Kategorie «Nachbar» schließt auch «Ex-Nachbarn» ein, d. h. Personen, die die Befragten erstmals kennengelernt hatten, als diese noch innerhalb 10 Minuten Fußweges von ihnen entfernt wohnten.

Besuchern und Besuchten der Frauen wurden wiederum zu 54 % Nachbarn genannt, andere Freunde nur zu 26 %. In diesem Zusammenhang ist ein Vergleich mit dem Angestellten-Sample interessant. Die Angestellten-Paare, im ganzen weniger mobil, waren in geringerem Grade von ihrer Verwandtschaft getrennt als das Sample der Arbeiter im ganzen. Und Verwandte waren auch deutlich ein wichtigeres Element in ihren Geselligkeitsformen als bei den Arbeitern, welche von zu Haus fortgezogen waren. Der interessanteste Unterschied zwischen den beiden Gruppen war jedoch, daß die Angestellten-Paare, obgleich sie den engeren Kontakt zu ihren Verwandten hatten,[4] auch weit mehr Kontakt mit Freunden hatten, welche nicht Nachbarn oder Arbeitskollegen waren. Von den Personen, mit denen die Angestellten-Paare ihre Freizeit verbrachten, waren 29 % Freunde dieser Art, 31 % bei den Besuchen der Ehefrauen.[5]

Dies läßt vermuten, daß bei den von uns untersuchten gutverdienenden Arbeitern Mittelklassen-Normen, zumindest vorläufig, einen sehr beschränkten Einfluß auf die Formen der Geselligkeit haben. In den Fällen, in denen die Verwandtschaft nicht die Grundlage für das gesellschaftliche Leben abgeben konnte, schienen sich diese Arbeiter und ihre Frauen um Hilfe und Gemeinschaft am ehesten an die nächst erreichbare Primärgruppe zu wenden, nämlich Menschen im selben Wohnviertel. Es war jedenfalls noch kein bezeichnender Zug ihrer Lebensweise, sich in größerem Umfang Freunde unter Leuten zu suchen, mit denen Beziehungen nicht schon weitgehend gegeben waren, wie es bei Verwandten und Nachbarn der Fall ist. Verglichen mit den Angestellten-Paaren fehlte es ihnen für diese Art gesellschaftlicher Übung sowohl an Anlaß wie an der nötigen Gewandtheit.[6]

Diese Interpretation wird durch einen weiteren Befund bestätigt. Es ist typisch für das gesellschaftliche Leben der Mittelklasse, daß sich Paare gegenseitig in ihre Wohnungen einladen. Wir fragten daher unsere Partner, wie oft sie andere Paare bei sich hätten und wer diese Leute seien. Dabei stellte sich heraus, daß die Arbeiter-Paare weit seltener zu sich einluden als die Angestellten und daß sie ihre Einladungen eher auf Verwandte beschränkten. Arbeitskollegen, Nachbarn und andere Freunde wurden weniger oft eingeladen als bei den Angestellten.[7] Mit anderen Worten, offen-

4 Zur Verwandtschaft gehörten sowohl 31 % der Personen, mit denen die Angestellten-Paare ihre Freizeit am häufigsten verbrachten, als auch 28 % der Besucher der Ehefrauen.

5 Dagegen bestanden 15 % bzw. 41 % aus Nachbarn. Die übrigen der von den Angestellten-Paaren als Freizeitgefährten erwähnten Personen waren Arbeitskollegen.

6 Hinsichtlich der von uns aufgestellten Vergleiche sowohl zwischen den Angestellten-Paaren und den Arbeiter-Paaren, die weithin von ihrer Verwandtschaft getrennt lebten, als auch zwischen der letzteren Gruppe und den anderen Arbeiter-Paaren muß betont werden, daß zwischen der faktischen Zahl der entweder als Freizeitgefährten oder als Besucher der Frauen erwähnten Personen keine großen Unterschiede auftraten. An eine «Substitution» durch Nachbarn (eher als durch andere Freunde) für die abwesende Verwandtschaft zu denken, erscheint deshalb als angemessen.

7 Die gestellten Fragen waren: «Was halten Sie davon, andere Paare etwa zum Essen oder so zum Abend einzuladen: Wie oft tun Sie dies im Durchschnitt?» Und dann «Wen laden Sie ein, Freunde, Verwandte oder wen?» 15 % des Arbeiter-Sample entgegen 7 % des Angestellten-Sample gaben an, niemals und 54 % entgegen 76 % einmal im Monat oder häufiger andere Paare einzuladen. Unter den

Tabelle 1
Soziale Kontakte in der Freizeit

	Arbeiterfamilien							Angestelltenfamilien						
	Verwandte	Nachbarn*	Arbeitskollegen**	Sonstige		Insgesamt erwähnt	Durchschnitt je Befragten/Ehepaar	Verwandte	Nachbarn	Arbeitskollegen	Sonstige		Insgesamt erwähnt	Durchschnitt je Befragten/Ehepaar
	Prozentsatz							Prozentsatz						
Personen, mit denen die Freizeit am häufigsten verbracht wird														
nur vom Ehemann angegeben	23	22	35	21	101	156	0,68	21	0	36	42	99	66	0,61
nur von der Ehefrau angegeben	34	51	10	6	101	218	0,95	22	34	19	25	100	32	0,59
von Ehemann und Ehefrau angegeben	37	33	16	14	100	263	1,15	38	18	19	26	101	85	1,57
insgesamt	32	37	19	13	101	637	2,78	31	17	23	29	100	150	2,78
Besuchskontakte der Ehefrauen	37	41	22		100	383	1,68	26	44	30		100	88	1,66
Nach Hause eingeladene Ehepaare	57	12	11	20	100	542	2,36	47	17	13	24	101	184	3,41

* Einschließlich früherer Nachbarn. Für die Zwecke unseres Interviews und in der folgenden Analyse wurden „Nachbarn" definiert als die Personen, die im Umkreis von zehn Minuten Fußweg wohnen.
** Einschließlich früherer Arbeitskollegen.

sichtlich hat der Geselligkeitsstil der Mittelklasse auf gutverdienende Arbeiter weniger Einfluß als die herkömmliche Ansicht des Arbeiters, daß die Wohnung ein Ort ist, der für Verwandtschaft und sehr gute Freunde reserviert zu bleiben hat.

Schließlich noch einige Beobachtungen darüber, inwieweit unsere finanziell gutgestellten Arbeiter und ihre Frauen sich tatsächlich in die «Mittelklassen-Gesellschaft» hineinbegeben hatten. Welche Rolle spielten Mittelklassen-Angehörige in ihrem gesellschaftlichen Leben? In diesem Zusammenhang ist die Interpretation unserer Befunde nicht besonders schwierig. Diese weisen ziemlich deutlich darauf hin, daß in hohem Maße eine Scheidung nach dem sozialen Status besteht. Um zum Beispiel zu unserer Frage zurückzukehren, mit wem man seine Freizeit verbringe, so stellte sich heraus, daß drei Viertel der Personen, mit denen Arbeiter umgingen, ebenfalls Arbeiter und ihre Frauen waren und daß nur 17 % einen entschieden höheren Berufsstatus besaßen. Von den letzteren waren ohnehin 29 % Verwandte. Man kann also sagen, daß – Verwandtschaft beiseitegelassen – mehr als zwei Drittel der Befragten unseres Sample ihren gesellschaftlichen Umgang völlig innerhalb ihrer eigenen Klasse finden und daß nur eine kleine Minorität – etwa sieben Prozent unseres Sample – vornehmlich die Gesellschaft von Mittelklassen-Angehörigen suchen.

Ein ähnliches Bild ergibt sich, wenn wir uns von den informellen Beziehungen abwenden und die Teilnahme an formalen Organisationen untersuchen. Unter unseren Arbeitern und ihren Frauen war die Teilnahme an solchen Organisationen nicht sehr häufig, jedenfalls erheblich seltener als in unserem Angestellten-Sample. Bei den Männern war die Zahl der Organisationen, denen sie zugehörten (ohne Gewerkschaften) im Durchschnitt 1,5, bei den Frauen sogar nur 0,5. Für unsere Zwecke war jedoch der Charakter dieser Organisationen aufschlußreicher. Entweder waren sie nach ihrer Mitgliederschaft ganz und gar Arbeitervereine – Arbeitermüttervereine, Angelclubs oder Lottogemeinschaften – oder, sofern sie nach sozialer Zusammensetzung gemischter waren, Organisationen mit weitgehend eindeutigem Zweck – Religion, Wohlfahrt, Sport – und oft auch einer deutlichen inneren Hierarchie. Unsere Paare nahmen auch kaum an Vereinigungen mit einigen Mittelklassen-Mitgliedern teil, die primär allgemeinen Geselligkeitszwecken dienten – etwa Trink- oder Freizeitgestaltungsclubs –, ebensowenig an Vereinigungen jeder Art, in denen Arbeiter und ihre Frauen nicht in einer großen Mehrheit waren.

Es gibt also, um zusammenzufassen, wenig Hinweise darauf, daß die von uns untersuchten Arbeiter sich auf dem Weg der Anpassung an die Mittelklasse befinden. Und in ihrer großen Mehrzahl haben sie auch kein Bedürfnis, den Mittelklassenstil nachzuahmen. Diejenigen Wandlungen im Mu-

---

von den Arbeitern eingeladenen Paaren waren 57 % verwandt verglichen mit 45 % im Falle der Angestellten.

ster des gesellschaftlichen Lebens unserer Männer und Frauen, die auf ihr hohes Lohnniveau zurückgeführt werden können, lassen sich nach unserem Befund weitgehend durch Bedingungen der beruflichen und örtlichen Mobilität erklären, oft auch durch die Zwänge, die Überstunden und Schichtarbeit auferlegen; das heißt, auf bestimmte objektive Bedingungen ihrer gegenwärtigen Existenz, mit denen sie als gutverdienende Arbeiter mit ihren Frauen fertigwerden müssen. Was das Gemeinschaftsleben angeht, so gibt es für die Hypothese, daß die Erreichung eines relativ hohen Lebensstandards durch diese Arbeiter mit plötzlichen Einstellungswandlungen und Status-Aspirationen zusammengehe, weder Erfordernis noch Begründung. Zudem läßt bei der kleinen Minderheit der Fälle, wo in bestimmtem Umfang ein Trend zur Verbürgerlichung sichtbar war, die Seltenheit dieser Fälle vermuten, daß außer dem hohen Lohneinkommen viele andere Faktoren eine Rolle spielen. Wir meinen zudem, daß die *Richtung* dieser Veränderungen nicht auf einen Mittelklassenstil, sondern vielmehr auf eine Art «privatisierte» Lebensweise zuläuft.[8] Entgegen der mehr auf Gemeinde und Verwandtschaft beruhenden Geselligkeit der traditionellen Arbeiterklasse scheint der charakteristische Lebensstil der von uns befragten Paare weit mehr auf das Heim und die unmittelbare Familie konzentriert zu sein; ein Lebensstil, in dem Verwandte und Nachbarn (obgleich noch immer relativ bedeutsam) in einer mehr selektiven und beschränkten Weise erscheinen, und in dem Freunde und Bekannte im Stil der Mittelklasse (noch) keine bedeutende Rolle spielen.[9]

8 Vgl. J. H. Goldthorpe und D. Lockwood, Affluence and the British Class Structure, Sociological Review, N. S. 11 (1963), S. 150–155.

9 Als Anzeichen für das Ausmaß an «Privatisierung» innerhalb des Sample könnte gelten, daß auf die Frage nach 2 oder 3 Menschen, mit denen man am häufigsten die Freizeit verbringt, 7 % der Paare noch nicht einmal eine und 21 % nur eine Person in diesem Zusammenhang nennen konnten. Die durchschnittliche Ziffer für Ehefrau und Ehemann gemeinsam lag unter drei. Auch hinsichtlich Besuchern und Besuchten der Frauen erscheint das Ausmaß an einbezogenen Personen viel geringer als das von Studien über den «traditionellen Arbeiter» berichtete Maß. Nur 3 % der Frauen waren nach ihrer Aussage während der zurückliegenden Woche mit mehr als 6 Personen und 51 % mit einer oder überhaupt keinem Menschen auf diese Weise zusammengekommen.

9. Organisation

Der «Sinn» einer sozialen Beziehung liegt in ihrem Beitrag zur Befriedigung menschlicher Bedürfnisse. So vielfältig die «Güter» sind, die im sozialen Leben der Menschen ausgetauscht werden, so lassen sich mit ihrer Hilfe doch zwei grundlegende Kategorien sozialer Beziehungen unterscheiden: solche, die um ihrer selbst willen aufgenommen werden, deren Lohn also in ihrem Bestehen als solchem liegt («intrinsische» Beziehungen, Blau), und solche, die ihren «Sinn» außerhalb ihrer selbst haben und einem ihnen äußerlichen Zweck dienen («extrinsische» Beziehungen). Beziehungen der ersten Art – Beispiele sind Liebe und Freundschaft – sind an die Teilnahme ganz bestimmter Personen gebunden. Extrinsische Beziehungen dagegen, deren Prototyp der formal ausgehandelte Vertrag darstellt, sind hinsichtlich der mit ihnen verbundenen Belohnungen «affektiv neutral» (Parsons): in ihnen sind nicht, wie bei affektiven Bindungen, die Personen der Beteiligten entscheidend, sondern deren Beitrag zu einem ihnen gegenüber unabhängigen Zweck.

Je nachdem, um welcher Belohnungen willen eine soziale Beziehung eingegangen wird, bestimmt sich der Charakter der in ihr übernommenen und zugemuteten Rollen. Wo Beziehungen affektiv neutral sind, wird die vorherrschende *Orientierung* des Rollenhandelns, wieder mit Parsons, *funktional spezifisch,* d. h. auf genau definierbare Zwecke gerichtet sein. Die dabei befolgten *Regeln* und *Normen,* weil ohne Berücksichtigung der beteiligten Personen formulierbar, können *universelle* Geltung für alle gleichartigen Situationen beanspruchen, und die Entscheidungen darüber, mit welchen Personen welche Beziehungen aufgenommen werden, ist allein davon abhängig, was diese zum jeweiligen Zweck *beitragen* können.

Der Unterschied zwischen affektiven und affektiv-neutralen Beziehungen, funktional diffusen und funktional spezifischen Handlungsorientierungen, partikularistischen und universalistischen Normen sowie Interaktion auf der Basis von «Sein» und auf der Basis von «Können» ist eines der ältesten Themen der theoretischen Soziologie. Parsons' vier «pattern variables» – die ihm zufolge vier Kontinua darstellen, auf denen jedes soziale System seinen Platz finden muß – resümieren eine lange Tradition soziologischen Denkens, deren Ursprung in frühen Versuchen liegt, den mit der Industrialisierung der europäischen Gesellschaften im 19. Jahrhundert verbundenen sozialen Strukturwandel in erklärungskräftige begriffliche Dichotomien zu fassen. Unterscheidungen wie die von Ferdinand Tönnies zwischen «Gemeinschaft» und «Gesellschaft» bezogen sich dabei vor allem auf den mit der zunehmenden Differenzierung der sozialen Struktur (von Marx wie von Durkheim als fortschreitende gesellschaftliche Arbeitsteilung beschrieben) einhergehenden Wandel im *Charakter der menschlichen Beziehungen.* Was bei Weber «Rationalisierung» und bei Marx «kapitalistische

Entwicklung» hieß, hatte gemeinsam, daß es mit einer sich ständig beschleunigenden Erweiterung jener gesellschaftlichen Bereiche verbunden war, in denen Handeln durch spezifische Zwecke und unpersönliche Kalküle anstatt durch Bindungen an bestimmte Personen gelenkt wurde[1] – d. h. mit einem Prozeß fortschreitender «Entpersönlichung» und «Erkaltung» der gesellschaftlichen Beziehungen, in dessen Folge, um Parsons' Reformulierung der klassischen Antinomien wieder aufzunehmen, soziales Handeln mehr und mehr affektiv-neutral, funktional spezifisch, universalistisch und leistungsorientiert wurde.[2] Die prototypische Verwirklichung eines unter der Herrschaft derartiger unpersönlicher Prinzipien stehenden, «modernen» Sozialsystems war für Marx der *Markt* und für Weber die *bürokratische Organisation.* Der Politischen Ökonomie bei Marx entspricht deshalb bei Weber die Soziologie komplexer Organisationen; während der eine die Zukunft des Kapitalismus durch die Gesetze des Marktes bestimmt sah, beschäftigte den anderen die historische Perspektive einer allmächtigen «Herrschaft der Bürokratie». Gemeinsam war beiden, daß für sie das Schicksal der modernen Gesellschaft und die Freiheitschancen ihrer Mitglieder davon abhingen, ob es den Menschen gelingen würde, die Kontrolle über ihre rapide gewachsenen unpersönlichen Handlungssysteme zurückzugewinnen.

Ungeachtet der Übereinstimmung zwischen den in ihnen vorherrschenden Handlungsorientierungen unterscheiden sich Markt und Organisation in einem zentralen Punkt: Während Märkte die Handlungen prinzipiell unabhängiger Akteure «nachträglich» zu einem ungeplanten Resultat kombinieren, sind Organisationen zweckvolle soziale Arrangements zur Steuerung und Koordinierung menschlichen Verhaltens. Entscheidend ist dabei, daß Organisationen sich zur Erfüllung ihrer Kontrollfunktionen auf formale, d. h. auf personenunabhängige Regeln stützen, die in ihnen an die Stelle persönlicher Mechanismen gegenseitiger Beeinflussung treten – daß also Freundschaft, Loyalität, Überzeugung usw. durch Kompetenzen, Hierarchien und formale Disziplin ersetzt oder mindestens überflüssig gemacht werden. Der Vorzug derartiger unpersönlicher Formen sozialer Kontrolle liegt vor allem in ihrer größeren *Effektivität.* Formale Regeln können das Verhalten einer beinah unbegrenzten Zahl von Menschen dauerhaft und bis in kleinste Details aufeinander abstimmen, während persönlicher Einfluß im allgemeinen nicht über kleine Gruppen und unmittelbare Interaktionssituationen hinausreicht. Darüber hinaus wird durch die Ersetzung persönlicher durch organisatorische Verhaltenskontrollen das Funktionieren der Organisation von allen für ihr spezifisches Ziel «irrelevanten», «subjektiven»

1 Vgl. die berühmte Stelle im «Kommunistischen Manifest»: «Die Bourgeoisie . . . hat alle feudalen, patriarchalischen, idyllischen Verhältnisse zerstört. Sie hat . . . kein anderes Band zwischen Mensch und Mensch übriggelassen, als das nackte Interesse, als die gefühllose ‹bare Zahlung›» (Marx/Engels, Werke, Bd. 4, S. 464.

2 Vgl. zu diesem Problem Einleitung und Text zum Stichwort «Sozialer Wandel».

Elementen entlastet und werden sämtliche vorhandenen Mittel ausschließlich auf den Organisationszweck konzentriert. Dies ist das Wesen von Rationalisierung. Die durch formale Organisationen repräsentierte Ablösung sozialer Beziehungen von den individuellen Besonderheiten der beteiligten Individuen – und zwar in diesem Fall nicht nur auf der Ebene der Theoriebildung, sondern in der sozialen Wirklichkeit selber! – steht also in engem Zusammenhang mit dem in komplexen Gesellschaften vorhandenen Bedürfnis nach effektiver Koordination des Zusammenwirkens großer Gruppen von Menschen in hochgradig arbeitsteiligen, differenzierten Systemen. Es ist dieses Bedürfnis, aus dem sich die Bedeutung formaler Organisationen in der modernen Gesellschaft erklärt.

In dem folgenden Text – einem Auszug aus Alvin W. Gouldners «Patterns of Industrial Bureaucracy» (1954) – wird am Beispiel eines amerikanischen Industriebetriebs der ausgehenden vierziger Jahre beschrieben, wie relativ personenorientierte Kontrollstrukturen unter dem Druck eines gewachsenen Bedürfnisses nach Effektivität unpersönlicher und «bürokratischer» werden. Der untersuchte Betrieb – einziger Industriebetrieb in einer ansonsten ländlichen, von Einwanderern bewohnten Gegend im Staat New York – hatte sich während des Weltkriegs unter dem Schutz einer staatlichen Absatzgarantie zu einer relativ wenig bürokratisierten Organisation mit erheblichen Rationalitäts- und Effektivitätsdefiziten entwickelt. Dabei war entstanden, was Gouldner als «indulgency pattern» bezeichnet und was eingehend zu Anfang des Textes dargestellt wird: eine soziale Struktur, in der persönliche Elemente eine große und formale Regeln eine nur geringe Rolle spielten. Gouldners Studie setzt ein mit dem Entschluß der Konzernleitung, angesichts des nach dem Krieg neueinsetzenden Wettbewerbsdrucks die Effektivität des Betriebes zu steigern. Formen und Folgen dieses Vorgangs, und insbesondere die mit ihm verbundenen Konflikte, hat Gouldner in zwei ausführlichen Fallstudien analysiert.[3]

Die zahlreichen Beispiele, mit denen Gouldner den Wandel des untersuchten Betriebes in Richtung auf zunehmende formale Organisierung dokumentiert, lassen sich auf die vier eingangs erwähnten Parsonschen «pattern variables» zurückbeziehen. So zeigt Gouldner zum Beispiel, wie innerhalb des Betriebes die Beziehungen zwischen den Arbeitern und ihren Vorgesetzten formeller und «kälter» wurden und außerhalb des Betriebs bestehende Freundschafts- und Verwandtschaftsverhältnisse an innerbetrieblicher Relevanz einbüßten (steigende «affektive Neutralität»). Die drastischen und ungewohnten Sanktionen der neuen Betriebsleitungen gegen Übertretungen formaler Regeln, unter Absehung von den individuellen Umständen und Bedürfnissen der Betroffenen, verweisen auf einen zunehmend «universalistischen» Charakter der Organisation, und die Auswahl-

3 Vgl. in diesem Band den aus Gouldners «Wildcat Strike» übernommenen Text zum Stichwort «Konflikt».

kriterien des neuen Personaldirektors – für den, anders als für seinen Vorgänger, Verwandtschaft mit einem anderen Beschäftigten als solche noch keine Empfehlung darstellt – gründen sich ausschließlich auf den «Beitrag» eines Individuums zur Organisation. Schließlich läßt Gouldners Schilderung eine wachsende «funktionale Spezifizität» des Betriebes erkennen: Die Grenzen gegenüber der umgebenden Gemeinde werden schärfer gezogen (vgl. die Abkehr von der Praxis, den Bauern ihre Maschinen zu reparieren), zwischen dem Eigentum der Firma und dem ihrer Mitglieder werden strengere Unterschiede gemacht usw. In allen vier Dimensionen sind, wie Gouldners Beobachtungen demonstrieren, steigende Formalisierung und Organisierung gleichbedeutend mit zunehmender Entpersonalisierung sozialer Beziehungen und mit der Ersetzung von Spontaneität durch rationale Disziplin. Die hiermit verbundenen Effektivitätsgewinne haben jedoch ihren Preis. Organisationen sind, wie der folgende Text deutlich macht, unpersönliche Kontrollsysteme; ihre Mitglieder aber sind *Personen* mit eigenen Zielen, Interessen und Wertvorstellungen. Der hierin angelegte, jeder formalen Organisation inhärente Konflikt – die «Dysfunktion» formaler Organisation – wird in Gouldners Studie nicht unterschlagen. Der folgende Text zeichnet sich deshalb nicht zuletzt dadurch aus, daß er die inneren Spannungen der untersuchten Strukturen, ihre Widersprüche und ihre Dynamik sichtbar werden läßt – ein Thema, an das wir im letzten Abschnitt dieses Bandes wieder anknüpfen werden.

Alvin W. Gouldner
Der neue Betriebsleiter und die soziale Struktur des Betriebs

1948 wurden eine Reihe von Veränderungen in der sozialen Organisation und Führung des Betriebes vorgenommen, die mit dem Austausch von kontrollierendem und leitendem Personal zusammenfielen. Die organisatorischen Neuerungen begannen kurz nach der Ankunft eines neuen Betriebsleiters, Vincent Peele, und wurden alsbald von einer Serie von Veränderungen im mittleren Management begleitet. Die meisten Arbeiter sahen einen Zusammenhang zwischen der zusehends unstabileren Situation und dem neuen Betriebsleiter. Insoweit Peeles Wirkung auf den Betrieb durch bislang geltende Gepflogenheiten und Einstellungen beeinflußt wurde, bedürfen diese einer näheren Betrachtung.

Was also dachten die Arbeiter über den Betrieb? Waren sie im großen und ganzen damit zufrieden oder nicht? Welche speziellen Merkmale des Betriebes wurden als angenehm oder als unangenehm empfunden? Und schließlich, welche Kriterien legten die Arbeiter ihrem Urteil zugrunde?

Das «Prinzip Großzügigkeit»

Bevor der neue Betriebsleiter sein Amt antrat, beurteilten die Arbeiter ihren Betrieb fast einmütig als «nachsichtig» und «nicht besonders streng». So meinte einer der Arbeiter:

«Ich arbeite ehrlich gerne hier. Ich hab schon an vielen Stellen gearbeitet, bevor ich hierher kam, Betriebe in allen Gegenden der Vereinigten Staaten, aber die Stelle hier ist wirklich Spitze. Es gibt einfach niemanden, der dich dauernd antreibt. Die Jungs da oben machen ihre Sache wirklich lässig. Das gibt es nicht, daß dauernd einer vorbeikommt und nachsieht, ob man auch am Arbeitsplatz ist, oder daß einer einem Arbeit aufhalst, damit er auch sicher sein kann, daß man nicht zu früh fertig wird. Deine freie Zeit gehört eben dir.»

«Sie sind nicht übergenau», sagt ein anderer, «du kannst später kommen, und wenn du einen Grund angibst, dann berücksichtigen sie das.»

Ein weiterer Arbeiter wird gefragt: «Was gibt es an Disziplinarregeln im Betrieb?»

«Oh, ich weiß nicht genau . . ., natürlich, Whisky und Bier sind nicht erlaubt, und solange wie es noch Arbeit gibt, wollen sie nicht, daß man herumlümmelt.»

«Kontrolliert der Vorarbeiter diese Anordnungen?»

«Nein, der kümmert sich solange überhaupt nicht darum, wie nicht einer längere Zeit wegbleibt, obwohl viel Arbeit anliegt.» [. . .]

Die «zweite Chance»

Die Arbeiter waren besonders darauf bedacht, die Bereitwilligkeit der Betriebsleitung zu loben, «einem noch einmal eine Chance zu geben». Ein Mechaniker erzählte uns:

«Aus diesem Betrieb wird nie einer gefeuert. Na ja, Bill (der Leiter der Plattenherstellung) hat in der ganzen Zeit, wo ich ihn kenne, mal einen gefeuert, der hat aber vorher drei oder vier Mahnungen bekommen. Das war ein mieser Preisboxer, der meist schon in der ersten Runde k. o. ging. Wenn er am nächsten Morgen kam, haben alle Kollegen ihn aufgezogen, das hat er nicht vertragen. Da hat er einem eins reingehauen. Aber er ist wirklich mehrmals gewarnt worden, bevor man ihn endgültig rauswarf.»

Die Firma wurde auch wegen ihrer Bereitschaft gerühmt, Männer wieder einzustellen, die gekündigt und woanders eine Arbeit angenommen hatten. Ein Arbeiter erinnerte sich an einen Mann, der «vor dem Kriege fünf Jahre lang bei General Gypsum gearbeitet hatte und dann zu Chevrolet ging. Sie waren aber trotzdem froh, als er zurückkam. [. . .]

Wechsel des Arbeitsplatzes

Ein weiteres, von vielen Arbeitern besonders geschätztes Charakteristikum des Betriebes war, daß man seinen Arbeitsplatz leicht wechseln konnte. Die Äußerung eines Grubenarbeiters steht stellvertretend für andere:

«Ich arbeite jetzt seit zwei Jahren hier. Bis auf Elektroarbeiten habe ich jetzt praktisch alles gemacht, was es in der Grube gibt.» [. . .]

Für einige Arbeiter bedeutete der problemlos mögliche Arbeitsplatzwechsel die Gelegenheit zum Kennenlernen verschiedener Arbeitsbereiche, bevor sie sich endgültig festlegten; für andere wiederum war es ein Weg, ihre Kenntnisse zu erweitern und dadurch ihre Chancen für einen Aufstieg und wirtschaftliche Sicherheit zu verbessern. Ein Wechsel des Arbeitsplatzes dürfte gerade Arbeitern ländlicher Herkunft besonders angenehm sein, denn die auf dem Land gängige Vorstellung von Können orientiert sich am Bild des Handwerkers, der alle Seiten seines Berufes kennt.

Gefälligkeitsarbeiten

Weitere Anhaltspunkte für das, was die Arbeiter unter Nachsichtigkeit verstehen, finden wir in Hinweisen auf die Hilfe der Firma, bei privaten Reparaturen oder auf die Möglichkeiten der persönlichen Nutzung von Material und Maschinen.

«Wenn wir wollen, können wir Nägel und Holz aus dem Lager bekommen», sagt ein Elektriker. «Wenn einer der Kollegen seinen Tisch wieder in

Ordnung machen lassen will, bringt er ihn in die Werkstatt, und wenn ein Kollege mal eine Minute Zeit übrig hat, setzt er ihn während der Arbeitszeit wieder instand.»

Ein Gewerkschaftsfunktionär und Mechaniker bemerkte: «Es gibt eine Regel, daß jemand, der Glas, Blech, Nägel, Schrauben oder Holz mit nach Hause nehmen möchte, sich nur von seinem Vorarbeiter eine Bescheinigung geben lassen muß, und der Pförtner oder der Chef verlieren darüber kein weiteres Wort. Sie (die Betriebsleitung) wissen genau, daß der Vorarbeiter klug genug ist, nicht zuviel herauszugeben, nur gerade soviel, daß er einem Kollegen aushelfen kann. Genauso geht das z. B. mit den Bauern in der Gegend hier. Die meckern nicht über den Qualm oder Rauch, aber wenn irgendwelche Schweißarbeiten an ihren Geräten anfallen, bringen sie die vorbei, und die Firma macht es dann. Die Firma ist in vielen Dingen so.»

Nicht nur Rohmaterialien wurden den Arbeitern zur Verfügung gestellt, sondern sie erhielten auch kostenlos größere Mengen Gipsplatten – das Endprodukt des Betriebes.

Flexible Anwendung von Vorschriften

Bis zu Peeles Ankunft gab es vergleichsweise wenig Vorschriften im Betrieb, und noch weniger wurden streng durchgesetzt. Der Vorsitzende der betrieblichen Gewerkschaftsorganisation erklärte z. B.: «Laut Gesetz hat man angeblich einen Anspruch auf eine Mittagspause von 20 Minuten. Bei uns gibt es jedoch keine geregelte Mittagspause für die Männer der beiden Schichten; sie essen dann, wenn sie können. Aber es spielt keine Rolle, ob sie 5 Minuten mehr oder weniger dazu brauchen.» [. . .]

Ebenso wurden Arbeitsbeginn und -schlußzeiten in der Firma flexibel gehandhabt. Die Arbeiter konnten etwas früher stechen, um Überstunden anzusammeln; umgekehrt durften sie auch früher gehen, wenn sie abends etwas Besonderes zu tun hatten. [. . .]

Kriterien für Nachsichtigkeit

Welche speziellen Merkmale werden in den oben betrachteten Beispielen als «anständig» oder «nachsichtig» gekennzeichnet? [. . .] Wenn Arbeitern etwas gegeben wird, was ihnen ihrer Meinung nach ohnehin rechtens zusteht, sprechen sie nicht von Nachsichtigkeit. Statt dessen behält man sich dieses anerkennende Urteil für den Fall vor, daß die Betriebsleitung etwas gibt, wozu sie nicht verpflichtet wäre, bzw. daß sie bereit ist, etwas abzutreten, auf das die Arbeiter keinen zwingenden Anspruch erheben können.

Zum Beispiel wäre die Betriebsleitung gesetzlich dazu berechtigt, die Arbeiter während jeder bezahlten Minute voll auszulasten. Die Betriebsleitung verzichtete jedoch auf eine Durchsetzung dieses Rechts. [. . .]

Weil die Betriebsleitung nicht angestrengt darauf aus war, für jede Leistung einen Ertrag, für jede Ausgabe einen Gewinn zu erzielen, wurde ihr von den Arbeitern eine «anständige Einstellung» zuerkannt. Diese Haltung der Firmenleitung ermöglichte es den Arbeitern, sich «als Mensch» behandelt zu fühlen. [. . .]

Die Rolle der Betriebsleitung enthält in den Augen der Arbeiter keine Verpflichtung zu Nachsichtigkeit. Das Urteil «nachsichtig» wird von Arbeitern dann abgegeben, wenn die Vorgesetzten ihre Rolle in ihrer Ausführung dadurch abschwächen, daß sie Verpflichtungen berücksichtigen, die in anderen sozialen Beziehungen wichtig wären. Wenn etwa die Arbeiter die Betriebsleitung dafür lobten, daß sie ihnen erlaubte, firmeneigenes Werkzeug oder Material zum persönlichen Gebrauch mitzunehmen, oder daß sie denen eine zweite Chance gab, die schon einmal die Betriebsregeln verletzt hatten, so legten sie Kriterien zugrunde, die legitimerweise auf freundschaftliche oder nachbarschaftliche Beziehungen, nicht auf geschäftliche oder industrielle Zusammenhänge anwendbar sind. [. . .]

Der Wendepunkt: Der Auftritt des Nachfolgers

Das «Prinzip Großzügigkeit» war für den Betrieb bis zum Erscheinen des neuen Betriebsleiters Vincent Peele kennzeichnend. Fast unmittelbar nach seiner Ankunft führte Peele einige Änderungen ein, die dieses Prinzip drastisch störten. Diese Veränderungen werden im folgenden Abschnitt untersucht; danach soll dann eine Erklärung für Peeles Verhalten vorgeschlagen werden.

Der Fall MacIntosh

Bald nachdem Peele sein Amt angetreten hatte, entließ er William MacIntosh, der ungefähr zwölf Jahre im Betrieb gearbeitet hatte. Die formale Begründung für die Entlassung war, daß MacIntosh eine ganze Kiste Dynamit aus der Grube mitgenommen hatte. Um sich zu verteidigen, entgegnete MacIntosh, daß er das Dynamit mit dem Einverständnis eines Grubenvorarbeiters, Mike Sigfried, mitgenommen habe. Sigfried bestritt jedoch, diese Erlaubnis gegeben oder überhaupt von der ganzen Angelegenheit gewußt zu haben. Als der Fall vor einen Schiedsmann kam, bestand Peele darauf, daß die Entlassung von MacIntosh auch dann gerechtfertigt wäre, wenn er von Sigfried die Erlaubnis zur Mitnahme des Dynamits gehabt hätte. Es gebe eben gewisse Dinge, die nicht im Machtbereich eines Vorarbeiters lägen, betonte Peele, und eines davon sei das Verschenken von Firmeneigentum. [. . .]

Im Lichte der folgenden Maßnahmen Peeles kann MacIntoshs Entlassung wegen Ausnutzung eines Gewohnheitsrechtes als Eröffnung eines Angriffs des neuen Betriebsleiters auf das «Prinzip Großzügigkeit» gewertet werden. [. . .] Peeles Erklärungen beim Schiedsverfahren machten deutlich, daß diese informellen Regelungen unerlaubt seien, daß er ihre Respektierung durch die Vorarbeiter nicht länger zu erlauben gedenke und daß sich die Beziehungen zwischen Vorarbeitern und Arbeitern in Zukunft nach den formellen Betriebsregeln zu richten hätten. Durch die Bestrafung MacIntoshs für die Ausnutzung seiner informellen Privilegien, statuierte Peele ein Exempel, eine Vorwarnung an andere Arbeiter, was sie zu erwarten hätten, wenn sie weiterhin an den alten informellen Gewohnheiten festhalten sollten. [. . .]

Der Fall Day

Einige Monate später wurde der alte Leiter des Ressorts «Personal und Sicherheit», Bill Day, degradiert und in seine frühere Stellung als Vorarbeiter im Probenraum zurückversetzt. Ein neuer Personalchef, Jack Digger, wurde «von außen» geholt. Es war schwierig, die Gründe für Days Versetzung herauszufinden; Day selbst hatte keine Erklärung erhalten. In einem Gespräch mit einem Interviewer ging er von sich aus auf die Frage ein:

«Sie möchten wissen, warum ich versetzt worden bin? Nun, ich kann Ihnen den Grund auch nicht sagen. Es passierte über Nacht . . . Ich hatte überhaupt keinen Grund anzunehmen, daß ich versetzt würde. Ich habe bei Vincent nachgefragt. Ich habe gesagt, man möchte schließlich über solche Dinge Bescheid wissen . . . Aber er kam nur zu mir hoch und sagte: ‹Bill, Sie wissen, es werden hier einige Veränderungen eintreten, und ich möchte Sie wieder auf Ihrem Posten als Vorarbeiter im Probenraum haben.›»

Das «Geheimnis» um Days Degradierung wurde nie ganz aufgeklärt. Allerdings, so schwierig die Gründe für Days Versetzung auch aufzuzeigen sind, ihre organisatorischen Folgen sind es nicht. Diese Folgen können am besten durch eine Gegenüberstellung des früheren Personalchefs mit seinem Nachfolger, Digger, herausgearbeitet werden.

Zunächst ist festzustellen, daß Digger die höhere Schule absolviert und ein Jahr an einer juristischen Ausbildung teilgenommen hatte. Day jedoch hatte kaum mehr als seinen Volksschulabschluß. Er war auf einem Bauernhof aufgewachsen und war, wie er es ausdrückte, von Natur aus und in seiner Arbeitsweise konservativ. Wenn seine nächsten Mitarbeiter ihn richtig beurteilten, hatte er «Papierkrieg» nie gemocht. Seinen Kollegen zufolge betrachtete er «alles, was geschah, als eine Ausnahme von der Regel». Digger jedoch hatte Spaß an Schreibtischarbeit. Er forderte ein sorgfältiges Ausfüllen von Bewerbungsformularen und verlangte die Angabe von Einzelheiten, über die Day gewöhnlich hinweggesehen hatte.

Während Day seine Aufgabe als Leiter des Sicherheitsressorts «leger» handhabte, wagte sich Digger, ohne zu zögern, selbst in die entferntesten Winkel der Grube, um seinem Auftrag gerecht zu werden. Insgesamt war Day ein Arbeiter unter Arbeitern, der leicht und ohne Umstände mit seinen Untergebenen in Verbindung kam. Digger dagegen war vom Scheitel bis zur Sohle ein Vorgesetzter. [. . .]

Selbst in der Art, sich zu kleiden, bildeten Day und Digger einen sichtbaren Gegensatz: Day hatte gewöhnlich alte, geflickte Arbeitskleidung an, während Digger sportliche, weite Hosen und ein kariertes Jackett oder G.I.-Arbeitsanzüge trug, die ihm eine saubere, militärische Erscheinung verliehen.

Kurz nach seiner Versetzung bekam Day einen «nervösen Magen» und kam nicht mehr in den Betrieb zurück. [. . .]

Zweifellos ist hier nur ein einseitiges Bild von Digger gegeben worden. Er besaß viele lobenswerte Eigenschaften, einschließlich eines gewinnenden Lächelns; seine Tüchtigkeit und Zuverlässigkeit der Firma gegenüber standen außer Frage. Aber es war nicht beabsichtigt, ein vollständiges Porträt zu zeichnen. Es sind nur die für die Untersuchung relevanten Gesichtspunkte in Betracht gezogen worden, und in diesem begrenzten Zusammenhang liegt die Bedeutung von Days Degradierung auf der Hand: Jemand mit College-Bildung, autoritätsbewußt, an formellen Regeln orientiert, trat an die Stelle eines wenig von Vorschriften haltenden, «nachsichtigen» Mannes, der nicht viel Geschmack an «Papierkrieg» hatte. Die nicht weiter begründete, unpersönliche Zurückstufung von Day brachte zum Ausdruck, daß die Zeiten der «zweiten Chance» und der flexiblen Anwendung von Vorschriften vorbei waren und daß eine neue Ordnung entstand, in der das «Prinzip Großzügigkeit» keine Rolle mehr spielte.

Der Personalchef

Der Austausch des Personalchefs kündigte weitere Änderungen in der Führung des Betriebs an: Durch seinen Einfluß auf Neueinstellungen hatte der Personalchef eine entscheidende Position. In seiner Person bündeln sich komplexe soziale Kräfte, die sich in den «Maßstäben der Personalauswahl» ausdrücken. Diese Maßstäbe sind nie rein technischer Art, sondern schließen auch immer gewisse nichtoffizielle Werte ein, die sich auf den sozialen und psychologischen Charakter des Bewerbers beziehen. Sowohl die formellen als auch die informellen Kriterien können, da sie eine Art Weichenfunktion haben, die sozialen Merkmale des Betriebspersonals und das Funktionieren des Betriebes grundlegend beeinflussen.

Welche informellen Auswahlkriterien hatte Bill Day, welche sozialen Auswirkungen hatten sie auf den Betrieb, und wie unterschieden sie sich von denen seines Nachfolgers, Jack Digger? Wir können Day für sich selbst sprechen lassen. Auf die Frage: «Gibt es irgendeinen bestimmten Typ, den

Sie bei der Einstellung bevorzugen?», antwortete er:

«Ja, sicher. Ich würde immer jemand vom Bauernhof einem Städter vorziehen, und ich kann Ihnen sagen, warum. In einem Farmerjungen ist von vornherein ein Wille zum Arbeiten vorhanden, wie man ihn bei einem aus der Stadt niemals finden wird. Wenn ein Bursche auf dem Bauernhof aufwächst, lernt er eine Menge über seine Arbeit, z. B. wenn er sieht, wie die Ernte eingebracht wird, und er ist stolz, wenn er merkt, daß sich die Mühe beim Säen und Düngen schließlich ausgezahlt hat. Wenn man sowas von Jugend an lernt, hat man etwas, ein Verhältnis zur Arbeit, das ein Städter nie erreichen kann. Na ja, ich will damit nicht sagen, daß er sie nie erreichen kann, aber ein Städter hat einfach keine Gelegenheit dazu.» [. . .]

Days Kriterien der Personalauswahl bedeuteten, daß Leute aus den umliegenden Gemeinden, insbesondere Bauern, die an traditionellen Werten festhielten und deshalb in ihrer Gemeinde geachtet wurden, eher eingestellt wurden: «Stadtmenschen» betrachtete man mit Mißtrauen. Die eingewurzelten Werte dagegen, insbesondere ihre Betonung von Verwandtschaftsbeziehungen, waren in Days Kriterien der Personalauswahl eingegangen.

Unter anderem aus diesem Grund bestand der Betrieb aus lauter Verwandten und Freunden. So zeigte schon eine bloße Durchsicht der Namensliste einen auffallend großen Anteil gleicher Familiennamen. Legt man allein die Anzahl gleicher Namen zugrunde, waren mindestens 84 Arbeiter des Betriebes miteinander verwandt. Die Kommentare der Arbeiter bestätigten die Häufigkeit familiärer Bindungen unter den Beschäftigten. Ein Lastwagenfahrer sagte z. B.: «Es gibt hier viele Väter und Söhne oder Brüder. Manchmal arbeiten hier drei oder vier aus einer Familie.» Kurzum, der Betrieb war von einem dichten Netz verwandtschaftlicher Beziehungen durchzogen. Das ist wichtig zu wissen, um die vor dem Eintritt des neuen Betriebsleiters vorherrschenden sozialen Beziehungen zu verstehen. Denn man kann sich seinen Verwandten oder auch seinen Freunden gegenüber nicht einfach unpersönlich und streng nach Vorschrift verhalten. Wie z. B. ein Vorarbeiter im Preßwerk erklärte: «Man kann die Männer nicht sehr hart anfassen, wenn sie deine Nachbarn sind. Viele von den Leuten sind zusammen aufgewachsen.» Die Häufigkeit familiärer Beziehungen und alter Freundschaften, die häufig quer zur Hierarchie des Betriebes lagen, unterstützten so das «Prinzip Großzügigkeit».

Days Auswahlkriterien sollen mit denen von Digger verglichen werden, den wir fragten: «Abgesehen vom Können, welche Eigenschaften sollte ein Arbeiter haben, den Sie einstellen würden?»

«Initiative. Ich sage einem Arbeiter: ‹Geh ran, steig auf, versuch meine oder Peeles Position zu bekommen.› Ich zeige ihm etwas, wonach er sich strecken kann. Er muß denken und seinen Kopf gebrauchen. Alles hängt von ihm selber ab. Erfolg und Aufstieg liegen bei ihm. Lernen hat noch nie jemandem geschadet.»

«Welche Grundsätze verfolgen Sie in bezug auf Einstellung von Verwandten?»

«Ich bin nicht voreingenommen. Jeder wird gleich behandelt. Verwandtschaftliche Beziehungen nützen nichts. Alles in allem gibt es da keine festen Regeln.»

Diggers Auswahlkriterien, sein «Sieh zu, daß was aus dir wird», seine «unvoreingenommene» Stellung gegenüber verwandtschaftlichen Beziehungen waren unpersönlich und wettbewerbsorientiert. Aus diesem Grund mußten sie die dem «Prinzip Großzügigkeit» zugrunde liegende freundschaftliche Solidarität unterhöhlen.

Die Auflösung des «Prinzips Großzügigkeit»

[. . .] Unter den erwähnenswerten Innovationen, die Peele einführte, befand sich auch ein Formblatt mit der Überschrift «Verwarnungsbescheid». Darauf waren das Datum sowie der Name, Abteilung und Kontrollnummer des Arbeiters einzutragen, der sich pflichtwidrig verhalten hatte. Darunter war gedruckt:

«Dieser Bescheid bekräftigt nochmals unser heutiges Gespräch, in dem Sie auf folgendes aufmerksam gemacht wurden: . . .» Dem folgte eine vorgedruckte Liste möglicher Verstöße, die die folgenden Punkte enthielt: Fehlerhafte Arbeit, Unpünktlichkeit, Nichterscheinen, Ungehorsam, mangelnde Sorgfalt, Alkoholgenuß, Vernachlässigung von Sicherheitsvorkehrungen, Spielen während der Arbeitszeit, Besitz von alkoholischen Getränken, anderes. Der Zeitpunkt des Verstoßes, das Ausstellungsdatum des Verwarnungsbescheides und seine Begründung wurden ebenso festgehalten. Erforderlich waren die Unterschrift des Vorarbeiters und des Betriebsleiters, und schließlich wurde auch noch der Arbeiter zur Bestätigung des Erhalts um seine Unterschrift gebeten. Dadurch wurden Disziplinarmaßnahmen in viel größerem Umfang formalisiert, als es in der Vergangenheit der Fall gewesen war.

Seine besondere Aufmerksamkeit widmete der Betriebsleiter der strikten Einhaltung des Abwesenheitsverbots. Was früher kaum als ernstlicher Verstoß betrachtet wurde, wurde nun zu einer wichtigen Angelegenheit im Betrieb. Überall in der Fabrik wurden Anschläge angebracht, die denen, die ohne triftige Entschuldigung «blau gemacht» hatten, mit vorübergehender Entlassung für dieselbe Anzahl von Tagen drohten, die sie versäumt hatten. Außerdem traten neue Bestimmungen über Arbeitsbeginn und -schluß in Kraft. Früher konnten die Arbeiter die Arbeitsstelle vorzeitig verlassen, wenn jemand für sie einsprang, andere konnten früher anfangen und so bezahlte Überstunden machen. Das wurde nun durch eine starre Regelung unterbunden, und damit war ein weiteres Privileg aus der Vergangenheit verlorengegangen. [. . .]

Jeweils für sich genommen mögen diese verschiedenen Veränderungen unbedeutend erscheinen. Ob sie belanglos oder schwerwiegend sind, wird aber durch die Perspektive entschieden, aus der sie gesehen werden. Für die an Großzügigkeit gewöhnten Arbeiter waren sie ein Anlaß heftiger Unzufriedenheit. In ihrer Gesamtheit nämlich bewirkten die beschriebenen Ereignisse zweifellos die Zerstörung des «Prinzips Großzügigkeit». Sie bedeuteten eine zunehmende Einschränkung der Arbeiter, strengere Kontrolle und weniger «Freizeit», die Streichung von Gefälligkeitsarbeiten und gegenseitigen Begünstigungen, größer werdende soziale Distanz zwischen der Betriebsleitung und den Arbeitern und schließlich eine rigidere Durchsetzung der Betriebsordnung.

Wenn wir anstatt nach dem, was *beseitigt* wurde, danach fragen, was neu *eingeführt* wurde, so können die beschriebenen Veränderungen als Zeichen zunehmender *Bürokratisierung* angesehen werden. Auch wenn die Arbeiter es nicht so nannten, so stimmen doch die geschilderten Innovationen mit den von Max Weber und anderen dargestellten Merkmalen und Grundzügen von Bürokratisierung überein. Formelle Regeln, die bislang ignoriert worden waren, wurden wieder in Kraft gesetzt, und neue wurden eingeführt, um die alten zu stützen und zu ergänzen. Die Betonung von Hierarchie und Status zerriß die alten, informellen Bindungen. Die Unterschiede zwischen Privat- und Firmeneigentum, zwischen Arbeitszeit und privater Zeit wurden zunehmend schärfer. Eine kühle, unpersönliche «Atmosphäre» faßte langsam Fuß im Betrieb. [. . .]

Führungswechsel und das Problem der Bürokratisierung

Mit der Beförderung Peeles zum Betriebsleiter verstärkte sich das Wachstum der bürokratischen Organisation. Wie läßt sich das erklären?

Zur ersten Annäherung, wenngleich keinesfalls zur vollständigen Beantwortung, ist es sinnvoll, Peele als Inhaber einer bestimmten Rolle – der des «Nachfolgers» – zu betrachten. Anstatt mit einer Untersuchung von Peeles Persönlichkeit soll damit begonnen werden, die sich aus seiner Rolle ergebenden Zwänge und Probleme herauszuarbeiten. Peeles Charakterzüge sollen nur insoweit berücksichtigt werden, als sie in Zusammenhang mit soziologisch interessanten Gegebenheiten stehen. [. . .]

Vorstellungen und Eindrücke des Nachfolgers

Bevor man Peele die Leitung des Oscar-Center-Betriebs übertrug, wurde er zu einer Einweisung in die Zentrale gerufen. Die Direktion unterrichtete Peele über die Fehler seines Vorgängers und brachte zum Ausdruck, daß der Betrieb seit einiger Zeit schlampig gehandhabt würde. Sie gaben zu verstehen, daß der «alte Doug», der kürzlich gestorbene frühere Leiter, mit fortschreitendem Alter zu nachsichtig geworden sei und daß von ihm, Peele, eine Verbesserung der Produktion erwartet werde.

Peele drückte sich so aus: «Doug trieb den Laden nicht genug an. Ich mußte ein Auge darauf haben. Doug war mit einer bestimmten Produktionsmenge zufrieden. Aber die Gesellschaft gab mir Anweisung, die Produktion zu steigern.» Dadurch, daß er der «Nachfolger» eines anderen war, war Peele in seiner spezifischen Position im Sozialgefüge des Betriebs zumindest ein Neuling. Er kam schließlich «von draußen», und der gesamte Betrieb war neu für ihn. Da er noch keinerlei Freundschaftsbeziehungen zu Personen in seinem neuen Betrieb hatte, war er um so mehr ein Fremder unter Fremden. Deshalb war es für ihn möglich, die Situation des Betriebs vergleichsweise nüchtern zu betrachten, und es fiel ihm leichter, seine Vorstellungen in die Praxis umzusetzen.

Unbehindert durch Bindungen an das im Betrieb herrschende informelle Einvernehmen, konnte der Nachfolger seiner Neigung zu rationellem, effizienzorientiertem Verhalten um so nachdrücklicher Raum geben. Bevor Peele überhaupt den Betrieb betrat, wußte er schon, daß einige Dinge dort «korrigiert» werden mußten. Er begann den Betrieb als veränderungsbedürftig anzusehen – veränderungsbedürftig in Richtung auf die effektivitätsorientierten Werte der Direktion –, und er begann nach und nach, Strategien zu entwickeln, um die erforderlichen Veränderungen herbeizuführen.

Wenn ein Nachfolger antritt und versucht, Teil seines Betriebs zu werden, so hat er ein weiteres Problem: Als neuer Manager sieht er sich einem Nachlaß von Versprechungen und Verpflichtungen gegenüber, die sein Vorgänger nicht mehr erfüllen konnte. Zum Beispiel gab ein Mechaniker auf die Frage nach seinen Aussichten, Vorarbeiter zu werden, die unzufriedene Antwort: «Ich weiß nicht, welche Chancen ich hier habe. Ich bin beim letztenmal nicht gefragt worden. Aber als Doug hier war, hat er mich gefragt, und ich habe ihm gesagt, ich würde es wirklich gern werden und es zu schätzen wissen. Er hat mich gefragt, aber dann ist er gestorben, und wir haben diesen neuen Mann, Herrn Peele, bekommen.»

Der Nachfolger entdeckt, daß sein Vorgänger eine Truppe alter Mitarbeiter zurückgelassen hat, die ihm persönlich eng verbunden waren. Wenn diese glauben, daß der Nachfolger – aus Unwissenheit oder Vorsatz – alte Verpflichtungen nicht einlöst und ihre informellen Privilegien nicht beachtet, beginnen sie Widerstand zu leisten. Da sie oft strategisch wichtige Positionen haben, ist es ihnen – sofern sie wollen – auch möglich, dem neuen Betriebsleiter gründlich zu schaden. [. . .]

Der Widerstand der alten Mitarbeiter wird durch den der Belegschaft ergänzt, wenn die neuen Maßnahmen des Nachfolgers in Kraft treten. [. . .]

Durch seine Einweisung in der Zentrale beeinflußt, beurteilte der Nachfolger einige der etablierten Privilegien der Arbeiter von vornherein als effizienzmindernd. Darüber hinaus neigte er dazu, eine Lösung für betriebliche Probleme von der Zentrale zu erwarten. Dort erkannte man, daß Peeles Abhängigkeit und sein zögerndes Verhalten sich in gewissem Sinne aus seinem Status als Nachfolger ergaben. So sagte einer von ihnen: «Ein neuer Betriebsleiter neigt zu stärkerer Anlehnung an die Zentrale als ein erfahrener Mann.» Aus diesen Gründen bezweifelten die Arbeiter Peeles Legitimität.

Da menschliche Beziehungen in dem Maße stabil sind, in dem jede Seite ihr Verhalten nach den Erwartungen der anderen richtet und von deren Reaktion belohnt wird, ist klar, daß der Führungswechsel die Stabilität der Beziehungen zwischen Arbeitern und Betriebsleitung in ihren Grundfesten erschüttern mußte. Da der neue Betriebsleiter ganz auf die Erwartungen des Spitzenmanagements eingestellt war, berücksichtigte er die Erwartungen der Arbeiter seines Betriebes nur wenig. Weil er vor allem die Zustimmung der Zentrale suchte, verringerten sich die Möglichkeiten der Arbeiter, ihn zu «kontrollieren» und ihre Beziehungen zu ihm zu beeinflussen. Wenn daher der Nachfolger die Zustimmung der Arbeiter nicht als «gültige Währung» anerkannte, mußten sie, um ihre Forderungen – d. h. die Wiederherstellung des «Prinzips Großzügigkeit» – durchzusetzen, eine härtere Münze prägen: Ablehnung und Widerstand.

Ein verbreitetes Merkmal für den Grad und die Ursache des Widerstandes von Arbeitern gegenüber einem neuen Betriebsleiter ist das Vorherrschen von etwas, das man den «Rebecca Mythos» nennen könnte. Vor einigen Jahren schrieb Daphne DuMaurier einen Roman über eine junge Frau, die einen Witwer geheiratet hatte und von diesem ständig mit Erinnerungen an seine erste Frau Rebecca gequält wurde, deren Tugenden ständig weit und breit gepriesen wurden. Man kann annehmen, daß ein ehemaliger Betriebsleiter häufig von den Arbeitern in einem gewissen Maße idealisiert wird, selbst dann, wenn er zu seiner Zeit nicht beliebt war. [. . .]

Fast bis auf den letzten Mann waren die Arbeiter des Betriebs von einer Verklärung der Vergangenheit befangen. Man schwelgte in Geschichten, in denen die Unterschiede zwischen beiden Betriebsleitern, die Nachsichtigkeit Dougs und die Strenge Peeles, dargestellt wurden.[1] Eine Geschichte schilderte die unterschiedliche Art, das Abwesenheitsproblem zu behandeln. Mit den Worten eines Arbeiters: «Unter anderem greift Vincent hart ein, wenn

1 In einem anderen Zusammenhang haben die Lynds dieses Phänomen beschrieben. «In Middletown beschwört man gewöhnlich die alten Führer, wenn die neuen den ‹sicheren und bewährten Mittelweg› zu verlassen drohen» (Robert S. Lynd und Helen M. Lynd, Middletown in Transition, New York 1937).

jemand von der Arbeitsstelle fernbleibt. In diesem Punkt geht er stur nach der Regel. Für gewöhnlich nahmen sich nach dem Zahltag ein paar Leute mal für einen Tag oder so frei, meistens bei den Bergleuten. Aber Vincent erlaubt das nicht mehr. Doug ging dann zu den Leuten hin und holte sie. Es war richtig lustig. Wenn einer oder mehrere nicht da waren, hat der Vorarbeiter Doug Bescheid gesagt. Der sprang dann in seinen Wagen, fuhr zu ihnen nach Haus und sagte den Männern, daß er sie brauchte. Und in neun von zehn Fällen brachte er sie mit. Vincent duldet das nicht und hat zu verstehen gegeben, daß in schweren Fällen eine formelle Verwarnung ausgesprochen wird.» [. . .]

Peeles unpersönliche Art wurde weithin als unangemessen empfunden. Ein Elektriker stellte es so dar: «Als Doug hier war, waren wir eine große glückliche Familie. Peele besteht nur aus Geschäft.» Ein Wagenführer aus der Grube fügte hinzu: «Doug ging mit seinen Leuten vertraulicher um. Peele ist da schon etwas strenger.» Mit anderen Worten, Peeles Abkehr von informellen Beziehungen mit den Arbeitern wurde von ihnen als Verlust erfahren. [. . .]

Eine Liste von Dougs Tugenden sieht folgendermaßen aus: Er hat nicht herumgeschnüffelt, er leitete den Betrieb über Telefon, er gab den Arbeitern kostenlos Platten, hatte mit allen freundlichen und persönlichen Umgang, bestrafte niemand für Abwesenheit. Am meisten wurde er vermutlich geschätzt, weil er wußte, wie man mit «den Herrn aus der Zentrale» umgeht. Die Männer wußten, daß er öfter mit dem Direktor der Gesellschaft «auf Tour» ging. Sie vergnügten sich an Geschichten darüber, daß er manchmal seine Schwerhörigkeit als Schutz benutzte, indem er vorgab, ihm unliebsame Anweisungen nicht verstanden zu haben. Die Männer sahen, daß Peele im Gegensatz dazu sich im Umgang mit der Zentrale ängstlich verhielt. Sie hatten den Eindruck, daß er kleinlich, unpersönlich, kühl und geschäftsmäßig war und daß er sich zu strikt an die Regeln hielt. [. . .]

Der Rebecca Mythos hatte seine Auswirkungen auch auf das bürokratische System, das sich nun im Betrieb herausbildete. Wie beschrieben, wurde Doug insbesondere dafür gelobt, daß er wenig förmlich und großzügig im Umgang mit Regeln war, geringen Wert auf Hierarchie und Status legte und direkten Kontakt zu den Arbeitern fand. Dies aber sind genau jene Charakterzüge, die das Gegenteil bürokratischer Verwaltung darstellen.

Die einzige unfreundliche Bemerkung, die man über Doug hörte, kam von einem Mechaniker: «Doug sagte, daß jeder bis zu einem gewissen Grad ein Mechaniker sei, und er wollte, daß die Arbeiter zunächst versuchten, eine Sache selbst zu reparieren, bevor sie die Instandhaltung benachrichtigten.» Dies verstärkt nur unser Bild, denn Dougs Abneigung gegen säuberlich unterteilte und begrenzte Zuständigkeiten ist ebenfalls eine Verletzung der Grundsätze bürokratischer Organisation.

Auf der anderen Seite waren die nettesten Komplimente, die man über Peele hören konnte, daß er «schnell zur Sache kam» und «geschäftsmäßig» sei – mit anderen Worten, daß sein Handeln in bürokratischer Unpersönlichkeit verlief.

Der neue Betriebsleiter war in ein Netz untereinander zusammenhängender Probleme verstrickt:

1. Durchsetzung der von der Zentrale gesteckten Leistungsziele, die er selbst anerkannte.

2. Als notwendige Bedingung für eine Lösung seines ersten Problems mußte er den Widerstand der «alten Mitarbeiter» gegen seine Pläne kontrollieren oder ausschalten – oder, in Peeles Worten, «mit den Drückebergern aufräumen».

3. Als weitere Bedingung für eine erfolgreiche Lösung des ersten Problems mußte er den Widerstand, der sich in der Belegschaft entwickelte, in den Griff bekommen.

4. Und schließlich tauchte für Peele ein Problem, vielleicht genauer: eine diffuse Spannung auf einer ganz anderen, der psychologischen Ebene, auf. Er mußte mit seiner wachsenden Angst fertig werden, die zunächst darauf beruhte, daß er vorläufig nur Betriebsleiter «auf Probe» war, und die durch den ihm entgegengebrachten Widerstand verstärkt wurde.

Im großen und ganzen standen ihm zwei Lösungswege zur Verfügung:

a) Er konnte mit Hilfe des bestehenden Systems informeller Beziehungen handeln.

b) Er konnte sich auf die formale Organisation des Betriebs stützen.

Anders ausgedrückt, Peele konnte versuchen, seine Probleme und Spannungen entweder dadurch zu lösen, daß er sich auf seine «menschlichen» Fähigkeiten stützte oder daß er die mit seiner Position als Betriebsleiter verbundenen Machtbefugnisse ausschöpfte.

Was die erste Strategie, die Nutzbarmachung informeller Beziehungen im Betrieb, angeht, so hätte Peele versuchen können, Solidarität und Gruppengefühl zu mobilisieren und für seine Ziele einzusetzen. Ein solches Vorgehen kann man sich etwa in Gestalt eines Appells von der Art: «Auf, Leute, laßt uns die Sache gemeinsam anpacken!», vorstellen. In der Hoffnung, daß sie dann seine Pläne unterstützen würden, hätte er den Männern seine Freundschaft anbieten oder zumindest vorspielen können. Peele gab sich zum Beispiel Mühe, mit den Männern in Kontakt zu kommen. «Ich rede mit ihnen», erklärte er, «ich gratuliere ihnen zum Geburtstag oder ähnlichen Anlässen, wenn ich herausbekomme, wann etwas anliegt. Ein paar persönliche Kontakte können oft weiterhelfen.»

Aber in diesem Fall war die Mobilisierung des Systems informeller Beziehungen aus verschiedenen Gründen eine schwierige, wenn nicht gar unlösbare Aufgabe:

1. Das Programm, für dessen Durchsetzung Peele die Hilfe informeller Beziehungen mittels seiner «persönlichen Kontakte» in Anspruch nehmen wollte, richtete sich gerade *gegen* die informellen Vorstellungen der Arbeiter über das Verhalten im Betrieb. Die durch informelle Beziehungen ausge-

drückten und garantierten Gewohnheiten konnte er kaum mit Hilfe eben dieser Beziehungen zerstören. Solidarität setzt einen größeren Konsens über Ziele und Einstellungen voraus, als im beschriebenen Fall vorhanden war.

Auf Grund seiner Rolle als Nachfolger hatte sich Peele ganz besonders mit einer Verringerung der Kosten und einer Steigerung der Produktivität zu beschäftigen. Die Arbeiter hingegen interessierten diese Ziele kaum; ihnen lag viel mehr daran, das alte «Großzügigkeitsprinzip» zu verteidigen. Peele orientierte sich an der Zukunft, und ihm war gleichgültig, was einmal gewesen war. Er stand für die Einführung neuer und besserer Methoden. Die Arbeiter dagegen hielten an den alten und bewährten Methoden fest.

Es ist schwierig, Solidarität aufrechtzuerhalten oder gar neu zu schaffen, wenn man Ziele verfolgt, die von den Mitgliedern der Gruppe so unterschiedlich bewertet werden.

2. Selbst wenn ein Nachfolger geschickt im Manipulieren und im Vortäuschen von Freundschaft ist, ist er schon durch seine bloße Unkenntnis behindert. Wie Peeles eben zitierte Äußerung zeigt, wurden seine Bemühungen, mit den Männern freundschaftlich umzugehen, dadurch erschwert, daß er nicht «herausbekommen» konnte, was für diese von persönlichem Interesse war. Die erfolgreiche Handhabung informeller Beziehungen setzt voraus, daß man mit den persönlichen Ereignissen und Gefühlen vertraut ist, die in ihnen kommuniziert werden. Peele jedoch – als «Nachfolger» – wußte sehr wenig von diesen feinen, aber sehr festen Vereinbarungen und Übereinkünften, aus denen sich das informelle System des Betriebs zusammensetzte. Da ihm die Zauberworte von Glückwunsch und Beileid unbekannt waren, blieb ihm das Tor zum informellen System versperrt. Tatsächlich hatte er schon ernste Schwierigkeiten im Umgang mit den «alten Mitarbeitern» – der informellen Gruppe, die seiner eigenen Position am nächsten stand.

Teil III

Kollektive Werte und gesellschaftliche Wirklichkeit

10. Kultur

Max Weber
Der asketische Protestantismus und die Berufsethik des modernen Menschen

Die praktischen Erfahrungen handelnder Menschen schlagen sich in Realitätsdeutungen und Verhaltensregeln nieder, die zu kompakten «Sinnsystemen» zusammenwachsen und auf dem Weg über das Bewußtsein der an ihnen Beteiligten deren Handeln beeinflussen. Da menschliche Praxis sich im Rahmen sozialer Strukturen vollzieht, reflektieren die Ideen der Menschen über die Welt und über sich selbst die gesellschaftliche Situation, in der sie entstanden sind. Gleiche strukturelle Positionen bewirken ähnliche Erfahrungen und ähnliche Weltbilder; Austauschbeziehungen führen zu gemeinsamen Vorstellungen über berechtigte Erwartungen und angemessene Gegenleistungen. Indem soziale Interaktion menschliche Individuen in gemeinsame Handlungszusammenhänge integriert, nähert sie individuelle Realitätsdeutungen einander an und versieht Werte und Normen mit sozialer Verbindlichkeit. Auf diese Weise werden Ideen zu Elementen der kollektiven Identität sozialer Gruppen, deren Bedürfnissen und Erfahrungen sie einen Gemeinsamkeit verbürgenden handlungsleitenden Sinn verleihen. Dadurch, daß Ideen in das Selbstverständnis gesellschaftlicher Gruppen eingehen, werden sie zu «Kulturen», d. h. zu überindividuellen Vorstellungen, die kraft ihrer sozialen Verbindlichkeit einen gegenüber dem Individuum in gewissem Sinn externen, «objektiven» Charakter haben.

Zwischen Kultur und Struktur besteht ein komplexes Verhältnis wechselseitiger Beeinflussung. Geteilte Weltbilder und gemeinsame Wertsysteme entstehen durch soziale Interaktion; indem sie übereinstimmende Situationsdefinitionen und gleiche Verhaltenserwartungen ermöglichen, bilden sie zugleich die Voraussetzung von Interaktion. Soziale Integration bewirkt die Entstehung kollektiver Identifikationen, die ihrerseits zur Grundlage neuer Gemeinsamkeiten und Unterscheidungen zwischen Gruppen und Individuen werden. Kollektive Vorstellungen, in denen sich die soziale Situation einer Gruppe spiegelt, können zu deren Veränderung beitragen. Die im folgenden Abschnitt versammelten Textauszüge befassen sich mit Teilaspekten dieses komplizierten Zusammenhangs. Webers Studie «Die protestantische Ethik und der Geist des Kapitalismus» diskutiert die *struktu-*

rellen Konsequenzen kultureller Systeme. Lipsets Beitrag zum Problem der Realisierbarkeit innerorganisatorischer Demokratie führt das Konzept der *strukturellen Bedingungen* der Entstehung und vor allem der Verwirklichung kollektiver Wertsysteme ein. Der Begriff der Ideologie schließlich verweist auf die *Funktion* kollektiver Ideen für die Erhaltung bzw. Veränderung sozialer Strukturen.

Unter denen, die die Aufmerksamkeit der Soziologie auf die Bedeutung kultureller Wertsysteme für die Struktur sozialer Beziehungen gelenkt haben, ist der deutsche Soziologe Max Weber (1864–1920) an erster Stelle zu nennen. Im Mittelpunkt von Webers wissenschaftlichem Interesse stand die Frage nach den Ursachen der Entstehung des modernen Kapitalismus. Auch Webers kultursoziologische Arbeiten, insbesondere sein monumentaler Versuch einer vergleichenden Soziologie der Weltreligionen, entstanden im Zusammenhang dieser Fragestellung. Ebenso wie für Marx war der moderne Kapitalismus für Weber nicht nur eine bloße Wirtschaftsordnung, sondern eine alle menschlichen Daseinsbereiche, auch die Wertvorstellungen und Handlungsorientierungen der in ihm lebenden Menschen umfassende *Lebensform*. Dieser *kulturelle* Aspekt des Kapitalismus erschien Weber deshalb von strategischer Bedeutung, weil er ohne seine Zuhilfenahme für bestimmte empirische Sachverhalte – und zwar sowohl in der Entwicklungsgeschichte des Kapitalismus als auch in der Gesellschaft der Gegenwart – keine befriedigende Erklärung finden zu können glaubte. Bei seinem Versuch, diese sozialgeschichtlichen und soziologischen Probleme zu lösen, gelangte Weber schließlich zur Entwicklung dessen, was in vereinfachter Form als seine «Protestantismus-These» berühmt geworden ist: zu der Theorie, daß eine der Wurzeln des modernen Kapitalismus im kulturellen System der jüdisch-christlichen Religion, und insbesondere ihrer protestantischen Variante, zu suchen sei.[1]

Die folgende Erörterung darf nicht als ein Versuch mißverstanden werden, Webers Theorie über den Beitrag des Protestantismus zur Entstehung der modernen kapitalistischen Gesellschaft umfassend darzustellen; hierzu sollte sich der Leser an das Originalwerk von Weber sowie an die im Literaturverzeichnis angegebene Sekundärliteratur halten. Im folgenden geht es ausschließlich um Webers Ableitung der für die kapitalistische Gesellschaft so charakteristischen Vorstellung von Arbeit als «Beruf» aus der Ideenwelt des Protestantismus und insbesondere des angelsächsischen Puritanismus sowie um das Verhältnis zwischen «Berufsidee» und Kapita-

---

1 Zu den empirischen Beobachtungen, mit denen Weber den Zusammenhang zwischen Protestantismus und Kapitalismus zu belegen versuchte, gehört die größere «Nähe» der Protestanten zur modernen Wirtschaft, die unter anderem in einem im Vergleich zu den Katholiken höheren Anteil am Kapitalbesitz (Protestantische Ethik, S. 29), in den stärker wirtschaftsorientierten Berufszielen protestantischer Oberschüler (ebd., S. 31 f) und in der überproportionalen Vertretung von Protestanten in der industriellen Facharbeiterschaft (ebd., S. 32) zum Ausdruck kam. Webers Protestantismus-These ist der Versuch, diese – übrigens auch von Durkheim in Frankreich beobachteten und in vielen Punkten bis heute wirksamen – «sozialen Muster» theoretisch zu erklären.

lismus. Was bedeutet es, fragt Weber, daß «jener eigentümliche, uns heute so geläufige und in Wahrheit doch so wenig selbstverständliche Gedanke der *Berufspflicht*: einer Verpflichtung, die der einzelne empfinden soll und empfindet gegenüber dem Inhalt seiner ‹beruflichen› Tätigkeit»[2] – die Konzeption von kontinuierlicher und spezialisierter Arbeit als allgemeine Geltung beanspruchende soziale Norm – ausschließlich in der westlich-abendländischen Kultur aufgetreten ist? In der «Protestantischen Ethik» machte Weber den Versuch zu zeigen, daß diese Koinzidenz nicht zufällig war; daß vielmehr die protestantische Berufsidee sozusagen als Vehikel fungiert hatte, mit dessen Hilfe sehr alte, spezifisch westliche Kulturelemente ihren Beitrag zur Entstehung des abendländischen Kapitalismus leisten konnten – einer Gesellschaftsordnung, die in der kurzen Zeitspanne von zwei Jahrhunderten die Struktur aller anderen menschlichen Gesellschaften revolutionierte und ihre gegenseitige Isolierung mit dem Resultat der Entstehung einer die ganze Menschheit umfassenden «Weltgesellschaft» durchbrach.[3]

Die folgenden Passagen aus «Die protestantische Ethik und der Geist des Kapitalismus» geben Webers wichtigste Argumentationsschritte wieder.* Zunächst beschreibt Weber die religiösen Begründungen, die ein Hauptvertreter des englischen Puritanismus, Richard Baxter (1615–1691), für die menschliche Arbeit gegeben hat:

«Nimmt man nun Baxters ‹Ewige Ruhe der Heiligen› und sein ‹Christian Directory› oder auch verwandte Arbeiten anderer zur Hand, so fällt auf den ersten Blick in den Urteilen über den Reichtum und seinen Erwerb die Betonung gerade der ebionitischen Elemente der neutestamentlichen Verkündigung auf. Der Reichtum als solcher ist eine schwere Gefahr, seine Versuchungen sind unausgesetzte, das Streben danach ist nicht nur sinnlos, gegenüber der überragenden Bedeutung des Gottesreichs, sondern auch sittlich bedenklich. Weit schärfer als bei Calvin, der in dem Reichtum der Geistlichen kein Hindernis für ihre Wirksamkeit, im Gegenteil eine durchaus erwünschte Steigerung ihres Ansehens erblickte [und] ihnen gestattete, ihr Vermögen gewinnbringend anzulegen, nur unter Vermeidung von Ärgernis, scheint hier die Askese *gegen* jedes Streben nach Erwerb zeitlicher Güter gerichtet. Man kann die Beispiele der Verdammung des Strebens nach Geld und Gut aus puritanischen Schriften ganz beliebig häufen und mit der darin viel unbefangeneren spätmittelalterlichen ethischen Literatur kontrastieren. Und es ist mit diesen Bedenken auch durchaus ernst gemeint, – nur

2 Die folgenden Zitate beziehen sich auf Max Weber, Die protestantische Ethik, eine Aufsatzsammlung, hg. von J. Winckelmann, 3. Aufl., Hamburg 1973.

3 Vgl. Engels' Bemerkungen über den «Weltmarkt» im letzten Text dieser Sammlung.

* Anmerkung der Herausgeber: Ursprünglich war beabsichtigt, unter dem Stichwort «Kultur» einen längeren, geschlossenen Textauszug aus der «Protestantischen Ethik» aufzunehmen. Der Inhaber des Copyrights sieht sich zur Zeit jedoch außerstande, die erforderlichen Abdruckrechte zu gewähren. Angesichts der Bedeutung der Weberschen Protestantismus-Theorie für die Soziologie im allgemeinen und den Argumentationszusammenhang dieses Buches im besonderen haben sich die Herausgeber daraufhin entschlossen, von der in diesem Buch geübten Praxis abzuweichen und Webers Argumentation unter Verwendung von ausführlichen Zitaten zu paraphrasieren.

bedarf es etwas näheren Zusehens, um ihren entscheidenden ethischen Sinn und Zusammenhang zu bemerken. Das sittlich wirklich Verwerfliche ist nämlich das *Ausruhen* auf dem Besitz, der *Genuß* des Reichtums mit seiner Konsequenz von Müßigkeit und Fleischeslust, vor allem der Ablenkung von dem Streben nach ‹heiligem› Leben. Und *nur weil* der Besitz die Gefahr dieses Ausruhens mit sich bringt, ist er bedenklich. Denn die ‹ewige Ruhe der Heiligen› liegt im Jenseits, auf Erden aber muß auch der Mensch, um seines Gnadenstandes sicher zu werden, ‹wirken die Werke dessen, der ihn gesandt hat, solange es Tag ist›. Nicht Muße und Genuß, sondern *nur Handeln* dient nach dem unzweideutig geoffenbarten Willen Gottes zur Mehrung seines Ruhms. *Zeitvergeudung* ist also die erste und prinzipiell schwerste aller Sünden. Die Zeitspanne des Lebens ist unendlich kurz und kostbar, um die eigene Berufung ‹festzumachen›. Zeitverlust durch Geselligkeit, ‹faules Gerede›, Luxus, selbst durch mehr als der Gesundheit nötigen Schlaf – 6 bis höchstens 8 Stunden – ist sittlich absolut verwerflich. Es heißt noch nicht wie bei Benjamin Franklin: ‹Zeit ist Geld›, aber der Satz gilt gewissermaßen im spirituellen Sinn: sie ist unendlich wertvoll, weil jede verlorene Stunde der Arbeit im Dienst des Ruhmes Gottes entzogen ist. Wertlos und eventuell direkt verwerflich ist daher auch untätige Kontemplation, mindestens wenn sie auf Kosten der Berufsarbeit erfolgt. Denn sie ist *Gott minder* wohlgefällig als das aktive Tun seines Willens im Beruf. Überdies ist für sie der Sonntag da, und es sind nach Baxter immer diejenigen, die in ihrem Berufe müßig sind, welche auch für Gott keine Zeit haben, wenn die Stunde dafür da ist» (S. 166 ff).

Diese religiösen Begründungen führen zur Wertung der Arbeit als Mittel zur Askese und als Selbstzweck des Lebens:

«Aber die Arbeit ist darüber hinaus, und vor allem, von Gott vorgeschriebener *Selbstzweck* des Lebens überhaupt. Der paulinische Satz: ‹Wer nicht arbeitet, soll nicht essen›, gilt bedingungslos und für jedermann. Die Arbeitsunlust ist Symptom fehlenden Gnadenstandes.

Deutlich zeigt sich hier die Abweichung von der mittelalterlichen Haltung. Auch Thomas von Aquin hatte jenen Satz interpretiert. Aber nach ihm ist die Arbeit nur naturali ratione notwendig zur Erhaltung des Lebens des Einzelnen und der Gesamtheit. Wo dieser Zweck wegfällt, zessiert auch die Geltung der Vorschrift. Sie trifft nur die Gattung, nicht jeden Einzelnen. Wer ohne Arbeit von seinem Besitz leben kann, auf den bezieht sie sich nicht, und ebenso steht natürlich die Kontemplation als eine geistliche Form des Wirkens im Gottesreich über dem Gebot in seiner wörtlichen Auslegung. Für die Populartheologie vollends lag ja die höchste Form mönchischer ‹Produktivität› in der Mehrung des ‹thesaurus ecclesiae› durch Gebet und Chordienst. Nicht nur diese Durchbrechungen der ethischen Arbeitspflicht aber fallen bei Baxter selbstverständlich fort, sondern mit größtem Nachdruck schärft er den Grundsatz ein, daß auch der Reichtum von jener bedingungslosen Vorschrift nicht entbinde. Auch der Besitzende soll nicht essen, ohne zu arbeiten; denn wenn er auch zur Deckung seines Bedarfs der Arbeit nicht benötigt, so besteht doch Gottes Gebot, dem er ebenso zu gehorchen hat wie der Arme. Denn für jeden ohne Unterschied hält Gottes Vorsehung einen Beruf (‹calling›) bereit, den er erkennen und in dem er arbeiten soll, und dieser Beruf ist nicht wie im Luthertum eine Schickung, in die man sich zu fügen und mit der man sich zu bescheiden hat, sondern ein Befehl Gottes an den Einzelnen, zu seiner Ehre zu wirken. Diese scheinbar leichte Nuance hatte weittragende psychologische Konsequenzen und hing mit einer Weiterbildung jener *providentiellen* Deutung des ökonomischen Kosmos zusammen, welche schon der Scholastik geläufig war» (S. 168 f).

Auf diese Weise führt die Theologie des asketischen Puritanismus zu der Idee des Berufs als spezialisierter, rational und methodisch ausgeübter und auf praktische Effektivität gerichteter Arbeit:

«Welches der providentielle Zweck der Berufsgliederung ist, erkennt man, getreu dem puritanischen Schema pragmatischer Deutung, an ihren *Früchten.* Über diese nun läßt sich Baxter in Ausführungen aus, welche in mehr als einem Punkte direkt an Adam Smiths bekannte Apotheose der Arbeitsteilung erinnern. Die Spezialisierung der Berufe führt, weil sie die Übung (‹skill›) des Arbeiters ermöglicht, zur quantitativen und qualitativen Steigerung der Arbeitsleistung und dient also dem allgemeinen Wohl (‹common best›), welches mit dem Wohl möglichst vieler identisch ist. Ist insoweit die Motivierung rein utilitarisch und durchaus verwandt mit manchen in der weltlichen Literatur der Zeit bereits üblichen Gesichtspunkten, so tritt der charakteristisch puritanische Einschlag alsbald hervor, wenn Baxter an die Spitze seiner Auseinandersetzungen das Motiv stellt: ‹Außerhalb eines festen Berufs sind die Arbeitsleistungen eines Menschen nur unstete Gelegenheitsarbeit, und er verbringt mehr Zeit in Faulheit als in Arbeit›, und wenn er sie folgendermaßen beschließt: ‹und er (der Berufsarbeiter) wird seine Arbeit *in Ordnung* vollbringen, während ein anderer in ewiger Verwirrung steckt und sein Geschäft nicht Ort noch Zeit kennt . . .; darum ist ein fester Beruf (‹certain calling›, an anderen Stellen heißt es ‹stated calling›) für jedermann das beste. Die unstete Arbeit, zu welcher der gewöhnliche Tagelöhner gezwungen ist, ist ein oft unvermeidlicher, aber stets unerwünschter Zwischenzustand. Es fehlt eben dem Leben des ‹Beruflosen› der systematisch-methodische Charakter, den, wie wir sahen, die innerweltliche Askese verlangt. Auch nach der Quäkerethik soll das Berufsleben des Menschen eine konsequente asketische Tugendübung, eine Bewährung seines Gnadenstandes an seiner *Gewissen*haftigkeit sein, die in der Sorgfalt und Methode, mit welcher er seinem Beruf nachgeht, sich auswirkt. Nicht Arbeit an sich, sondern rationale Berufsarbeit ist eben das von Gott Verlangte. Auf diesem methodischen Charakter der Berufsaskese liegt bei der puritanischen Berufsidee stets der Nachdruck, nicht, wie bei Luther, auf dem Sichbescheiden mit dem einmal von Gott zugemessenen Los. Daher wird nicht nur die Frage, ob jemand mehrere callings kombinieren dürfe, unbedingt bejaht, –

wenn es für das allgemeine Wohl oder das eigene zuträglich und niemandem sonst abträglich ist und wenn es nicht dazu führt, daß man in einem der kombinierten Berufe ungewissenhaft (‹unfaithful›) wird. Sondern es wird auch der *Wechsel* des Berufs als keineswegs an sich verwerflich angesehen, wenn er nicht leichtfertig, sondern um einen Gott wohlgefälligeren, und das heißt dem allgemeinen Prinzip entsprechend: nützlicheren, Beruf zu ergreifen, erfolgt. Und vor allem: die Nützlichkeit eines Berufs und seine entsprechende Gottwohlgefälligkeit richtet sich zwar in erster Linie nach sittlichen und demnächst nach Maßstäben der Wichtigkeit der darin zu produzierenden Güter für die ‹Gesamtheit›, aber alsdann folgt als dritter und natürlich praktisch wichtigster Gesichtspunkt: die privatwirtschaftliche *‹Profitlichkeit›*. Denn wenn jener Gott, den der Puritaner in allen Fügungen des Lebens wirksam sieht, einem der Seinigen eine Gewinnchance zeigt, so hat er seine Absichten dabei. Und mithin hat der gläubige Christ diesem Rufe zu folgen, indem er sie sich zunutze macht. ‹Wenn Gott Euch einen Weg zeigt, auf dem Ihr ohne Schaden für Eure Seele oder für andere in gesetzmäßiger Weise *mehr gewinnen könnt* als auf einem anderen Wege, und Ihr dies zurückweist und den minder gewinnbringenden Weg verfolgt, dann *kreuzt Ihr einen der Zwecke Eurer Berufung* (calling), *Ihr weigert Euch, Gottes Verwalter* (stewart) zu sein und seine Gaben anzunehmen, um sie für ihn gebrauchen zu können, wenn er es verlangen sollte. Nicht freilich für Zwecke der Fleischeslust und Sünde, *wohl aber für Gott dürft Ihr arbeiten, um reich zu sein.*› Der Reichtum ist eben nur als Versuchung zu faulem Ausruhen und sündlichem Lebensgenuß bedenklich und das Streben danach nur dann, wenn es geschieht, um später sorglos und lustig leben zu können. Als Ausübung der Berufspflicht aber ist es sittlich nicht nur gestattet, sondern geradezu geboten. Das Gleichnis von jenem Knecht, der verworfen wurde, weil er mit dem ihm anvertrauten Pfunde nicht gewuchert hatte, schien das ja auch direkt auszusprechen. Arm sein *wollen*, hieße, wie häufig argumentiert wurde, dasselbe wie krank sein wollen; es wäre als Werkheiligkeit verwerflich und Gottes Ruhm abträglich. Und vollends das Betteln eines zur Arbeit Befähigten ist nicht nur als Trägheit sündlich, sondern auch nach des Apostels Wort gegen die Nächstenliebe» (S. 170ff).

Damit ergibt sich die eigenartige Konsequenz, daß eine in ihrer ursprünglichen Intention streng *weltfeindliche* Theologie *praktisch* den Erwerb von materiellem Reichtum nicht nur rechtfertigt, sondern geradezu *vorschreibt*.

«Wie die Einschärfung der asketischen Bedeutung des festen Berufs das moderne *Fachmenschentum* ethisch verklärt, so die providentielle Deutung der Profitchancen den *Geschäfts*menschen. Die vornehme Lässigkeit des Seigneurs und die parvenümäßige Ostentation des Protzen sind der Askese gleichermaßen verhaßt. Dagegen trifft ein voller Strahl ethischer Billigung den nüchternen bürgerlichen Selfmademan: ‹God blesseth his trade› ist eine stehende Wendung für diejenigen Heiligen, welche mit Erfolg jenen göttlichen Fügungen gefolgt waren, und die ganze Wucht des *alttestamentlichen*

Gottes, der den Seinen gerade in *diesem* Leben ihre Frömmigkeit entgilt, mußte ja für den Puritaner, der, nach Baxters Rat, den eigenen Gnadenstand durch Vergleich mit der Seelenverfassung der biblischen Helden kontrollierte und dabei die Aussprüche der Bibel ‹wie die Paragraphen eines Gesetzbuches› interpretierte, in der gleichen Richtung wirken.»

Die historische Bedeutung der protestantischen Konzeption des Berufs beruhte Weber zufolge also darauf, daß sie auf der Ebene der *Motivation* menschlichen Handelns zu einer Ablösung der Arbeit und des wirtschaftlichen Erwerbs von den «eudämonistischen» Interessen der beteiligten Individuen führt. Genau eine solche Motivation war nach Webers Ansicht erforderlich, um den Mechanismus der kapitalistischen Akkumulation in Gang zu bringen. Ebenso wie Marx sah Weber die Eigenart der kapitalistischen Produktionsweise darin, daß in ihr wirtschaftliches Handeln – und die Entwicklung des Wirtschaftssystems als Ganzen – nicht durch die Konsuminteressen bzw. die Konsumfähigkeit der beteiligten Menschen gesteuert wird, sondern umgekehrt letztere den Wachstumserfordernissen des Systems angepaßt werden. Insofern menschliches Handeln durch kulturell vermittelte Werte motiviert wird, setzte zumindest anfänglich die Beteiligung an einem derartigen, für das Alltagsverständnis geradezu widersinnigen System bestimmte kulturelle Innovationen voraus, durch welche Akkumulation und Arbeit sich aus ihrer Unterordnung unter Bedürfnisse des «unbefangenen Lebensgenusses» (Weber) lösen und sich zum Selbstzweck erheben konnten. Nur so war die Entstehung eines Wirtschaftssystems und im weiteren Sinne einer ganzen Gesellschaft denkbar, in der nach Weber «der Mensch auf das Erwerben als Zweck seines Lebens, nicht mehr das Erwerben auf den Menschen als Mittel zum Zweck der Befriedigung seiner materiellen Bedürfnisse bezogen» ist (S. 44) – eine Formulierung, mit der Weber den Analysen von Karl Marx zumindest nahekommt. Darin, daß der Protestantismus auf dem Wege über seine Konzeption des Berufs in diesem Sinne eine für den Kapitalismus notwendige kollektive Wertorientierung beisteuerte, liegt nach Weber sein historisch unerläßlicher Beitrag zur Entstehung der modernen kapitalistischen Gesellschaft.

In ihrer wissenschaftlichen Bedeutung reicht Webers Protestantismus-These weit über den konkreten Zusammenhang hinaus, zu dessen Erklärung sie ursprünglich entwickelt wurde. Für Weber selber ebenso wie für die heutige Soziologie insgesamt war die Beziehung zwischen der Ethik des «asketischen Protestantismus» und dem «Geist des Kapitalismus» ein anschauliches Beispiel dafür, daß beim Studium des sozialen Verhaltens der Menschen deren kollektive Wertvorstellungen und Ideen nicht vernachlässigt werden dürfen. Unter dieser – allgemeineren – Perspektive hat Webers Analyse immer wieder als Modellfall gedient, anhand dessen sich verschiedene Aspekte des Verhältnisses zwischen Kultur und Struktur anschaulich demonstrieren ließen. Einige dieser Aspekte sollen im folgenden kurz dargestellt werden.

Zunächst zeigt Webers Text, daß der konkrete Prozeß der Einwirkung der kollektiven Ideen des Protestantismus auf die Struktur der abendländischen Gesellschaft alles andere als widerspruchslos und direkt verlief. Wie Weber im einzelnen nachweist, müssen nämlich die faktischen Konsequenzen kultureller Wertsysteme durchaus nicht immer mit diesen inhaltlich vereinbar sein. Das aus einem bestimmten kollektiven Wertsystem folgende Handeln kann in der sozialen Wirklichkeit Entwicklungen in Gang setzen, die für die Handelnden selber unerwartet sind oder gar ihren Absichten vollständig widersprechen. So war es, Webers These zufolge, gerade die radikalisierte Weltverachtung des Puritanismus, die am Ende zur Entstehung der «materialistischsten» aller bekannten Kulturen geführt hat. Mehr noch, eine der wichtigsten Konsequenzen der von der «innerweltlichen Askese» bewirkten sozialen Wandlungsprozesse bestand darin, daß sie zur *Zerstörung* genau der Bedingungen führten, unter denen das protestantische Wertsystem entstanden war und von denen sein weiteres Bestehen *als kulturelles System* abhing. Je größer nämlich der akkumulierte Reichtum wurde, desto schwerer wurde es für seine Besitzer, den von ihm ausgehenden Versuchungen zu einer Lockerung ihrer Lebensweise zu widerstehen. An diesem Beispiel konnte Weber demonstrieren, daß kollektive Wertsysteme in dem Sinne selbstzerstörerische Auswirkungen haben können, als *ihre strikte Befolgung die sozialen Voraussetzungen ihrer Befolgbarkeit aufheben kann* – ein Phänomen, das Weber als «Paradoxie der Folgen» bezeichnete und das später bei Merton, unter dem Begriff der «unerwarteten Folgen sozialen Handelns», zu einem zentralen Thema der theoretischen Soziologie geworden ist.

Die folgenden Passagen demonstrieren Webers Analyse des «Umschlags» der asketischen Ethik des Puritanismus – mit ihren positiven Folgen für die Anhäufung von Kapital – in den utilitaristischen, an engen ökonomischen Interessen orientierten «sinnentleerten» – Materialismus der modernen kapitalistischen Gesellschaft.

«Die innerweltliche protestantische Askese – so können wir das bisher Gesagte wohl zusammenfassen – wirkte also mit voller Wucht gegen den unbefangenen *Genuß* des Besitzes, sie schnürte die *Konsumtion*, speziell die Luxuskonsumtion, ein. Dagegen *entlastete* sie im psychologischen Effekt den *Gütererwerb* von den Hemmungen der traditionalistischen Ethik, sie sprengte die Fesseln des Gewinnstrebens, indem sie es nicht nur legalisierte, sondern (in dem dargestellten Sinn) direkt als gottgewollt ansah. Der Kampf gegen Fleischeslust und das Hängen an äußeren Gütern war, wie neben den Puritanern auch der große Apologet des Quäkertums, Barclay, ausdrücklich bezeugt, *kein* Kampf gegen rationalen *Erwerb*, sondern gegen irrationale Verwendung des Besitzes.

[. . .]

Auf der *Seite der Produktion* des privatwirtschaftlichen Reichtums kämpfte die Askese gegen Unrechtlichkeit ebenso wie gegen rein *trieb*hafte

Habgier, – denn diese war es, welche sie als ‹covetousness›, als ‹Mammonismus› usw. verwarf: das Streben nach Reichtum zu dem Endzweck, reich zu *sein*. Denn der Besitz als solcher war Versuchung. Aber hier war nun die Askese die Kraft, ‹die stets das Gute will und stets das Böse› – das in ihrem Sinn Böse: den Besitz und seine Versuchungen – ‹schafft›. Denn nicht nur sah sie, mit dem Alten Testament und in voller Analogie zu der ethischen Wertung der ‹guten Werke›, zwar in dem Streben nach Reichtum als *Zweck* den Gipfel des Verwerflichen, in der Erlangung des Reichtums als *Frucht* der Berufsarbeit aber den Segen Gottes. Sondern, was noch wichtiger war: die religiöse Wertung der rastlosen, stetigen, systematischen, weltlichen Berufsarbeit als schlechthin höchsten asketischen Mittels und zugleich sicherster und sichtbarster Bewährung des wiedergeborenen Menschen und seiner Glaubensechtheit mußte ja der denkbar mächtigste Hebel der Expansion jener Lebensauffassung sein, die wir hier als ‹Geist› des Kapitalismus bezeichnet haben. Und halten wir nun noch jene Einschnürung der Konsumtion mit dieser Entfesselung des Erwerbsstrebens *zusammen*, so ist das äußere Ergebnis naheliegend: *Kapitalbildung* durch *asketischen Sparzwang*. Die Hemmungen, welche dem konsumtiven Verbrauch des Erworbenen entgegenstanden, mußten ja seiner produktiven Verwendung: als *Anlage*kapital, zugute kommen» (S. 179–180).

Je mehr sich jedoch die asketische Lebensauffassung des Protestantismus ökonomisch auszuwirken begann, desto stärkeren Gefährdungen war sie ausgesetzt. Die ethischen Grundlagen des frühen Kapitalismus gerieten zunehmend in Konflikt mit den unter ihrer eigenen Mithilfe veränderten wirtschaftlichen und gesellschaftlichen Verhältnissen.

«Diese puritanischen Lebensideale versagten bei einer allzu starken Belastungsprobe durch die den Puritanern selbst ja sehr wohlbekannten ‹Versuchungen› des Reichtums. Sehr regelmäßig finden wir die genuinsten Anhänger puritanischen Geistes in den Reihen der erst im *Aufsteigen begriffenen* Schichten der Kleinbürger und Farmer, und die ‹beati possidentes›, selbst bei den Quäkern, recht oft zur Verleugnung der alten Ideale bereit. Es war das ja das gleiche Schicksal, welchem die Vorgängerin der innerweltlichen Askese: die klösterliche Askese des Mittelalters, immer wieder erlag: wenn die rationelle Wirtschaftsführung hier, an der Stätte streng geregelten Lebens und gehemmter Konsumtion, ihre Wirkung voll entfaltet hatte, so verfiel der gewonnene Besitz entweder direkt – wie in der Zeit vor der Glaubensspaltung – der Veradligung, oder es drohte doch die klösterliche Zucht in die Brüche zu gehen, und eine der zahlreichen Kloster-‹Reformationen› mußte eingreifen. Ist doch die ganze Geschichte der Ordensregeln in gewissem Sinne ein stets erneutes Ringen mit dem Problem der säkularisierenden Wirkung des Besitzes. Das gleiche gilt in grandiosem Maßstabe auch für die innerweltliche Askese des Puritanismus. Der mächtige ‹revival› des Methodismus, welcher dem Aufblühen der englischen Industrie gegen Ende des 18. Jahrhunderts vorangeht, kann mit einer solchen Klosterreformation recht wohl verglichen werden. Von John Wesley selbst möge nun hier eine Stelle Platz finden, welche wohl geeignet wäre, als Motto über allem bisher Gesagten zu stehen. Denn sie zeigt, wie die Häupter der asketischen Richtungen selbst sich über die hier dargelegten, scheinbar so paradoxen Zusammenhänge vollkommen, und zwar durchaus in dem hier entwickelten Sinn, klar werden. Er schreibt:

‹Ich fürchte: wo immer der Reichtum sich vermehrt hat, da hat der Gehalt an Religion in gleichem Maße abgenommen. Daher sehe ich nicht, wie es, nach der Natur der Dinge, möglich sein soll, daß irgendeine Wiederentdekkung echter Religiosität lange Dauer haben kann. Denn Religion *muß notwendig* sowohl Arbeitsamkeit (industry) als Sparsamkeit (frugality) erzeugen, und diese können nichts anderes als Reichtum hervorbringen. Aber wenn Reichtum zunimmt, so nehmen Stolz, Leidenschaft und Weltliebe in allen ihren Formen zu. Wie soll es also möglich sein, daß der Methodismus, das heißt eine Religion des Herzens, mag sie jetzt auch wie ein grünender Baum blühen, in diesem Zustand verharrt? Die Methodisten werden überall fleißig und sparsam; folglich vermehrt sich ihr Güterbesitz. Daher wachsen sie entsprechend an Stolz, Leidenschaft, an fleischlichen und weltlichen Gelüsten und Lebenshochmut. So bleibt zwar die Form der Religion, der Geist aber schwindet allmählich. Gibt es keinen Weg, diesen fortgesetzten Verfall der reinen Religion zu hindern? Wir dürfen die Leute nicht hindern, fleißig und sparsam zu sein. *Wir müssen alle Christen ermahnen, zu gewinnen, was sie können, und zu sparen, was sie können, das heißt im Ergebnis: reich zu werden.* (Folgt die Ermahnung, daß die, die ‹alles gewinnen, was sie können, und alles sparen, was sie können› auch ‹alles, was sie können, geben› sollen, um so in der Gnade zu wachsen und einen Schatz im Himmel zu sammeln.)»

Weber gibt dieser Analyse seine Zustimmung und entwickelt aus ihr den für ihn selbst zentralen Zusammenhang, daß sich die kapitalistische Ökonomie aus der religiösen Rechtfertigung zu lösen beginnt und sich vollends an «utilitaristischer Diesseitigkeit» orientiert:

«Man sieht, es ist das bis in alle Einzelheiten der hier beleuchtete Zusammenhang.

Ihre volle *ökonomische* Wirkung entfalteten, ganz wie es hier Wesley sagt, jene mächtigen religiösen Bewegungen, deren Bedeutung für die wirtschaftliche Entwicklung ja in erster Linie in ihren asketischen *Erziehungs*wirkungen lag, regelmäßig erst, nachdem die Akme des *rein* religiösen Enthusiasmus bereits überstiegen war, der Krampf des Suchens nach dem Gottesreich sich allmählich in nüchterne Berufstugend aufzulösen begann, die religiöse Wurzel langsam abstarb und utilitarischer Diesseitigkeit Platz machte, – wenn, um mit Dowden zu reden, in der populären Phantasie ‹Robinson Crusoe›, der *isolierte Wirtschaftsmensch*, welcher nebenher Missionsarbeit treibt, an die Stelle des in innerlich einsamem Streben nach dem Himmelreich durch den ‹Jahrmarkt der Eitelkeit› eilenden Bunyanschen

‹Pilger› getreten war. Wenn dann weiterhin der Grundsatz herrschend wurde: ‹to make the best of *both* worlds›, so mußte schließlich – wie ebenfalls schon Dowden bemerkt hat – das gute Gewissen einfach in die Reihe der Mittel komfortablen bürgerlichen Lebens eingereiht werden, wie dies ja auch das deutsche Sprichwort vom ‹sanften Ruhekissen› recht hübsch zum Ausdruck bringt. Was jene religiös lebendige Epoche des 17. Jahrhunderts ihrer utilitarischen Erbin vermachte, war aber eben vor allem ein ungeheuer gutes – sagen wir getrost: ein *pharisäisch* gutes – Gewissen beim Gelderwerb, wenn anders er sich nur in legalen Formen vollzog. Jeder Rest des ‹Deo placere vix potest› war verschwunden» (S. 183 f).

Mit dieser Entwicklung wurde die religiös begründete Idee des Berufs als einer asketischen Lebensform von einem spezifisch bürgerlichen, säkularisierten *Erwerbsinteresse* abgelöst.

«Mit dem Bewußtsein, in Gottes voller Gnade zu stehen und von ihm sichtbar gesegnet zu werden, vermochte der bürgerliche Unternehmer, wenn er sich innerhalb der Schranken formaler Korrektheit hielt, sein sittlicher Wandel untadelig und der Gebrauch, den er von seinem Reichtum machte, kein anstößiger war, seinen Erwerbsinteressen zu folgen und *sollte* dies tun. Die Macht der religiösen Askese stellte ihm überdies nüchterne, gewissenhafte, ungemein arbeitsfähige und an der Arbeit als gottgewolltem Lebenszweck haftende Arbeiter zur Verfügung. Sie gab ihm dazu die beruhigende Versicherung, daß die ungleiche Verteilung der Güter dieser Welt ganz spezielles Werk von Gottes Vorsehung sei, der mit diesen Unterschieden ebenso wie mit der nur partikulären Gnade seine geheimen, uns unbekannten Ziele verfolge. Schon Calvin hatte den oft zitierten Ausspruch getan, daß nur, wenn das ‹Volk›, d. h. die Masse der Arbeiter und Handwerker, arm erhalten werde, es Gott gehorsam bleibe. Die Niederländer (Pieter de la Court und andere) hatten dies dahin ‹säkularisiert›: daß die Masse der Menschen nur *arbeite*, wenn die Not sie dazu treibe, und diese Formulierung eines Leitmotivs kapitalistischer Wirtschaft mündete dann weiterhin in den Strom der Theorie von der ‹Produktivität› niederer Löhne. Auch hier schob sich die utilitarische Wendung dem Gedanken unvermerkt mit dem Absterben seiner religiösen Wurzel unter, ganz nach dem Entwicklungsschema, welches wir immer wieder beobachtet haben» (S. 184 f).

Wenn es jedoch zutrifft, daß die sozialen Auswirkungen der innerweltlichen Askese die Existenzbedingungen der protestantischen Kultur systematisch zerstört haben, wie ist es dann möglich, daß der Kapitalismus als soziales System und als kollektive Lebensform das zunehmende Verblassen seines «kulturellen Sinnes» (Weber) überleben konnte? Hier kommt ein weiterer Aspekt der Beziehung zwischen Werten und Wirklichkeit ins Spiel, auf den Weber als einer der ersten hingewiesen hat. In dem Maße, wie Menschen ihr Handeln dauerhaft an bestimmten Werten und Normen orientieren, modifizieren sie bestehende soziale Strukturen, etablieren sich Erwartungen und Beziehungen, setzen Prozesse der Integration und der

Differenzierung ein und entwickeln sich Interessen und Konflikte. Diese *Verfestigung normativer Orientierungen zu objektiven Strukturen* kann so weit gehen, daß von einem bestimmten Augenblick an zur Lenkung des Handelns der beteiligten Menschen deren bewußte Orientierung an gemeinsamen Werten nicht mehr erforderlich ist: Das System funktioniert «von allein», auf der Basis der Anpassung seiner Mitglieder an seine «eingelebten Selbstverständlichkeiten» (Weber) und objektiven Zwänge. Weber schreibt:

«Der Puritaner *wollte* Berufsmensch sein, – wir *müssen* es sein. Denn indem die Askese aus den Mönchszellen heraus in das Berufsleben übertragen wurde und die innerweltliche Sittlichkeit zu beherrschen begann, half sie an ihrem Teile mit daran, jenen mächtigen Kosmos der modernen, an die technischen und ökonomischen Voraussetzungen mechanisch-maschineller Produktion gebundenen, Wirtschaftsordnung zu erbauen, der heute den Lebensstil aller Einzelnen, die in dieses Triebwerk hineingeboren werden – *nicht* nur der direkt ökonomisch Erwerbstätigen –, mit überwältigendem Zwange bestimmt und vielleicht bestimmen wird, bis der letzte Zentner fossilen Brennstoffs verglüht ist. Nur wie ‹ein dünner Mantel, den man jederzeit abwerfen könnte›, sollte nach Baxters Ansicht die Sorge um die äußeren Güter um die Schultern seiner Heiligen liegen. Aber aus dem Mantel ließ das Verhängnis ein stahlhartes Gehäuse werden. Indem die Askese die Welt umzubauen und in der Welt sich auszuwirken unternahm, gewannen die äußeren Güter dieser Welt zunehmende und schließlich unentrinnbare Macht über den Menschen, wie niemals zuvor in der Geschichte. Heute ist ihr Geist – ob endgültig, wer weiß es? – aus diesem Gehäuse entwichen. Der siegreiche Kapitalismus jedenfalls bedarf, seit er auf mechanischer Grundlage ruht, dieser Stütze nicht mehr» (S. 188).

Damit hatte Weber gezeigt, daß kulturelle Wertsysteme Prozessen der «Routinisierung» unterliegen, in deren Verlauf sie sich zu «selbstverständlichen» Lebensformen verfestigen können, deren Fortbestand von der bewußten Präsenz des ihnen ursprünglich zugrundeliegenden «Sinnes» unabhängig ist. Dadurch, daß kollektive Wertorientierungen soziales Handeln dauerhaft ordnen, kristallisieren sie sich zu *sozialen Strukturen*: sie begründen eine neue, «objektive» Wirklichkeit, die für alles zukünftige Handeln – unabhängig von spezifischen kulturellen Sinnbezügen – eine mächtige, Berücksichtigung erzwingende *Bedingungssituation* darstellt. Sobald eine Gesellschaftsordnung auf diese Weise ein gewisses Maß an «Veralltäglichung» erreicht hat, «funktioniert» sie, auch ohne daß ihre Mitglieder an ihre Sinnhaftigkeit glauben oder sie für sittlich gerechtfertigt – «legitim» – halten: sich in sie einzufügen und ihren Regeln zu folgen erweist sich häufig für den einzelnen als einfaches Gebot der Zweckmäßigkeit und der Selbsterhaltung. Dies meint Weber, wenn er davon spricht, daß der heutige Kapitalismus – im Gegensatz zu dem der protestantischen Sekten – auf «mechanischer Grundlage» beruhe: Anders als für den Puritaner ist für den modernen

«Berufsmenschen» rationale Planung des eigenen Lebens kein ethisches Gebot mehr, sondern eine materielle Notwendigkeit. Es ist deutlich zu erkennen, wie sehr sich Weber mit dieser Analyse sowohl Durkheims Auffassung vom «Zwangscharakter» der Gesellschaft – Gesellschaft als dem Individuum äußerliche, es von außen bestimmende Realität «sui generis» – als auch Marx' Theorie der «Entfremdung» bzw. seiner Bestimmung der Gesellschaft als «zweiter Natur» annähert.

Webers Untersuchung über den «Geist des Kapitalismus» ist von vielen als Versuch verstanden worden, eine «bürgerliche» oder «idealistische» Gegenposition zum Marxismus zu errichten. Es kann hier nicht darum gehen, die umfangreiche Debatte hierüber, deren Thema letzten Endes auf eine allgemeine Bestimmung des Verhältnisses zwischen «subjektiven» und «objektiven» Momenten geschichtlicher Entwicklungsprozesse hinausläuft, in ein paar Sätzen zusammenzufassen. Für das Verständnis des hier diskutierten Problems ist es jedoch ratsam, von einer vereinfachenden Gegenüberstellung von Weberschem «Idealismus» und Marxschem «Materialismus» Abstand zu halten. Immerhin hat Weber in der Einleitung zur «Protestantischen Ethik» unmißverständlich erklärt, er wolle «ganz und gar nicht eine so töricht-doktrinäre These» vertreten wie die, daß «der Kapitalismus als *Wirtschaftssystem* ein Erzeugnis der Reformation» sei. Zwar wollte Weber zur «Veranschaulichung der Art [beitragen], in der ‹Ideen› in der Geschichte wirksam werden»; dies schließt für ihn jedoch nicht aus, daß die Ideen selbst wiederum von materiellen Bedingungen beeinflußt sein können. Weber war sich deshalb durchaus darüber im klaren, daß seine Analyse nur einen Teilaspekt innerhalb eines «ungeheuren Gewirrs gegenseitiger Beeinflussungen zwischen den materiellen Grundlagen, den sozialen und politischen Organisationsformen und dem geistigen Gehalte» der kulturellen Epoche der Reformation und des Frühkapitalismus abdeckt (Zitate S. 76, 77). Anhänger «materialistischerer» Positionen sollten darüber hinaus nicht vergessen, daß Weber keineswegs der erste war, dem die von ihm so genannte «Wahlverwandtschaft» von Protestantismus und Kapitalismus ins Auge fiel. So stammt zum Beispiel die Feststellung, für «eine Gesellschaft von Warenproduzenten» sei «das Christentum mit seinem Kultus des abstrakten Menschen, namentlich in seiner bürgerlichen Entwicklung, dem Protestantismus, Deismus usw., die entsprechendste Religionsform», nicht von Weber, sondern aus dem 1. Kapitel des 1. Bandes des «Kapital».

11. Strukturelle Bedingungen

Die normativen Elemente kultureller Systeme bestehen aus Vorstellungen über die Ordnung sozialer Beziehungen. Als kollektive Ideen sind Normen selbst Ergebnisse sozialer Interaktion; indem sie andererseits einen eigenen, unabhängigen Einfluß auf das Verhalten der Gruppenmitglieder ausüben, wirken sie auf die soziale Struktur zurück, aus der sie hervorgegangen sind. Wie Webers Analyse der «unvorhergesehenen Folgen» (Merton) der protestantischen Ethik gezeigt hat, stimmen jedoch die praktischen Resultate dieses Vorgangs nicht notwendig mit dem manifesten Inhalt der in ihm relevant werdenden kulturellen Normen überein. Dieselben sozialen Verhältnisse, die die Entstehung eines kulturellen Wertsystems ermöglicht und herbeigeführt haben, können «Eigengesetzlichkeiten» aufweisen, die dessen «intentionalen Sinn», gewissermaßen hinter dem Rücken der beteiligten Individuen, in einen neuen, diesem womöglich widerstrebenden «realsoziologischen Sinn» verwandeln. Die *Entstehungsbedingungen* eines kollektiven Wertsystems sind nicht in jedem Fall identisch mit seinen *Realisierungsbedingungen*. Zur Verwirklichung kultureller Ideen über die Ordnung gesellschaftlicher Beziehungen reicht es nicht aus, daß sie in die kollektive Identität einer sozialen Gruppe eingehen; zusätzlich müssen geeignete *strukturelle Bedingungen* vorliegen, deren Gesetzmäßigkeiten einer Veränderung eines gegebenen in einen kulturell bevorzugten Zustand nicht entgegenstehen.[1]

Die Rolle struktureller Bedingungen bei der Durchsetzung kollektiver Werte ist besonders oft in Zusammenhang mit dem Problem der Demokratie diskutiert worden. Demokratische Normen verlangen, daß Entscheidungen über kollektive Ziele und Handlungen nicht durch Machtanwendung, sondern durch Diskussion und Konsens bei gleichem Einfluß aller Beteiligten getroffen werden.[2] Problematisch wird dieses Postulat, wo der Umfang der Gruppe oder der zu lösenden Probleme eine Delegation von Aufgaben und eine arbeitsteilige Organisation von Entscheidungen erforderlich macht. In einem solchen Fall hängt die Möglichkeit von Demokratie davon ab, daß unterschiedliche politische Funktionen (horizontale Differenzierung) nicht zum Ausgangspunkt vertikaler Differenzierung und schließlich unterschiedlicher Machtverteilung werden. Ob und unter welchen Umständen dies zu erreichen ist, ist einer der zentralen Punkte in der soziologischen Diskussion über die strukturellen Bedingungen von Demokratie.

Unter denen, die Demokratie für ein illusionäres, weil gegen fundamentale soziale Gesetze verstoßendes Programm hielten, gehört der deutsch-italienische Soziologe Robert Michels (1876–1936) zu den bekanntesten. Michels, der zu Anfang seines Lebens dem anarchistischen Syndikalismus,

1 Weitere Aspekte des Verhältnisses zwischen Norm und Struktur werden in Zusammenhang mit dem Begriff der «Devianz» diskutiert.

2 Zum Begriff der Macht vgl. das dazugehörige Stichwort.

später dem Faschismus Mussolinis nahegestanden hatte, gelangte im Zusammenhang eingehender Untersuchungen über die Organisationsstruktur der deutschen Arbeiterbewegung zur Formulierung des von ihm so genannten «ehernen Gesetzes der Oligarchie» – des Prinzips, daß jede organisierte, d. h. arbeitsteilige Verfolgung gemeinsamer Ziele und Interessen *notwendig* eine ungleiche Machtverteilung zwischen den Beteiligten zur Folge haben muß. Laut Michels handelt es sich hierbei um einen strukturellen Mechanismus, dessen Wirkung von den Wertvorstellungen der von ihm betroffenen Gruppe gänzlich unabhängig ist. Als Beweis führte Michels an, daß nicht nur konservative Parteien und Verbände dem Oligarchiegesetz unterlagen, sondern offensichtlich auch solche Organisationen, die – wie die Arbeiterbewegung – eigens zur Realisierung demokratischer Ziele gegründet worden waren, deren Mitglieder also starke Bindungen an demokratische Werte und Normen in die Organisation einbrachten.

Im einzelnen argumentierte Michels, daß mit der Übertragung von Aufgaben auf dem Wege demokratischer Wahlen immer auch eine unterschiedliche Prestigeverteilung verbunden ist, die den Status der Delegierten über den der Mitglieder erhöht. Als Folge unterschiedlicher Beiträge zum Organisationsziel tritt zwischen Funktionären und Mitgliedern eine vertikale Statusdifferenzierung ein, die durch eine Reihe von selbstperpetuierenden und selbstverstärkenden Mechanismen weiter intensiviert wird.[3] Die Wirkungsweise dieser Mechanismen konnte Michels mit Hilfe zahlreicher Beobachtungen aus den von ihm untersuchten Organisationen illustrieren. So verschafften ihre in Ausübung ihres Amtes gesammelten Erfahrungen und Kenntnisse den gewählten Vertretern Vorteile gegenüber ihren Wählern, die ihnen nicht nur ermöglichten, sich deren Kontrolle weitgehend zu entziehen, sondern die auch ihren Beitrag in vielen Fällen unentbehrlich machten. Wo dies eintrat, kam es zu einer Verschiebung der Machtverhältnisse: Die Abhängigkeit der Vertreter von den Mitgliedern, wie sie von demokratischen Normen gefordert wurde, verwandelte sich in Abhängigkeit der Mitglieder von ihren Repräsentanten.

Parallel zu dieser Entwicklung erwiesen sich die zwischen Funktionären und Mitgliedern bestehenden Statusunterschiede als Grundlage unterschiedlicher Lebensstile und Interessen. Die mit dem Status des Funktionärs verbundenen Vorteile – höheres Ansehen, höheres Einkommen, nichtmanuelle Arbeit – führten zu solidarischen Bindungen zwischen den Amtsinhabern, die «ihre eigene Revolution» (Michels) bereits hinter sich hatten und sich allen Versuchen der Mitgliedschaft widersetzten, die Kontrolle über die Organisation zurückzugewinnen. Das gemeinsame Interesse an der Erhaltung des privilegierten Status als Funktionär fand seinen wirksamen Ausdruck in einem Zusammenschluß der im Amt befindlichen Funktionäre

3 Über selbstperpetuierende und selbstverstärkende Elemente in vertikalen Statussystemen vgl. die Beiträge über «Austausch», «Status» und «Macht».

zu einem Kartell, das jeden Wettbewerb um die von der Organisation vergebenen Positionen effektiv verhinderte und deren Verteilung unter sich ausmachte. Auf diese Weise konzentrierten sich in den Händen des Apparats alle Mittel, die Politik der Organisation zu lenken und zu beeinflussen. Alle politischen und organisatorischen Entscheidungen, die die Stellung der Funktionäre geschwächt und ihren spezifischen Interessen widersprochen hätten, waren dadurch so gut wie ausgeschlossen. Michels' Argument lief darauf hinaus, daß derartige Prozesse der *Statusdifferenzierung*, der *Machtbildung* und der *Interessenverschiebung* notwendige Begleiterscheinungen jeder politischen Arbeitsteilung seien und daß die in ihnen sich durchsetzende soziale Gesetzmäßigkeit von niemandem, auch nicht dem Gutwilligsten, umgangen werden könne.

Es ist kaum erstaunlich, daß Michels These – die in grandioser Einfachheit und Kompromißlosigkeit Demokratie prinzipiell für unmöglich erklärt – bis heute immer wieder eingehende Diskussionen hervorgerufen hat. Das Buch von Lipset, Coleman und Trow über «Union Democracy» (1956), aus dem der folgende Auszug entnommen ist, stellt sich bewußt und ausdrücklich in diesen Zusammenhang. Allerdings unterscheidet sich seine Argumentationsstrategie erheblich von anderen Beiträgen zu dem von Michels formulierten Problem. Anstatt nämlich Michels' «Gesetz» auf der Ebene allgemeiner, «theoretischer» Spekulationen zu diskutieren, versuchen die Autoren, mit Hilfe empirischer Analysen seinen Geltungsanspruch auf spezifische strukturelle Bedingungen einzugrenzen und dadurch, gewissermaßen ex negativo, die sozialen Voraussetzungen von Demokratie zu bestimmen. Dies geschieht mit Hilfe einer intensiven «Fallstudie» über eine Gewerkschaft – die amerikanische Druckergewerkschaft ITU –, deren politischer Prozeß in den Augen der Autoren auffallend von dem abwich, was nach dem Michelsschen Oligarchiegesetz eigentlich zu erwarten gewesen wäre. So wies die ITU als einzige Gewerkschaft der USA ein funktionierendes Zweiparteiensystem auf, und ihre Mitglieder konnten in regelmäßigen Abständen nach intensiven Auseinandersetzungen über Richtung und Durchführung der Verbandspolitik in Urwahl ihren Vorstand wählen. Da beide «Parteien» ungefähr gleich stark waren, waren Wechsel an der Spitze häufig. Auch außerhalb der Wahlkämpfe waren Beteiligung und Einfluß der Mitglieder der ITU ungleich größer als in anderen Gewerkschaften. So hatten die «Parteien» und Mitgliedergruppen eigene Zeitungen, in denen sie ihre Meinungen zur Politik der Organisation vertraten, und zahlreiche Fragen – unter ihnen die Höhe des Gehalts der Funktionäre bis hinauf zum Vorsitzenden – wurden durch Urabstimmungen entschieden.

Dreh- und Angelpunkt dieses Systems war für Lipset und seine Mitarbeiter der in den Statuten der Gewerkschaft und im Alltag der Organisation verankerte Wettbewerb um Führungspositionen. Solange verschiedene «Parteien» existierten, die einander die Führung streitig machten, konnte kein «Kartell der Amtsinhaber» mit monopolistischer Kontrolle über politische und organisatorische Fähigkeiten zustande kommen. Dies verhinderte, daß die Repräsentanten der Gewerkschaft Macht über die von ihnen repräsentierten Mitglieder gewannen. Im Gegenteil ermöglichte das Zweiparteiensystem der ITU den Mitgliedern, ihr starkes Interesse an ihrer Organisation in effektive Kontrolle ihrer verantwortlichen Funktionäre umzusetzen und den «Preis», den sie – in Gestalt eines hervorgehobenen Status – für deren Leistung zu zahlen hatten, möglichst niedrig zu halten. Unter dieser Perspektive erschien für die Autoren von «Union Democracy» das strukturelle Problem der Demokratie vor allem in Form der Frage nach den sozialen Voraussetzungen eines offenen, organisierten Wettbewerbs um politische Führungspositionen.[4]

In dem folgenden Text entwickeln die Autoren eine Reihe von bemerkenswerten Schlußfolgerungen. Demokratische Politik setzt demzufolge voraus, daß die Inhaberschaft politischer Funktionen nicht als materielle Grundlage privilegierter Lebenschancen dienen kann. Freier politischer Wettbewerb ist nur dann möglich, wenn bei ihm nicht zu viel auf dem Spiel steht und der Gewinn, der mit der Ausübung politischer Macht verbunden ist, nicht zu groß ist. Dies wiederum erfordert eine egalitäre Sozialstruktur mit geringen Statusdifferenzen, in der Belohnungen eher in Gestalt von Prestige als von materiellen Vorteilen vergeben werden und die solidarische, von materiellen Interessenkonflikten weitgehend entlastete Beziehungen zwischen ihren Mitgliedern ermöglicht. Dadurch, daß sich die ITU in dieser Hinsicht, aus einer Anzahl verschiedenster Gründe, von anderen Gewerkschaften unterschied, war sie in der Lage, sich der Geltung des «ehernen Gesetzes der Oligarchie» zu entziehen und ein demokratisches politisches System hervorzubringen.

«Union Democracy» ist nicht nur für die Organisationssoziologie oder die Politische Soziologie ein wichtiges Buch. Für eine «Soziologie der Soziologie» mag von nicht geringerem Interesse sein, was der Hauptautor, Seymour Martin Lipset, in einer Fußnote mitteilt: daß sein Vater Drucker und Mitglied der ITU war. Wie groß der Einfluß dieses Umstands auf die Auswahl der ITU als Forschungsgegenstand – und überhaupt auf die Formulierung des untersuchten Problems in der Auseinandersetzung mit Michels – gewesen ist, hat Lipset selber in einem längeren Essay[5] dargestellt. «Union

4 Diese «Reduktion» des Begriffs der Demokratie auf ein institutionelles Arrangement zur Besetzung von Führungspositionen ist oft als Verkürzung gegenüber einem «substantiellen» Demokratiekonzept bezeichnet und kritisiert worden. Die Berechtigung dieser Kritik muß hier ungeklärt bleiben; berücksichtigt werden sollte jedoch, daß Lipset u. a. die freie Konkurrenz um Führungspositionen nicht willkürlich zum zentralen strukturellen Element von Demokratie erklären, sondern aufgrund ihrer im vorliegenden Fall konstatierbaren organisatorischen *Funktionen*. Der andere häufig gegen «Union Democracy» vorgebrachte Einwand, daß Demokratie in Organisationen nicht dasselbe sei wie Demokratie in Gesellschaften und daß deshalb Schlußfolgerungen über innerorganisatorische Demokratie nicht ohne weiteres auf Gesellschaften übertragen werden können – ein Einwand, der Michels eher noch stärker trifft als Lipset –, scheint hier schon vergleichsweise gewichtiger.

5 S. M. Lipset, The Biography of a Research Project: Union Democracy, in: Phillip E. Hammond (Hg.), Sociologists at Work, New York 1964, S. 111 ff.

Democracy» ist deshalb *auch* ein Beispiel dafür, wie ein Soziologe seine persönliche Erfahrung und sein im Alltagsleben erworbenes «Vorwissen» produktiv verwerten kann, ohne dabei auf die um der wissenschaftlichen Objektivität willen erforderliche Distanz zu seinem Gegenstand zu verzichten.

S. M. Lipset, M. Trow und J. Coleman
Gewerkschaftliche Demokratie: Strukturelle Voraussetzungen eines Zweiparteiensystems in einer Gewerkschaft

Bei unserem Versuch, die fortdauernde Existenz eines institutionalisierten Zweiparteiensystems in der amerikanischen Druckergewerkschaft ITU zu erklären, haben wir uns bisher auf die Drucker als soziale Gruppe[1] und auf ihre sozialen Beziehungen innerhalb der einzelnen Betriebe konzentriert. Wir haben gezeigt, wie die informellen und formellen sozialen Beziehungen während und nach der Arbeit die Mitglieder in das politische Leben ihrer Gewerkschaft integrieren. Die nach außen hin unpolitischen Klubs, die betrieblichen Gewerkschaftsorganisationen und die informellen sozialen Gruppen der Drucker sorgen für eine informierte und interessierte Mitgliedschaft. Aber dies ist nur eine der Voraussetzungen eines demokratischen politischen Systems. Daneben verlangt ein solches System nach Führern – Führern, die über unabhängige Machtquellen, unabhängige Grundlagen ihres Status und unabhängige Kommunikationskanäle verfügen, durch die sie ihre Vorstellungen von Gewerkschaftspolitik verbreiten können. Demokratische Politik setzt voraus, daß die Opposition stark genug ist, um sich ihrer Zerschlagung durch die Machthaber erfolgreich zu widersetzen. Sie verlangt ferner eine Atmosphäre, in der Opposition als legitim und nicht als Zielscheibe für repressive administrative Maßnahmen betrachtet wird.

Viele der Elemente in Gewerkschaft und industrieller Organisation, die eine informierte und interessierte Mitgliedschaft hervorbringen, tragen auch zur Sicherheit und Wirksamkeit organisierter Opposition bei. In gewissem Sinn machen sie auf diese Weise jene demokratischen politischen Prozesse möglich, in die die Drucker auf den von uns beschriebenen Wegen einbezogen werden. Genau dies ist das Thema der nächsten Kapitel: wie die für demokratische Politik notwendigen strukturellen und normativen Bedingungen in der Druckergewerkschaft entstanden sind und aufrechterhalten werden.

Unter welchen Bedingungen treten in einer Gewerkschaft Männer in Erscheinung, die willens, vorbereitet und imstande sind, in internen organisierten Oppositionsgruppen aktiv zu werden? In der folgenden Diskussion wird diese Frage in zwei Teile getrennt:

1. Welche Faktoren führen dazu, daß sich die Gesamtzahl potentieller Gewerkschaftsaktivisten erhöht? Unter welchen Bedingungen entwickelt sich ein relativer Überfluß an Männern, die bereit sind, in der Gewerkschaft aktiv zu sein? Unter welchen Bedingungen sind sie in der Minderheit?

---

1 Anm. d. Ü.: Im Original «occupational community» – ein Ausdruck, der die engen sozialen Beziehungen zwischen den Mitgliedern der untersuchten Berufsgruppe auch außerhalb der Arbeitszeit hervorhebt. Im folgenden wird «occupational community» häufig als «Berufsgemeinschaft» übersetzt.

2. Unter welchen Bedingungen haben einige dieser *potentiellen* Aktivisten wirklich die Chance, sich an organisierten oppositionellen Gruppen oder Parteien innerhalb einer Gewerkschaft zu beteiligen?

Faktoren, die die Zahl der potentiellen Aktivisten beeinflussen

[. . .]

Warum ist die Gesamtzahl potentieller Aktivisten in der ITU größer als in anderen Gewerkschaften? Ein Teil der Antwort liegt in der relativ hohen Befriedigung, die das Drucken als Handwerk und als Quelle von Status mit sich bringt. Es überrascht nicht, daß die Zahl der Gewerkschaftsaktivisten und Gewerkschaftsführer in jenen Berufen am größten ist, die – wie zum Beispiel Musik, Journalismus oder Schauspielerei – von den Beteiligten als innerlich befriedigend und als Ausdruck ihrer Persönlichkeit empfunden werden. Viele Drucker, verglichen mit anderen manuell Arbeitenden, sehen auch außerhalb der Arbeitszeit ihren Beruf und seine Institutionen als einen Bereich befriedigender Aktivität. Die relative Zufriedenheit der Drucker trägt nicht nur dazu bei, aus ihnen eine aktive, stark integrierte soziale Gruppe zu machen (die, wie wir gesehen haben, einer der strukturellen Pfeiler gewerkschaftlicher Demokratie in der ITU ist), sondern sie hilft auch auf direkterem Wege, jene Männer innerhalb der Gewerkschaft zu halten, von denen am ehesten erwartet werden kann, daß sie aktiv zu deren politischem Leben beitragen werden. Arbeitszufriedenheit also vergrößert die Gesamtzahl potentieller politischer Aktivisten innerhalb der Gewerkschaft, indem sie die Abwanderung ehrgeiziger und talentierter Männer in andere Berufe verlangsamt.

Hohe Arbeitszufriedenheit ist aber nur ein Aspekt jenes Status, der mit der Bezeichnung der Drucker als «Arbeiteraristokratie» umschrieben wird. Für die überwältigende Mehrheit der Drucker lenken der relativ hohe Berufsstatus, die materiellen Vorteile der bei stabiler Beschäftigung entstehenden Priorität[2] sowie das relativ hohe Einkommen und die Sicherheit der Arbeitsplätze Aufmerksamkeit und Aspirationen von den unsicheren Aussichten anderer Berufe ab und zurück auf das Drucken und die Gewerkschaft. Aus diesem Grunde bleiben gerade die Männer mit den größten Ambitionen, d. h. diejenigen, die am ehesten nach einer Führungsposition in der Gewerkschaft streben, der Gewerkschaft erhalten. In anderen manuellen Berufen sind die potentiellen Führer oft schon für die Gewerkschaftsarbeit verloren, bevor sie überhaupt damit begonnen haben, weil andere Berufe ihnen mehr zu bieten haben. So schreiben Howe und Widdick, daß

2 Anm. d. Ü.: Aufgrund der von der ITU durchgesetzten Tarifverträge erwerben Drucker durch längere und kontinuierliche Beschäftigung eine Art Eigentum an ihrem Arbeitsplatz («priority»), das ihnen neben anderen Vorteilen praktisch zu einem Recht auf Dauerbeschäftigung verhilft.

die UAW[3] «sich oft dem Problem gegenübersieht, daß gerade die aufgewecktesten und vielversprechendsten Mitglieder – und damit die potentiellen Gewerkschaftsaktivisten – sich am eifrigsten bemühen, die Automobilindustrie zu verlassen.»[4]

Die «aufgewecktesten und vielversprechendsten» Mitglieder der ITU finden sich am ehesten unter den Betriebsgruppenvorsitzenden, die insgesamt höhere berufliche Aspirationen haben als andere Gewerkschaftsmitglieder. Die Betriebsgruppenvorsitzenden der *großen* Betriebe, d. h. derjenigen, aus denen sich die Mehrzahl der Gewerkschaftsführer und Aktivisten rekrutiert, haben von allen Mitgliedergruppen die höchsten Aspirationen. Die Ambitionen dieser Männer finden ihr Betätigungsfeld in den von ihnen ausgeübten Gewerkschaftsämtern. Ein früherer Gewerkschaftsfunktionär erklärte ausdrücklich, daß die in der Gewerkschaftsstruktur mögliche Mobilität für ihn ein Ausgleich für die mit dem Druckerberuf verbundene Immobilität war. Zunächst hatte er den größten Teil seiner freien Zeit darauf verwendet, sich auf eine qualifiziertere Berufstätigkeit vorzubereiten. Als er merkte, daß er sein Ziel nicht erreichen würde, wechselte er zur Gewerkschaftsarbeit als Vehikel für Aufwärtsmobilität:

> «Ist man erst einmal Drucker, kann man keine andere Arbeit außer der eines Gewerkschaftsfunktionärs mehr bekommen . . . Ich wollte früher einmal einen eigenen Betrieb aufmachen, aber als ich merkte, daß ich immer Drucker bleiben würde, habe ich mich für die Möglichkeit interessiert, in der Gewerkschaft mitzuarbeiten.»

[. . .]

Der aufstiegsorientierte Drucker hat gewöhnlich nur zwei Mobilitätskanäle zur Verfügung: Management bzw. Besitz des Betriebes oder Führungspositionen in der Gewerkschaft. In der Praxis wird die Entscheidung zwischen dem Streben nach Vorarbeiterpositionen oder Gewerkschaftsfunktionen größtenteils durch die Größe des Betriebes bestimmt. Wir haben bereits gesehen, daß in kleineren Betrieben die Männer mit Ambitionen eher eine Vorarbeiterposition anstreben, während in den größeren Betrieben, wo die Chancen für eine Vorarbeiterposition von vornherein geringer sind, sich ihre Aspirationen auf Betriebsgruppen- und andere Gewerkschaftsfunktionen konzentrieren. Einen klaren Beweis hierfür können wir in den Antworten der Betriebsgruppenvorsitzenden auf die Frage finden, ob sie lieber Vorarbeiter oder Gewerkschaftsfunktionär wären. In Betrieben mit mehr als dreißig Druckern zogen zwei Drittel der Vorsitzenden den Gewerkschaftsposten vor, in kleineren Betrieben dagegen nur ein Drittel.

---

3 Anm. d. Ü.: Gemeint ist die *United Automobile Workers Union*, eine der größten Industriegewerkschaften der USA.

4 Howe, I., und B. J. Widdick, The UAW and Walter Reuther, New York 1949, S. 17.

Tabelle
Antworten der Betriebsgruppenvorsitzenden auf die Frage: «Würden Sie lieber Vorarbeiter oder Gewerkschaftsfunktionär sein?» – in Prozent

	Betriebsgröße 30+	30–
lieber Gewerkschaftsfunktionär	19	37
lieber Vorarbeiter	65	44
keins von beiden	16	19
N	(43)	(43)

Unabhängig davon, daß die Betriebsgröße einen starken Einfluß darauf ausübt, ob ein Drucker mit Ambitionen eher zum Gewerkschaftsfunktionär oder zum Vorarbeiter tendiert, sind die mobilitätsbewußtesten Mitglieder der Gewerkschaft eher bereit, sich an der Gewerkschaftsarbeit zu beteiligen. Im Gegensatz dazu zeigt sich in anderen Berufen, daß der Wunsch nach Positionen mit höherem Status zur Nichtbeteiligung an Gewerkschaftsaktivitäten führt.[5] Die Attraktivität des Druckens als Beruf, die relativ begrenzten Aufstiegsmöglichkeiten innerhalb des Berufs und die echten Mobilitätschancen durch Gewerkschaftsarbeit gehören zu den zentralen Faktoren, die die Gruppe der Drucker mit besonders hohen Ambitionen zu einer Gruppe potentieller Gewerkschaftsführer und -aktivisten macht.

Während viele sich für Gewerkschaftspolitik als Lösung für ihre Statusaspirationen interessieren, entwickeln andere dasselbe Interesse, weil sie in die Gewerkschaft «hineingeboren» wurden. Eine signifikante Minderheit der Gewerkschaftsmitglieder (17 %) sind Söhne von Druckern, und 30 % haben andere Verwandte in diesem Beruf. Viele Führer der ITU rekrutieren sich aus Druckerfamilien. Alle diese Männer haben durch ihre Familie frühe und ständige Beziehungen zu Druckern und ihrer Gewerkschaft und betrachten auf Grund dieser Erfahrungen die ITU und ihre Institutionen als den Bereich, für den sie ihre freie Zeit und ihre Energien befriedigend einsetzen können. Einige dieser Männer wuchsen in einer Umwelt auf, die man fast eine Druckersubkultur nennen könnte. Ein Gewerk-

5 Vgl. Lipset, S. M., und Joan Gordon, Mobility and Trade Union Membership, in: Bendix, R., und S. M. Lipset, Class, Status and Power, S. 491–500; vgl. ebenfalls Tannenbaum, A., und R. Kahn, Participation in Union Locals, Evanston 1958.

schaftsführer berichtet zum Beispiel[6]: «Meine Stiefmutter und alle ihre Schwestern waren Drucker, und ich hörte darüber zu Hause so viel reden, daß es für mich eine ganz natürliche Sache war, auch Drucker zu werden. Ich hatte zu Hause so viel darüber gehört, daß ich nichts anderes kannte. Ich weiß nicht, wie sie zum Drucken gekommen sind . . . Ich glaube, das lag schon vor ihnen in der Familie.» Ein anderer bemerkt: «Mein Stiefvater war schon sehr lange Gewerkschaftsmitglied . . . Nachdem meine Mutter ihn geheiratet hatte, erfuhr ich alles über die Gewerkschaft aus erster Hand.»

[. . .]

Für Männer, deren Väter und andere enge Verwandte Drucker waren, ist das Drucken nicht einfach irgendeine Arbeit, um Geld zu verdienen, sondern die Basis stark empfundener Normen, Gefühle und affektiver Bindungen. Solchen Männern sind Gewerkschaftsaktivitäten als legitime Form der Freizeitbeschäftigung faktisch vorgeschrieben, und im Zuge solcher Aktivitäten Führerstatus zu erreichen, heißt für diese Männer Prestige bei einer wichtigen Bezugsgruppe zu gewinnen. Wir können erwarten, daß ein guter Teil der Männer von entsprechender Herkunft von dem Moment an, in dem sie Gewerkschaftsmitglied werden – wenn nicht gar schon in den Lehrjahren –, zum Kreis der potentiellen Gewerkschaftsaktivisten gehören.

Die Berufsgemeinschaft spielt bei der Schaffung einer großen Zahl potentieller Gewerkschaftsaktivisten eine ähnliche Rolle wie die Verwandten. Die Natur dieses Prozesses der Aktivierung für Gewerkschaftspolitik durch die Berufsgemeinschaft haben wir an anderer Stelle behandelt. Hier wollen wir nur noch einmal betonen, daß jene Drucker, die in ihren Berufsorganisationen aktiv werden, Normen übernehmen, durch die die Beteiligung an der Gewerkschaftsarbeit als richtig und prestigebringend definiert wird. Ebenso wie die Teilhabe an der Berufsgemeinschaft das gewerkschaftspolitische Engagement der Mitgliedschaft vergrößert, erhöht sie die Zahl potentieller Gewerkschaftsaktivisten, aus der sich die Partei- und anderen Gewerkschaftsführer rekrutieren.

Ein ganz anderer Faktor, der ebenfalls Gewerkschaftsaktivisten hervorbringt, ist eine linke politische Ideologie, die aktive Beteiligung in der Gewerkschaft als Teil einer generellen sozialen und politischen Orientierung vorschreibt. Mr. H. ist ein deutliches Beispiel eines ideologisch-motivierten Gewerkschaftsführers. Er ist in der Lokalpolitik aktiv und hatte früher ein Amt in der Stadtverwaltung inne. Er ist auch offensichtlich seit langem Sympathisant der Kommunisten und verwendet den Jargon kommunistischer Organisationstaktik, als er uns gegenüber die Entstehung und

6 Der Hauptautor dieser Studie [Lipset; d. Ü.] kann die Existenz dieser Subkultur aus eigener Erfahrung bestätigen. Sein Vater nahm ihn als kleinen Jungen oft zu Versammlungen von «Big Six» mit (der für die Stadt New York zuständigen Untergliederung der ITU; d. Ü.). Daß Drucker ihre Kinder auf Gewerkschaftstreffen mitnehmen, ist auch heute noch zu beobachten; es zeigt den Stolz der Drucker auf ihre Organisation und die Bedeutung, die diese für sie auch in ihrer Freizeit hat.

Liquidierung der Amalgamation Party[7] beschrieb, die auf lokaler Ebene als Tarnorganisation der Kommunistischen Partei fungierte und während der dreißiger Jahre insbesondere das Arbeitslosenproblem ausschlachtete.

[. . .]

Männer mit dieser Orientierung bilden einen winzigen Teil der Mitgliedschaft auf lokaler (gemeint ist: New Yorker; d. Ü.) Ebene – vielleicht 1 % – und einen noch kleineren Teil der Mitgliedschaft im ganzen Land. Sie sind in der Gewerkschaft jedoch disproportional aktiv. Von den 34 Gewerkschaftsführern auf lokaler Ebene, die wir intensiv befragten, schienen vier oder fünf durch ihr Engagement für eine soziale und politische Ideologie, die der von Mr. H. ähnelte, für ihre Gewerkschaftspolitik motiviert zu werden.

In jeder Gewerkschaft kann man damit rechnen, daß linke Ideologien einen Beitrag zur Erweiterung der Zahl potentieller Aktivisten leisten. In der ITU wirkt diese Ideologie unabhängig von den Charakteristika des Druckens als Beruf und als Industrie als eine zentrale Motivation für die Mitarbeit in der Gewerkschaft. In dieser Hinsicht unterscheidet sich Ideologie von den Einflüssen, die der hohe Status des Berufs, die Herkunft der Drucker und die Berufsgemeinschaft ausüben, denn bei den letzteren handelt es sich um Faktoren, die in engem Zusammenhang mit den spezifischen Charakteristika des Druckereigewerbes und des Druckerhandwerks stehen.

Alle diese Faktoren, einschließlich der linken Ideologie, operieren jedoch unabhängig von der politischen Struktur der ITU. Das heißt, alle diese Faktoren würden auch dann die aktive Beteiligung der Männer an der Gewerkschaftspolitik fördern, wenn die Gewerkschaft nicht durch ein Zweiparteiensystem gekennzeichnet wäre. Es gibt jedoch wenigstens einen zentralen Mechanismus, der zum größten Teil das Produkt der demokratischen Gewerkschaftsstruktur ist und tendenziell die Gesamtheit der potentiellen Gewerkschaftsführer und Aktivisten vergrößert: die große Zahl der bedeutenderen und weniger bedeutenden Gewerkschaftsfunktionen in den Betriebsgruppen und lokalen Gewerkschaftskomitees. Diese bringen dadurch Gewerkschaftsaktivisten hervor, daß sie die Männer in das politische Leben der Gewerkschaft einbeziehen. Der entscheidende Punkt ist nämlich nicht die große Zahl dieser Funktionen (in anderen Gewerkschaften gibt es dafür die zahlreichen «shop stewards»), sondern eher ihre organisatorische Autonomie und der rasche Wechsel in ihrer Besetzung, die sie zu einem idealen Saatbeet für Gewerkschaftsführer machen. Sowohl Autonomie als auch Rotation sind Konsequenzen des insgesamt demokratischen politischen Prozesses in der Gewerkschaft; und insoweit wie sie viele Männer in das aktive Gewerkschaftsleben holen und damit die Zahl der potentiellen Führer vergrößern, tragen sie zur Erhaltung des Systems bei, von dem sie ein Teil sind.

7 Anm. d. Ü.: Eine radikale ITU-interne Partei, die während der Depression und des New Deal einen gewissen Einfluß gewinnen konnte.

Voraussetzungen für die Rekrutierung von Aktivisten für Oppositionsgruppen

Die verschiedenen oben genannten Faktoren – der im Vergleich mit den meisten anderen manuellen Berufen hohe Status und die hohen Belohnungen, die mit dem Beruf verbunden waren, die Familienbeziehungen der Drucker, die lebendige Berufsgemeinschaft, eine linke Ideologie und die Notwendigkeit, viele autonome Gewerkschaftsfunktionen auszufüllen – führen sämtlich dazu, daß die Drucker ihre Gewerkschaft als Sphäre legitimer und befriedigender Aktivitäten betrachten, und vergrößern dadurch die Zahl der Männer, die unter den gegebenen Umständen zur Beteiligung an der Gewerkschaftspolitik motiviert werden können.[8] Aber wie werden potentielle Gewerkschaftsführer tatsächliche Gewerkschaftsführer? Wie kommen einige dazu, sich mit einer Gruppe zu verbinden, die in offener Opposition zur herrschenden Gewerkschaftsführung steht? Das Beispiel der ITU zeigt, daß die *Statussicherheit* des Mitglieds durch seine Unterstützung der oppositionellen Gruppe nicht gefährdet werden darf, wenn überhaupt eine Opposition zustande kommen soll, die in Zahl und Stärke der herrschenden Gruppe vergleichbar ist.

[. . .]

Psychologische Sicherheit basiert auf der Erwartung, daß aktive Opposition gegen die herrschende Führung nicht durch plötzlichen Verlust von Prestige und Ansehen in der Gewerkschaft bestraft wird. Damit die Statussicherheit groß genug ist, um eine Oppositionspartei unterstützen zu können, ist es für Gewerkschaftsaktivisten von Vorteil: (1) wenn der Statusunterschied zwischen einem Gewerkschaftsfunktionär und einem einfachen Mitglied nicht zu groß ist (das Ausmaß dieses Unterschiedes hängt wiederum vom relativen sozialen Status des Berufes im Vergleich zum Status eines Gewerkschaftsfunktionärs in der größeren Sozialstruktur ab); (2) wenn außerhalb der im Amt befindlichen Gewerkschaftsführung unabhängige Statusquellen für Gewerkschaftsführer existieren.

In fast allen Gewerkschaften gibt es eine scharfe Unterscheidung zwischen dem Status solcher Mitglieder, die in ihrem Beruf arbeiten, und dem derjenigen, die Gewerkschaftsfunktionäre sind. Im allgemeinen rührt der Status der Funktionäre lokaler und nationaler Gewerkschaften nicht von ihrer Mitgliedschaft in einer bestimmten Berufsgruppe oder Industrie her, sondern stammt aus den recht unterschiedlichen Rollen, die sie in ihrem Beruf als «Gewerkschaftsvertreter» spielen. Und dieser Status ist in den Augen sowohl der Öffentlichkeit als auch der eigenen Mitgliedschaft sehr viel

8 Während die bisher genannten Faktoren die Motivation der Drucker zur Beteiligung an der Gewerkschaftsarbeit beeinflussen, wirkt der bei den Druckern vorhandene relativ hohe Grad der formalen Bildung in eine etwas andere Richtung: nämlich in Richtung auf eine weiter als in anderen Gewerkschaften gestreute Verteilung jener minimalen verbalen Fähigkeiten, die für Führungspositionen erforderlich sind. Da jedoch das Bildungsniveau in der Gesamtbevölkerung steigt, wird dieses die Drucker als Gruppe heraushebende Merkmal in Zukunft zunehmend weniger Bedeutung haben.

höher als der Status fast aller Arbeiterberufe. Die Untersuchung des National Opinion Research Center über das relative Prestige verschiedener Berufe, ausgedrückt durch die Einschätzung eines repräsentativen Querschnitts der Bevölkerung, zeigt, daß «Vertreter einer nationalen Gewerkschaft» etwa den gleichen Rang einnehmen wie «Geschäftsinhaber, Manager und höhere Beamte» und beträchtlich höher liegen als alle manuellen Arbeiter.[9] Howe und Widdick stellen für die Automobilarbeitergewerkschaft (UAW) fest:

«Der Status des Gewerkschaftsvertreters kann sehr hoch sein; ... für sein vermutetes besseres Wissen und seine bessere Ausdrucksfähigkeit wird er von den Arbeitern gewöhnlich sehr respektiert; er verdient mehr und unter gesicherteren Bedingungen als sie; er braucht sich nicht der Betriebsdisziplin zu unterwerfen und ist vergleichsweise flexibel in seiner Arbeitseinteilung; er erfreut sich eines Umstands, der für die meisten Amerikaner ein sehr großes Privileg und ein Zeichen sozialer Autorität ist; er kann anstatt des ‹blauen Anton› Anzug und Krawatte tragen.»[10]

Aufgrund all dieser Unterschiede – Wissen, Fähigkeiten, Einkommen, Arbeitsautonomie, Kopf- anstatt Handarbeit – neigt der Gewerkschaftsführer dazu, sich in seinem Lebensstil, seinen sozialen Perspektiven usw. vom einfachen Mitglied zu unterscheiden. Zusätzlich aber dient der auf diese Weise entstandene Statusunterschied dazu, jene Monopolisierung der Macht in den Händen des Gewerkschaftsführers zu *rechtfertigen*, die durch seine Position in der Gewerkschaftshierarchie lediglich *möglich* wird. Der bekannte, sich selbst verstärkende Mechanismus von Macht und Status beginnt wirksam zu werden: Eine Funktion in der Gewerkschaft bringt Macht mit sich, hilft die eigenen Fähigkeiten entwickeln, ermöglicht die Übernahme des Lebensstils der Mittelschicht und ist in der Tat ein Mittelschichtberuf. All dies macht es für den Führer leichter, seine Macht zu erhalten: zunächst weil er mehr Fähigkeiten entwickelt, aber noch wichtiger, weil der ihm von der Mitgliedschaft zugestandene hohe Status seine Autorität legitimiert.

Das höhere, sicherere Einkommen bildet zusammen mit den anderen Erfahrungen eines Gewerkschaftsfunktionärs – Büroarbeit, Reisen, Kontakte mit Managern, mit der Regierung und mit anderen Gewerkschaftsfunktionären – die Basis und Substanz eines Lebensstils, der sich von dem der Männer im Betrieb signifikant unterscheidet.[11] Auf der Ebene der örtlichen Verwaltungsstellen ist die Differenz zwischen dem Einkommen eines Funktionärs und dem eines Arbeiters im allgemeinen nicht sehr groß; trotzdem aber hat der Gewerkschaftsfunktionär ein sichereres Einkommen, größere Chancen, innerhalb der Gewerkschaft aufzusteigen, und eine viel angenehmere, abwechslungsreichere und befriedigendere Arbeit.

---

9 North, C., und P. K. Hatt, Job and Occupations: A Popular Evaluation, in: Wilson, L., und W. A. Kolb (Hg.), Sociological Analysis, New York 1949.
10 Howe und Widdick, a. a. O., S. 257.
11 In seiner Studie über «Politische Parteien» macht Michels diesen Unterschied zum zentralen Element seiner Analyse der Oligarchie.

Der hohe Status, den Gewerkschaftsführer in den meisten Gewerkschaften im Vergleich zur Mitgliedschaft haben, begründet bei ihnen ein starkes Interesse an der Erhaltung ihres Arbeitsplatzes und führt zu Versuchen, die Unsicherheit des Beschäftigungsverhältnisses in jeder Weise zu verringern. Diese Versuche stehen natürlich oft in direktem Gegensatz zu den demokratischen Werten der Gewerkschaftsbewegung. Als Resultat des ausgeprägten Interesses an dem Status als Funktionär einerseits und des nominell demokratischen Charakters der Organisation andererseits ist die Spannung zwischen dem Wunsch des Amtsinhabers nach Statussicherheit (d. h. nach sicherer Amtsinhaberschaft) und dem demokratischen Prozeß gerade in Gewerkschaften besonders stark.

Mit einigen wenigen Ausnahmen ist fast jeder Gewerkschaftsvertreter durch eigene Anstrengungen die Statushierarchie emporgestiegen. Der Beruf eines Gewerkschaftsführers ist einer der wenigen Berufe mit hohem Status, die fast nur aufgrund von Leistung erreicht werden und in denen verwandtschaftliche Beziehungen fast keine Rolle spielen. Die meisten Positionen mit hohem Status schließen eine gewisse Arbeitsplatzsicherheit mit ein, sobald die gegebene Position erst einmal erreicht ist. Demokratie impliziert jedoch permanente Unsicherheit für die Inhaber von Führungspositionen; je demokratischer ein Herrschaftssystem, desto größer die Unsicherheit der Amtsinhaber. Jeder Inhaber einer Position mit hohem Status muß daher in einem wirklich demokratischen System notwendig mit dem Verlust seiner Position als Bestandteil des normalen politischen Prozesses rechnen.

Man kann jedoch nicht erwarten, daß die Betroffenen diese Unsicherheit mit Gleichmut akzeptieren. Wenn ein hoher Status erreicht ist, besteht im allgemeinen das Interesse, ihn zu schützen und zu erhalten. Das gilt insbesondere dann, wenn der Unterschied zwischen dem Status des Amtes und dem der Position, in die man nach einer Wahlniederlage zurückkehren müßte, sehr groß ist. Für die meisten Gewerkschaftsfunktionäre ist dies der Fall.

[. . .]

Jene relativ wenigen Gewerkschaftsfunktionäre, die aus einer hohen gewerkschaftlichen Position abgewählt werden, haben kaum die Möglichkeit, eine Arbeit aufzunehmen, in der sie sowohl ihren hohen Status erhalten als auch weiterhin in der Gewerkschaftspolitik aktiv sein können. Zum Lebensstil der Mitglieder zurückzukehren ist für den geschlagenen Gewerkschaftsführer eine zu große Veränderung; dies ist der Grund, warum so viele Gewerkschaftsfunktionäre, die ihr Amt verlieren, gleich auch aus ihrem Beruf ausscheiden und entweder ins Management wechseln oder versuchen, in einer anderen Gewerkschaftshierarchie als Angestellte unterzukommen.[12]

12 Vgl. Lipset, S. M., The Political Process in Trade Unions: A Theoretical Statement, in: Berger, Monroe u. a., Freedom and Social Control in Modern Society, New York 1954, S. 92–98.

Wenn in der Mitgliedschaft ein erfahrener und trainierter Kader potentieller Führer fehlt (der sich aus abgewählten Amtsinhabern zusammensetzen könnte), ist die Aufrechterhaltung einer aktiven Opposition innerhalb der Mitgliedschaft, die personelle und politische Alternativen präsentieren könnte, sehr schwierig. Wenn sich alle in Gewerkschaftsangelegenheiten erfahrenen Männer entweder in der Administration oder außerhalb der Gewerkschaft befinden, gibt es keinen Kern von Ideen, Fähigkeiten und Reputation, um den sich eine Opposition kristallisieren könnte. [. . .] Gewerkschaften, die Beschäftigte mit niedrigem Berufsstatus organisieren, verlieren daher nicht nur jene potentiellen Führer, die gar nicht erst in der Gewerkschaft aktiv werden, sondern sie verlieren auch oft erfahrene Führer, die nicht in die Betriebe zurückwollen, weil sie in anderen Berufen erfolgreicher sein können.

Es wird nun deutlich, welche internen politischen Konsequenzen das relativ «flache» Schichtungssystem in der ITU hat. Ihre Mitglieder verfügen über ein solches Maß an Einkommen und Status, daß die Disparität zwischen den Perspektiven und dem Lebensstil der Arbeiter und der Gewerkschaftsführer auf ein Minimum begrenzt wird. Das gegenwärtige [1956; d.Ü.] Einkommen eines Druckergesellen in New York (woanders ist es sehr ähnlich) liegt bei etwa 110 Dollar pro Woche, bei geringfügigen Unterschieden zwischen Tag- und Nachtschichten sowie zwischen Zeitungen und anderen Druckereibetrieben. Bei Vollbeschäftigung ergibt dies – vor Abzug der Steuern und Gewerkschaftsbeiträge – ein Jahreseinkommen von beinahe 6000 Dollar. Sehr viele der gewerkschaftlich organisierten Drucker verdienen jedoch erheblich mehr als dieses Minimum. Viele Betriebe zahlen an Männer mit längerer Betriebszugehörigkeit Prämien und Bonusse.[13]

Die Auswirkung der ohnehin schon hohen Durchschnittslöhne der Drukker wird durch gewerkschaftspolitische Tendenzen, den Einkommensunterschied zwischen Arbeitern und Gewerkschaftsfunktionären gering zu halten, weiter verstärkt. Die Gehälter der Funktionäre können nämlich nur durch ein Referendum der Mitgliedschaft auf lokaler bzw. nationaler Ebene erhöht werden, und die Mitglieder weigern sich beharrlich, ihren Funktionären größere oder häufigere Gehaltserhöhungen zuzugestehen. Gewerkschaftsfunktionäre verdienen mehr als Drucker, doch selbst diese Differenz ist geringer, als sie zunächst erscheinen mag, weil eine Funktion in der ITU mit vielen Sonderausgaben verbunden ist, die Funktionäre in anderen Gewerkschaften nicht haben oder auf ihren großzügigen (und häufig nicht kontrollierten) Spesenkonten abbuchen können. ITU-Funktionäre sind fast immer Mitglied einer der beiden gewerkschaftsinternen Parteien und müssen einen beträchtlichen Teil ihrer Gehälter in den jeweiligen Wahlkampffonds einzahlen; und wenn sie mit ihren Kollegen im Betrieb zu einem Bier

13 Vorarbeiter und Meister – die sämtlich gewerkschaftlich organisiert sind – erhalten natürlich erheblich höhere Löhne als der Durchschnitt. In manchen Fällen erreicht ihr Einkommen 10 000 oder gar 12 000 Dollar im Jahr.

zusammenkommen, wird von ihnen erwartet, daß sie die Rechnung bezahlen. Da alle Posten des Spesenkontos für Funktionäre der Hauptverwaltung im «Typographical Journal» und für lokale Funktionäre im monatlichen Bulletin erscheinen müssen, kann das Spesenkonto kaum zur Verrechnung dieser Posten benutzt werden. Ein Befragter berichtete, daß ein früherer Vizepräsident sich geweigert habe, erneut zu kandidieren, weil er sich die mit dieser Funktion verbundenen zusätzlichen Ausgaben nicht länger leisten konnte. Obwohl es nur wenige Gewerkschaftsfunktionäre gibt, die aus diesem Grund die Annahme eines Amtes verweigern oder es verlassen, kann man als gesichert annehmen, daß sie aus ihrer Gewerkschaftsfunktion nur sehr geringen finanziellen Nutzen ziehen und daher sehr viel weniger dazu neigen, sich zum Schaden des demokratischen Prozesses in ihrem Amt festzusetzen.

Die Tatsache, daß die Einkommen der Funktionäre auf lokaler und nationaler Ebene nicht zu einem Lebensstil führen, der sich von dem des Durchschnittsmitglieds stark unterscheidet, ist zwar ein wichtiger, aber nicht der einzige Faktor, der die Kluft zwischen Führern und Geführten schmal hält. Drucken ist ein elaboriertes Handwerk mit reichen Traditionen und einem für einen manuellen Beruf relativ hohen Status. Unter den Druckern selber ist dieser Status womöglich noch höher als in der Gesellschaft als ganzer, und die Drucker haben dementsprechend das sehr ausgeprägte Gefühl, mit ihren Funktionären auf gleicher Ebene zu verkehren – wobei sie ihren Gewerkschaftsvertretern in keiner Weise jene Ehrerbietung bezeugen, die die meisten Arbeiter ihren längst zur Mittelschicht gehörenden Funktionären zollen.

Es kommt hinzu, daß für den gelernten Typographen, der auf sein Handwerk stolz ist, die Arbeit eines Gewerkschaftsfunktionärs keineswegs immer besonders attraktiv ist. Lohnarbeit in der Industrie ist gewöhnlich physisch zermürbend, monoton, ohne große intrinsische Bedeutung oder Befriedigung. Drucker sind zwar nicht mehr die freien und nicht entfremdeten Handwerker, die einige von ihnen traditionell einmal waren, aber sie scheinen aus dem Inhalt ihrer Arbeit immer noch wesentliche Befriedigungen und Gratifikationen zu gewinnen. Den dumpfen, schwelenden Haß gegen die Maschine, die Fabrik oder den Betrieb, der in der Industriegesellschaft für viele Lohnarbeiter charakteristisch ist, gibt es unter den Druckern einfach nicht.

Das relativ hohe Einkommen, der hohe Status und die große Arbeitszufriedenheit der Drucker im Betrieb – im Vergleich zu den ITU-Führern (und zu Gewerkschaftsführern im allgemeinen) – bringen eine erstaunliche Freiheit und Flexibilität in das interne politische Leben der Gewerkschaft. Wo die Rückkehr in die einfache Mitgliedschaft – entweder freiwillig oder nach einer Wahlniederlage – nicht ein entscheidendes Absinken des Lebensstils, der Arbeitsbefriedigung oder des Status bedeutet, ist das materielle und psychologische Interesse des Funktionärs an seinem Amt viel geringer. Die

Rückkehr eines Gewerkschaftsfunktionärs in die Mitgliedschaft wird ferner dadurch erleichtert, daß er nicht das Gefühl haben muß, er sei als Person zurückgewiesen oder herabgesetzt worden. Im Zweiparteiensystem der ITU wechseln die Mehrheiten häufig, und Siege sind im allgemeinen knapp. Fast alle Männer in der ITU, die eine bestimmte Zeit ein Amt auf nationaler oder lokaler Ebene innehaben, kehren nach einer Niederlage, nach Ablauf der in der Satzung festgelegten Amtszeit oder freiwillig in die Mitgliedschaft zurück. In den letzten zwanzig Jahren ist fast jeder Funktionär der ITU (und der zwei größten lokalen Organisationen, New York und Chicago), der aus seinem Amt ausgeschieden ist, in die Arbeit als Drucker zurückgekehrt. Nur einige wenige sind in Pension gegangen.[14] In der Mitgliedschaft bilden diese Männer eine Gruppe erfahrener Gewerschaftsaktivisten, die sich außerhalb der formalen Struktur des Gewerkschaftsapparats an der Politik der Organisation beteiligen.

Der geringe Statusunterschied zwischen Funktionären und Mitgliedern der ITU erleichtert nicht nur den Übergang in ein Amt und zurück in die Mitgliedschaft, sondern beeinflußt auch die Beziehungen zwischen Vorgesetzten und Untergebenen im Gewerkschaftsapparat. In den meisten Gewerkschaften ist es der große Statusunterschied zwischen Führern und Geführten, der für die Gemeinsamkeit der Ziele sorgt und die Grundlage für jene Disziplinierungsmaßnahmen bzw. Belohnungen für Konformität abgibt, mit deren Hilfe der Gewerkschaftsapparat zum politischen Instrument der jeweiligen Amtsinhaber wird. Die besonderen Interessen, Aktivitäten und Erfahrungen der Funktionäre, sowohl im Zusammenhang ihrer Arbeit als auch darüber hinaus, erzeugen emotionale Bindungen, gemeinsame Orientierungen und spezielle Perspektiven, die die Kluft zwischen Funktionären und Mitgliedern vertiefen und die interne Kohäsion der Führungsgruppe verstärken. Gewerkschaftsfunktionäre jedoch, die miteinander erheblich mehr gemeinsam haben als die Mitgliedschaft, scheinen ein Bewußtsein ihrer gemeinsamen Interessen zu entwickeln, das schließlich darin seinen Ausdruck findet, daß sie den Organisationsapparat zur Verteidigung ihrer Amtsinhaberschaft und der Macht ihrer Gruppe einsetzen.

Der bürokratische Apparat der Gewerkschaft erreicht seine stärkste Wirkung als Instrument zur Verteidigung der Macht der herrschenden Gruppe, wenn in ihm die Parteidisziplin einer politischen «Maschine» herrscht. Die besonderen Privilegien und der besondere Status des Gewerkschaftsfunktionärs – im Vergleich zu den einfachen Mitgliedern – sind ein überaus wirkungsvolles Mittel zur Herstellung einer solchen Parteidisziplin. Die Kontrolle, die der Apparat über die Funktionäre ausübt, gründet sich nicht allein darauf, daß die Gewerkschaftsführer der unteren und mittleren Ränge ihre Stellung ausschließlich aufgrund von Ernennung durch die Spitze der

14 Hauptamtliche Gewerkschaftsfunktionäre behalten während ihrer Amtszeit ihre Prioritätsrechte im Betrieb. Vgl. Anm. 2; d. Ü.

Organisation innehaben; es ist vielmehr die im Vergleich zur Berufsarbeit der Mitglieder außerordentlich hohe Attraktivität ihrer Positionen, die die Inhaber von Gewerkschaftsämtern so stark an der Bewahrung ihres Status interessiert und auf diese Weise von ihren Vorgesetzten abhängig bzw. ihnen dienstbar macht.

Dem entspricht umgekehrt, daß Gewerkschaften, die ihre Mitglieder aus Berufsgruppen mit hohem sozialen Status rekrutieren, der dem von Gewerkschaftsfunktionären entspricht oder ihn sogar übertrifft, weniger Tendenzen zu einer Umwandlung des bürokratischen Apparats in ein politisches Instrument der Führungsgruppe aufweisen. Die Macht der Führer von Gewerkschaften, die Berufstätige mit akademischer Ausbildung organisieren, oder von Künstlergewerkschaften erreicht nur selten die der Führer von Gewerkschaften manuell Arbeitender. Zugleich ist, wo das persönliche Interesse des Funktionärs bzw. des Kandidaten an der Amtsinhaberschaft relativ gering ist – wie zum Beispiel in der ITU –, die Kontrolle des Apparats über die Funktionäre weit weniger stark. Unter derartigen Bedingungen kann die im Amt befindliche Führungsgruppe von dem einzelnen Funktionär keinen blinden Gehorsam und keine uneingeschränkte Bereitschaft zur Verteidigung ihrer Macht und ihrer Amtsinhaberschaft erwarten. Auf diese Weise kommt es dazu, daß in der ITU Politik weniger eine Sache der Disziplin gegenüber einer politischen «Maschine» ist, sondern viel eher ein freies Zusammenspiel von Ideen, Problemen und Persönlichkeiten darstellt.

Wie bereits erwähnt, hängt jedoch die Statussicherheit, die es Gewerkschaftsaktivisten erlaubt, sich in offene Opposition zu begeben, nicht allein von dem geringen Statusunterschied zwischen Funktionären und im Betrieb tätigen Mitgliedern ab, sondern auch von der Möglichkeit, den mit dem Amt eines Gewerkschaftsführers verbundenen Status auch ohne ein offizielles Gewerkschaftsamt zu erreichen. Wenn dies möglich ist, sind Mitglieder, die in Gewerkschaftsangelegenheiten aktiv werden wollen, beträchtlich unabhängiger von der im Amt befindlichen Funktionärsgruppe.

Schon Michels hat in seiner Analyse der Oligarchie darauf hingewiesen, welche Bedeutung für den politischen Prozeß einer Gewerkschaft unabhängige Statusgrundlagen für potentielle Gewerkschaftsaktivisten haben. Für Michels ist die weithin beobachtete Kluft zwischen Führern und Geführten in großen, nominell demokratischen Organisationen zusammen mit dem Statusmonopol der amtierenden Funktionäre und ihrer Bürokratie eines der zentralen Elemente, die dem ehernen Gesetz der Oligarchie unterliegen. Zu einem Teil ist Michels' Analyse eine Theorie sozialer Schichtung innerhalb großer demokratischer Organisationen, speziell solcher Organisationen, die ihre Mitgliedschaft aus der Arbeiterklasse rekrutieren. Wenn wir die Grundlagen dieses Schichtungssystems betrachten, sehen wir, daß Michels dem Faktor «Position in der formalen Organisationshierarchie» die größte Bedeutung beimißt und andere Schichtungsvariablen – wie zum Beispiel Macht, erworbenen Status oder Einkommen – größtenteils als von der

Position in der Hierarchie abhängig und abgeleitet behandelt.

Für große, bürokratisierte Arbeiterorganisationen ist diese Beobachtung wahrscheinlich im allgemeinen zutreffend. Wie Michels bemerkt, ist es gerade die Tatsache, daß die Führer von konservativen und bürgerlichen Parteien ihren Status zum großen Teil von *außerhalb* ihrer Parteien beziehen – von ihrer ökonomischen oder beruflichen Position –, die in diesen Parteien Bürokratisierungstendenzen einschränkt und die Entwicklung jener Apparatdisziplin und oligarchischen Kontrolle aufhält, die für Organisationen der Arbeiterklasse charakteristisch sind.

Die ITU, die Michels' «ehernem Gesetz» nicht entspricht, stellt einen Fall dar, in dem Macht, Status und Einkommen nicht immer oder zumindest nicht notwendig von der formalen Position in der administrativen Hierarchie abhängen –, und zwar obwohl es sich um eine Arbeiterorganisation handelt. Wie wir gesehen haben, brechen in der ITU die Betriebsorganisationen und die sozialen Vereinigungen der Drucker das Prestigemonopol, das im allgemeinen von der Leitung der Gewerkschaft gehalten wird. Auf das Problem der sozialen Schichtung bezogen bedeutet dies, daß die genannten unabhängigen Strukturen alternative Statusgrundlagen außerhalb der Bürokratie schaffen. Dies setzt eine der Annahmen außer Kraft, die Michels' ehernem Gesetz unterliegen. Die Betriebsorganisationen und die Klubs der Drucker stellen Aktivitätsbereiche dar, in denen die mit einem Führungsstatus verbundenen Befriedigungen erreicht werden können, ohne daß hierzu die Disziplin einer organisationspolitischen «Maschine» akzeptiert werden müßte und ohne daß deren Zustimmung dazu nötig wäre. In dieser Hinsicht wirkt sich die Existenz alternativer Statusgrundlagen ähnlich aus wie die annähernde Statusgleichheit zwischen im Betrieb tätigen Druckern und Gewerkschaftsführern: *Beide verringern das persönliche Interesse, das Gewerkschaftsaktivisten an der Inhaberschaft eines Gewerkschaftsamtes haben, und indem sie dieses Interesse verringern, verringern sie zugleich die Abhängigkeit der Funktionäre von der im Amt befindlichen Gewerkschaftsleitung und vergrößern die Chance, daß Aktivisten oppositionelle Gruppen unterstützen.*

Diese alternativen Statusgrundlagen weisen zwei wichtige Eigenschaften auf. Zum einen sind sie autonome und unabhängige Statussysteme, zum anderen sind sie selbst nicht bürokratisiert. Die erste dieser Eigenschaften ermöglicht es den Mitgliedern, Status und Prestige eines Führers außerhalb des von dem Amtsinhabern kontrollierten Apparates zu erwerben; der unbürokratische Charakter dieser relativ kleinen Strukturen führt dazu, daß in ihnen erworbener Status und Prestige mehr den Beteiligten als Personen zufällt als irgendwelchen von ihnen eingenommenen Ämtern. Ein Mann, der offen gegen die im Amt befindliche Gewerkschaftsführung opponiert, kann daher sowohl Prestige und Führungsstatus in Gewerkschaftsangelegenheiten erwerben als auch diese im Auf und Ab einer Karriere *erhalten*: mit oder ohne Amt, als Betriebsgruppenvorsitzender oder an der Druckmaschine.

12. Ideologie

Der Grund, weshalb soziale Handlungsmuster – z. B. Statusordnungen, Machtverhältnisse, Rollen, Normen, Werte – über längere Zeit relativ unverändert bestehen bleiben, liegt häufig darin, daß sie bestimmte *Konsequenzen* haben, um derentwillen sie aufrechterhalten werden. Die *Folgen* solcher Erscheinungen bilden in gewissem Sinne zugleich ihre *Ursachen*: brächten sie diese nicht länger hervor, bestünde kein Anlaß mehr, an ihnen festzuhalten, und sie würden über kurz oder lang verschwinden. Um soziale Vorgänge und Erscheinungen dieser Art zu erklären – um sie auf eine *Ursache* zurückzuführen –, ist es deshalb erforderlich, ihre *Konsequenzen* zu analysieren und zu zeigen, auf welchem Weg diese die betreffenden Sachverhalte hervorbringen und stabilisieren. Erklärungen dieser Art werden «funktionalistisch» genannt; sie fassen soziale Sachverhalte als Resultat ihrer «objektiven, beobachtbaren Konsequenzen für die umfassenderen sozialen Strukturen» auf, erklären sie also durch ihre «Funktion» für diese Strukturen.[1]

Der Begriff der Funktion schließt auch solche Konsequenzen sozialer Erscheinungen ein, deren Zusammenhang mit den zu erklärenden Vorgängen und Zuständen den an ihnen Beteiligten nicht unmittelbar bewußt ist und die für keinen von ihnen von motivierender Bedeutung sind. Nach Merton erfolgen funktionalistische Erklärungen vom «Standpunkt des Beobachters, nicht notwendig von dem des Teilnehmers. Soziale Funktionen sind beobachtbare, objektive Konsequenzen und nicht subjektive Dispositionen (Ziele, Motive, Zwecke)»[2]. Wenn soziale Handlungsmuster aufrechterhalten werden, weil ihre tatsächlichen Auswirkungen bekannt und erwünscht sind, spricht man von *manifesten* Funktionen. Unbeabsichtigte und unbekannte Auswirkungen werden als *latente* Funktionen bezeichnet. Erklärungen mit Hilfe latenter Funktionen erfordern, daß die konkreten Mechanismen spezifiziert werden, die menschliches Handeln «hinter dem Rükken» der beteiligten Individuen so steuern, daß ein bestimmtes Resultat («Funktion») zustande kommt.

Funktionale Analysen sozialer Phänomene machen eine genaue Bestimmung der Gruppen oder Strukturen notwendig, für die sie als «funktional» gelten und in Hinblick auf welche sie erklärt werden sollen. Der Grund ist, daß jede untersuchte Erscheinung eine Vielzahl verschiedener Folgen hat, je nachdem, welche sozialen Bereiche man betrachtet. Wenn die Konsequenzen einer Erscheinung sich auf ein bestimmtes Strukturelement stabilisierend auswirken – d. h. wenn sie den Grad seiner «Anpassung» erhöhen –,

1 Robert K. Merton, Social Theory and Social Structure, 1957, S. 100f.
2 Ebd., S. 78.

sind sie in Hinsicht auf dieses Element oder System «funktional». Dieselbe Erscheinung kann sich jedoch gleichzeitig auf andere Systeme, Gruppen oder Beziehungen «dysfunktional» auswirken, d. h. ihre Stabilität erschüttern und ihre Fähigkeit zur Anpassung an neue Situationen und Probleme herabsetzen. In diesem Nebeneinander von Funktionen und Dysfunktionen sozialer Phänomene spiegeln sich die fundamentalen Spannungen und Widersprüche, die jeder sozialen Struktur inhärent sind und alle sozialen Gebilde einem ständigen Veränderungsdruck aussetzen.

Das besondere Interesse der Soziologie gilt den *latenten* Funktionen (und Dysfunktionen) gesellschaftlicher Sachverhalte. Während manifeste Funktionen schon von ihrer Definition her Bestandteil des Alltagswissens der Beteiligten sind, vermag die Analyse latenter Funktionen sozialer Handlungsmuster tieferliegende Mechanismen und Zusammenhänge herauszuarbeiten, deren Wirksamkeit nicht selten darauf beruht, daß sie unbekannt sind oder nur unzureichend verstanden werden. Darin, daß die Soziologie sich von Anfang an der Untersuchung derartiger «unbeabsichtigter Konsequenzen, darunter auch latenter Funktionen sozialer Praktiken» mit besonderer Aufmerksamkeit gewidmet hat, liegt nach Mertons Ansicht ihre spezifische intellektuelle Leistung.[3]

Zu den Gegenständen, die mit am häufigsten unter dem Gesichtspunkt ihrer latenten Funktionen untersucht worden sind, gehören kulturelle Sinnsysteme. Auf manifester Ebene bestehen Kulturen aus Verbindlichkeit beanspruchenden Realitätsdeutungen und Verhaltensregeln, die keinen anderen Kriterien als denen der empirischen Richtigkeit und der moralischen Gerechtigkeit unterliegen. Kollektive Vorstellungen haben jedoch mit anderen sozialen Erscheinungen gemeinsam, daß sich ihre Bedeutung nicht in ihren manifesten Aspekten erschöpft. Daß Kulturen latente Funktionen haben – d. h. Auswirkungen, die über das hinausgehen bzw. dem widersprechen, was in ihnen «intendiert» ist[4] – und daß diese ihrerseits auf Inhalt und Geltung einer Kultur zurückwirken können, wird spätestens in solchen Fällen deutlich, in denen Normen trotz ständiger Durchbrechung bzw. Realitätsdeutungen trotz offensichtlicher Unvereinbarkeit mit der Wirklichkeit weiter aufrechterhalten werden. Eine Erklärung derartiger Phänomene wird erst möglich, wenn man unterstellt, daß sie neben ihren manifesten Funktionen – Verhalten zu regeln und Wirklichkeit zu deuten –, die sie offenbar nicht erfüllen, noch andere, latente Funktionen haben, um derentwillen sie beibehalten werden, obschon sie auf manifester Ebene versagen.

Eine Gruppe von latenten Funktionen, mit deren Hilfe sich Existenz und Inhalt zahlreicher kultureller Systeme erklären lassen, bezieht sich auf die gesellschaftliche Verteilung knapper Ressourcen. Wie stabil oder instabil soziale Ungleichheit und damit die Stellung derer ist, die von ihr profitieren, hängt zu einem Teil auch davon ab, welche kollektiven Vorstellungen

3 Ebd., S. 120.
4 Vgl. Max Webers Analyse der «unbeabsichtigten Folgen» der protestantischen Ethik.

kulturelle Verbindlichkeit beanspruchen können. Jede herrschende Klasse wird deshalb ein Interesse daran haben, daß die Gesellschaft als ganze nur solche Situationsdeutungen und Wertorientierungen akzeptiert, die ihrer sozialen Vormachtstellung nicht nur nicht widersprechen, sondern sie wenn möglich sogar als notwendig und wünschenswert darstellen («legitimieren»). Dieses Interesse muß nicht notwendig bewußt sein, und der Einfluß einer herrschenden Klasse muß nicht notwendig einen manipulativen, planmäßigen, «wider besseres Wissen» die Wahrheit verfälschenden Charakter tragen. Im allgemeinen neigen herrschende Klassen dazu, ihre Sache ehrlichen Herzens für die einzig gerechte zu halten und ihr Schicksal mit dem der Gesellschaft als ganzer zu identifizieren; wenn sie kulturelle und gesellschaftliche Alternativen unterdrücken, so tun sie dies in vielen Fällen, weil sie sie einfach für «absurd», «unrealistisch», dem «Wesen des Menschen» entgegengesetzt halten – oft ohne überhaupt daran zu denken, daß es weniger die «Vernunft» ist oder das «Abendland», die hier möglicherweise auf dem Spiel stehen, sondern ihre eigene privilegierte Position. Das ändert jedoch nichts daran, daß die möglichen Funktionen kollektiver Ideen für den Kampf der gesellschaftlichen Klassen um die Verteilung von «Lebenschancen» es der soziologischen Analyse nahelegen, kulturelle Systeme auch unter der Perspektive zu untersuchen, welcher sozialen Klasse ihre allgemeine Akzeptierung nützt bzw. inwieweit ihre konkreten Inhalte bereits als Resultat ihrer (latenten) Verteilungsfunktionen – also «funktionalistisch» – erklärt werden können. Um kulturelle Systeme zu bezeichnen, die in dieser Perspektive untersucht werden können – d.h. unter dem Gesichtspunkt ihrer latenten Funktion für die Stabilisierung gesellschaftlicher Machtansprüche und nicht unter dem ihrer internen Geltungskriterien –, verwendet man den Begriff der *Ideologie.*

Der folgende Text aus einer Studie von Ely Chinoy («Automobile Workers and the American Dream») schildert, wie eine Anzahl von Automobilarbeitern auf die Spannung zwischen der kulturell etablierten Realitätsdeutung des «American Dream» – jeder hat die gleiche Chance; wer sich anstrengt, kommt vorwärts – und ihrer eigenen Lebenserfahrung reagieren. Obschon, wie Chinoy in den vorangegangenen Abschnitten des Buches gezeigt hat, für die Arbeiter so gut wie keine Chance bestand, jemals der Fabrik oder dem Fließband zu entkommen, akzeptierten sie mehr oder weniger ungebrochen die Vorstellung, daß Amerika nach wie vor ein «land of opportunity» war, in dem jedem einzelnen «unbegrenzte Möglichkeiten» des individuellen Aufstiegs offenstanden. Dies hatte für die Befragten starke normative Implikationen: Aus der Art und Weise, in der sie die amerikanische Gesellschaft sahen, folgte für sie so etwas wie eine moralische Verpflichtung, die ihnen gebotenen Chancen zu nutzen und alles daran zu setzen, ihre Lage zu verbessern und den Status eines Fließbandarbeiters durch individuelle Anstrengungen zu überwinden.

Woher kommt diese enorme Widerstandskraft einer kulturellen Vorstellung gegen den ständigen Ansturm einer ihr entgegengesetzten Alltagserfahrung? Wieso kann das individualistische Erfolgskonzept das Denken der Befragten nach wie vor bestimmen, obwohl sie Beispiele für seine Verwirklichung allenfalls aus der Zeitung kennen? Warum haben die Betroffenen nicht längst eine andere, ihrer Wirklichkeit gerechter werdende Realitätsdeutung entwickelt? Chinoys Beobachtungen lassen ein Gefühl dafür entstehen, mit welcher Wucht etablierte kulturelle Systeme auf das Denken der Mitglieder einer Gesellschaft einzuwirken vermögen, und sie lassen erkennen, daß eine soziale Klasse, die sich aus der Herrschaft einer anderen befreien will, zunächst lernen muß, sich über sich selbst und die Welt in anderen als in deren Kategorien zu verständigen. Die konkreten Mechanismen allerdings, die beherrschte Klassen an der Entwicklung eigener Weltbilder hindern und sie dadurch in ihrem Selbstverständnis von der herrschenden Kultur abhängig machen, werden ebensowenig diskutiert wie die Bedingungen, unter denen «aufsteigende» Klassen «Klassenbewußtsein» entwikkeln und die Welt und ihren Platz in der Welt in einer ihnen gemäßen Weise sehen lernen. Das ist auch nicht eigentlich Chinoys Thema: Ihn interessiert, was es für eine Gruppe von Menschen bedeutet, wenn sie einen Konflikt zwischen ihrer Lebenswirklichkeit und den von der Gesellschaft bereitgestellten Deutungsmustern nicht dadurch lösen kann, daß sie diese zurückweist. Im Falle der von ihm beobachteten Automobilarbeiter kann Chinoy zeigen, daß das Fehlen einer kulturellen Alternative die Betroffenen dazu zwingt, auch noch die *Diskrepanz* zwischen Idee und Realität, zwischen Kultur und Struktur, *im Bezugsrahmen der herrschenden Kultur* zu deuten, d. h. ihre eigene Unfähigkeit, ihre reale Situation an die kulturell vorgeschriebenen Ziele anzupassen, als Ausdruck *individueller Unzulänglichkeiten* aufzufassen. Der Druck der Ideologie des «American Dream» erweist sich dabei als stark genug, jeden Zweifel sowohl an der Berechtigung der durch ihn repräsentierten Werte als auch am Realismus der in ihm enthaltenen Realitätsdeutungen von vornherein zu ersticken. Wo Abweichungen wahrgenommen werden, erscheinen sie – in Einklang mit der Ideologie – als individuelle Ausnahmen, die die Geltung der Regeln nicht berühren können.

Dieser Mechanismus, der strukturell bedingte Ungleichheit dadurch aufrechterhält, daß er ihre individuelle Überwindung zu einem kulturellen Ziel erhebt und denen, die das Ziel nicht erreichen, «systemimmanente» Erklärungen anbietet, ist mit beträchtlichen «Kosten» für diejenigen verbunden, die seiner Einwirkung unterliegen. Der Preis, den die meisten Befragten für die Aufrechterhaltung ihrer Vorstellung von «Chancengleichheit» und «unbegrenzten Möglichkeiten» zu zahlen hatten, bestand darin, daß ihre enttäuschten Hoffnungen sich in Gefühle der Schuld und der persönlichen Minderwertigkeit verwandelten. Ihre Abhängigkeit von einer ihnen gegenüber repressiven Kultur zerstörte ihre Identifikation mit sich selber und konfrontierte sie mit dem Problem, woher sie das zu einem halbwegs «normalen» Leben erforderliche Maß an Selbstachtung beziehen sollten. Die zu diesem Zweck von ihnen entwickelten psychischen Strategien nennt Chinoy mit einem der Psychoanalyse entlehnten Ausdruck «Rationalisierungen» – deren Gemeinsamkeit vor allem darin liegt, daß sie, anstatt das Scheitern der eigenen Ambitionen auf strukturelle Faktoren zurückzuführen, individuelle «Verteidigungsstrategien» darstellen, mit denen das «schlechte Gewissen» beschwichtigt, aber nicht überwunden wird. So wird von einigen der Befragten die Vorstellung des sozialen Aufstiegs – gewissermaßen zum Zweck einer besseren Präsentation der eigenen Konformität mit den kulturellen Normen – ostentativ auf die wenigen vorhandenen Aufstiegsmöglichkeiten zurückgeschnitten (Sicherheit, ein weniger unangenehmer Arbeitsplatz), während andere – in einer durch und durch materialistischen Kultur! – die für sie unerreichbaren Trauben für sauer erklären und vorgeben, ein stilles «Glück im Winkel» dem sozialen Aufstieg vorzuziehen. Aber Rationalisierungen sind ihrem Wesen nach *Ausreden;* weit entfernt davon, die Bindung an unerreichbare Normen und die aus ihr resultierenden Schuldgefühle zu überwinden, zeugen sie von der unverminderten Intensität dieser Bindung, deren Folgen sie bis zu einem gewissen Grade erträglich machen, ohne sie auch nur im mindesten zu beseitigen. Hinter der nach außen gekehrten Fassade selbstsicherer Zufriedenheit oder bescheidener Ansprüche lebt, wie Chinoy in seinem Buch eindringlich darstellt, das Gefühl weiter, im Leben versagt zu haben und weniger wert zu sein als andere, die den Weg nach oben «geschafft» haben.

Chinoys Studie untersucht jedoch nicht nur die Auswirkungen der Ideologie des «American Dream» auf die psychologische Situation von Arbeitern, sondern auch ihre «Konsequenzen für die umfassenderen sozialen Strukturen», in deren Zusammenhang die Vorstellung einer allgemeinen Chancengleichheit entstanden ist. Insofern macht Chinoy Gebrauch von dem Instrumentarium der «funktionalen Analyse»: Das Wertsystem der amerikanischen Kultur interessiert ihn nicht «als solches», sondern vor allem unter dem Gesichtspunkt seiner stabilisierenden «Funktion» für den gesamtgesellschaftlichen Kontext. Die konkreten Inhalte des kulturellen Systems werden nicht – wie es ihrem manifesten Anspruch gemäß wäre – als Produkte eines intellektuellen und moralischen Bedürfnisses nach wahren Aussagen und konsistenten Regeln diskutiert, sondern *als Ausdruck eines Interesses, als Mittel zum Zweck* der Stabilisierung von Macht. In dem Maße, wie sich ein kulturelles System auf diese Weise erklären läßt, wie es aus den Machtansprüchen einer sozialen Gruppe abgeleitet werden kann, wie sich zeigen läßt, daß sein konkreter Gehalt nicht einer «immanenten» Logik folgt, sondern sich mit dem *Interesse* verändert, das seine eigentliche *Ursache* bildet – in diesem Maße ist ein kulturelles System eine Ideologie.

Unter dieser Perspektive läßt sich zumindest ahnen, warum es in der amerikanischen Gesellschaft starke Kräfte gibt, die das herrschende Wertsystem aufrechterhalten, obwohl und gerade weil die Struktur der Gesellschaft ihm nicht entspricht. Chinoys Text beschreibt klar und unmißverständlich, welche wichtige Funktion der «American Dream» für die Stabilität der amerikanischen Gesellschaft und der in ihr bestehenden sozialen Ungleichheit erfüllt: «Schuldgefühle und Rationalisierungen zur Abwehr von Schuldgefühlen tragen beide zur Erhaltung sowohl der bestehenden ökonomischen Institutionen als auch der traditionellen Vorstellung von Chancengleichheit bei. Solange die Arbeiter die Schuld dafür, daß sie über den Bereich der Lohnarbeit nicht hinausgekommen sind, sich selber geben – und nicht den Institutionen, die die Verteilung des materiellen Reichtums regulieren bzw. den Personen, die diese Institutionen kontrollieren –, kann die amerikanische Gesellschaft den Konsequenzen ihrer eigenen Widersprüche entgehen» (S. 223 f).

Ely Chinoy
Die Lage der Arbeiter und der Mythos der unbegrenzten Möglichkeiten

Der Mythos der unbegrenzten Möglichkeiten stellt eine schwere Bürde für die Arbeiter dar, die immer wieder gezwungen werden, ihre durch verschiedene Ursachen zustande gekommenen Wünsche mit den Realitäten des Lebens der Arbeiterklasse in Einklang zu bringen. Da jedes Individuum als für seine wirtschaftliche Lage voll verantwortlich angesehen wird, kann Versagen nur auf zu geringe Fähigkeiten oder auf charakterliche Fehler zurückgehen – z. B. auf fehlenden Ehrgeiz oder Mangel an Entschlossenheit und Initiative – und nicht auf mangelnde Möglichkeiten. Durch die Annahme, daß es jemandes «eigene Schuld» ist, wenn er den Aufstieg aus der Arbeiterschaft nicht schafft, werden Selbstachtung und Selbstbewußtsein untergraben. Da weitreichende Ambitionen und unablässige Anstrengung nicht nur als Voraussetzungen für Erfolg, sondern auch als in sich wünschenswerte Charaktereigenschaften geschätzt werden, deren Abwesenheit eine beklagenswerte Charakterschwäche bezeugt, können Schuldgefühle auch dann entstehen, wenn jemand aufhört, nach den reichen Belohnungen zu streben, die vorgeblich für jedermann erreichbar sind.

Wie bereits beschrieben, können Arbeiter versuchen, einen ungebrochenen Aufstiegswillen dadurch vorzutäuschen, daß sie ihre Beschäftigung in der Fabrik als «vorübergehende» darstellen und unentwegt über Ziele und Erwartungen jenseits der Fabrikmauern sprechen. Solange es den Arbeitern gelingt, derartige Illusionen aufrechtzuerhalten, stehen sie nicht vor dem Problem, sich für ihren angeblichen Aufstieg und ihren fehlenden Ehrgeiz rechtfertigen zu müssen. Aber diese Notbehelfe sind selbst bestenfalls «vorübergehend» wirksam und im schlimmsten Fall nicht mehr als eine öffentliche Demonstration des eigenen Aufstiegswillens – was andere überzeugen mag, die eigenen Gefühle der Schuld und des Versagens jedoch nicht beschwichtigen kann. Welchen Eindruck Arbeiter auch immer anderen über ihre Pläne und Aussichten zu vermitteln vermögen, sie leben weiter in einer Welt, in der sie offenkundig keine nennenswerten Erfolge erreicht haben. Früher oder später werden sie einsehen müssen, daß sie aller Wahrscheinlichkeit nach bis zum Ende ihres Lebens Fabrikarbeiter bleiben werden.

Da Menschen nur ungern ihre Zweifel an sich selbst und ihre Schuldgefühle vor anderen zur Schau stellen, ist es schwierig, genau herauszufinden, in welchem Ausmaß Arbeiter die Ursachen ihres ausgebliebenen Aufstiegs in ihren eigenen Handlungen, Gewohnheiten und persönlichen Eigenschaften suchen. Einige der Interviewten ließen gelegentlich Zeichen von Selbstverachtung, Schuldgefühlen oder vermindertem Selbstwertgefühl erkennen. «Ich glaube, ich bin einfach nicht intelligent genug», sagte ein 38jähriger Maschinist, der niemals woanders als in einer Fabrik gearbeitet hatte, und lachte leise über sich selber – wie um die Härte dieser Selbstbewertung zu mildern. Ein 32jähriger Arbeiter im Ersatzteillager, der niemals außerhalb der A. B. C.-Fabrik beschäftigt gewesen war, meinte:

«Es ist meine eigene Schuld. Ich sollte hier nur für ein Jahr nach meinem Schulabschluß arbeiten und dann Druckerlehrling werden. Aber ich kaufte mir ein Auto, und das war mein Untergang. Wenn ich das Auto behalten wollte, konnte ich mir nicht leisten zu kündigen. Dann habe ich geheiratet – und da konnte ich es mir erst recht nicht mehr leisten.»

Und ein 30jähriger Maschinist, der ebenfalls direkt nach der Schule zur A.B.C.-Fabrik gekommen war, sagte in bitterem Ton:

«Manchmal schaue ich mich im Spiegel an und sage zu mir selber, Pat, du blöder Armleuchter, aus dir hätte etwas werden können, wenn du nur richtig gewollt hättest und nicht so hinter dem Geld hergewesen wärst.» (Pat hätte mit Hilfe eines wohlhabenden Verwandten die Universität besuchen können, war aber statt dessen in die Fabrik gegangen, weil er dort sofort relativ viel verdienen konnte.)

Die meisten Arbeiter jedoch scheinen zu versuchen, ihren Status als abhängige Fabrikarbeiter zu rationalisieren und ihren geringen Ehrgeiz zu rechtfertigen. Obwohl ihre Erwartungen durch eine relativ objektive Einschätzung des Möglichen bestimmt werden und nicht durch die falschen Vorstellungen über die amerikanische Gesellschaft, die im Mythos der unbegrenzten Möglichkeiten enthalten sind, erklären die meisten Arbeiter ihren ausgebliebenen Aufstieg nicht durch Kräfte jenseits ihrer Einwirkungsmöglichkeiten. Ebensowenig haben sie das Gefühl, daß man unter den gegebenen Umständen von ihnen eigentlich gar nicht erwarten könnte, daß sie weitergesteckte Ziele zu erreichen suchen. Statt dessen versuchen sie, sich ihre Selbstachtung zu erhalten, indem sie «Erfolg» dahingehend umdefinieren, daß er die Ziele und Interessen einschließt, denen sie in ihrem Alltagsleben nachgehen; daß sie ihre Hoffnungen und Wünsche auf ihre Kinder projizieren sowie, zu einem geringeren Grad, daß sie anstatt Erfolg andere, alternative Werte betonen.

Um sich selbst davon zu überzeugen, daß sie vorankommen und ehrgeizige Pläne haben, formulieren die Arbeiter die von ihnen verfolgten Ziele im Vokabular des Mythos der unbegrenzten Möglichkeiten. Sie erweitern die Bedeutung von «Aufstiegswille» und «Erfolg» dahingehend, daß darin auch das Streben nach Sicherheit, die Verfolgung begrenzter Ziele innerhalb der Fabrik und die Anhäufung persönlicher Gebrauchsgegenstände eingeschlossen werden.

Es ist häufig behauptet worden, daß bei den meisten Industriearbeitern Sicherheit als wichtigstes Ziel an die Stelle von sozialem Aufstieg getreten sei. In der Tat ist es sehr wahrscheinlich, daß die in unserer Studie untersuchten Automobilarbeiter tatsächlich stärker an Sicherheit interessiert sind als an traditionellen Formen des sozialen Aufstiegs. Die Einstellungen der

Arbeiter zu einzelnen Aspekten ihrer Arbeit lassen eindeutig erkennen, welch große Bedeutung sie ihrer Sicherheit zumessen. So ziehen Arbeiter einen sicheren Arbeitsplatz einem unsicheren auch dann vor, wenn letzterer besser bezahlt wird. Gleichermaßen scheuen sie sich, die Risiken der Eröffnung eines eigenen kleinen Betriebs zu übernehmen, obwohl sie sich danach sehnen, die Fabrik zu verlassen und sich selbständig zu machen. Sie wollen soviel sparen, wie sie können, aber nicht, um sich dadurch schließlich auf eigene Füße zu stellen, sondern um vor den Wechselfällen des Lebens sicher zu sein. Sie legen großen Wert auf innerbetriebliche Senioritätsrechte, durch die sie gegen Kurzarbeit und willkürliche Entlassungen geschützt werden und die ihnen garantieren, daß sie nach etwaigen zeitweiligen «Freisetzungen» wieder zurückgerufen werden. Der Kampf der Gewerkschaft für eine betriebliche Altersrente wurde von den Arbeitern stark unterstützt, weil sich in ihm tiefsitzende Bedürfnisse artikulieren. Und es scheint absehbar, daß das wachsende Interesse der Gewerkschaft an der Einführung eines garantierten Jahreslohnes auf eine ähnliche Reaktion stoßen wird.

Sicherheit jedoch in diesen ihren konkreten Erscheinungsformen wird von den Arbeitern nicht als Alternative zu sozialem Aufstieg gesehen. Fragen, mit denen die relative Bedeutung von Sicherheit und Aufstiegschancen herausgefunden werden sollte, erwiesen sich häufig als sinnlos; die Befragten waren nicht imstande, einen Unterschied zwischen beiden zu erkennen. «Wenn man Sicherheit hat, d. h. etwas, worauf man sich stützen kann, kommt man doch vorwärts», sagte ein 28jähriger Lastwagenfahrer mit drei Kindern. «Wenn man ein paar hundert Dollar auf die Seite legen kann, um im Notfall etwas in der Hand zu haben, dann heißt das, man kommt vorwärts«, erklärte ein 40jähriger ungelernter Reparaturarbeiter mit vier Kindern. «Wenn man trotz Massenentlassungen seinen Arbeitsplatz behält, zum Beispiel wie damals in der großen Depression, das ist, was ich mir unter ‹Sich hocharbeiten› vorstelle», bemerkte ein 32 Jahre alter Packer, der seit 1935 in der Fabrik arbeitete. Ein 39jähriger Schmiermechaniker faßte kurz zusammen: «Sicherheit bedeutet, daß man vorwärtskommt.»

Die beschränkten Ziele, die von den Arbeitern innerhalb des Betriebes verfolgt werden, ähneln der vorherrschenden kulturellen Definition des «Vorankommens» nur im Falle der geringfügigen, mit individueller Beförderung verbundenen Lohnerhöhungen (wobei derartige Beförderungen in der Regel nach dem Senioritätsprinzip erfolgen). Die wirklich entscheidenden Lohnerhöhungen werden heute ohnehin kollektiv mit Hilfe der Gewerkschaft durchgesetzt. Die übrigen innerbetrieblichen Ziele repräsentieren Werte, die an sich mit der Vorstellung des «Vorwärtskommens» nichts zu tun haben und nachträglich in diese integriert worden sind. «Aufstieg», so ein Mechaniker mit zehnjährigen Senioritätsansprüchen, «heißt sich soweit hocharbeiten, daß sie mit einem nicht mehr machen können, was sie wollen.» «Mir wäre es Aufstieg genug», sagte ein unzufriedener Fließbandarbeiter, «wenn ich nur vom Band wegkäme». [. . .]

Bei ihren Bemühungen, die eigenen Ziele und Leistungen mit dem Mythos der unbegrenzten Möglichkeiten in Einklang zu bringen, haben viele Arbeiter Dinge, die früher lediglich Symbole wirtschaftlichen Erfolgs waren, zu wichtigen Bestandteilen von persönlichem Fortschritt als solchem umgedeutet. Auf diese Weise hat Aufstieg nach und nach die Bedeutung einer fortschreitenden Anhäufung von Gegenständen und einer ständigen Erweiterung der eigenen Konsumfähigkeit angenommen. Ein ungelernter Reparaturarbeiter, der vierzehn Jahre im Betrieb gearbeitet hatte, erklärte:

«Viele Leute glauben, Vorwärtskommen bedeutet, es zum Millionär zu bringen. Ich nicht. Wenn ich bloß den Wert meines Besitzes Jahr für Jahr ein bißchen vergrößern kann – anstatt so gerade auszukommen oder sogar die Ersparnisse angreifen zu müssen –, wenn es mir gelingt, ab und zu etwas dazuzukaufen und etwas Geld für schlechte Zeiten beiseitezulegen; wenn ich dann zwei oder drei Häuser habe wie dieses hier (das 1940 1600 Dollar gekostet hatte und für das der Befragte noch achthundert Dollar abzahlen mußte) und noch 5000 Dollar auf der Bank habe, dann scheint mir, bin ich ganz schön weit vorwärtsgekommen.»

Ein eigenes Haus stellt diejenige Errungenschaft dar, durch deren Erwerb man am besten sein Vorwärtskommen dokumentieren kann. Ohnehin ist der Besitz eines Eigenheims ein Ziel, das durch ein komplexes System von Werten sanktioniert und unterstützt wird. Ein 39 Jahre alter Schweißer, der in einem der beiden Slumviertel der Stadt wohnte, bemerkte:

«Wir alle arbeiten für ein Ziel: um vorwärtszukommen. Ich glaube, man sollte niemals zufrieden sein. Mein nächster Schritt ist ein hübsches kleines, modernes Eigenheim. Das verstehe ich darunter, es besser zu haben – oder voranzukommen.»

Wenn man sich ein neues Auto leisten kann, wenn jedes Jahr eine größere Anschaffung für den Haushalt dazukommt – eine Waschmaschine, ein Kühlschrank, eine neue Wohnzimmereinrichtung, heutzutage [Ende der vierziger Jahre, d. Ü.] wahrscheinlich ein Fernsehgerät –, dann «kommt man vorwärts».

Die amerikanische Kultur ermutigt ihre Mitglieder, sowohl nach beruflichem Aufstieg als auch nach dem Erwerb materieller Güter zu streben. Arbeiter jedoch, die beide Aufforderungen akzeptieren, benutzen die zweite, um ihre Erfolglosigkeit bei der Verwirklichung der ersten zu rationalisieren. Solange sich die Zahl der ihm gehörenden Gegenstände vermehrt, kann der Arbeiter das Gefühl haben, daß er Fortschritte macht; und solange er noch Konsumbedürfnisse verspürt, kann er glauben, daß er noch nicht resigniert hat.

Eine andere Möglichkeit, die seelischen Folgen des Scheiterns zu mildern und die eigene Identifikation mit dem Mythos der unbegrenzten Möglichkeiten aufrechtzuerhalten, besteht in dem Versuch mancher Arbeiter, ihre unerfüllten Hoffnungen auf ihre Kinder zu projizieren. Die hoffnungsvolle Erwartung, das Kind werde Erfolg haben, wo man selber versagt hat, kann das eigene Versagen weniger wichtig erscheinen lassen; Ehrgeiz für ein Kind kann Ehrgeiz für einen selber ersetzen. «Was uns als Nation zusammenhält», schrieb Eleanor Roosevelt [die Witwe des Präsidenten Franklin D. Roosevelt, d. Ü.] in einer ihrer täglichen Zeitungskolumnen, «ist, daß auch diejenigen, die arm geblieben sind, immer noch die Vision haben, daß ihre Kinder einst die Chancen haben werden, die sie selber verpaßt haben.» Darüber hinaus dient, wie wir gesehen haben, die Last der Verantwortung für eine Familie, die die Sorge für die Zukunft der Kinder einschließt, als akzeptable Rechtfertigung dafür, daß man Fabrikarbeiter bleibt und darauf verzichtet, Ersparnisse und soziale Sicherheit als selbständiger Kleinunternehmer aufs Spiel zu setzen.

Die Söhne von 28 der interviewten Arbeiter waren noch nicht alt genug zu arbeiten. Beinahe alle ihre Väter teilten den Wunsch, daß ihre Söhne einmal nicht in die Fabrik zu gehen brauchten, daß sie «es weiterbringen» würden. Wie intensiv dieser Wunsch in einigen Fällen war, geht aus der Bemerkung eines 40jährigen Fließband-Reparaturarbeiters hervor, dessen 16jähriger Sohn von der Schule abgehen wollte: «Wenn er in die Fabrik geht, schlage ich ihn windelweich – es sei denn, es ist nur für eine Besichtigung oder wenn er zur Ingenieurschule geht oder erst ein Handwerk erlernt.»

Da die meisten der Arbeiter der Ansicht waren, daß sie ihren Kindern ihre Berufswahl nicht vorschreiben könnten oder sollten, richteten sich ihre positiven Erwartungen in der Regel auf den Bildungsgang ihrer Kinder und nicht auf spezifische Berufe – obwohl einige wenige auch hierüber genaue Vorstellungen hatten und ihre Kinder beispielsweise Arzt, Musiker, Maler oder Ingenieur werden lassen wollten. 13 der 28 Arbeiter hofften, daß ihre Söhne die Universität besuchen würden, sieben wünschten sich, daß sie nach Abschluß der Schule wenigstens ein gewisses Maß an technischer Ausbildung erhielten, und drei bestanden lediglich darauf, daß ihre Söhne die Schule beendeten. Die restlichen fünf hatten keinerlei positive Wünsche oder Hoffnungen für ihre Kinder.

Die Bedeutung derartiger, auf die Kinder gerichteter Aufstiegswünsche als möglicher Ersatz für eigene Erfolge kam in der Bemerkung eines 32jährigen Mechanikers zum Ausdruck, der seinen ersten Arbeitsplatz mitten in der großen Depression angetreten hatte: «Ich hatte niemals eine Chance, aber ich möchte, daß meine Kinder auf die Universität gehen und etwas besseres als Fabrikarbeiter werden.» Die direkte Beziehung zwischen den Hoffnungen, die jemand für seine Kinder hegt, und den eigenen unerfüllten Interessen und Wünschen wird an dem Arbeiter sichtbar, der früher ein Instrument im Schulorchester gespielt hatte und wollte, daß sein Sohn berufsmäßiger Musiker würde, oder an dem verhinderten Zeichner, der hoffte, sein vierjähriger Sohn würde eines Tages ein Maler, und der in dessen kindlichen Kritzeleien nach Zeichen irgendeiner Art von künstlerischer Begabung suchte.

Schließlich können Arbeiter sich dadurch vor Schuldgefühlen und Selbstverachtung zu schützen versuchen, daß sie andere Werte als Ersatz für Erfolg betonen und damit die Bedeutung materiellen Wohlstands verringern. In wenigen Fällen erklärten Arbeiter beispielsweise, im Grunde komme es nur darauf an, daß man «glücklich ist – und dazu braucht man nicht viel Geld», und letzten Endes zähle nur, «was für ein Mensch man ist, und nicht, wieviel Geld man hat». Behauptungen dieser Art bedeuten keine radikale Zurückweisung des amerikanischen Wertsystems. Die Bedeutung moralischer Integrität, das glückliche Leben in bescheidenen Verhältnissen und die Sinnlosigkeit einseitigen Strebens nach Reichtum unter Vernachlässigung menschlicher Werte sind geläufige, wenn auch weniger stark betonte Themen der amerikanischen Kultur. Arbeiter, die diese Themen hervorheben, verneinen dadurch nicht die grundsätzliche Wünschbarkeit wirtschaftlichen Erfolges, sondern versuchen lediglich, diesem eine etwas weniger große Rolle in ihrer Werthierarchie zuzuweisen.

Nur in Ausnahmefällen, die zu dem zu rechnen sind, was Marx das «Lumpenproletariat» und Warner die «untere Unterschicht» genannt hat, ließen sich Arbeiter finden, die das amerikanische, den Erfolg betonende Wertsystem vollständig ablehnten. (Kein solcher Arbeiter wurde interviewt, obwohl eine kleine Anzahl ermittelt werden konnte.) Aber diese Lösung des Problems, mit dem die Arbeiter aufgrund der Unvereinbarkeit ihrer Ziele und Erfolge auf der einen Seite und des Mythos der unbegrenzten Möglichkeiten auf der anderen zu kämpfen hatten, war in Wirklichkeit keine Lösung. Männer dieser Art konnten keine Alternative zu den Werten anbieten, die sie zurückgewiesen hatten; sie befanden sich in einem Zustand der Anomie.

Inwieweit diese defensiven Rationalisierungen Arbeiter vor dem Angriff der herrschenden Kultur auf die Stabilität und Integrität ihrer Persönlichkeit tatsächlich wirksam zu schützen vermögen, ist natürlich schwer einzuschätzen. Es scheint unwahrscheinlich, daß sie vollkommen funktionieren können. Im unmittelbaren Kontext des Betriebes und innerhalb der Gruppe der Arbeiter mag das Erreichen kleiner Fortschritte in der Fabrik und in bezug auf die eigene Sicherheit wichtige Leistungen darstellen. Sobald sich die Betroffenen jedoch in einem größeren sozialen Zusammenhang bewegen, werden derartige Fortschritte eher unbedeutend erscheinen, und sie sind erneut gezwungen, die Tatsache zu akzeptieren, daß sie es nicht geschafft haben, in der Welt voranzukommen. In einer Gesellschaft wie der unseren, in der wirtschaftlicher Erfolg so stark betont wird, erscheint es unwahrscheinlich, daß Arbeiter den Wert des Erfolges ungestraft sollten mißachten können. Tatsächlich hatten die wenigen Männer, die die Bedeutung des wirtschaftlichen Erfolgs herunterzuspielen versuchten und statt dessen andere Werte hervorhoben, gleichzeitig das Gefühl, daß sie ihre Haltung mit Hilfe von Argumenten verteidigen mußten, die den Wert des Erfolgs nicht verneinten.

Schwere und noch offensichtlichere Beschränkungen ergeben sich für die langfristige Effektivität von auf die Kinder gerichteten Hoffnungen als Schutz gegen die Folgen des eigenen Scheiterns. Ohne Kenntnis der verschiedenen Ausbildungswege und angesichts ihrer beschränkten Möglichkeiten zur finanziellen Unterstützung ihrer Kinder müssen sich die meisten Arbeiter darauf beschränken, ihre Kinder zu ermutigen und ihnen gut zuzureden; wirksamen Rat oder praktische Hilfe können sie ihnen nicht bieten. Wenn ihre Söhne schließlich doch Fabrikarbeiter werden, was bei einem beträchtlichen Teil der Fall ist,[1] müssen sie nicht nur auf jeden Schutz ihrer Selbstachtung verzichten, den sie aus ihren Hoffnungen gewonnen haben mögen, sondern sie sind darüber hinaus gezwungen, eine zusätzliche Last zu tragen: ein Gefühl, daß sie für das Scheitern ihrer Kinder verantwortlich sind, weil sie unfähig waren, sie zu beraten und zu unterstützen.

Was den Erwerb von Gütern angeht, so können Arbeiter, auch wenn sie nicht immer wieder wirtschaftliche Rückschläge hinzunehmen haben, in ihm nur dann erfolgreich sein, wenn sie die «verborgene Kunst des Geldausgebens» (Wesley Mitchell) beherrschen. [. . .] Ohne Kenntnis vieler mit dem Erwerb und Besitz eines Eigenheims verbundener finanzieller Probleme und ohne institutionalisierten Schutz gegen Irrtum und Ausbeutung sind viele Arbeiter – und andere – gegenüber dem «organisierten Kaufdruck» wehrlos.

Da alle diese Schutzmechanismen allenfalls teilweise wirken können, ist es wahrscheinlich, daß bei den betroffenen Arbeitern tiefgehende und schwerwiegende Gefühle der Schuld und der Selbstherabsetzung bestehen. Die Unfähigkeit und das Scheitern bei dem Versuch, den Anforderungen des Mythos der unbegrenzten Möglichkeiten zu genügen, führen zu einem Prozeß der Selbstrechtfertigung, in dem Enttäuschung, Schuldgefühle und defensive Rationalisierungen in unregelmäßiger, fast endloser und manchmal schmerzhafter Folge einander ablösen.

Schuldgefühle und Rationalisierungen zur Abwehr von Schuldgefühlen tragen beide zur Erhaltung sowohl der bestehenden ökonomischen Institutionen als auch des Mythos der unbegrenzten Möglichkeiten selber bei. Solange die Arbeiter die Schuld dafür, daß sie über den Bereich der Lohnarbeit nicht hinausgekommen sind, sich selber geben – und nicht den Institutionen, die die Verteilung des materiellen Reichtums regulieren bzw. den

1 Unter den Söhnen der interviewten Arbeiter befanden sich neun Erwachsene. Vier davon waren ungelernte Fabrikarbeiter. Zwei arbeiteten als kleine Angestellte und dachten daran, wegen ihrer geringen Bezahlung in die Fabrik zu gehen. Einer beendete gerade seine Lehre als Modellbauer. Einer studierte Ingenieurwissenschaften an der nahegelegenen Staats-Universität. Einer, Sohn eines gelernten Arbeiters und Enkel eines Arztes, war ein gewerbsmäßiger Fotograf. In ihrer Studie über berufliche Mobilität in San Jose, Californien, fanden P. E. Davidson und H. D. Anderson, daß 58,2 % der Söhne ungelernter Arbeiter und 43,4 % der Söhne angelernter Arbeiter entweder ungelernte oder angelernte Arbeiter wurden, im Vergleich zu 23,4 % der Söhne von Facharbeitern (Occupational Mobility in an American Community, Stanford University Press, 1937, S. 20, Tabelle 4). Diese Zahlen sind mit den in anderen Untersuchungen berichteten vergleichbar.

Personen, die diese Institutionen kontrollieren –, kann die amerikanische Gesellschaft den Konsequenzen ihrer eigenen Widersprüche entgehen.

Die Mittel, mit denen die Arbeiter versuchen, ihre Selbstachtung aufrechtzuerhalten, führen auf verschiedene Weise zu einer Bekräftigung der Vorstellung, daß Amerika noch immer ein Land der Hoffnung ist. Das gefühlsmäßige Bedürfnis, wenigstens noch für die Kinder hoffen zu können, verleitet die Arbeiter dazu, zu glauben, daß für diese genug Möglichkeiten offenstehen, ja daß in der Zukunft sogar noch größere Möglichkeiten vorhanden sein werden als in der Vergangenheit. Diese Überzeugung wird besonders durch den offensichtlichen und unermüdlich beschriebenen technischen und wissenschaftlichen Fortschritt unterstützt. So erklärte beispielsweise ein Maschinenarbeiter mit drei Kindern: «Heute gibt es mehr Möglichkeiten als damals, als ich anfing. Heute werden immer neue Dinge eingeführt, zum Beispiel Dieselmotoren, Dinge, an die niemand gedacht hat, als wir noch Kinder waren. Die Wissenschaft macht täglich Fortschritte. Unsere Kinder haben bessere Chancen, sich von unten nach oben hochzuarbeiten.» Bei der verzweifelten Suche nach Anlässen zur Hoffnung wird die Tatsache übersehen, daß Erfolg in den neuen industriellen Tätigkeitsbereichen, die auf wissenschaftlicher Forschung basieren, entweder Kapital oder eine Ausbildung voraussetzt, die die Kinder von Arbeitern schwerlich erwerben können.

Wenn Arbeiter ihre Vorstellung von sozialem Aufstieg soweit umdefiniert haben, daß sie der Wirklichkeit ihrer eigenen Erfahrung besser entspricht, können sie weiterhin glauben, daß tatsächlich reale Chancen zum Vorwärtskommen bestehen. Sicherheit und kleine Fortschritte innerhalb des Betriebes liegen in Reichweite. Da der ständig steigende Lebensstandard der Amerikaner eine unaufhörlich wachsende Zahl von Dingen zum Kaufen und Besitzen hervorbringt, ergeben sich immer neue Möglichkeiten, durch Erwerb materieller Gegenstände «vorwärtszukommen».

Diese Art der Erhaltung der sozialen Ordnung jedoch ist nur unter hohen psychologischen Kosten für diejenigen möglich, die ohne Erfolg geblieben sind. Der zerstörerische Charakter von Schuldgefühlen und Selbstverachtung liegt auf der Hand. Aber auch die Versuche der Arbeiter, ihre Selbstachtung zu erhalten, berauben ihr Leben in vieler Hinsicht auf subtiler Weise seiner positiven Bedeutung.

Die Rechtfertigung des universellen Strebens nach Erfolg hat zum Teil in der Vorstellung bestanden, daß Menschen ihre individuelle Möglichkeit am besten dadurch realisieren können, daß sie versuchen, es in der Welt zu etwas zu bringen. Im Streben nach Erfolg, so ist behauptet worden, wird der Charakter eines Menschen nicht nur einer Prüfung unterworfen, sondern auch gestärkt und verbessert. Da das Wohlergehen der Gesellschaft auf dem eigennützigen Verhalten ihrer Mitglieder beruht, kann jeder einzelne das Gefühl haben, daß er, indem er sein eigenes Vorwärtskommen betreibt, die Wohlfahrt seines Landes fördert. Aber die Abwehrmechanismen, die die

Arbeiter gegen ihre aus begrenztem Ehrgeiz und mangelndem Erfolg erwachsenen Schuldgefühle errichten, berauben ihre Arbeit ihres Sinns und ihrer Bedeutung und behindern sie in ihrer persönlichen Entwicklung, anstatt sie zu fördern.

Sicherheit und begrenzte innerbetriebliche Ziele (mit Ausnahme von Lohnerhöhungen) sind wesentlich defensiver Art. Das Interesse an Sicherheit beruht auf Angst und Unsicherheit; was an Verbesserungen am Arbeitsplatz angestrebt wird (wiederum mit Ausnahme von Lohnerhöhungen), besteht in erster Linie in Schutz vor Schwierigkeiten. Ziele dieser Art richten sich auf Vermeidung, nicht auf schöpferische Aktivität. Wenn sie einmal erreicht sind, beinhalten sie keine positiven Vorteile und vermitteln keine sinnvollen Erfahrungen. Zweifellos ist ein gewisses Maß an Sicherheit eine notwendige Voraussetzung für die Verfolgung anderer Ziele. Aber Sicherheit, unter welchem Namen auch immer, kann jenen Prozeß der Entwicklung der Persönlichkeit nicht ersetzen, der dem Streben nach Aufstieg innewohnen soll.

Wie wir gesehen haben, versuchen Arbeiter unter anderem, die Illusion fortdauernden Ehrgeizes dadurch aufrechtzuerhalten, daß sie die Bedeutung von «Aufstieg» auf den Erwerb persönlicher Besitztümer ausdehnen. Diese Bedeutungserweiterung ist Teil einer allgemeinen Interessenverschiebung von beruflichem Vorwärtskommen auf die Freizeit und auf Freizeitaktivitäten. Dieser Wechsel des Schwerpunkts, durch den die Werte der Produktion an Bedeutung verlieren und statt dessen diejenigen des Konsums betont werden, ist zugleich die Folge und die Vollendung der Entfremdung der Arbeiter von ihrer Arbeit. In dem Maße, wie die Freizeit zum wichtigsten Bereich der Selbsterfüllung wird, nimmt die Arbeit zunehmend einen instrumentellen Charakter an, und das Geld wird zur wichtigsten Bindung der Arbeiter an ihre Tätigkeit. Fabrikarbeit, so ein 15jähriger Mechaniker, «ist bloß, damit man zu essen hat» – ein notwendiges Übel, das ertragen werden muß, weil man auf die wöchentliche Lohntüte angewiesen ist.

Aber Menschen können nicht acht Stunden am Tag und vierzig Stunden in der Woche bei Tätigkeiten verbringen, denen jede andere als eine rein instrumentelle Bedeutung fehlt. Aus diesem Grund versuchen sie, in der Arbeit, die sie zu tun gezwungen sind, einen gewissen Sinn zu finden. Manche Arbeiter entwickeln Gefühle des Stolzes auf die gekonnte Ausführung selbst von Routinearbeiten. «Wenn ich einen Stapel von Türen oder Kotflügeln aufstelle, und ich mache das ordentlich, bin ich stolz darauf», sagte ein Packereiarbeiter. «Wenn ich gute Arbeit mache, bin ich zufrieden.» Arbeiter können ein Gefühl der moralischen Befriedigung daraus gewinnen, daß sie «ein ehrliches Tagewerk» vollbracht haben, auch wenn sie, wie einige von ihnen, das Gefühl haben mögen, von der Betriebsleitung ausgebeutet zu werden. Sie können versuchen, ein gewisses Gefühl persönlicher Bedeutung herzustellen, indem sie sich mit dem Produkt – wie standardisiert auch immer – und der unpersönlichen Firma identifizieren, in der sie anonyme, jederzeit ersetzbare Rädchen sind. Ein Fließband-Reparaturarbeiter Ende Dreißig bemerkte: «Viele Kollegen arbeiten gern hier im Betrieb. Sie sind stolz auf das Ergebnis ihrer Arbeit. Viele von ihnen, auch wenn sie nur ganz minimale Arbeitsvorgänge ausführen, sehen ein fertiges Auto und scheinen zu denken, sie hätten daran einen Anteil. Ich habe darüber nachgedacht. Einmal war ich oben im Norden zum Fischen und traf ein paar Leute – ich kannte sie nicht, wußte aber, daß sie hier im Betrieb arbeiten –, und als wir uns trafen, sagte einer zu mir: «Stellen Sie nicht auch A. B. C.-Autos her?»

Wir wissen wenig über die tiefergehenden Konsequenzen solcher behelfsmäßigen Ersatzformen für volle emotionale Befriedigung in der Arbeit, aber es erscheint nicht wahrscheinlich, daß Arbeiter aus derart schwachen Formen der Sinngebung große Befriedigung ziehen können – vor allem in einem Kontext, in dem individueller wirtschaftlicher Erfolg von so zentraler Bedeutung ist.

Da die Arbeiter den Wahrheitsgehalt des Mythos der unbegrenzten Möglichkeiten nicht bestreiten und die Legitimität der wirtschaftlichen und der anderen Institutionen nicht anzweifeln, obwohl sie nicht in der Lage sind, aus dem System der Lohnarbeit aufzusteigen, ist es leicht, die subtileren Konsequenzen der Disparität zwischen Mythos und Wirklichkeit zu übersehen. Das Fehlen expliziter Unzufriedenheit, von offenem Widerstand und von Radikalismus wird oft als Beweis positiver Zufriedenheit angesehen. Aber nicht nur, daß viele Arbeiter unter ihrer Erfolglosigkeit psychologisch leiden; darüber hinaus besteht die Gefahr, daß sie für immer vergessen, was sie einst an Bedürfnissen nach einem positiven und schöpferischen Arbeitsleben gehabt haben mögen. Chronischer Mangel an lohnender Erfahrung führt, wie Lewis Mumford gezeigt hat, zu einem sinkenden Bedürfnis nach solcher Erfahrung.

Teil IV

Widerspruch und Wandel: Gesellschaft als Prozeß

13. Devianz

Soziale Systeme enthalten in sich das Potential ihrer eigenen Veränderung. Die meisten von ihnen sind heterogene und spannungsreiche Gebilde, deren Elemente sich durch ihr Zusammenwirken ständig gegenseitig modifizieren. Manche sozialen Beziehungen sind einer «inneren Logik» unterworfen, die sich in einer bestimmten, «notwendigen» Abfolge von Ereignissen, Strukturveränderungen und neuen Ereignissen entfaltet – wie etwa die von Blau beschriebene Transformation von Austauschbeziehungen in Machtverhältnisse. Andere soziale Strukturen enthalten innere *Widersprüche*, durch deren Polarisierung sie zu Veränderungen getrieben werden – z. B. Widersprüche zwischen den in einer sozialen Rolle kombinierten Erwartungen[1] oder zwischen verschiedenen Typen sozialer Beziehung, wie etwa zwischen formellen und informellen Beziehungen innerhalb formaler Organisationen.[2] Die aus unterschiedlichen Bedürfnissen, Machtverhältnissen und Lebenschancen resultierenden *Interessenkonflikte* zwischen Individuen und sozialen Gruppen bilden eine ständig präsente Ursache sozialen Wandels, und die *«unvorhergesehenen Folgen»* gesellschaftlichen Handelns – sei es, daß Konformität mit kulturellen Wertsystemen die Voraussetzungen von deren Befolgbarkeit zerstört[3] oder daß als Reaktion auf den Konformitätsdruck einer Institution individuelle Identität entsteht[4] – halten eine weitere wichtige Möglichkeit struktureller Transformation offen. Veränderung ist sozialen Gebilden nichts Äußerliches, sondern gehört zu ihren stets gegenwärtigen, konstitutiven Eigenschaften. Nur solche Theorien, die die innere Dynamik sozialer Strukturen systematisch berücksichtigen, können gesellschaftliche Zusammenhänge verstehen und erklären.

Einige der Widersprüche und Wandlungstendenzen sozialer Strukturen sind in den vorangegangenen Texten mehr oder weniger explizit zur Sprache gebracht worden. Daß der letzte Abschnitt dieses Bandes das Thema des sozialen Wandels noch einmal gesondert aufgreift, geschieht ausschließlich zu dem Zweck, seine erhebliche Bedeutung für soziologische Theorien hervorzuheben – nicht aber, weil sozialer Wandel als eigener soziologischer

1 Vgl. den hier wiedergegebenen Text zum Begriff der «Sozialen Rolle».
2 Vgl. das Stichwort «Organisation».
3 Als Beispiel vgl. Webers Studie über die «protestantische Ethik».
4 Siehe die Studie von Goffman.

Gegenstandsbereich angesehen werden könnte. Jede Theorie sozialer Strukturen, die ihrem Gegenstand gerecht wird, ist zugleich auch eine Theorie sozialen Wandels, und Theorien sozialen Wandels, die strukturelle Veränderung erklären wollen, können nichts anderes sein als Theorien über soziale Strukturen im allgemeinen. Dies wird vielleicht am deutlichsten in dem hier aufgenommenen Text von Friedrich Engels, der sich mit strukturellen Veränderungen auf gesamtgesellschaftlicher Ebene befaßt. «Wandel» erscheint in Engels' Darstellung als Resultat der Interdependenz verschiedener sozialer Bereiche und Strukturformen, des speziellen «Systemcharakters» von Gesellschaft, auf Grund dessen Prozesse sozialer Differenzierung sich immer weiter ausdehnen und verzweigen können, bis sie sich schließlich, in einer Art von selbsterhaltendem Prozeß, gegenseitig stabilisieren und verursachen. Ähnlich werden in dem Text von Alvin Gouldner soziale Konflikte – die sowohl Folge als auch Ursache sozialen Wandels sein können – auf bestimmte strukturelle Bedingungen zurückgeführt, auf die sie verändernd zurückwirken. Zunächst jedoch soll noch einmal auf die prinzipielle Unvermeidbarkeit und den «endemischen» Charakter von sozialen Wandel eingegangen werden, und zwar in Zusammenhang mit einer Studie von Howard Becker über «abweichendes Verhalten», deren allgemeines Problem in dem jeder sozialen Beziehung innewohnenden *Konflikt zwischen Norm und Struktur* besteht.

Kulturelle Wertsysteme bestehen aus einer begrenzten Zahl regulativer Prinzipien, die für sämtliche Mitglieder einer Gruppe Geltung beanspruchen. Soziale Strukturen sind jedoch viel zu komplex und in sich zu widersprüchlich, als daß sie jemals die Einfachheit und den Konsistenzgrad ideeller Gebilde erreichen könnten. Aus diesem Grund besteht zwischen Normen und Strukturen, zwischen «idealen» und «realen» Zuständen eine ständige Spannung. So funktionieren zum Beispiel in keiner Gesellschaft die Mechanismen der primären und sekundären Sozialisation so einheitlich, daß alle Mitglieder dieselben Bedürfnisse und Wertvorstellungen «erlernen» könnten. Die Motive der Mitglieder einer sozialen Gruppe sind deshalb in der Regel heterogener als das für die Gruppe geltende, ihre *kollektive* Identität definierende Wertsystem. Strukturelle Differenzierung erzeugt darüber hinaus unterschiedliche «Marktchancen» und «Weltbilder», die die interne Varianz des sozialen Systems weiter erhöhen.[5] Kein gesellschaftliches Normensystem kann unter diesen Umständen seinen Geltungsanspruch vollständig realisieren. Jede soziale Norm wird mehr oder weniger oft übertreten, und keine Regel menschlichen Verhaltens wird von allen von ihr Betroffenen unter allen Umständen befolgt. Von sozialen Normen «abweichendes» – «deviantes» – Verhalten ist in diesem Sinne nicht weniger normal als «normales», normkonformes Verhalten.

5 Vgl. Homans' Hinweis, «daß die subjektive Anerkennung einer Norm durch eine Person ... weniger unmittelbaren Einflüssen ausgesetzt ist als die soziale Aktivität selbst und daher auch weniger als diese variiert» (George Caspar Homans, Die Theorie der sozialen Gruppe, S. 139).

Die Funktion gemeinsamer Wertorientierungen besteht darin, den Mitgliedern einer Gruppe stabile Erwartungen gegenüber dem Verhalten gegenwärtiger und zukünftiger Interaktionspartner zu ermöglichen. Ohne derartige Mechanismen der Herabsetzung von Verhaltensunsicherheit sind dauerhafte und befriedigende soziale Beziehungen nicht möglich. In jeder Gesellschaft finden sich deshalb Mechanismen der «sozialen Kontrolle», die abweichendes Verhalten eindämmen und korrigieren sollen. Diese Mechanismen können ganz informeller Natur sein – zum Beispiel, wenn das befremdliche Verhalten einer Person in ihrem Freundeskreis zum Gegenstand ironischer Bemerkungen wird –, oder sie können, wie etwa die Polizei, die Gerichte oder die Gefängnisse, aus mächtigen, spezialisierten Institutionen bestehen, die über Tausende von hauptberuflichen Spezialisten zur Erkennung, Verhinderung und Korrektur abweichenden Verhaltens verfügen. Gemeinsam ist allen diesen Mechanismen unter anderem, daß keiner von ihnen vollständige Konformität erzwingen und Enttäuschungen gesellschaftlich anerkannter Erwartungen gänzlich ausschließen kann. Im Gegenteil haben soziale Kontrollen in vielen Fällen «unvorhergesehene», ihrem eigentlichen Ziel mitunter geradezu entgegengesetzte Folgen für die Struktur sozialer Systeme. So wird in dem folgenden Text unter anderem dargestellt, wie aus dem Wechselverhältnis zwischen deviantem Verhalten und sozialer Kontrolle Prozesse sozialer Differenzierung hervorgehen können, die schließlich zur Bildung «subkultureller» Gruppen und damit zu neuen Formen sozialer Beziehungen führen.

Die von Becker untersuchte strukturelle Dynamik abweichenden Verhaltens beginnt damit, daß Devianz ablehnende Reaktionen bei denen auslöst, die den Geltungsanspruch des gesellschaftlichen Wertsystems verteidigen. Diese Reaktionen, die zahlreiche verschiedene Formen annehmen können, haben das Ziel, Enttäuschungen der eigenen Erwartungen zu verhindern. Ihr Prototyp besteht in der Aufkündigung bzw. Verweigerung normaler sozialer Beziehungen. Deviante Individuen erfahren deshalb die Mißbilligung ihrer Umgebung in erster Linie in Form ihrer eigenen gesellschaftlichen Isolierung. Indirekt führt dies dazu, daß die Kontaktchancen als deviant empfundener Personen auf solche Individuen beschränkt werden, die ihr Verhalten *nicht* als deviant empfinden, in der Regel also *selber deviant und von denselben Sanktionen betroffen* sind. Auf diese Weise entstehen soziale Gruppen, in denen eine von der Gesellschaft als abweichend empfundene Orientierung die *gemeinsame* Orientierung aller Mitglieder darstellt und zum Gegenstand kollektiver Identifikation wird. In einem solchen Fall spricht die Soziologie von einer «Subkultur» – einer «Kultur innerhalb der Kultur», die *als soziale Einheit* von den gültigen Normen «abweicht». Das extreme Beispiel hierfür sind Strafgefangene, die auf Grund der gegen sie verhängten sozialen Kontrollen normale Kontakte nur mit anderen Gefangenen aufnehmen können und als Folge ihrer Integration in die «kriminelle Subkultur» des Gefängnisses ihre Identität als Kriminelle zu akzeptieren lernen.

Deviante Verhaltensorientierungen haben jedoch auch unabhängig von den Auswirkungen sozialer Kontrolle eine Tendenz zur Auslösung sozialer Differenzierung. Bestimmte Bedürfnisse könnten nämlich selbst dann, wenn sie von der Gesellschaft toleriert würden, nur durch Kontakte mit Personen befriedigt werden, die dieselben Bedürfnisse haben. Dies gilt besonders augenfällig für Homosexuelle, aber auch für Marihuanaraucher, Wissenschaftler mit unorthodoxen Ansichten oder politische Revolutionäre. Derartige Kontakte mit Gleichgesinnten erfüllen mehr als nur «technische» Funktionen: Sie bieten Gelegenheit, die durch die Reaktionen der «normalen» Gesellschaft geweckten Zweifel an der Richtigkeit der eigenen Einstellungen und Verhaltensweisen zu beschwichtigen. Die Erfahrung der Integration in ein gemeinsames Wertsystem, die dem devianten Individuum in der Gesellschaft als ganzer versagt bleibt und die es allein im Rahmen von subkulturellen Beziehungen finden kann, bestärkt es in seiner Haltung und ermöglicht ihm, statt sich selber «die anderen» als nicht «normal» oder als minderwertig anzusehen. Dieser Mechanismus wird in Beckers Text mit besonderer Deutlichkeit herausgearbeitet. Indem die ablehnenden Reaktionen der Gesellschaft zur Bildung von devianten Subkulturen führen, verstärken sie auf diese Weise häufig eben jene Orientierungen, zu deren Unterdrückung sie gedacht sind.

Die soziale Segregation zwischen Kultur und Subkultur ist jedoch niemals total. Obwohl viele Subkulturen Autarkie anstreben, wird diese nur von wenigen erreicht; die von Becker beschriebenen Musiker, die zu ihrem ständigen Leidwesen auf Austauschbeziehungen mit der umgebenen «Spießer»-Kultur angewiesen sind, veranschaulichen die hieraus erwachsenden Probleme. Andere subkulturelle Lebensformen wirken wiederum für die Gesellschaft so irritierend, daß auch Segregation das Bedürfnis nach ihrer Unterdrückung nicht wesentlich herabsetzt. Dies gilt etwa für die Drogen-Subkultur oder, in manchen Gesellschaften, für bestimmte religiöse Sekten oder «abstrakte» Maler. In solchen Fällen spricht man von «sozialen Problemen», deren Behandlung hauptberuflichen Spezialisten – Polizisten, Sozialarbeitern, Irrenärzten usw. – übertragen wird. Für alle derartigen Kontakte zwischen Kultur und Subkultur gilt, daß sie die zwischen beiden Systemen bestehenden Grenzen eher verfestigen als überwinden: Sie verlaufen in der Regel konfliktorisch und bestätigen allen Beteiligten, daß sie befriedigende Beziehungen nur mit «ihresgleichen» unterhalten können. Beckers Studie enthält zahlreiche Beispiele für diese selbstverstärkenden Elemente subkultureller Differenzierung.

Der Schutz, den Subkulturen devianten Individuen vor den Sanktionen der Gesellschaft und der Gesellschaft vor Kontakten mit Abweichlern bieten, ist jedoch nicht ihre einzige Funktion. Indem die Bildung von Subkulturen deviante Orientierungen stabilisiert, erweitert sie das Wertrepertoire der Gesellschaft als ganzer über die Grenzen dessen hinaus, was von der Mehrheit als akzeptabel angesehen wird. Die strukturellen Folgen devianter Orientierungen bilden damit zugleich eine soziale Basis für einen gesellschaftlichen Wertpluralismus, der seinerseits die Möglichkeit eines Wandels des allgemeinen Wertsystems zumindest offenhält. Unter diesem Gesichtspunkt erscheinen Subkulturen als «Kulturen auf Abruf», gewissermaßen als kulturelle Alternativen im Wartestand. Diese Überlegung läßt die Bedeutung von Devianz für sozialen Wandel erkennen. Schon die Entstehung von Subkulturen ist eine von der Gesellschaft nicht «geplante», ihren Werten widersprechende Veränderung ihrer Struktur. Darüber hinaus aber können Subkulturen unter geeigneten Bedingungen selber zur Kultur werden: Sekten werden zu Kirchen, revolutionäre Parteien zu Staatsapparaten, wissenschaftliche oder künstlerische Außenseiter zu anerkannten, tonangebenden «Schulen». Zu den zahlreichen Funktionen und Folgen von Devianz für soziale Systeme gehört deshalb nicht zuletzt, daß sie deren Zukunft gegenüber dem umfassenden Anspruch der sie regulierenden Prinzipien offenhält.

Der folgende Auszug aus Howard Beckers Buch «Außenseiter» (geschrieben 1963) beschreibt das soziale Leben einer Gruppe von Jazzmusikern im Chicago der späten vierziger Jahre. Diese Auswahl des Untersuchungsgegenstandes hat unter anderem den Vorzug, daß sie die formale Definition des Begriffs der Devianz – Abweichung von allgemein akzeptierten Verhaltenserwartungen – in Erinnerung ruft. Insofern verweist Beckers Studie indirekt darauf, daß der soziologischen Begriffsbildung andere Unterscheidungen zugrunde liegen als etwa der strafrechtlichen: *Devianz ist nicht gleich Kriminalität.* Aufgabe der Soziologie ist es, allgemeine Erklärungen der Ursachen und Folgen devianten Verhaltens zu entwickeln, nicht aber, Werturteile auszusprechen oder administrativ verwendbare Strategien zur Verbesserung der Mechanismen sozialer Kontrolle vorzuschlagen. Aus diesem Grund ist Devianz für die Soziologie ein wertfreier Begriff. Unter soziologischer Perspektive weisen religiöse Sekten, Homosexuelle, Gangsterbanden und Naturheilkundler so wichtige Gemeinsamkeiten auf, daß es im Verhältnis dazu durchaus von zweitrangiger Bedeutung ist, ob eine Gesellschaft die eine oder andere dieser Gruppen strafrechtlich verfolgt – wobei dies ohnehin von Gesellschaft zu Gesellschaft und oft genug von Regierung zu Regierung wechselt.

Beckers Jazzmusiker sind, anders als andere deviante Gruppen, kein «soziales Problem». Für die Stabilität wichtiger sozialer Strukturen und die Funktionsfähigkeit gesellschaftlicher Institutionen bilden sie keine Gefahr – wenigstens nicht in den Vereinigten Staaten der vierziger Jahre. Insofern sind sie ein sehr undramatischer Gegenstand für eine Studie über abweichendes Verhalten – man könnte sich «relevantere» Beispiele denken. Vielleicht aber gerade deshalb lassen sich an ihnen wesentliche Momente der sozialstrukturellen Dynamik von Devianz auf einem relativ hohen Grad der Verallgemeinerung und ohne Ablenkung durch «praktische» Bedürfnisse demonstrieren: die Bedeutung sozialer Isolierung und Selbstisolierung, der

Zusammenhang von sozialer Integration und sozialer Differenzierung, die verstärkende Wirkung subkultureller Beziehungen für abweichende Orientierungen, das Wandlungspotential devianten Verhaltens, die Folgen und Ursachen von Konflikten zwischen Kultur und Subkultur usw. Auf der Grundlage von Beckers eingehender Analyse sollte es dem Leser möglich sein, den Begriff der Devianz auch auf andere, womöglich weniger «exotische» Gegenstände anzuwenden.

Howard Becker
Die Kultur einer abweichenden Gruppe

Der Tanzmusiker

Abweichendes Verhalten wird zwar häufig durch Gesetz verboten – bei Erwachsenen wird es als kriminell bezeichnet, bei Jugendlichen als delinquent –, doch das muß nicht der Fall sein. Musiker, die in Tanzlokalen spielen, sind ein typisches Beispiel dafür; ihre Kultur soll in diesem [. . .] Kapitel untersucht werden. Obwohl ihre Tätigkeit sich formal an das Gesetz hält, sind ihre Kultur und ihre Lebensweise derart absonderlich und unkonventionell, daß sie von den stärker konventionell gebundenen Mitgliedern der Gemeinschaft als Außenseiter abgestempelt werden.

Viele abweichende Gruppen, unter ihnen Tanzmusiker, sind in sich gefestigt und haben längere Zeit Bestand. Wie viele stabile Gruppen entwickeln sie eine eigene Lebensweise. Um das Verhalten eines Menschen, der einer solchen Gruppe angehört, verstehen zu können, ist es notwendig, deren Lebensweise zu verstehen. [. . .]

Menschen, die in Handlungen verwickelt sind, welche als abweichend betrachtet werden, stehen bezeichnenderweise vor dem Problem, daß ihre Einstellung zu dem, was sie tun, von den anderen Mitgliedern der Gesellschaft nicht geteilt wird. Der Homosexuelle hat das Gefühl, seine Art von Sexualleben sei richtig, doch die anderen sind keineswegs dieser Meinung. Der Dieb hat das Gefühl, für ihn sei es zweckmäßig zu stehlen, doch niemand sonst teilt diese Auffassung. Wo Menschen, die sich in abweichende Handlungen einlassen, Gelegenheit haben, miteinander in Interaktion zu treten, werden sie in der Regel eine Kultur entwickeln, die sich um die Probleme gruppiert, welche sich aus dem Unterschied zwischen ihrer Definition dessen, was sie tun, und der von anderen Mitgliedern der Gesellschaft vertretenen Definition dieses Tuns ergeben. Sie bilden ihre eigenen Perspektiven aus im Verhältnis zu sich selbst und ihren abweichenden Handlungen sowie in den Beziehungen zu anderen Mitgliedern der Gesellschaft. Da diese Kulturen sich innerhalb der Kultur der größeren Gesellschaft und in Unterscheidung zu ihr entfalten, werden sie häufig Subkulturen genannt.

Der Tanzmusiker, dessen Kultur oder Subkultur dieses Kapitel gewidmet ist, kann einfach als jemand definiert werden, der gegen Bezahlung volkstümliche Musik spielt. Er ist Angehöriger eines Dienstleistungsgewerbes, und die Kultur, an der er teilhat, erhält ihren Charakter von den bei Dienstleistungsberufen üblichen Problemen. Dienstleistungsberufe unterscheiden sich im allgemeinen von anderen durch die Tatsache, daß der in ihnen Beschäftigte in mehr oder weniger direkten und persönlichen Kontakt mit dem Endverbraucher seines Arbeitsproduktes tritt, d. h. mit dem Kunden, für den er die Dienstleistung ausführt. Folglich ist der Kunde in der

Lage, dem Beschäftigten bei seiner Auftragserfüllung Anweisungen zu geben oder dies zu versuchen und Sanktionen der verschiedensten Art zu verhängen, angefangen von leichtem Druck bis zum Entzug seiner Kundschaft und ihrer Übertragung auf andere Beschäftigte des betreffenden Dienstleistungsberufes.

In Dienstleistungsberufen gibt es zwei verschiedene Beschäftigungsweisen; zum einen üben Beschäftigte den Beruf ganztägig aus, und ihr Selbst ist bis zu einem gewissen Grade innig mit dem Beruf verbunden, zum anderen ist die Beziehung des Beschäftigten zu dem Beruf wesentlich unregelmäßiger. Es läßt sich vermutlich nicht vermeiden, daß die beiden Beschäftigten höchst unterschiedliche Vorstellungen darüber haben, auf welche Weise die Dienstleistung ausgeführt werden soll. Bezeichnend ist für Angehörige von Dienstleistungsberufen, daß sie den Kunden für unfähig halten, den eigentlichen Wert ihrer Dienstleistung zu beurteilen, und Versuche der anderen Seite, Kontrolle über ihre Arbeit auszuüben, sehr übelnehmen. Die Folge sind Konflikte und Feindseligkeiten; Methoden der Verteidigung gegen Einmischung von außen bilden die Hauptbeschäftigung der Berufsangehörigen, und um diesen Komplex von Problemen wächst die Subkultur.

Musiker haben häufig das Gefühl, die einzig spielenswerte Musik sei jene, die sie «Jazz» nennen, ein Begriff, der zum Teil als Musik definiert werden kann, die ohne Rücksicht auf die Forderungen von Außenstehenden produziert wird. Dennoch müssen die Musiker die unaufhörliche Einmischung von Auftraggebern und Zuhörern in ihr Spiel über sich ergehen lassen. Wie wir später sehen werden, bildet die Notwendigkeit der Wahl zwischen konventionellem Erfolg und den eigenen künstlerischen Wertvorstellungen für den durchschnittlichen Musiker das quälendste Problem seiner Laufbahn. Um Erfolg zu haben, hält er es für notwendig, «auf kommerziell zu machen», d. h. in Übereinstimmung mit den Wünschen der Nichtmusiker, für die er arbeitet, zu spielen; dabei verzichtet er auf die Achtung anderer Musiker und demzufolge in den meisten Fällen auch auf seine Selbstachtung. Wenn er seinen Wertvorstellungen treu bleibt, ist er gewöhnlich dazu verurteilt, in der größeren Gesellschaft beruflich zu versagen. Musiker ordnen sich selbst danach ein, bis zu welchem Grade sie Außenstehenden nachgeben; die Skala reicht vom extremen «Jazz»-Musiker bis zum «kommerziellen» Musiker.

[. . .]

Die Untersuchung

Das Material für diese Untersuchung habe ich auf dem Wege teilnehmender Beobachtung gesammelt, indem ich zusammen mit Musikern die Vielfalt von Situationen teilte, die ihr Berufs- und Freizeitleben ausmachten. Zur Zeit der Untersuchung hatte ich bereits mehrere Jahre lang berufsmäßig

Klavier gespielt und war in Musikerkreisen von Chicago tätig. Das war in den Jahren 1948 und 1949, als viele Musiker von den Förderungsmöglichkeiten des [amerikanischen] Wehrpflichtgesetzes Gebrauch machten, so daß die Tatsache, daß ich zur Universität ging, mich von den anderen Leuten im Musikgeschäft nicht unterschied. Ich arbeitete während dieser Zeit mit vielen verschiedenen Musikergruppen und vielen verschiedenen Arten von Musikergruppen zusammen und habe über die Ereignisse während meines Zusammenseins mit Musikern ausführliche Notizen angelegt. Die meisten der von mir beobachteten Leute wußten nicht, daß ich an einer Untersuchung über Musiker arbeitete. Ich habe nur selten regelrechte Interviews geführt, sondern mich mehr darauf konzentriert, den üblichen Unterhaltungen der Musiker zuzuhören und sie aufzuzeichnen. Die meisten meiner Beobachtungen machte ich während der Arbeit, ja sogar auf dem Podium, als wir spielten. Die für meine Absichten nützlichen Unterhaltungen fanden oft während der üblichen «Arbeitsmärkte» in den Büros der örtlichen Gewerkschaft statt, wo sich Montag und Samstag nachmittags die Musiker versammelten, um Arbeit zu suchen, und Orchesterleiter ihre Auswahl trafen.

Die Welt der Unterhaltungsmusiker ist höchst differenziert. Einige Musiker arbeiten vorwiegend in Bars und Gaststätten, entweder in den Außenbezirken oder im Zentrum der Stadt. Andere spielen mit größeren Bands in Tanzsälen oder Nachtklubs. Andere arbeiten nicht ständig an einem Platz, sondern in Orchestern, die bei privaten Tanzvergnügen und Geselligkeiten in Hotels und Gesellschaftsklubs auf dem Lande spielen. Wieder andere spielen in Bands mit landesweit bekanntem Namen oder arbeiten für Rundfunk und Fernsehen. Musiker, die unter so verschiedenen Arbeitsbedingungen spielen, haben Probleme und Einstellungen, die zum Teil für die Arbeitsbedingungen charakteristisch sind. Ich habe überwiegend in Bars, Gaststätten und gelegentlich mit verschiedenen Arten von Gelegenheits-Bands gespielt. Aber ich hatte auf Grund von Zusammenkünften bei Tanzveranstaltungen und in Gewerkschaftshäusern genügend Kontakte zu Mitgliedern anderer Gruppen, daß ich in der Lage war, auch Einblick in deren Haltungen und Tätigkeiten zu gewinnen.

[. . .]

Musiker und «Spießer»

Das System von Vorstellungen darüber, was Musiker und was Zuhörer sind, ist zusammengefaßt in einem Wort, das Musiker benutzen, wenn sie sich auf Außenstehende beziehen – «Spießer». Es wird als Substantiv oder als Adjektiv benutzt und bezeichnet sowohl eine Personengattung als auch eine Qualität von Verhalten und Objekten. Der Begriff bezieht sich auf eine Person, die das Gegenteil von dem darstellt, was einen Musiker ausmacht oder ausmachen sollte, und auf eine Weise des Denkens, Fühlens und

Verhaltens (mit entsprechendem Ausdruck in materiellen Dingen), die der von den Musikern geschätzten entegengesetzt ist.

Der Musiker wird als ein Künstler begriffen, der eine mysteriöse künstlerische Begabung besitzt, die ihn über alle anderen Menschen erhebt. Auf Grund seiner Begabung sollte er frei sein von der Kontrolle durch Außenstehende, die eine solche Begabung nicht besitzen. Die Begabung ist etwas, das nicht durch Erziehung erworben werden kann; der Außenstehende kann daher niemals Mitglied der Gruppe werden. Ein Posaunist erklärte:

«Man kann einem Typ den richtigen Rhythmus nicht beibringen. Entweder er hat ihn, oder er hat ihn nicht. Wenn er ihn nicht hat, kannst du es ihm nicht beibringen.»

Der Musiker hat das Gefühl, einem Außenstehenden dürfe unter keinen Umständen gestattet werden, ihm vorzuschreiben, was und wie er zu spielen habe. Zu den elementaren Regeln der Kollegialität unter Musikern gehört in der Tat das Verbot jeglicher Kritik oder auch nur des Versuchs, in der aktuellen Spielsituation, «während der Arbeit», in der einen oder anderen Weise Druck auf einen Mitspieler auszuüben. Wo es nicht einmal einem Kollegen gestattet ist, die Arbeit zu beeinflussen, ist es schlechthin undenkbar, daß einem Außenstehenden dieses Recht eingeräumt würde.

Diese Einstellung kommt verallgemeinert in dem Gefühl zum Ausdruck, Musiker seien verschieden von und besser als andere Menschen und sollten demgemäß in keinem Lebensbereich, vor allem nicht in ihrer künstlerischen Tätigkeit, der Kontrolle von Außenstehenden unterworfen werden. Das Gefühl, eine besondere Art von Mensch zu sein, die eine besondere Art von Leben führt, ist tief verwurzelt, wie die folgenden Bemerkungen zeigen:

«Ich sage dir, Musiker sind anders als andere Leute. Sie sprechen anders, sie handeln anders, sie sehen anders aus. Sie sind einfach nicht wie andere Leute, das ist alles . . . Du weißt, daß es schwer ist, aus dem Musikgeschäft auszusteigen, weil du dich so anders als andere Leute fühlst.

Musiker leben ein exotisches Leben, wie in einem Dschungel oder so. Am Anfang sind sie ganz gewöhnliche kleine Jungen aus Kleinstädten – doch wenn sie erst einmal in das Leben eingestiegen sind, ändern sie sich. Es ist wie ein Dschungel, nur daß ihr Dschungel ein heißer, überfüllter Bus ist. Wenn du diese Art Leben lange genug führst, wirst du einfach vollständig anders. Ein Musiker zu sein ist großartig, ich werde es nie bereuen. Ich verstehe Dinge, die Spießer nie verstehen werden.»

Ein Extrem dieser Auffassung ist die Vorstellung, nur Musiker seien sensibel und unkonventionell genug, um einer Frau wirkliche sexuelle Befriedigung geben zu können.

Im starken Gefühl ihres Andersseins glauben Musiker gleichermaßen, sie seien in keiner Weise verpflichtet, das konventionelle Verhalten von Spießern nachzuahmen. Aus dem Gedanken, niemand könne einem Musiker vorschreiben, wie er zu spielen habe, ergibt sich logischerweise, niemand könne einem Musiker überhaupt vorschreiben, was er zu tun habe. Dementsprechend findet ein Verhalten, das den konventionellen sozialen Normen hohnspricht, bei Musikern große Bewunderung. Erzählungen von Musikern offenbaren diese Bewunderung für höchst individuelle, spontane Wen-kümmert-es-Handlungen; viele der bekanntesten Jazzmusiker sind als «Charaktere» berühmt, und ihre Taten gehen von Mund zu Mund. Von einem weithin bekannten Jazzmusiker wird z. B. berichtet, er habe sich einmal vor einem Nachtklub, in dem er aufgetreten sei, auf ein dort stehendes Polizeipferd geschwungen und sei davongeritten. Der gewöhnliche Musiker liebt es, von unkonventionellen Dingen zu erzählen, die er vollbracht hat:

«Wir spielten zum Tanz, und anschließend packten wir unsere Sachen wieder in den alten Bus und machten uns auf den Weg zurück nach Detroit. Etwas außerhalb der Stadt wollte der Wagen nicht mehr weiter. Benzin hatte er genug. Er wollte einfach nicht mehr. Die Leute kletterten heraus und standen nörgelnd herum. Ganz plötzlich sagte einer: ‹Stecken wir ihn in Brand!› So zapfte einer Benzin ab, goß es über den Wagen, zündete ein Streichholz an und wumm! stand die Karre in Flammen. Was für ein Erlebnis! Der Wagen brannte aus, und alle Leute standen herum, brüllten und klatschten in die Hände. Das war wirklich eine tolle Sache.»

Das ist mehr als Neigung zum Exzentrischen; es ist vielmehr eine wichtige berufliche Wertschätzung, wie sie in der folgenden Beobachtung eines jungen Musikers zum Ausdruck kommt:

«Weißt du, die größten Helden im Musikgeschäft sind auch die größten Charaktere. Je verrückter ein Mann handelt, desto größer ist er, desto mehr liebt ihn jeder.»

Da Musiker selbst nicht gern zu einem Leben nach sozialen Konventionen gezwungen werden möchten, versuchen sie auch nicht, diese Konventionen anderen aufzuzwingen. Zum Beispiel erklärte ein Musiker, die Diskriminierung ethnischer Minderheiten sei nicht richtig, da jeder Mensch berechtigt sei, zu handeln und zu denken, wie es ihm gefalle:

«Scheiße, ich halte nichts von Diskriminierung. Menschen sind Menschen, ob sie ‹Dagos› [verächtlich für Italiener, Spanier und Portugiesen] oder Juden oder Iren oder Polen oder sonstwas sind. Nur große Spießer scheren sich darum, welche Religion sie haben. Mir ist das scheißegal. Jeder Mensch ist berechtigt, auf seine eigene Weise zu glauben, das ist meine Meinung. Natürlich gehe ich selbst nie zur Kirche, doch ich habe nichts gegen Leute, die es tun. Es ist in Ordnung, wenn man so etwas mag.»

[. . .]

Der Musiker hält also sich und seine Kollegen für Menschen mit einer besonderen Begabung, die sie von Nichtmusikern unterscheidet und nicht deren Kontrollen unterwirft, weder in der musikalischen Darbietung noch im sonstigen sozialen Verhalten.

Dem Spießer andererseits fehlen diese Begabung und jedes Verständnis für Musik und für die Lebensweise jener, die diese Begabung besitzen. In der Vorstellung der Musiker ist der Spießer ein unwissender, intoleranter Mensch, vor dem man sich in acht nehmen muß, weil er den Druck erzeugt, der den Musiker zwingt, unkünstlerisch zu spielen. Die Schwierigkeit des Musikers liegt in der Tatsache begründet, daß der Spießer in der Lage ist, seinen Willen durchzusetzen: Wenn er die gespielte Art von Musik nicht mag, gibt er kein Geld mehr aus, um sie ein zweites Mal zu hören.

Ohne Verständnis für Musik, beurteilt der Spießer sie nach Maßstäben, die Musikern fremd sind und von ihnen nicht respektiert werden. Ein kommerzieller Saxophonist bemerkte sarkastisch:

«Es ist völlig gleichgültig, was wir spielen und wie wir spielen. Es ist so einfach, daß jeder, der länger als einen Monat spielt, es beherrschen kann. Jack spielt ein Thema auf dem Klavier oder so, dann die Saxophone oder so, alle unisono. Es ist sehr einfach. Aber den Leuten ist es egal. Wenn sie nur das Schlagzeug hören, ist alles in Ordnung. Wenn sie das Schlagzeug hören, wissen sie, daß sie ihren rechten Fuß vor den linken und den linken Fuß vor den rechten setzen müssen. Wenn sie dann noch die Melodie hören können, um danach zu pfeifen, sind sie glücklich. Was wollen sie mehr?»

In der folgenden Unterhaltung kommt die gleiche Einstellung zum Ausdruck:

Joe: «Man steigt vom Podium runter und geht die Gang hinauf, und dann sagt jemand: ‹Junger Mann, ich mag Ihr Orchester sehr.› Nur weil man schnulzig spielte und der Tenorspieler einen Doppelgriff oder ähnliches anbrachte, sind die Spießer begeistert.»

Dick: «So war es, als ich im M . . . Club spielte. All' die Leute, mit denen ich zur Schule ging, kreuzten gewöhnlich dort auf und waren wie wild auf die Band . . . Dabei war es eine der schlechtesten, mit denen ich bisher zusammengearbeitet habe, und alle hielten sie für wundervoll.»

Joe: «Oh, ja, sie sind nur ein Haufen Spießer.»

«Spießertum» durchdringt nach Meinung von Musikern das gesamte Verhalten von Spießern, wie das Gegenteil, das «Hip-Sein» [unkonformistisch sein] bei allem sichtbar wird, was ein Musiker tut. Der Spießer scheint alles falsch zu machen, er ist lächerlich und komisch. Musiker empfinden ein gut Teil Vergnügen dabei, nur dazusitzen und Spießer zu beobachten. Jeder weiß Geschichten über die lächerlichen Albernheiten von Spießern zu berichten. Ein Musiker ging so weit anzuregen, die Musiker sollten ihre Plätze mit den Leuten an der Bar der Gaststätte tauschen, in der er arbeitete; er behauptete, die Spießer seien viel lustiger und unterhaltsamer, als er es jemals sein könne. Jede Einzelheit in Kleidung, Sprache und Verhalten, mit der sie sich vom Musiker unterscheiden, wird als neuer Beweis für die angeborene Gefühlslosigkeit und die Unwissenheit des Spießers gewertet. Da Musiker eine esoterische Kultur haben, gibt es viele derartige Beweise, die nur dazu dienen, die eigene Überzeugung zu stärken, daß Musiker und Spießer zwei unterschiedliche Arten von Menschen sind.

Aber der Spießer wird auch gefürchtet, da er als die eigentliche Quelle kommerziellen Drucks angesehen wird. Es ist die Unwissenheit des Spießers in Fragen der Musik, die den Musiker zwingt, des Erfolges wegen Musik zu spielen, die er für schlecht hält.

Becker: «Was hältst du von den Leuten, für die du spielst, vom Publikum?»
Dave: «Sie sind ein Graus.»
Becker: «Wie meinst du das?»
Dave: «Nun, wenn du mit einer kommerziellen Band arbeitest, sind sie zufrieden, und du mußt mehr Schnulzen spielen. Wenn du mit einer guten Band arbeitest, sind sie nicht zufrieden, und das ist ein Graus. Wenn du mit einer guten Band arbeitest und sie sind zufrieden, ist das auch grauenhaft. Man haßt sie auf jeden Fall, weil man weiß, daß sie überhaupt nicht begreifen, was vor sich geht. Sie sind nur ein großer Graus.»

Die letzte Erklärung zeigt, daß selbst jene, die zu vermeiden suchen, Spießer zu sein, noch als Spießer angesehen werden, weil ihnen angeblich das richtige Verständnis fehlt, das nur ein Musiker haben kann – «sie begreifen nicht, was vor sich geht». Der Jazzliebhaber wird daher nicht mehr respektiert als jeder andere Spießer. Seine Liebe für Jazz ist ohne Verständnis, und er handelt wie andere Spießer. Er fordert Schlager und versucht, wie andere Spießer auch, das Spiel der Musiker zu beeinflussen.

So sieht sich der Musiker als einen schöpferischen Künstler, der von äußerer Kontrolle frei sein sollte, als einen Menschen, der anders und besser ist als jene Außenstehenden, die er Spießer nennt, die weder seine Musik noch seine Lebensweise verstehen und derentwegen er dennoch in einer seinen professionellen Idealen widersprechenden Weise aufspielen muß.

Reaktionen auf den Konflikt

Jazzmusiker und kommerzielle Musiker stimmen im wesentlichen in ihrer Einstellung gegenüber dem Publikum überein, auch wenn die Art und Weise, wie sie diesen grundlegenden Konsens formulieren, unterschiedlich ist. Zwei zueinander im Widerspruch stehende Themenkreise bilden die Grundlage der Übereinstimmung: 1. der Wunsch nach freier Selbstdarstellung gemäß den Vorstellungen der Musikergruppe und 2. die Erkenntnis, daß Druck von außen den Musiker zwingen kann, auf die Befriedigung des genannten Wunsches zu verzichten. Der Jazzmusiker neigt dazu, den ersten Punkt herauszustreichen, der kommerzielle Musiker den zweiten; doch beide erkennen und empfinden die Kraft jedes dieser beiden lenkenden Einflüsse. Gemeinsam ist den Einstellungen der beiden Musikertypen eine intensive Verachtung und Ablehnung des Spießer-Publikums, dessen Schuld es ist, daß Musiker, um Erfolg zu haben, «auf kommerziell machen» müssen.

Der kommerzielle Musiker wählt trotz der Tatsache, daß auch er das Publikum für verspießt hält, den Weg, seine Selbstachtung und die Achtung anderer Musiker (den Lohn für sein künstlerisches Verhalten) zu opfern zugunsten substanzieller Belohnungen in Form regelmäßiger Arbeit, höheren Einkommens und des Prestiges, das ein Mensch genießt, der sich kommerziell betätigt. Ein kommerzieller Musiker meint dazu:

«Auch hier gibt es eine nette Sorte von Leuten. Natürlich sind sie Spießer, ich will das nicht bestreiten. Sicher sind sie ein Haufen verdammter Spießer, aber wer zum Teufel bezahlt mich denn? Sie tun es, und so spielst du, was sie möchten. Ich meine, verdammter Mist, du kannst nicht leben, wenn du nicht für Spießer spielst. Wieviel verdammte Leute, meinst du, sind keine Spießer? Du kannst froh sein, wenn von hundert Leuten fünfzehn Prozent keine Spießer sind. Ich meine, kann sein, daß Akademiker – Ärzte, Juristen und so was – vielleicht keine Spießer sind, doch der Durchschnittsmensch ist nur ein großer verdammter Spießer. Natürlich sind Theaterleute nicht so. Doch außer Theaterleuten und Akademikern ist jeder ein verdammter Spießer.[1] Sie wissen gar nichts.

Ich sage dir was. Das habe ich vor drei Jahren gelernt. Wenn du überhaupt Geld machen willst, mußt du den Spießern gefallen. Ein guter Musiker kann keine Arbeit bekommen. Man muß einen Haufen Mist spielen. Doch was zum Teufel kann man da machen? Ich möchte gut leben. Ich möchte etwas Geld machen. Ich möchte einen Wagen, verstehst du. Wie lange kannst du dagegen ankämpfen . . .? Versteh mich nicht falsch. Wenn du Geld durch Jazzspielen machen kannst, großartig. Doch wie viele Leute können das . . .? Wenn du Jazz spielen kannst, großartig, wie ich sagte. Doch wenn du einen schlechten Job hast, hat es keinen Sinn, dagegen anzukämpfen, du mußt kommerziell werden. Ich meine, die Spießer bezahlen dein Gehalt, daran mußt du dich gewöhnen, sie sind diejenigen, denen du gefallen mußt.»

Es sei besonders darauf hingewiesen, daß der Sprecher einräumt, es sei «respektabler», von Spießern unabhängig zu sein, und daß er seine Verachtung für das Publikum zum Ausdruck bringt, dessen Spießertum er für die gesamte Situation verantwortlich macht.

Leute wie er formulieren das Problem vor allem in ökonomischen Begriffen:

«Ich meine, wenn du für einen Haufen Spießer spielst, dann spielst du eben für einen Haufen Spießer. Was zum Teufel willst du sonst tun? Du kannst es schließlich nicht in ihren Hals hineinstoßen. Nun, ich glaube, du kannst sie zum Essen bringen, aber letztlich *bezahlen* sie dich.»

Die Jazzmusiker empfinden die Notwendigkeit, ihr Publikum zufriedenzustellen, mit gleicher Stärke, halten allerdings daran fest, ihr nicht nachzugeben. Wie andere Musiker wissen auch Jazzmusiker sichere und gute Arbeitsplätze zu schätzen und sind sich im klaren darüber, daß sie das Publikum zufriedenstellen müssen, wenn sie solche Arbeitsplätze bekommen wollen. Die folgende Unterhaltung zwischen zwei jungen Jazzmusikern illustriert dies:

1 Die meisten Musiker würden auch diese Ausnahmen nicht gelten lassen.

Charlie: «Es gibt keine guten Jobs, wo man Jazz spielen kann. Du mußt Rumba und Popmusik und alles spielen. Jazz kannst du nirgends spielen. Mann, ich habe keine Lust, mein Leben lang herumzuvagabundieren.»

Eddie: «Nun, du willst deinen Spaß daran haben, nicht wahr? Du willst glücklich sein, wenn du kommerziell spielt. Das weißt du.»

Charlie: «Ich glaube, es gibt keinen Weg für unsereins, glücklich zu werden. Weil es sicher ein Kreuz ist, kommerziell zu spielen, doch es ist auch ein schreckliches Kreuz, nichts zu tun und Jazz zu spielen.»

Eddie: «Jesus, warum kannst du nicht Erfolg mit Jazzspielen haben . . .? Ich meine, du könntest eine gute kleine Gruppe haben und weiter Arrangements spielen, aber gute, verstehst du.»

Charlie: «Für eine solche Band würdest du keine Arbeit finden.»

Eddie: «Nun, du könntest eine kleine Sex-Biene vorn hinstellen und sie singen und vor den Spießern mit ihrem Hintern wackeln lassen. Dann bekommst du einen Job. Und du könntest immer noch großartig spielen, wenn sie gerade nicht singt.»

Charlie: «Nun, war das nicht die Masche der Q . . .'s Band? Hat dir das gefallen? Mochtest du, wie sie sang?»

Eddie: «Nein, Mensch, doch wir spielten Jazz, verstehst du.»

Charlie: «Mochtest du die Art von Jazz, die ihr spieltet? Es war eine Art von kommerzieller Musik, nicht wahr?»

Eddie: «Ja, doch es hätte großartig sein können.»

Charlie: «Ja, wenn es großartig gewesen wäre, hättest du die Arbeit nicht behalten können. Ich glaube, wir werden immer unzufrieden sein. So ist das eben. Du wirst dir immer im Wege stehen . . . Es wird für einen Musiker niemals irgendeinen guten Job geben.»

[. . .]

Nicht gerade konsequent, möchte der Musiker das Gefühl haben, daß er beim Publikum ankommt und daß es an seiner Arbeit ein wenig Spaß hat; auch dieser Wunsch führt ihn dazu, den Forderungen des Publikums nachzugeben. Ein Musiker sagte:

«Ich habe mehr Spaß am Spielen, wenn es jemanden gibt, für den ich spiele. Ich hätte irgendwie das Gefühl, daß es wenig Sinn hat zu spielen, wenn niemand da ist, der dich hören kann. Ich meine, schließlich ist Musik doch dazu da – daß Leute sie hören und ihren Spaß daran haben. Darum macht es mir auch nicht zuviel aus, schnulzig zu spielen. Wenn jemand Spaß daran hat, dann komme ich irgendwie in Schwung. Ich glaube, ich bin ein bißchen verkitscht. Doch ich mag es, Leute auf diese Weise glücklich zu machen.»

Diese Äußerung ist ziemlich extrem; doch die meisten Musiker empfinden dieses Bedürfnis so stark, daß sie die aktive Ablehnung des Publikums zu vermeiden trachten:

«Darum spiele ich gern mit Tommy zusammen. Wenn du das Podium verläßt, haßt dich wenigstens nicht jeder im Lokal. Es ist schlimm, unter solchen Bedingungen zu arbeiten, wo jedermann im Lokal die ganze Band einfach haßt.»

Isolierung und Selbstabsonderung

Musiker sind gegenüber ihrem Publikum feindselig, weil sie befürchten, den Spießern ihre künstlerischen Normen opfern zu müssen. Sie zeigen gewisse Verhaltens- und Denkmuster, die als Anpassungen an diese Lage angesehen werden können. Diese Muster von Isolierung und Selbstabsonderung kommen in der aktuellen Spielsituation und in der Partizipation am sozialen Verkehr in der größeren Gemeinschaft zum Ausdruck. Die primäre Funktion dieses Verhaltens besteht darin, den Musiker vor der Einmischung des Spießer-Publikums und darüber hinaus der konventionellen Gesellschaft zu schützen. Als wichtigste Konsequenz wird der Status des Musikers als eines Außenseiters durch das Wirksamwerden eines Kreislaufes von wachsender Verhaltensabweichung verfestigt. Schwierigkeiten mit Spießern führen zu wachsender Isolierung, die ihrerseits die Möglichkeiten weiterer Schwierigkeiten verstärkt.

In der Regel ist der Musiker von seinem Publikum räumlich getrennt. Er arbeitet auf einer Plattform, die eine materielle Barriere darstellt und eine direkte Interaktion verhindert. Diese Isolierung wird von dem Musiker begrüßt, weil er das aus Spießern zusammengesetzte Publikum als potentiell gefährlich empfindet. Die Musiker befürchten, der direkte Kontakt mit dem Publikum könne nur zu dessen Einmischung in die musikalische Darbietungsweise führen. Daher sei es sicherer, isoliert zu sein und nichts mit dem Publikum zu tun zu haben. Als bei einer Gelegenheit für eine solche materielle Barriere nicht gesorgt war, meinte ein Musiker:

«Noch etwas über Hochzeiten, Mann. Da bist du genau unten auf dem Boden, genau inmitten der Leute. Du kannst dich nicht von ihnen entfernen. Es ist ein Unterschied, ob du zum Tanz spielst oder in einer Bar. Im Tanzsaal bist du oben auf der Bühne, wo sie nicht an dich heran können. Dasselbe in einer Cocktail-Diele, wo du hinter der Bar bist. Doch eine Hochzeit – Mann, da bist du genau unter ihnen.»

Musiker, denen die gewöhnlich vorhandenen Barrieren fehlen, improvisieren häufig eigene und sondern sich so wirksam von ihrem Publikum ab:

«Ich hatte am Sonntag abend eine jüdische Hochzeit ... Als ich ankam, waren die anderen Jungs bereits da. Die Hochzeit fand spät statt, so daß die Leute gerade mit dem Essen anfingen. Nachdem ich mit dem Bräutigam gesprochen hatte, beschlossen wir, während des Essens zu spielen. Wir bauten uns in einer entfernten Ecke der Halle auf. Jerry zog das Klavier so herum, daß es einen kleinen Raum absperrte, der auf diese Weise von den übrigen Leuten getrennt war. Tony baute sein Schlagzeug in diesem Raum auf, und Jerry und Johnny standen dort während des Spiels. Ich wollte das Klavier so gedreht haben, daß die Jungs davor stehen konnten und dem Publikum am nächsten wären, doch Jerry sagte halb im Scherz: ‹Nein, Mann, ich muß ein bißchen Schutz vor den Spießern haben.› So ließen wir es, wie es war ...

[...]

Viele Musiker vermeiden fast reflexartig die Herstellung von Kontakten zu Mitgliedern des Publikums. Wenn sie sich unter die Leute begeben, weichen sie gewohnheitsmäßig den Blicken der Spießer aus, weil sie befürchten, dies werde eine Beziehung herstellen, auf deren Grundlage der Spießer dann Lieder fordern oder in anderer Weise versuchen könnte, die musikalische Darbietung zu beeinflussen. Manche Musiker dehnen dieses Verhalten auch auf ihre alltägliche soziale Tätigkeit außerhalb der beruflichen Situation aus. Bis zu einem gewissen Grade ist dies unvermeidlich, da die Arbeitsbedingungen – Abendstunden, große geographische Mobilität usw. – soziale Partizipation außerhalb der Brufsgruppe erschweren. Wenn man arbeitet, während andere schlafen, ist es schwierig, normalen sozialen Verkehr mit ihnen zu haben. Dies führte ein Musiker, der seinen Beruf aufgab, zum Teil als Erklärung für seinen Entschluß an: «Und großartig ist auch, an normalen Stunden zu arbeiten, wo du Leute treffen kannst, anstatt jeden Abend zur Arbeit gehen zu müssen.»

Einige jüngere Musiker beklagen, daß die Arbeitsstunden es schwierig für sie machten, Kontakte zu «netten» Mädchen aufzunehmen, da diese Arbeitszeit eine konventionelle Verabredung ausschließt.

Doch ein großer Teil der Selbstabsonderung entsteht aus der Feindseligkeit gegenüber Spießern. Diese Einstellung zeigt sich im Extrem bei den «X-Avenue-Boys», einer Gruppe von radikalen Jazzmusikern, welche die amerikanische Kultur *in toto* ablehnen. Die Art ihres Gefühls gegenüber der Umwelt zeigt sich an dem Titel, den einer der Musiker seiner Hauptmelodie gegeben hatte: « If You Don't Like My Queer Ways You Can Kiss My Fucking Ass» [etwa: «Wenn du meine verrückte (oder auch: schwule) Art nicht magst, kannst du mich am Arsch lecken»]. Die ethnische Zusammensetzung der Gruppe war ein weiterer Hinweis dafür, daß ihre extremen künstlerischen und sozialen Haltungen Bestandteile einer totalen Ablehnung der konventionellen amerikanischen Gesellschaft bildeten. Mit weniger Ausnahmen kamen die Männer aus älteren, weitgehend assimilierten Volksgruppen: Iren, Skandinavier, Deutsche und Engländer. Außerdem stammten viele, so hieß es, aus reichen Familien der oberen sozialen Schichten. Kurzum, ihre Ablehnung des Kommerziellen in der Musik und der Spießer im Sozialleben waren Teil einer Verwerfung der gesamten amerikanischen Kultur durch Menschen, die zwar eine privilegierte Position genossen, jedoch nicht in der Lage waren, eine befriedigende persönliche Anpassung an diese Position zu erreichen.

Jedes Interesse dieser Gruppe unterstrich ihre Isolierung von den Standards und den Interessen der konventionellen Gesellschaft. Sie verkehrten fast ausschließlich mit anderen Musikern und Mädchen, die in den Nachtklubs des Viertels der North Clark Street in Chicago sangen oder tanzten, und hatten wenig oder keinen Kontakt mit der konventionellen Umwelt. Ihre politische Einstellung wurde wie folgt beschrieben: «Sie hassen auf alle Fälle diese Regierungsform und halten sie für grundschlecht.» Sie waren permanent kritisch gegenüber dem Geschäft wie der Arbeit, waren desillusioniert von der Wirtschaftsstruktur und voller Verachtung für die politischen Vorgänge und die zeitgenössischen politischen Parteien. Religion und Ehe wurden völlig abgelehnt wie auch die volkstümliche und die ernste amerikanische Kultur, und ihre Lektüre beschränkte sich auf esoterische Avantgarde-Schriftsteller und -Philosophen. Auf dem Gebiet der Kunst und ernster Musik waren sie nur an den esoterischen Richtungen interessiert. Auf jeden Fall waren sie schnell bereit zu betonen, daß ihre Interessen nicht die der konventionellen Gesellschaft seien und daß sie sich daher von dieser Gesellschaft unterschieden. Es scheint nicht abwegig anzunehmen, daß die wichtigste Funktion dieser Interessen darin bestand, diesen Unterschied unmißverständlich klarzumachen.

Wenn auch Isolierung und Selbstabsonderung bei den «X-Avenue Boys» ihre extremste Ausprägung fanden, so offenbarten sie sich doch auch bei Musikergruppen mit weniger abweichendem Verhalten. Das Gefühl der Isolierung von der übrigen Gesellschaft war oft ziemlich stark; die folgende Unterhaltung zwischen zwei jungen Jazzmusikern illustriert zwei Reaktionen auf das Gefühl der Isolierung:

Eddie: «Du weißt, Mann, ich hasse Leute. Ich kann es nicht ertragen, mit Spießern zusammen zu sein. Sie regen mich so auf, daß ich sie einfach nicht ertragen kann.»

Charlie: «Das sollte nicht sein, Mann. Sie sollten dich nicht aufregen. Lach einfach über sie. So halte ich es. Lach einfach über alles, was sie tun. Das ist die einzige Art, auf die du sie ertragen kannst.»

Ein junger jüdischer Musiker, der sich entschieden mit der jüdischen Gemeinschaft identifizierte, empfand nichtsdestoweniger seine berufliche Isolierung als stark genug, um folgende Erklärungen abzugeben.

«Weißt du, ein bißchen Wissen ist schon eine gefährliche Sache. Das wurde mir klar, als ich anfing zu spielen. Ich hatte einfach das Gefühl, als wüßte ich zuviel. Ich sah oder fühlte irgendwie, daß alle meine Freunde der Nachbarschaft wirklich spießig oder dumm waren . . .

Weißt du, das ist komisch. Wenn du oben auf dem Podium sitzt, fühlst du dich so verschieden von den anderen. So daß ich sogar verstehen kann, wie Nichtjuden sich gegenüber Juden fühlen. Du siehst die Leute heraufkommen, und sie sehen jüdisch aus, oder sie haben eine Spur von Akzent oder so, und sie fragen nach einer Rumba oder so einer verdammten Sache, und ich empfinde nur: ‹Was für verdammte Spießer, diese Juden›, so als wäre ich selbst ein Nichtjude. Das meine ich, wenn ich sage, du lernst als Musiker zuviel. Ich meine, du siehst so viele Dinge und bekommst einen solch weiten Überblick über das Leben, wie ihn ein Durchschnittsmensch einfach nicht hat.»

Bei anderer Gelegenheit meinte derselbe Musiker:

«Weißt du, seit ich arbeite, kann ich tatsächlich wieder mit einigen der Burschen aus der Nachbarschaft sprechen.

(Du meinst, du hattest vorher Schwierigkeiten, mit ihnen zu sprechen?)

Nun, ich stand da rum und wußte nichts zu sagen. Es ernüchtert mich immer noch, mit diesen Burschen zu sprechen. Alles, was sie sagen, erscheint wirklich albern und uninteressant.»

Der Prozeß der Selbstabsonderung zeigt sich in bestimmten symbolischen Ausdrucksformen, vor allem im Gebrauch einer Berufssprache, die einen Menschen, der sie beherrscht, sofort als jemanden ausweist, der nicht spießig ist, und einen Menschen, der sie nicht korrekt oder überhaupt nicht benutzt, genauso schnell als Außenstehenden entlarvt. Einige auf diese Weise entstandene Wörter beziehen sich auf ungewöhnliche berufliche Probleme und Haltungen von Musikern; typisch dafür ist der Begriff «Spießer». Solche Worte ermöglichen es den Musikern, Probleme und Tätigkeiten zu diskutieren, für welche die gewöhnliche Sprache keine angemessene Terminologie bereithält. Es gibt jedoch auch Worte, die nur ein Ersatz für gebräuchlichere Ausdrücke sind und keine neuen Bedeutungen beisteuern. Zum Beispiel sind folgende Worte Synonyme für «money» [«Geld»]: «loot», «gold», «geetz» und «bread». Jobs heißen auch «gigs». Es gibt zahllose Synonyme für Marihuana; die gebräuchlichsten sind «gage», «pot», «charge», «tea» und «shit».

Ein junger Musiker, der den Beruf aufgab, deutet auf die Funktion solchen Verhaltens hin:

«Ich bin doch froh, daß ich aus dem Geschäft aussteige. Es macht mich ganz krank, mit Musikern zusammen zu sein. Es gibt da soviel rituellen und zeremoniellen Kram. Sie müssen eine besondere Sprache sprechen, sich anders kleiden und eine besondere Art von Brillen tragen. Und das alles bedeutet nichts außer: ‹Wir sind anders›.»

14. Konflikt

Menschliche Vergesellschaftung besteht aus einem dialektischen Zusammenwirken von Prozessen der Integration und der Differenzierung.[1] Soziale Strukturen – kleine Gruppen ebenso wie Gesellschaften – sind Systeme von Unterscheidungen und Unterschieden, die zwischen ihren Mitgliedern zur gleichen Zeit Gemeinsamkeiten und Gegensätze begründen. Kein soziales Gebilde ist deshalb frei von Spannungen und Widersprüchen. Menschen in unterschiedlichen strukturellen Positionen machen divergierende Erfahrungen und entwickeln voneinander abweichende Perspektiven und Wertvorstellungen, die sich häufig gegenseitig ausschließen. Gleichzeitig führen gemeinsame Bedürfnisse zu Wettbewerb um knappe Ressourcen, von deren Verteilung die individuellen und kollektiven Lebenschancen der Mitglieder abhängen. Die fundamentale Dialektik von Integration und Differenzierung äußert sich auf diese Weise in gegensätzlichen ideellen und materiellen *Interessen* – in unterschiedlichen Vorstellungen verschiedener Gruppen über die «richtige» Organisation der Gesellschaft als ganzer.

Gruppen mit unterschiedlichen Interessen liegen miteinander in *Konflikt.* Kulturelle Differenzierungen innerhalb einer Gesellschaft werfen das Problem auf, wessen Wertvorstellungen die «Kultur» bilden sollen und wessen die «Subkultur». Die Entscheidung darüber ist letzten Endes eine Machtfrage: Der Ausgang des Konflikts hängt davon ab, welche Gruppe über Ressourcen verfügt, durch deren Entzug bzw. strategische Anwendung sie die andere stärker sanktionieren kann als diese sie[2]. Dasselbe gilt für materielle Konflikte um die Verteilung knapper Güter. Vorhandene Ungleichheiten sozialer Lebenschancen begründen unterschiedliche Interessen an der Aufrechterhaltung bzw. Veränderung des gesellschaftlichen Status quo. Diese Interessen sind «objektiver» Natur: Ihre Wirksamkeit läßt sich häufig im Handeln sozialer Gruppen und Klassen nachweisen, ohne daß sie deren Mitgliedern ausdrücklich bewußt wären. So ist z. B. für Marx jede Klassengesellschaft durch ständig stattfindenden «Klassenkampf» gekennzeichnet – unabhängig davon, in welchen Formen er ausgetragen wird (einschließlich einer von «allen demokratischen Kräften» gemeinsam verkündeten «Absage an den Klassenkampf»). Ein solcher «objektivistischer» Interessen- und Konfliktbegriff ist um so fruchtbarer, je mehr gesellschaftliche Erscheinungen mit seiner Hilfe auf das Problem der Verteilung knapper Ressourcen bezogen und entweder als Resultat der bestehenden Verteilungsverhältnisse oder als Sanktionen im Kampf um ihre Erhaltung bzw. Modifikation gedeutet werden können. Ob und inwieweit das möglich ist, ist jeweils eine empirische Frage.

---

1 Vgl. die Einleitung zum Begriff des «sozialen Austauschs».
2 Vgl. den Begriff der «Macht» sowie die Einleitung zum Stichwort «Devianz».

Jede differenzierte Gesellschaft enthält eine Vielzahl von Konfliktpotentialen. Dieselben Prozesse der sozialen Differenzierung jedoch, die unterschiedliche Vorstellungen und Lebenschancen und damit Konflikte zwischen entgegengesetzten Interessen hervorbringen, bewirken häufig zugleich, daß keine der am Konflikt beteiligten Seiten in der Lage ist, diesen unter Einsatz aller ihr zur Verfügung stehenden Machtmittel auszutragen. In stark differenzierten Gesellschaften kann das Netzwerk sozialer Trennungslinien so vielfältig sein, daß jede Gruppe in zahlreiche Untergruppen zerfällt, deren Interessen zwar in einer Beziehung identisch sind, in vielen anderen aber einander widersprechen. Wichtiger noch ist, daß verschiedene Konfliktlinien sich überschneiden können. Die Gegner in einem Konflikt sind dann Verbündete in einem anderen, unterschiedliche Interessen in der einen Hinsicht werden durch gemeinsame Interessen in der anderen ausbalanciert. Die sich kreuzenden Achsen konfliktorischer und nichtkonfliktorischer Beziehungen führen so zu einer Pluralität von Konfliktfronten und reduzieren die Intensität jedes einzelnen Konflikts, indem sie eindeutige, umfassende Interessendefinitionen unmöglich machen und die einzelnen Mitglieder «widersprüchlichen Einflüssen» aussetzen, die ihre Handlungsfähigkeit einschränken.[3] In solchen «cross-cutting cleavages» (einander überschneidenden Trennungslinien), die Konflikte *latent* halten und ihre *manifeste* Austragung verhindern oder zumindest eindämmen, sehen Soziologen wie Parsons und Lipset eine der wichtigsten Voraussetzungen der Stabilität und des Zusammenhalts jeder Gesellschaft, insbesondere aber der gegenwärtigen Demokratien westlicher Prägung (deren politische Konfliktfronten in vielen Fällen «quer» zu ihren ökonomischen Gegensätzen verlaufen – vgl. etwa die konfliktdämpfenden Wirkungen sogenannter «Volksparteien»).

Umgekehrt ergibt sich, daß die Wahrscheinlichkeit der tatsächlichen Austragung eines Konflikts in dem Maße ansteigt, wie die Trennungslinien zwischen sozialen Gruppen sich nicht mehr schneiden, sondern gegenseitig *überlagern* – ökonomische Interessenkonflikte also z. B. von religiösen oder ethnischen Gegensätzen verstärkt werden. Je seltener Angehörige der einen Gruppe mit Angehörigen der anderen Gruppe auf derselben Seite stehen, desto weniger haben die beiden Gruppen «gemeinsam» und desto eindeutiger und konfliktbestimmter wird ihre Interessenlage. Ähnliche Folgen treten ein, wenn sich die relative Bedeutung verschiedener sozialer Trennungslinien im Bewußtsein der Mitglieder einer Gesellschaft verändert, etwa als Folge politischer Mobilisierung. Die Entwicklung von «Klassenbewußtsein» besteht darin, daß Unterscheidungen wie die zwischen Arbeitern und Angestellten, Katholiken und Protestanten, Einheimischen und «Gastarbeitern» vollständig hinter der Unterscheidung zwischen «Proletariern» und «Kapi-

3 Zum Konzept der «widersprüchlichen Einflüsse» («cross-pressures») siehe die Einleitung zum Stichwort «Rolle».

talisten» zurücktreten und politische und persönliche Loyalitäten sich allein an dieser Konfliktlinie orientieren («Solidarität»). Dementsprechend besteht eine sinnvolle Strategie zur Latenthaltung eines Konflikts darin, möglichst viele andere querliegende Konfliktlinien zu öffnen und wirksam zu halten, um auf diese Weise zusätzliche, immobilisierende Bindungen und Interessenunterschiede zu produzieren – die alte Strategie des «teile und herrsche».

Gouldners Studie über «Wilde Streiks» (1955), aus der der folgende Text stammt, ist der zweite Teil einer Untersuchung, die der Autor in einem amerikanischen Industriebetrieb der späten vierziger Jahre durchgeführt hat (ein Auszug aus dem ersten Teil ist hier in Zusammenhang mit dem Begriff der «Organisation» bereits vorgestellt worden). Die Situation, die Gouldner in «Wildcat Strike» beschreibt, ist durch dieselben Vorgänge bestimmt, die auch in «Patterns of Industrial Bureaucracy» vorgestellt wurden: von der Konzernleitung veranlaßte Maßnahmen zur Steigerung der Effektivität des Betriebs, eine Bürokratisierung ursprünglich personenorientierter Kontrollstrukturen, die damit verbundene Verletzung des während des Krieges entstandenen «Prinzips Großzügigkeit» und schließlich die Unzufriedenheit der Arbeiter mit diesen Veränderungen. Während jedoch im ersten Teil der wachsende Formalitätsgrad der Organisation im Vordergrund stand, sind es jetzt die Auswirkungen dieser Prozesse auf das Ausmaß der Artikulation von Interessen und die Konfliktbereitschaft der im Betrieb beschäftigten Arbeiter.

Gouldners Beschreibung einer steigenden Formalisierung und Organisierung, die in der Einleitung zum Begriff der «Organisation» auf die Parsonschen «pattern variables» bezogen wurde, dokumentiert nicht nur eine Entpersonalisierung sozialer Beziehungen, sondern auch eine Veränderung der Beziehungsachsen innerhalb der Organisation: Die steigende «affektive Neutralität» des Betriebs und die Orientierung des Personaldirektors an dem «Beitrag» eines Individuums zur Organisation führen zu einer zunehmenden Distanz zwischen Arbeitern, Vorarbeitern und Management, einer Distanz, die «abstrakt» immer schon bestand, von den familiären und freundschaftlichen Bindungen jedoch «durchkreuzt» wurde. Dadurch, daß persönliche Beziehungen eine Polarisierung in klar voneinander geschiedene Konfliktgruppen verhindert hatten, war der Interessengegensatz der auf der unterschiedlichen Verteilung von Macht und Einkommen innerhalb des Betriebs beruhte, latent geblieben.

Der Gegenstand, an dem der innerbetriebliche Konflikt sich kristallisiert und der den Anlaß der ersten spontanen Arbeitsniederlegung bildet, ist die Forderung nach höheren Löhnen. Während des Krieges waren die Arbeiter auf die Arbeitsplätze angewiesen und daher auch bereit, Lohneinbußen hinzunehmen; nach dem Krieg verhinderte das «indulgency pattern» die Artikulation von Lohnforderungen, die Arbeiter fühlten sich gut behandelt, die Informalität der sozialen Beziehungen im Betrieb schien ihnen einen

Ausgleich für schlechte Bezahlung zu bieten. Der Übergang zu einem System formaler Organisation ließ diesen Mechanismus unwirksam werden. Die verschärfte Aufsicht und die damit verbundenen Sanktionen führten auch auf seiten der Arbeiter zu einer Formalisierung ihrer Forderungen, zur Konzentration aller latent vorhandenen Konfliktfronten auf die «geschäftsmäßige» Ebene von Lohnerhöhungen.

Die Wahl des «Lohns» als Konfliktthema hat jedoch, wie Gouldner im einzelnen zeigt, eine weitere Dimension. Einer der Gründe, die Arbeiter davon abhalten, ihre Interessenkonflikte mit der Betriebsleitung offen auszutragen, ist ihre Bindung an ihre Familie, für deren Lebensunterhalt sie zu sorgen haben. Bei einem Streik steht jeder Arbeiter vor dem Problem, ob er seinen Verpflichtungen als Kollege und Gewerkschaftsmitglied Vorrang vor den Verpflichtungen als Familienvater geben soll. Wenn seine Ehefrau – was nicht selten vorkommt – von einem offenen Konflikt materielle Nachteile erwartet, vermag sie ihren Mann unter empfindliche «cross-pressures» zu setzen, die langfristig seine Konfliktbereitschaft aushöhlen können. Um dieser für ihren Kampf bedrohlichen Aussicht zu entgehen, mußten die Arbeiter ihre Forderungen so formulieren, daß sie von ihren Familien akzeptiert werden konnten – oder, wie Gouldner formuliert, von ihnen als «legitim» angesehen wurden. Weil dies am ehesten bei Lohnforderungen der Fall war – und weil überhaupt Lohnforderungen in der Regel zu klaren, eindeutigen Trennungslinien zwischen verschiedenen Interessen führen –, *manifestierten* sich die komplexen Konflikte innerhalb des von Gouldner untersuchten Unternehmens schließlich in erster Linie als Lohnkonflikt.

Alvin W. Gouldner
Lohnforderungen und ihre Bedeutung

Alles, was geschieht, geschieht an einem bestimmten Ort und zu einer bestimmten Zeit. Der Beginn unserer Forschungsarbeiten im Jahr 1948 fällt in die Periode des wirtschaftlichen Aufschwungs nach dem Kriege, der sich sowohl für die Gipsindustrie als auch für andere Industriezweige bemerkbar machte. Im Gegensatz zur Situation während des Krieges begünstigte die Marktlage jetzt den Verbraucher, während den Herstellern erhöhte Anstrengungen abverlangt wurden. Die rückläufige Arbeitsmarktlage in den Rüstungsbetrieben, die vor dem Ausbruch des Korea-Krieges geschlossen oder stillgelegt wurden, verstärkte den Wettbewerb um Arbeitsplätze. Zwischen 1948 und 1950 stieg die Furcht vor einer allgemeinen wirtschaftlichen «Rezession» ständig an. Die für die Produktion verantwortlichen Manager in Lakeport diskutierten bereits über die Notwendigkeit, die «Psychologie» der Arbeiter zu ändern und vor allem die ihrer Meinung nach aus der Kriegsperiode stammende Laschheit abzubauen. Sie bereiteten sich – in ihren Worten – darauf vor, «die Zügel anzuziehen und die Arbeiter an die Kandare zu nehmen».

Der Anlaß für die Umstellung der sozialen Beziehungen in dem Betrieb in «Oscar Center» war der Tod des alten Betriebsleiters und die Ernennung eines neuen, Vincent Peele. «Doug (der frühere Betriebsleiter) ließ den Laden einfach laufen», meinte Peele. «Davon mußte ich ausgehen. Doug war mit bestimmten Produktionsziffern zufrieden, aber ich hatte den ausdrücklichen Auftrag von der Unternehmensleitung, die Produktion zu steigern.»

Peeles Tätigkeit war vom ersten Augenblick an durch ein erhöhtes Maß an «Strenge» gekennzeichnet.[1] Zum ersten Mal wurde das deutlich, als er einen Minenarbeiter entließ. Der Mann flog raus, weil er sich zum Fischen etwas Dynamit aus der Mine mitgenommen hatte. Peele verletzte damit eindeutig die Erwartungen der Arbeiter, die glaubten, «an der Quelle zu sitzen», und die sich bisher wie selbstverständlich mit betriebseigenem Material versorgt hatten – und zwar einschließlich Dynamit.

Dadurch, daß er den Eindruck erweckte, er wolle an diesem Mann ein Exempel statuieren, stellte sich Peele auch gegen die Erwartungen der Arbeiter, immer «eine zweite Chance zu haben». Kurz danach entließ er den Personal- und Sicherheitsdirektor, der schon lange bei der Firma angestellt war, und stellte dafür Digger ein, der bereits in dem anderen General-Gypsum-Betrieb, aus dem Peele und Digger kamen, für Peele gearbeitet hatte.

---

1 In «Patterns of Industrial Bureaucracy» [vgl. den Text zum Begriff «Organisation» in diesem Band – die Übers.] haben wir Peeles Verhalten als Resultat seiner Probleme als «Nachfolger» erklärt, d. h. aus der neuen Rolle heraus, die er jetzt innehatte. In dieselbe Richtung wirkten die Wandlungen der wirtschaftlichen Situation, die wir hier besonders betonen: auch sie zwangen Peele als ein weiterer unabhängiger Faktor dazu, den Betrieb möglichst straff zu führen.

Darüber hinaus forderte Peele von den Vorarbeitern und den Pförtnern tägliche und wöchentliche Berichte, beschnitt die Kommunikationsmöglichkeiten und schränkte auf diese Weise die oft hitzigen Diskussionsrunden der Arbeiter erheblich ein. Weiterhin reduzierte er die Möglichkeit, den Arbeitsplatz innerhalb der Firma zu wechseln. Er führte eine formelle «Warnung» ein, die jedem Arbeiter, der sich einer Verletzung der Regeln schuldig gemacht hatte, ausgehändigt wurde und die von ihm zur Kenntnis genommen und unterschrieben werden mußte.

Peele begann, konsequent darauf zu sehen, daß die Anwesenheitspflicht beachtet wurde: Unentschuldigtes Fehlen bestrafte er dadurch, daß er die Betreffenden für die gleiche Zeit von Tagen, an denen sie gefehlt hatten, «aussperrte». Es wurden neue Regelungen bekannt gemacht, nach denen ein Verlassen des Arbeitsplatzes – außer zu festgelegten Zeiten – verboten war. Letztendlich war geplant, die Verwendung des Lagerraums als «Werkskrankenhaus» zu unterbinden. Alles in allem wurde das «Prinzip Großzügigkeit»[2] zum Gegenstand scharfer Angriffe von allen Seiten – die Feindseligkeit der Arbeiter gegenüber Peele wuchs dementsprechend rasch.

Die Verärgerung der Arbeiter fand zum Teil in bissigen Vergleichen zwischen Peele und «Old Doug», dem früheren Chef, ihren Ausdruck. Häufig und spontan erinnerten die Arbeiter sich daran, daß Doug kaum jemals sein Büro verlassen hatte, um irgendwelche Dinge zu überprüfen, sondern daß er statt dessen das Telefon benutzte, während Peele «ständig hinter uns steht». Sie hoben hervor, daß Doug ihnen immer erlaubt hatte, Gips unentgeltlich mit nach Hause zu nehmen, während Peele ihnen alles in Rechnung stellte. Doug wurde auf diese Weise zur personifizierten «Großzügigkeit», Peele entsprechend zum Symbol für «Strenge» bzw. für die Verletzung des «Großzügigkeitsprinzips».

Teilweise diente das Heraufbeschwören der Vergangenheit mit Hilfe der Vergleiche zwischen Peele und «Old Doug» dazu, das mehr und mehr schwindende «Großzügigkeitsprinzip» zu legitimieren und den eigenen Widerstand gegen die von Peele eingeführten Veränderungen zu rechtfertigen. Wo immer Elemente des «Prinzips Großzügigkeit» in Zweifel gezogen wurden und schwer zu rechtfertigen waren, wurde der Mythos von «Old Doug» zu ihrem Wächter. Es mußte dann nicht mehr heißen «Dies oder jenes wollen wir», sondern man konnte sagen: «Old Doug hat das so gemacht, und er war ein anständiger Kerl.» Die Entwicklung dieses Mythos illustriert die Antwort der Arbeiter auf ein «latentes Problem», ihren Versuch, mit Hilfe von informellen anstelle von vertraglichen Lösungen auf die Verletzung des «Großzügigkeitsprinzips» durch Peele zu reagieren.

Peele konzentrierte sich im übrigen nach Antritt seiner Stelle auf die Erhöhung der Produktionsziffern, vor allem auf die Anschaffung und Ein-

2 Anmerkung der Herausgeber: In der Einleitung zum Stichwort «Organisation» haben wir das «Großzügigkeitsprinzip» als eine «soziale Struktur» bezeichnet, «in der persönliche Elemente eine große und formale Regeln eine nur geringe Rolle spielten».

richtung neuer Maschinen. Diese Maschinen – ein schneller laufendes Transportband, ein verbessertes automatisches Messer und ein schneller trocknender Brennofen – wurden alle im Hauptgebäude installiert. Mit ihrer Aufstellung war eine Vertragsfirma beauftragt, die ihre eigenen Leute beschäftigte. Gegen Ende 1949 waren die neuen Maschinen einsatzbereit.

Der Konflikt von 1948

In der Zwischenzeit waren allerdings die Spannungen innerhalb des sich verändernden Betriebes angestiegen. Die Männer fingen an, die Befürchtung zu äußern, daß die neuen Maschinen das Ende ihrer Überstunden und damit finanzielle Verluste bedeuten würden. Obschon sie bis jetzt noch keine wirtschaftlichen Einbußen hatten hinnehmen müssen, begannen sie bereits, höhere Stundenlöhne zu fordern. Auf diese Weise hofften sie, ihre früheren Einkommen halten zu können, auch wenn die Überstunden wegfielen.

Bis zum Frühjahr 1948 hatte sich der Konflikt zwischen den Arbeitern und dem neuen Management zugespitzt. Zu diesem Zeitpunkt setzte die Gewerkschaft – in Übereinstimmung mit dem Tarifvertrag – die Betriebsleitung davon in Kenntnis, daß sie in Verhandlungen eintreten wolle. Allerdings war im Vertrag festgelegt, daß vorgezogene Tarifverhandlungen nur bei einer «größeren Veränderung der Löhne in benachbarten Betrieben derselben Branche oder einer spürbaren Erhöhung der Lebenshaltungskosten» möglich sein sollten. Obwohl sie durch diese Bedingungen in ihrem Handlungsspielraum eingeschränkt war, hielt die zuständige Tarifkommission hartnäckig an ihren Lohnforderungen fest, d. h. sie ließ alle anderen Probleme beiseite und konzentrierte sich ausschließlich auf eine einzige Forderung, eine Erhöhung des Stundenlohns um 30 Cent. Die Konzernleitung entgegnete, daß es keine Erhöhung der Tarife in vergleichbaren Betrieben der Umgebung gegeben habe und somit nur 2 1/2 Cent als Ausgleich für die Erhöhung der Lebenshaltungskosten gezahlt werden könnten. Die Empörung über dieses «beleidigende Angebot» schlug augenblicklich hohe Wellen. Es war zwar schon früher mit Streik gedroht worden, aber diese Drohungen wurden jetzt erheblich deutlicher. Die Arbeiter über Tage waren dabei eher kompromißbereit als die Bergleute, die mehr auf dem Standpunkt standen «30 Cent oder Streik, auf keinen Fall wird gefeilscht!»

Die Begründung der Männer für ihre 30-Cent-Forderung lief ungefähr darauf hinaus, daß die neuen und schnelleren Maschinen wahrscheinlich das Ende ihrer bezahlten Überstunden bedeuteten. Die Konzernleitung antwortete, daß sie nicht vorhabe, die Arbeitszeit zu verkürzen, zumindest nicht bis Dezember 1948. Darüber hinaus erinnerte sie die Arbeiter an den Tarifvertrag, in dem neue Verhandlungen nur für den Fall vorgesehen waren, «daß die Konzernleitung die wöchentliche Arbeitszeit von 48 auf 40 oder weniger

Stunden verringerte».

Das Gegenargument der Arbeiter widerum war, daß, wenn der Konzern in der Lage sei, 1,5 Millionen Dollar für neue Maschinen auszugeben, er wohl auch eine Lohnerhöhung verkraften könne. Einer der Gründe für die Emotionalität, mit der die Lohnforderungen vertreten wurden, lag in der offensichtlichen Furcht der Männer vor den Konsequenzen, die die neuen Maschinen nach sich ziehen würden. Diese Furcht wurde noch dadurch verstärkt, daß die Konzernleitung nie deutlich gemacht hatte, welche Folgen die Installation dieser Maschinen haben könnte. Die verantwortlichen Manager hatten kein einziges Mal auch nur den Versuch unternommen, irgendwelche mit den eingeführten Neuerungen verbundene Probleme mit den Leuten zu diskutieren, die Arbeiter fühlten sich dementsprechend selbst wie Teile von Maschinen. Darüber hinaus verglichen die Arbeiter immer wieder das Angebot von 2,5 Cent mit den 1,5 Millionen für die neuen Maschinen – ein Vergleich, der ihre Selbstachtung unterminierte und sie glauben machte, daß sie von der Firma für weniger wertvoll gehalten wurden als die neuen Maschinen. Einige Leute argumentierten erregt, daß der Konzern in den letzten acht Jahren 12,5 Millionen Dollar Gewinne erzielt habe; sie wollten jetzt ihren Anteil. Sie erinnerten das Management daran, daß «die Vorstandsmitglieder sich vor kurzem noch selber eine Prämie von 250000 Dollar zugeschanzt hätten». Darüber hinaus behaupteten sie, daß die ungelernten Bauarbeiter, die die neuen Maschinen aufgestellt hatten, doppelt so hoch bezahlt wurden wie sie selber, und das lediglich dafür, daß sie «auf ihren Ärschen sitzen». Die Manager antworteten, daß solche Arbeiten saisonabhängig seien und daß das jährliche Einkommen der Bauarbeiter nicht höher als das der Arbeiter im Betrieb sei. Darauf zu antworten fiel den Arbeitern nicht schwer: «Einverstanden, wir behalten unsere derzeitigen Löhne und der Konzern bewilligt uns bezahlten Urlaub im gleichen Umfang wie die saisonbedingte Arbeitslosigkeit der Bauarbeiter.»

Die Bedeutung des Lohns als Konfliktgegenstand

Wie läßt sich die Bedeutung der geforderten Lohnerhöhung in dieser Situation einschätzen? War sie die Ursache des Konflikts, oder war sie nur Ausdruck einer längst bestehenden Spannung, die auf andere Ursachen zurückging? Eine Betrachtung des Ablaufs der Ereignisse zeigt deutlich, daß das Lohnproblem die Kluft zwischen Arbeitern und Unternehmensleitung keineswegs erzeugte, sondern daß im Gegenteil das Anwachsen des Konflikts dem Lohnproblem vorausging und durch die Lohnauseinandersetzungen weiter verstärkt wurde.

Ein Zwischenfall, der an der tatsächlichen Wichtigkeit des Überstundenproblems zumindest Zweifel aufkommen läßt, ereignete sich einige Wochen vor dem Beginn der Tarifverhandlungen. Peele ließ eines Freitags durch einen Abteilungsleiter einige Arbeiter darüber informieren, daß sie am Sonntag arbeiten sollten. Die Arbeiter reagierten auf diese Mitteilung mit bemerkenswert geringer Bereitwilligkeit. Der Sonntag kam, und beide – Arbeiter und Management – warteten gespannt darauf, was passieren würde. Die Leute kamen nicht. Völlig verärgert rief Peele am Montagmorgen in Lakeport an und teilte mit, daß er diese Leute feuern wolle. Die Antwort aus Lakeport war ausgesprochen vorsichtig. Die Zentrale wollte dem Betriebsleiter in einer solchen vergleichsweise unwichtigen Frage nicht direkt widersprechen und überließ ihm vollständig die Entscheidung. Er könne die Männer rauswerfen, aber auf seine eigene Verantwortung. Peele änderte seine Meinung.

Die Männer hatten sich in dieser Situation gegen Überstunden gewehrt – obwohl es Sonntag gewesen wäre, was ihnen das Doppelte ihres normalen Stundenlohns eingebracht hätte. Eine charakteristische Erklärung für ihre Weigerung war: «Man braucht einfach seine Freizeit, und sonntags muß man Zeit haben, in die Kirche zu gehen und mit seiner Familie zusammenzusein.» Dieser Zwischenfall ist aus zwei Gründen bemerkenswert:

1. Er zeigt, daß die Arbeiter gar nicht so um ihre Überstunden besorgt waren, wie sie später während der Verhandlungen vorgaben.

2. Wenn die Arbeiter dem Management gegenüber freundlicher oder wohlwollender eingestellt gewesen wären, hätten sie möglicherweise die angebotene Sonntagsarbeit als gutes Omen für die zukünftigen Überstundenchancen aufgefaßt.

Es gab noch andere Anzeichen dafür, daß die Konzentration auf die Lohnforderungen ein willkommenes Mittel war, um Aggressionen abzureagieren, deren Ursprung ganz woanders lag. Die Charakterisierung des neuen Bezirksleiters der Gewerkschaft, Sundino, durch die Mitglieder der Verhandlungskommission bestätigt diese Vermutung. Bei einem Vergleich Sundinos mit Garten, seinem Vorgänger, sagte eines der Kommissionsmitglieder: «Garten war gut, aber Sundino war schneller. Wenn Binder (der für Personalfragen zuständige Direktor des Konzerns) irgend etwas sagt, ist Sundino schon da, und bevor Binder zum Nachdenken kommt, hat Sundino ihn schon in die Ecke gedrängt.» Mit anderen Worten: Sundino war nicht nur deswegen beliebt, weil er sich für die Arbeiter einsetzte, sondern auch wegen der aggressiven Art, in der er das tat.

Das soll keineswegs bedeuten, daß die Arbeiter kein wirkliches Interesse an Lohnerhöhungen gehabt hätten oder daß das Lohnproblem unwichtig gewesen wäre. Solange Arbeiter in einer Marktwirtschaft leben, werden sie schwerlich aufhören, solche Interessen zu entwickeln. Die meisten Dinge, die Arbeiter und auch andere besitzen wollen, können sie in einer Marktwirtschaft nur gegen Bezahlung bekommen; Löhne fungieren auf diese Weise als Schlüssel zur Befriedigung von Bedürfnissen und zur Teilnahme an der Gesellschaft im allgemeinen. [. . .] Was dabei oft übersehen wird und deshalb hier besonderer Erwähnung bedarf, ist die Tatsache, daß eine Lohnforderung auch andere Ursachen haben kann; in unserem Zusammenhang hier war die Lohnforderung – unter anderem – ein brauchbares Mittel, um Aggressionen auszudrücken, die Resultat der organisatorischen Veränderungen im Betrieb und vor allem der Verletzung des «Großzügigkeitsprinzips» waren.

Lohn als Konfliktgegenstand und das «Prinzip Großzügigkeit»

Bevor die neuen Maschinen aufgestellt wurden und sogar noch bevor die Arbeiter anfingen, sich aktiv für höhere Löhne einzusetzen, hatten schon viele der Arbeiter den Eindruck, daß die Löhne, die der Betrieb zahlte, zu niedrig waren. Damals war daraus allerdings kein Konflikt entstanden; der Grund war, daß die Leute sich gut behandelt fühlten. Einer der Arbeiter drückte das damals so aus: «Ich find's hier gut. Man wird nicht rumgeschubst. Man hat seine Arbeit zu machen, und sonst lassen sie einen in Ruhe. *Wissen Sie, das ist einer der Gründe, weshalb hier in der Gegend so wenig gezahlt wird.* Die Konzernleitung weiß genau, daß sie höhere Löhne zahlen müssen, wenn sie anfangen, uns hier unter Druck zu setzen. Die Leute würden sauer reagieren und sofort anfangen, Lohnerhöhungen zu fordern. *Die Bezahlung ist so was wie ein Ausgleich für die Arbeitsbedingungen. Irgendwie bleibt so alles im Gleichgewicht.*»

Mit anderen Worten: dieser Arbeiter macht deutlich, daß Löhne in dem Moment erhöhte Bedeutung bekommen, wenn das «Großzügigkeitsprinzip» verletzt wird und der Konzern anfängt, Druck auszuüben. Darauf weist auch ein anderer Arbeiter hin: «Vor einiger Zeit griff die Pottasche in der Rohmischung unsere Hände an. Die Haut wurde rissig und sprang auf. Die Kollegen redeten darüber – einer hatte eine Wunde an der Hand, die so groß war wie ein Fünfmarkstück. Er ging zu Peele. Peele sah sich das an und schoß dann in Johnsons Büro (Johnson ist der zuständige Abteilungsleiter). Ein paar Tage danach hatten wir unsere normale Arbeitsschutzversammlung. Ich stand auf und sagte, daß wir Schwierigkeiten hätten. Johnson war auch da. Er sprang auf und sagte: ‹Jungs, in meinem Büro liegen Handschuhe für euch› ... *Es gibt einfach Sachen, die 'ne ganze Menge mehr wert sind als ein paar lumpige Pfennige Lohnerhöhung. Man fühlt sich einfach anders – du hast den Eindruck, daß du akzeptiert wirst.*»

Auch dieser Kommentar stellt eine Lohnerhöhung («ein paar lumpige Pfennige») bestimmten anderen «Sachen» gegenüber, insbesondere einem Verhalten des Management, das der «Schutz»erwartung der Arbeiter, einem Aspekt des «Prinzip Großzügigkeit» also, entspricht. Der Nachdruck, mit dem die Arbeiter an ihren Lohnforderungen festhielten, war teilweise eine Antwort auf die Verletzung eben dieses «pattern» und von daher so etwas wie eine *Vergeltungsmaßnahme*. Die Arbeiter wollten der Betriebsleitung zeigen, daß «zu so was zwei gehören», daß sie durchaus auch in der

Lage waren, ihre Angelegenheiten auf dieselbe unpersönliche und geschäftsmäßige Art und Weise durchzusetzen, die sich im Betrieb seit der Ernennung von Peele ausgebreitet hatte.

In demselben Maß, in dem die Arbeiter die veränderte soziale Situation im Betrieb als «zunehmende Strenge» erlebten – und die meisten reagierten in der Tat so –, war ihre Reaktion davon beeinflußt, was ihrer Meinung nach den Wandel hervorgerufen hatte. Im großen und ganzen erkannten die Arbeiter, daß es wirtschaftliche Gründe waren, die zu den Veränderungen geführt hatten; so wie einer der Arbeiter resignierend sagt: «Die machen alles, um ein paar Pfennige einzusparen.» Mit anderen Worten: den Grund für die «Verschärfung» der Arbeitsbedingungen sahen die Arbeiter in den Bemühungen des Konzerns, auf ihre Kosten Geld zu sparen. In einem solchen Zusammenhang bekam eine Lohnforderung den Charakter eines Vergeltungsschlags; sie war ein Versuch – wie es ein Arbeiter darstellt –, «die Firma da zu treffen, wo es weh tut – in der Brieftasche».

Allerdings zielten die Vergeltungsmaßnahmen der Arbeiter nicht nur gegen das jüngste Verhalten des Managements. Ihre Gefühle gegenüber den Managern beruhten nicht ausschließlich auf der Furcht vor einer zukünftigen wirtschaftlichen Schlechterstellung, sie waren noch nicht einmal nur Resultat der momentanen Unzufriedenheit, die aus Peeles Verletzung des «Großzügigkeitsprinzips» herrührte. Alles, was jetzt im Betrieb geschah, wurde von den Arbeitern mit Dingen in Zusammenhang gebracht, die sich lange vorher ereignet hatten, die man aber immer noch gut im Gedächtnis hatte.

Vor allem erinnerten sich viele Arbeiter an die letzte Depression und an das brutale Verhalten, das die Manager ihrer Meinung nach damals gezeigt hatten. Der folgende Kommentar ist typisch für das, was während der Lohnforderungen immer wieder gesagt wurde: «Es konnte passieren, daß du morgens zur Arbeit kamst (in den dreißiger Jahren), und der Betriebsleiter erzählte dir, daß du von nun an nur noch 25 Cent Stundenlohn bekommst. So was sitzt fest das vergißt du nicht so leicht. Die Kollegen haben damals für 30 bis 45 Cent die Stunde gearbeitet – bei einer 33-Stunden-Woche. Der Betriebsleiter setzte den Lohn einfach auf 25 Cent runter und sagte: ‹Wenn Ihr arbeiten wollt, bitte: wenn nicht, für den Lohn krieg' ich genug Leute.›».

Die Depression der dreißiger Jahre war für die Arbeiter eine grausame und traumatische Erfahrung. Sie waren gezwungen, hilflos zuzusehen, wie unter dem Druck der wirtschaftlichen Notlage ihre «Großzügigkeits»erwartungen Stück für Stück zerstört wurden. Zurückgeblieben war eine latente Feindseligkeit gegenüber dem Management, die unter dem Eindruck der jüngsten Ereignisse von neuem erwachte. Die Anspielungen auf die letzte Depression dienten auf diese Weise sowohl der Rechtfertigung als auch der Eskalation der Feindseligkeiten gegenüber dem Management. Wenn aber das Hochspielen des Lohnproblems z. T. aus Unzufriedenheit mit Veränderungen in der Organisation des Betriebs stammte und zu einem anderen Teil

Resultat wiederaufgelebter Feindseligkeiten aus der Depressionsphase war, warum legten die Arbeiter dann nicht ihre «wirklichen» Probleme auf den Tisch? Mit anderen Worten: wie kommt es, daß Spannungen, deren Ursache Wandlungen in den sozialen Beziehungen im Betrieb sind, durch den Lohn als Konfliktgegenstand ersetzt werden? [...]

1. Wir haben schon angedeutet, daß bei den Lohnverhandlungen von 1948 vertragliche Hindernisse eine Rolle spielten. Um zusammenzufassen: der Vertrag selbst und insbesondere die Bestimmungen zur Frage vorgezogener Tarifverhandlungen fungierten als Blitzableiter, an dem sich die diffusen und in bezug auf ihre Gründe sehr unterschiedlichen Spannungen entluden. Die vertraglichen Bedingungen wirkten auf diese Weise als Kanal, in den andere mögliche Konfliktgegenstände einfließen konnten, während sie ihnen gleichzeitig direkte Artikulationsmöglichkeiten versperrten.

2. Ein zweiter Faktor, der andere als Lohnprobleme nicht zum Konfliktgegenstand werden ließ und der hier ebenfalls schon erwähnt wurde, war ihr Mangel an eindeutiger Legitimität. Die Arbeiter ärgerten sich z. B. darüber, daß keiner ihnen etwas über die neuen Maschinen gesagt hatte und daß die Betriebs- und Konzernleitung an ihren diesbezüglichen Ansichten auch gar nicht interessiert schien. Aber sie waren sich keineswegs sicher, daß das auch wirklich «ihre Angelegenheit» war; sie bezweifelten, daß sie ein Recht hatten, sich darüber zu beschweren. «Die da oben meinen, daß die Maschinen uns nichts angehen», sagte ein Arbeiter aus der Mühle, «vielleicht haben sie recht.» Diese Beschwerden konnten also schon deshalb nicht zum Gegenstand eines Konflikts werden, weil die Arbeiter sich ihrer Legitimität nicht sicher waren.

3. Darüber hinaus können alle diese nicht auf den Lohn bezogenen Probleme von den verschiedenen Arbeitergruppen in ganz unterschiedlicher Weise erfahren werden. Die Bergleute benutzten z. B. das Fernbleiben vom Arbeitsplatz als ihr traditionelles Mittel, um zu zeigen, daß sie «hier unten ihr eigener Boß» waren; sie wurden dementsprechend durch die neuen Maßnahmen gegen unentschuldigtes Fehlen weit stärker betroffen als die, die über Tage arbeiteten. Ähnlich verhielt es sich, wenn ein Vorarbeiter sich als «Radfahrer» entpuppte. Auch das nahmen die Bergleute viel eher übel als die Leute über Tage. Probleme dieser Art konnten deshalb nicht ohne weiteres eine gemeinsame Basis für solidarisches Handeln bilden. Ungleich dazu standen fast alle Arbeiter hinter der Forderung nach höheren Löhnen. Als einer von den Arbeitern in der Endverarbeitung gefragt wurde, ob die Kollegen im Falle eines Streiks zusammenhalten würden, meinte er: «Sicher ... sie wollen alle mehr Geld».

4. Andere Faktoren, die dazu führten, daß die nichtlohnbezogenen Probleme nur am Rande wirksam wurden, hingen mit den sozialen Beziehungen der Arbeiter außerhalb des Betriebs zusammen. Sympathie mit dem Widerstand gegen die zunehmende Verschärfung der Arbeitsbedingungen erfordert ein gewisses Maß an Vertrautheit mit den Arbeitsplätzen und der

früheren Situation in der Firma. Da Nichtfirmenangehörige mit den Einzelheiten der Arbeitsplätze und den Veränderungen in der Firma weniger vertraut waren, waren sie auch kaum in der Lage, die enorme Feindseligkeit, die von Peele ausgelöst worden war, zu verstehen und zu unterstützen.

5. Außerdem hätten sowohl die Ehefrauen der Arbeiter als auch die Einzelhändler am Ort im Falle eines Streiks unweigerlich Nachteile in Kauf nehmen müssen. Die Familien hätten ihre Ersparnisse noch stärker zusammengehalten und ihre Ausgaben genauer kontrolliert. Bei einem Lohnstreik jedoch bestand gegenüber den Verlusten, die Ehefrauen oder Geschäftsleute kurzfristig einstecken mußten, die Hoffnung auf langfristigen Ausgleich. Wie ein Mechaniker erzählt: «Meine Alte kriegte einen Anfall, als sie hörte, daß von Streik die Rede war, bis ich ihr dann erzählt habe, daß da vielleicht 'ne Waschmaschine für sie rausspringt». Wenn keine höheren Löhne gefordert werden und es nur um innerbetriebliche Angelegenheiten geht, kann keiner außer den Arbeitern selbst davon profitieren – auch bei einem Erfolg des Streiks. Ihre Bindungen an Personen außerhalb der Firma zwangen die Arbeiter deshalb, ihre Probleme als Lohnforderungen zu formulieren.

6. Ein weiterer Faktor, der in dieselbe Richtung wirkt, bezog sich auf die Situation im örtlichen Gewerkschaftsvorstand, insbesondere auf den neuen Bezirksleiter, Sundino. Sundino war neu und hatte außerdem die Nachfolge von Garten angetreten, der bei den Arbeitern beliebt gewesen war; das brachte ihn in eine Lage, in der er, wie er selbst sagt, «sich erst mal bewähren mußte». Seiner Meinung nach hieß das, daß er «etwas für die Leute rausholen» mußte. Aber gerade weil er neu war, war Sundino mit den jüngsten Veränderungen in der Firma nicht vertraut und fühlte sich nicht sicher genug, um bei ihnen anzusetzen. Eine militante Lohnforderung war aus diesem Grund ziemlich der einzige Punkt, bei dem er sich sicher fühlte.

7. Darüber hinaus waren Gewinne und Löhne im Gegensatz zu den relativ subtilen Veränderungen im Betrieb leicht beobachtbare Indikatoren für die Verhältnisse in der Firma. Sie konnten auch von höheren Gewerkschaftsfunktionären beobachtet und eingeschätzt werden, die vom Geschehen weit entfernt waren. Ein Lohnstreik an irgendeinem Ort scheint deshalb von einer räumlich entfernt liegenden Gewerkschaftszentrale aus relativ leicht steuerbar zu sein. Mehr noch: die Zentrale kann in einem solchen Fall die örtliche Gewerkschaft auf die wirksamere Weise unterstützen, etwa indem sie, wie im Fall der Arbeiter in «Oscar Center», Statistiken über die Bilanz des Unternehmens, über die Kosten für die neuen Maschinen oder Informationen über die Prämien für Vorstandsmitglieder zur Verfügung stellt. «Seit Sundino hier als Gewerkschaftssekretär angefangen hat», meint einer der Arbeiter, «bekommen wir alle diese Statistiken über die Unternehmensgewinne.»

8. Für die Unternehmensleitung waren Löhne ein einsehbares Problem mit relativ hoher Legitimität; Lohnforderungen waren nichts, was die Rechte des Managements in Frage stellen konnte. Die Unternehmensleitung sah

sich infolge des Konkurrenzdrucks gezwungen, Lohnfragen besondere Aufmerksamkeit zu widmen und vor allem auf die Löhne in benachbarten Betrieben derselben Branche zu achten.

Bei einer Durchsicht früherer gewerkschaftlicher Forderungen gegenüber dem Unternehmen fanden wir, daß jede Forderung in eine bestimmte Zahl umgerechnet worden war, die den bei Erfüllung der Forderung für das Unternehmen entstehenden Kosten entsprach. «Die Jungs oben können Ihnen das bis auf die fünfte Stelle nach dem Komma ausrechnen», erklärte uns einer der führenden Funktionäre mit belustigter Genugtuung.

Allerdings lassen sich nicht alle gewerkschaftlichen Forderungen gleich leicht und eindeutig in Dollar und Cent ausdrücken. Die finanziellen Konsequenzen einer *Lohn*forderung sind nicht schwer zu berechnen; aber wie lassen sich z. B. die Folgekosten kalkulieren, die entstehen, wenn Abwesenheit vom Arbeitsplatz nicht mehr bestraft wird? Da Lohnforderungen für die Betriebsleitung kalkulierbare Konsequenzen haben, sind Verhandlungen mit dem Unternehmen einfacher als in anderen Fragen. Das stellt einen zusätzlichen Faktor dar, der in dieser Situation die Aufmerksamkeit auf Lohnfragen und damit weg von anderen Problemen lenkte.

Angesichts dieser Überlegungen ist es leichter zu verstehen, warum Lohnfragen andere Probleme überdecken können und warum häufig Beschwerden, die auf Veränderungen in der Organisation des Betriebs zurückgehen, ihren Ausdruck in einer Forderung nach höheren Löhnen finden.

15. Sozialer Wandel

Die Entstehung der modernen Soziologie fällt in die Zeit der Industrialisierung und der von ihr ausgelösten sozialen und politischen Umwälzungen. Durch die Erfahrung, daß gesellschaftliche Verhältnisse in Bewegung geraten und dabei die Lebensumstände zahlreicher Menschen binnen kurzer Zeit und ohne deren direktes Zutun grundlegend verändern konnten, war ein Bedürfnis nach Erklärungen entstanden, mit deren Hilfe man sich über eine plötzlich «offen» gewordene Zukunft wenigstens in groben Umrissen Kenntnis verschaffen und sie vielleicht sogar praktisch beeinflussen konnte. Am Anfang der Soziologie standen deshalb Versuche, die langfristigen Entwicklungstendenzen von Gesellschaften und die sie bestimmenden Kräfte und Mechanismen zu identifizieren und in umfassenden, «großen» Theorien zu analysieren.

Der erste Gegenstand der Soziologie waren die sozialen Bedingungen, die zu ihrer Entstehung geführt hatten. Die frühe Soziologie war identisch mit Makrosoziologie, und diese wiederum war konzipiert als eine Theorie sozialen Wandels. Theoretiker wie Marx, Durkheim und Weber befaßten sich mit der Struktur von Gesellschaften als ganzen, und ihre Arbeiten behandelten gesellschaftliche Erscheinungen im Zusammenhang universalhistorischer Perspektiven. Dieser weitreichende Ansatz ist in späteren Jahren von mikrosoziologischen und sozialpsychologischen Fragestellungen in den Hintergrund gedrängt worden. Seit einiger Zeit jedoch hat das Interesse an makrosoziologischen Problemen wieder zugenommen, und zwar zum einen im Kontext von Untersuchungen sozialer Veränderungen in den sogenannten Entwicklungsländern sowie der Diskussion über die Möglichkeit einer planvollen Lenkung gesamtgesellschaftlicher Prozesse (etwa mit Hilfe sogenannter «sozialer Indikatoren»), zum andern im Rahmen grundsätzlicher Kontroversen über Gegenstand und Methode soziologischer Theoriebildung.

Der folgende Text, mit dem die vorliegende Auswahl schließt, stammt aus den Anfängen einer der wichtigsten Traditionen sozialwissenschaftlichen Denkens, des historischen Materialismus. Sein Autor, Friedrich Engels, wurde 1820 als Sohn eines Fabrikanten in Elberfeld geboren. Er war 24 Jahre alt, als sein Bericht über «Die Lage der arbeitenden Klasse in England» entstand, dessen Einleitung wir hier leicht gekürzt übernommen haben. Die Schrift ist das Ergebnis eines längeren Aufenthalts in Manchester, wo Engels' Vater eine Filiale unterhielt. Auf der Rückreise im Jahre 1844 machte Engels in Paris halt, wo er mit dem aus Deutschland emigrierten Karl Marx zusammentraf. Beide waren über die Ähnlichkeit ihrer Ansichten und Theorien, die unabhängig voneinander entstanden waren, überrascht. Von diesem Zeitpunkt an datiert eine enge Freundschaft und Zusammenarbeit, die erst mit dem Tode von Marx im Jahre 1883 zu Ende ging.

Mit seiner Studie über die Auswirkungen der Industrialisierung in Großbritannien wollte Engels seinen deutschen Lesern einen Eindruck von Entwicklungen vermitteln, in denen nach seiner Meinung die Zukunft auch der deutschen Gesellschaft vorweggenommen und vorgezeichnet wurde. Dementsprechend handelt es sich bei Engels' Arbeit in erster Linie um eine *Beschreibung* und weniger um eine *Analyse* jener Vorgänge von «weltgeschichtlicher Bedeutung», die in England seinerzeit so viel weiter fortgeschritten waren als auf dem Kontinent. Obwohl jedoch die Entwicklung einer systematischen Theorie der Gesellschaft einer späteren Periode im Werk von Marx und Engels vorbehalten war, gelingt es Engels, die von ihm beschriebenen sozialen Erscheinungen in eine umfassende, gesamtgesellschaftliche Perspektive einzuordnen, in der ihre komplexen Wirkungszusammenhänge erkennbar werden. Dies geschieht dadurch, daß Engels die gesellschaftlichen Konsequenzen der industriellen Revolution in England mit äußerster Sorgfalt bis in ihre entlegensten Verzweigungen verfolgt und dokumentiert. So befaßt sich der hier wiedergegebene Auszug unter anderem mit den Folgen der Einführung der Maschinenarbeit für die Struktur der gesellschaftlichen Arbeitsteilung, die Klassenverhältnisse, die Familie, die politische Stabilität ebenso wie für die Eigentumsverhältnisse in der Landwirtschaft, die Integration kultureller Minderheiten, die «Sitten und Bedürfnisse» der Menschen, die Bevölkerungszahl usw. usw. Auf diese Weise, *über die Rekonstruktion empirischer Kausalzusammenhänge*, gelingt es Engels, Gesellschaft als *strukturelle Ganzheit* begreifbar zu machen, die insgesamt systematisch analysierbaren Wandlungsprozessen unterliegt.

Die von Engels beschriebenen sozialen Veränderungen begannen mit der Erfindung der «Jenny», der ersten brauchbaren Maschine zum Spinnen von Baumwolle. Die Verwendung dieser neuartigen Technologie hatte Auswirkungen, die weit über den Bereich der materiellen Produktion und über die Baumwollindustrie hinausreichten. Engels schildert, wie die höhere Produktivität der Maschinenarbeit die Voraussetzungen der traditionalistischen, statischen Lebensweise der ländlichen Produzentenfamilien untergrub. Weil durch die «Jenny» das Spinnen unvergleichlich profitabler geworden war, gaben viele Familien ihre Landwirtschaft auf, um sich allein auf die Spinnerei zu konzentrieren. Hiermit begann die Trennung von Landwirtschaft und Industrie in zwei selbständige Produktionsbereiche; ihre Integration in eine gemeinsame strukturelle Einheit – die ländliche Arbeiterfamilie – wich einer zunehmenden «funktionalen Differenzierung» oder «Arbeitsteilung». Dieselbe Erscheinung zeigte sich im Verhältnis zwischen den Tätigkeiten des Spinnens und des Webens. Vor der Einführung der «Jenny» waren beide innerhalb der Familie ausgeführt worden: Die Frau verspann die rohe Baumwolle zu Garn, und der Mann webte aus dem Garn das Tuch. Sobald jedoch eine Familie über eine »Jenny» verfügte, war das Weben für sie weniger einträglich als das Spinnen; die Arbeitszeit des Mannes konnte gewinnbringender zum Spinnen verwendet werden. Umgekehrt mußten

Familien ohne «Jenny» wegen der überlegenen Konkurrenz der anderen das Spinnen aufgeben und versuchen, ihren Lebensunterhalt allein durch Weben zu verdienen.Auf diese Weise trat an die Stelle der innerfamilialen Arbeitsteilung zwischen Mann (Weben) und Frau (Spinnen) eine gesellschaftliche Arbeitsteilung zwischen der Weberei- und der Spinnereiindustrie.

Einmal in Gang gekommen, griff der von der Jenny ausgelöste Prozeß auf immer neue gesellschaftliche Bereiche über. Die Expansion der Baumwollindustrie zwang deren Zulieferer ebenso wie die Verarbeiter von Baumwolle, ebenfalls von den neuen Techniken Gebrauch zu machen. Die steigende Nachfrage nach Maschinen ließ eine spezielle Maschinenbauindustrie entstehen, die wiederum die Industrialisierung der Grundstoffproduktion zugleich nötig und möglich machte, usw. Vor allem aber führten weitere technische Innovationen, zu deren Anwendung die Konzentration einer großen Zahl von Arbeitern an einem Ort erforderlich war, zur Trennung zwischen der Familie und dem Bereich der materiellen Produktion. Von nun an waren es nicht mehr Familien, die die Grundeinheiten der Produktion von Gütern bildeten, sondern formale Organisationen. Damit hatte der Prozeß der funktionalen Differenzierung ein entscheidendes Stadium erreicht, in dem sowohl die Vorzüge als auch die Probleme der gesellschaftlichen Arbeitsteilung sich voll auszuwirken begannen.

Arbeitsteilung besteht darin, daß aus «funktional diffusen» sozialen Einheiten, die eine größere Zahl von Funktionen zur gleichen Zeit zu erfüllen haben, einzelne Funktionen «ausdifferenziert» und anderen, auf sie spezialisierten Einheiten übertragen werden. Verschiedene Funktionen, die ursprünglich von einer einzigen Struktureinheit erfüllt wurden, werden als Ergebnis von Arbeitsteilung von mehreren sozialen Einheiten wahrgenommen, von denen jede «funktional spezifischer» ist als die ursprüngliche Einheit. Da jede dieser neuen Einheiten ihre Ressourcen auf eine geringere Zahl von Aufgaben konzentrieren kann und von zusätzlichen Problemen weitgehend entlastet ist, sind funktional spezifische Strukturen in der Regel effektiver als funktional diffuse. So nahm dadurch, daß das funktional diffuse Sozialsystem der Familie seine Funktion als Produktionseinheit an die – funktional spezifischere – Fabrik abtrat, die Effektivität der materiellen Produktion zu. Gleichzeitig konnte, zumindest in einer großen Zahl von Fällen, die Familie ihre «eigentlichen» Aufgaben – Gewährleistung stabiler affektiver Beziehungen und Sicherung der physischen und sozialen Reproduktion – besser, weil unbelastet von Problemen effektiver Produktion, erfüllen.[1]

Funktionale Differenzierung bewirkt jedoch nicht nur steigende Effektivi-

1 Der Begriff der «funktionalen Differenzierung», wie er hier verwendet wird, entstammt der funktionalistischen Tradition der Soziologie. Für seine Anwendung auf den englischen Industrialisierungsprozeß siehe Neil J. Smelser, Social Change in the Industrial Revolution, Chicago 1959. Zur Unterscheidung zwischen funktional diffusen und funktional spezifischen Sozialsystemen siehe die Einleitung der Herausgeber zum Stichwort «Organisation».

tät, sondern auch wachsende Interdependenz. Spezialisierte soziale Einheiten sind auf Austauschbeziehungen mit anderen, komplementär spezialisierten Einheiten angewiesen. Ihre größere Effektivität ist mit einem Verlust an Autarkie verbunden, der durch ein erweitertes Netz funktional spezifischer sozialer Beziehungen kompensiert werden muß. Durch Arbeitsteilung werden Gesellschaften deshalb aus einem Nebeneinander isolierter, partikularer Einheiten zu «Systemen», deren Elemente aufeinander bezogen sind und sich, direkt oder indirekt, gegenseitig beeinflussen. Die industrielle Revolution integrierte die verschiedenen Landesteile Großbritanniens, die teilweise in einem Zustand beinahe vollständiger Isolation gelebt hatten, in einen einheitlichen Nationalstaat mit einheitlicher Sprache und Zivilisation. Straßen, Kanäle und Eisenbahnen erleichterten die Kommunikation zwischen entfernt liegenden Gegenden, erweiterten den «sozialen Raum» der englischen Gesellschaft und ermöglichten die Anbahnung sozialer Beziehungen zwischen vorher unabhängigen Bereichen. Tendenziell wies diese Entwicklung über die Grenzen des Nationalstaats hinaus; an ihrem Ende stand die kapitalistische Weltgesellschaft, der «Weltmarkt», auf dem die «uralten nationalen Industrien» durch «neue Industrien» verdrängt werden, «deren Einführung eine Lebensfrage für alle zivilisierten Nationen wird, durch Industrien, die nicht mehr einheimische Rohstoffe, sondern den entlegensten Zonen angehörige Rohstoffe verarbeiten und deren Fabrikate nicht nur im Lande selbst, sondern in allen Weltteilen zugleich verbraucht werden ... An die Stelle der alten lokalen und nationalen Selbstgenügsamkeit und Abgeschlossenheit tritt ein allseitiger Verkehr, eine allseitige Abhängigkeit der Nationen voneinander».[2]

Je stärker jedoch die Elemente eines Systems voneinander abhängig sind, desto genauer muß ihr Verhalten aufeinander abgestimmt werden, und desto größer ist die Koordinierungsbedürftigkeit des Systems insgesamt. Im Bereich der materiellen Produktion zog deshalb die Intensivierung der Arbeitsteilung die Einführung der formalen (Fabrik-) Organisation nach sich, mit deren Hilfe stark spezialisierte Einzeltätigkeiten nach Regeln technischer Zweckmäßigkeit miteinander kombiniert werden konnten. Entsprechende *gesellschaftliche* Integrationsmechanismen kamen jedoch nicht zustande – obwohl gerade das Fabriksystem die grundlegende funktionale Differenzierung zwischen Produktions- und Reproduktionssphäre zum Abschluß brachte. Marx' und Engels' Kritik des Kapitalismus lief denn auch in ihrem Kern darauf hinaus, daß das private Eigentum an Produktionsmitteln eine gesamtgesellschaftliche Organisation der immer komplizierter und «umwegiger» werdenden Austauschbeziehungen unmöglich machte, obwohl der Kapitalismus gleichzeitig den Grad der gesellschaftlichen Arbeitsteilung und damit die gegenseitige Abhängigkeit der Mitglieder und Teilbereiche der Gesellschaft ständig steigerte. Der einzige mit kapitalistischen

2 Manifest der Kommunistischen Partei, Marx/Engels, Werke, Bd. 4, S. 466.

Eigentumsverhältnissen vereinbare Koordinationsmechanismus, der Markt, überließ die Regulierung des wirtschaftlichen Austauschs dem ungeplanten Zusammenwirken einer Vielzahl unabhängiger, individuell-rationaler Entscheidungen. Wie Marx und Engels zu zeigen versuchten, unterlag dieser Mechanismus zyklischen Anpassungskrisen, die vor allem zu Lasten derjenigen gingen, die aufgrund ihrer geringeren Autarkie am stärksten auf ein reibungsloses Zusammenspiel der verschiedenen gesellschaftlichen Bereiche angewiesen waren. Der Weber, der seine Landwirtschaft aufgegeben hatte und in die Fabrik gegangen war, konnte nur existieren, wenn die Fabrikbesitzer Bedarf nach seiner Arbeitskraft hatten und die Produzenten von Nahrung, Kleidung usw. diese zu für ihn erschwinglichen Preisen verkaufen konnten oder wollten. Der Ausweg, sich im Notfall unabhängig von anderen mit Hilfe eigener Landwirtschaft zu erhalten, war dem städtischen «Proletarier» ein für allemal versperrt.

Austauschbeziehungen können zu Machtverhältnissen werden, wenn durch Konzentration lebenswichtiger Ressourcen in den Händen weniger einseitige Abhängigkeiten entstehen. Für Marx und Engels waren die wichtigsten in einer Gesellschaft vorhandenen Ressourcen die materiellen Produktionsmittel, durch deren Betätigung die Mitglieder der Gesellschaft ihr physisches und kulturelles Überleben sicherten. Wie die Machtverteilung in einer Gesellschaft aussah, entschied sich dementsprechend danach, wie der Zugang ihrer Mitglieder zu den Produktionsmitteln geregelt war. In dieser Hinsicht bestehende Unterschiede bildeten, aufgrund der zentralen Bedeutung der materiellen Produktion, die fundamentalen gesellschaftlichen Trennungslinien; sie begründeten Unterschiede und Gemeinsamkeiten der «Marktlage» und der «Lebenschancen» gesellschaftlicher Gruppen, aus denen sich identische Lebensformen und Interessen entwickelten. Diese, durch die Organisation der materiellen Produktion und die Verteilung der für sie benötigten Ressourcen definierten Gruppen heißen bei Marx und Engels «Klassen».[3]

Zu den wichtigsten und theoretisch folgenreichsten Passagen von Engels' Studie gehören diejenigen, in denen die Auswirkungen der neuen Produktionsweise auf die gesellschaftliche Klassenstruktur und die von ihr ausgehenden Konflikte dargestellt werden. Engels' zentrale These ist, daß die fortschreitende arbeitsteilige Differenzierung der kapitalistischen Gesellschaft diese in zwei scharf gegeneinander abgegrenzte Gruppen spalten werde, von denen die eine aus den Käufern, die andere aus den Verkäufern von Arbeitskraft gebildet wird. Die dem Kapitalismus eigentümliche Regelung des Zugangs zu den materiellen Produktionsmitteln über den Markt machte die Mehrzahl der Bevölkerung davon abhängig, daß die Besitzer von «Kapital» ihre Arbeitskraft kaufen konnten oder wollten. In ihren Augen mußte die naturwüchsige «Selbstregulierung» der gesellschaftlichen

3 Zu den Begriffen der «Macht» und der «Klasse» vgl. die entsprechenden Stichworte.

Tauschbeziehungen als eine dauernde Existenzbedrohung erscheinen, die nur dadurch überwunden werden konnte, daß die gesellschaftlichen Verhältnisse ebenso rational organisiert und koordiniert wurden wie die materielle Produktion. Dies aber setzte die Aufhebung des privaten Eigentums an den Produktionsmitteln voraus. Zwischen den Interessen des Proletariats – die mit dem Interesse der Gesellschaft insgesamt an einer planvollen Kontrolle der industriellen Entwicklung übereinstimmten – und denen der Kapitalistenklasse bestand deshalb ein grundlegender, die zentralen Momente der Sozialstruktur betreffender Konflikt. Sein Ausgang entschied für Marx und Engels über die Zukunft der industriellen Gesellschaft und letzten Endes der Menschheit insgesamt.

Wer Marx und Engels nur vom Hörensagen kennt, wird womöglich von dem folgenden Text eine moralische Verurteilung des Kapitalismus erwarten. Aber die Begründer des «wissenschaftlichen Sozialismus» waren keine rückwärtsgewandten Traditionalisten. In der Zerschlagung der vorindustriellen Sozialstruktur, in der Ablösung traditionaler, «gemeinschafts»ähnlicher Lebensformen durch die moderne «Zivilisation» und «Gesellschaft»[4] sahen sie kein Übel; noch im «Kommunistischen Manifest», an sehr zentraler Stelle also, haben sie die Bourgeoisie dafür gefeiert, daß sie «einen bedeutenden Teil der Bevölkerung dem Idiotismus des Landlebens entrissen»[5] habe. In demselben Geist schreibt Engels, vor der Industrialisierung seien die englischen Weber in einer «romantisch-gemütlichen, aber doch eines Menschen unwürdigen [!] Existenz» befangen gewesen, die sie «geistig tot» gelassen habe. Dadurch, daß sie die Möglichkeit isolierter, partikularistischer Lebensformen vernichtet hat, habe die industrielle Revolution auch die «letzten der in der Apathie gegen allgemeine menschliche Interessen versunkenen Klassen in den Strudel der Geschichte» hineingerissen. Hierin lag die historische Chance, daß eine Gesellschaft, der die Rückkehr in die Statik eines traditionalistischen Lebens verstellt war, erstmals lernen konnte, ihre «kollektive Bewegung» (Engels) und damit ihre Geschichte, anstatt ihr passives Opfer zu sein, nach den Bedürfnissen ihrer Mitglieder bewußt und planvoll zu lenken.

---

4 Zur Bedeutung der Begriffe «Gemeinschaft» und «Gesellschaft» in der soziologischen Tradition vgl. die Einleitung der Hrsg. zum Stichwort «Organisation».
5 Marx/Engels, Werke, Bd. 4, S. 466.

Friedrich Engels
Die industrielle Revolution in England

Die Geschichte der arbeitenden Klasse in England beginnt mit der letzten Hälfte des vorigen Jahrhunderts, mit der Erfindung der Dampfmaschine und der Maschinen zur Verarbeitung der Baumwolle. Diese Erfindungen gaben bekanntlich den Anstoß zu einer industriellen Revolution, einer Revolution, die zugleich die ganze bürgerliche Gesellschaft umwandelte und deren weltgeschichtliche Bedeutung erst jetzt anfängt erkannt zu werden. England ist der klassische Boden dieser Umwälzung, die um so gewaltiger war, je geräuschloser sie vor sich ging, und England ist darum auch das klassische Land für die Entwicklung ihres hauptsächlichsten Resultates, des Proletariats. Das Proletariat kann nur in England in allen seinen Verhältnissen und nach allen Seiten hin studiert werden.

Wir haben es hier einstweilen nicht mit der Geschichte dieser Revolution, nicht mit ihrer ungeheuren Bedeutung für die Gegenwart und Zukunft zu tun. Diese Darstellung muß einer künftigen, umfassenderen Arbeit vorbehalten bleiben. Für den Augenblick müssen wir uns auf das wenige beschränken, das zum Verständnis der nachfolgenden Tatsachen, zum Verständnis der gegenwärtigen Lage der englischen Proletarier notwendig ist.

Vor der Einführung der Maschinen geschah die Verspinnung und Verwebung der Rohstoffe im Hause des Arbeiters. Frau und Töchter spannen das Garn, das der Mann verwebte oder das sie verkauften, wenn der Familienvater nicht selbst es verarbeitete. Diese Weberfamilien lebten meist auf dem Lande, in der Nähe der Städte, und konnten mit ihrem Lohn ganz gut auskommen, da der heimische Markt noch für die Nachfrage nach Stoffen entscheidend, ja fast der einzige Markt war und die mit der Eroberung fremder Märkte, mit der Ausdehnung des Handels später hereinbrechende Übermacht der Konkurrenz noch nicht fühlbar auf den Arbeitslohn drückte. Dazu kam eine dauernde Steigerung der Nachfrage im heimischen Markt, die mit der langsamen Vermehrung der Bevölkerung Schritt hielt und also sämtliche Arbeiter beschäftigte, und dann die Unmöglichkeit einer heftigen Konkurrenz der Arbeiter gegeneinander, die aus der ländlichen Vereinzelung ihrer Wohnungen entstand. So kam es, daß der Weber meist imstande war, etwas zurückzulegen und sich ein kleines Grundstück zu pachten, das er in seinen Mußestunden – und deren hatte er so viele als er wollte, da er weben konnte, wann und wielange er Lust verspürte – bearbeitete. Freilich war er ein schlechter Bauer und betrieb seine Ackerwirtschaft nachlässig und ohne viel reellen Ertrag; aber er war doch wenigstens kein Proletarier, er hatte, wie die Engländer sagen, einen Pfahl in den Boden seines Vaterlandes eingeschlagen, er war ansässig und stand um eine Stufe höher in der Gesellschaft als der jetzige englische Arbeiter.

Auf diese Weise vegetierten die Arbeiter in einer ganz behaglichen Existenz und führten ein rechtschaffenes und geruhiges Leben in aller Gottseligkeit und Ehrbarkeit, ihre materielle Stellung war bei weitem besser als die ihrer Nachfolger; sie brauchten sich nicht zu überarbeiten, sie machten nicht mehr, als sie Lust hatten, und verdienten doch, was sie brauchten, sie hatten Muße für gesunde Arbeit in ihrem Garten oder Felde, eine Arbeit, die ihnen selbst schon Erholung war, und konnten außerdem noch an den Erholungen und Spielen ihrer Nachbarn teilnehmen; und alle diese Spiele, Kegel, Ballspiel usw., trugen zur Erhaltung der Gesundheit und zur Kräftigung ihres Körpers bei. Sie waren meist starke, wohlgebaute Leute, in deren Körperbildung wenig oder gar kein Unterschied von ihren bäurischen Nachbarn zu entdecken war. Ihre Kinder wuchsen in der freien Landluft auf, und wenn sie ihren Eltern bei der Arbeit helfen konnten, so kam dies doch nur dann und wann vor, und von einer acht- oder zwölfstündigen täglichen Arbeitszeit war keine Rede.

Was der moralische und intellektuelle Charakter dieser Klasse war, läßt sich erraten. Abgeschlossen von den Städten, in die sie nie hineinkamen, da das Garn und Gewebe an reisende Agenten gegen Auszahlung des Lohns abgeliefert wurde, so abgeschlossen, daß alte Leute, die ganz in der Nähe von Städten wohnten, doch nie hingingen, bis sie endlich durch die Maschinen ihres Erwerbs beraubt und gezwungen wurden, in den Städten sich nach Arbeit umzusehen, standen sie auf der moralischen und intellektuellen Stufe der Landleute, mit denen sie ohnehin noch durch ihre kleine Pachtung meistens unmittelbar verknüpft waren. Sie sahen ihren *Squire* – den bedeutendsten Grundherrn der Gegend – für ihren natürlichen Vorgesetzten an, sie frugen ihn um Rat, legten ihm ihre kleinen Zwiste zur Entscheidung vor und gaben ihm alle Ehre, die dies patriarchalische Verhältnis mit sich brachte. Sie waren «respektable» Leute und gute Familienväter, lebten moralisch, weil sie keine Veranlassung hatten, unmoralisch zu sein, da keine Schenken und liederlichen Häuser in ihrer Nähe waren, und weil der Wirt, bei dem sie dann und wann ihren Durst löschten, auch ein respektabler Mann und meist ein großer Pächter war, der auf gutes Bier, gute Ordnung und frühen Feierabend hielt. Sie hatten ihre Kinder den Tag über im Hause bei sich und erzogen sie in Gehorsam und der Gottesfurcht; das patriarchalische Familienverhältnis blieb ungestört, solange die Kinder noch nicht selbst verheiratet waren; die jungen Leute wuchsen in idyllischer Einfalt und Vertraulichkeit mit ihren Gespielen heran, bis sie heirateten, und wenn auch geschlechtlicher Verkehr vor der Ehe fast durchgängig vorkam, geschah dies doch nur, wo die moralische Verpflichtung zur Ehe von beiden Seiten anerkannt war, und die nachfolgende Heirat brachte alles wieder ins gleiche. Kurz, die damaligen englischen Industriearbeiter lebten und dachten auf dieselbe Weise, wie man es in Deutschland noch hie und da findet, in Abgeschlossenheit und Zurückgezogenheit, ohne geistige Tätigkeit und ohne gewaltsame Schwankungen in ihrer Lebenslage. Sie konnten selten lesen und noch viel weniger schreiben, gingen regelmäßig in die Kirche, politisierten nicht, konspirierten nicht, dachten nicht, ergötzten sich an körperlichen Übungen, hörten die Bibel mit angestammter Andacht vorlesen und vertrugen sich bei ihrer anspruchslosen Demut mit den angeseheneren Klassen der Gesellschaft ganz vortrefflich. Dafür aber waren sie auch geistig tot, lebten nur für ihre kleinlichen Privatinteressen, für ihren Webstuhl und ihr Gärtchen und wußten nichts von der gewaltigen Bewegung, die draußen durch die Menschheit ging. Sie fühlten sich behaglich in ihrem stillen Pflanzenleben und wären ohne die industrielle Revolution nie herausgetreten aus dieser allerdings sehr romantisch-gemütlichen, aber doch eines Menschen unwürdigen Existenz. Sie waren eben keine Menschen, sondern bloß arbeitende Maschinen im Dienst der wenigen Aristokraten, die bis dahin die Geschichte geleitet hatten; die industrielle Revolution hat auch nur die Konsequenz hiervon durchgesetzt, indem sie die Arbeiter vollends zu bloßen Maschinen machte und ihnen den letzten Rest selbständiger Tätigkeit unter den Händen wegnahm, sie aber eben dadurch zum Denken und zur Forderung einer menschlichen Stellung antrieb. Wie in Frankreich die Politik, so war es in England die Industrie und die Bewegung der bürgerlichen Gesellschaft überhaupt, die die letzten in der Apathie gegen allgemein menschliche Interessen versunkenen Klassen in den Strudel der Geschichte hineinriß.

Die erste Erfindung, die in der bisherigen Lage der englischen Arbeiter eine durchgreifende Veränderung hervorbrachte, war die *Jenny* des Webers *James Hargreaves* zu Standhill bei Blackburn in Nord-Lancashire (1764). Diese Maschine war der rohe Anfang der späteren Mule und wurde mit der Hand in Bewegung gesetzt, hatte aber statt einer Spindel, wie das gewöhnliche Handspinnrad, deren sechzehn bis achtzehn, die von einem einzigen Arbeiter getrieben wurden. Hierdurch wurde es möglich, bedeutend mehr Garn zu liefern als bisher; während früher, wo ein Weber immer drei Spinnerinnen beschäftigt hielt, nie genug Garn dagewesen war und der Weber oft auf Garn hatte warten müssen, war jetzt mehr Garn da, als von den vorhandenen Arbeitern verwebt werden konnte. Die Nachfrage nach gewebten Zeugen, die ohnehin im Zuwachs war, stieg noch mehr durch den billigeren Preis dieser Zeuge, der aus den durch die neue Maschine erniedrigten Produktionskosten des Garns folgte; es waren mehr Weber nötig, und der Weblohn stieg. Jetzt, da der Weber mehr an seinem Stuhl verdienen konnte, ließ er seine Ackerbaubeschäftigung allmählich fallen und legte sich ganz aufs Weben. Um diese Zeit konnte eine Familie von vier Erwachsenen und zwei Kindern, die zum Spulen angehalten wurden, bei täglich zehnstündiger Arbeit vier Pfund Sterling – achtundzwanzig Taler preußischer Kurant – in der Woche verdienen, und oft noch mehr, wenn das Geschäft gut ging und die Arbeit drängte; es kam oft genug vor, daß ein einzelner Weber an seinem Stuhl wöchentlich zwei Pfund verdiente. Nach und nach verschwand so die Klasse der ackerbauenden Weber ganz und löste sich in die neuentstehende Klasse der bloßen Weber auf, die allein vom Arbeitslohn lebten, gar keinen Besitz, nicht einmal den Scheinbesitz einer Pachtung hatten und somit *Proletarier* (working men) wurden. Hierzu kam noch, daß auch das alte Verhältnis des Spinners zum Weber aufgehoben wurde. Bisher war, soweit dies anging, unter einem Dach das Garn gesponnen und verwoben worden. Jetzt, wo die Jenny ebensogut wie der Webstuhl eine kräftige Hand erforderte, fingen auch Männer an zu spinnen, und ganze Familien lebten von ihr allein, während andre wiederum das jetzt veraltete und überflügelte Spinnrad beiseite stellen und, wenn ihnen die Mittel zum Ankauf einer Jenny fehlten, allein von dem Webstuhl des Familienvaters leben mußten. Hiermit fing die in der späteren Industrie so unendlich ausgebildete Teilung der Arbeit beim Weben und Spinnen an.

Während so schon mit der ersten noch sehr unvollkommnen Maschine das *industrielle Proletariat* sich entwickelte, gab dieselbe Maschine Anlaß zur Entstehung auch des *Ackerbauproletariats*. Bisher hatte es eine große Menge kleiner Grundeigentümer gegeben, die Yeomen genannt wurden und die in derselben Stille und Gedankenlosigkeit hinvegetiert hatten wie ihre Nachbarn, die ackerbauenden Weber. Sie bebauten ihre Fleckchen Land ganz in der alten nachlässigen Weise ihrer Väter und widersetzten sich jeder Neuerung mit der Hartnäckigkeit, die solchen durch eine Reihe von Generationen stabil gebliebenen Gewohnheitsmenschen eigentümlich ist. Unter ihnen gab es auch viele kleine Pächter, aber nicht Pächter im heutigen Sinne des Worts, sondern Leute, die entweder durch vertragsmäßige Erbpacht oder kraft alter Sitte ihr Fleckchen Land von ihren Vätern und Großvätern überkommen und darauf bisher so fest gesessen hatten, als ob es ihnen eigentümlich gehöre. Jetzt wurden, da sich die Industriearbeiter vom Ackerbau zurückzogen, eine Menge Grundstücke frei, und auf ihnen nistete sich die neue Klasse der *großen Pächter* ein, die fünfzig, hundert, zweihundert und mehr Morgen zusammen in Pacht nahmen, tenants-at-will waren, d. h. Pächter, deren Pacht jedes Jahr gekündigt werden konnte, und die nun durch besseren Ackerbau und großartigere Wirtschaft den Ertrag der Grundstücke zu steigern wußten. Sie konnten ihre Produkte wohlfeiler verkaufen als der kleine Yeoman, und diesem blieb nun, da sein Grundstück ihn nicht mehr ernährte, nichts übrig, als es zu verkaufen und entweder eine Jenny oder einen Webstuhl anzuschaffen oder sich als Taglöhner, Ackerbauproletarier, bei dem großen Pächter zu verdingen. Seine angestammte Trägheit und die nachlässige Art der Bebauung seines Grundstücks, die er von seinen Vorfahren überkommen hatte und über die er sich nicht erheben konnte, ließen ihm nichts andres übrig, als er in die Notwendigkeit versetzt wurde, gegen Leute zu konkurrieren, die ihre Pacht nach vernünftigeren Prinzipien und mit allen Vorteilen betrieben, die eine große Wirtschaft und die Anlage von Kapitalien in der Verbesserung des Bodens in die Hand geben.

Die Bewegung der Industrie blieb indes hierbei nicht stehen. Einzelne Kapitalisten fingen an, Jennys in großen Gebäuden aufzustellen und durch *Wasserkraft* zu treiben, wodurch sie in den Stand gesetzt wurden, die

Arbeiterzahl zu verringern und ihr Garn wohlfeiler zu verkaufen als die einzelnen Spinner, die bloß mit der Hand die Maschine bewegten. Es fielen fortwährend Verbesserungen der Jenny vor, so daß jeden Augenblick eine Maschine veraltet war und verändert oder gar beiseite geworfen werden mußte; und wenn der Kapitalist durch Anwendung der Wasserkraft selbst mit älteren Maschinen noch bestehen konnte, so war dies dem einzelnen Spinner auf die Dauer unmöglich. Und wenn schon hierin der Anfang des Fabriksystems lag, so erhielt dies durch die *Spinning-Throstle*, die *Richard Arkwright*, ein Barbier aus *Preston* in Nord-Lancashire, 1767 erfand, eine neue Ausdehnung. Diese Maschine, im Deutschen gewöhnlich Kettenstuhl genannt, ist neben der Dampfmaschine die wichtigste mechanische Erfindung des achtzehnten Jahrhunderts. Sie ist von vornherein auf eine *mechanische Triebkraft* berechnet und auf ganz neuen Prinzipien basiert. Durch die Vereinigung der Eigentümlichkeiten der Jenny und des Kettenstuhls brachte *Samuel Crompton* aus *Firwood* (Lancashire) 1785 die *Mule* zustande, und da Arkwright um dieselbe Zeit die *Kardier-* und *Vorspinnmaschinen* erfand, so war hierdurch für das Spinnen der Baumwolle das Fabriksystem zum allein herrschenden geworden. Allmählich fing man an, diese Maschinen durch einige unbedeutende Veränderung auf das Spinnen der Wolle und später (im ersten Jahrzehnt dieses Jahrhunderts) auch des Flachses anwendbar zu machen und dadurch auch hier die Handarbeit zu verdrängen. Aber auch hierbei blieb es nicht; in den letzten Jahren des vorigen Jahrhunderts hatte *Dr. Cartwright*, ein Landpfarrer, den *mechanischen Webstuhl* erfunden und gegen 1804 so weit gebracht, daß er erfolgreich gegen die Handweber konkurrieren konnte; und alle diese Maschinen erhielten doppelte Wichtigkeit durch *James Watts Dampfmaschine*, die um 1764 erfunden und seit 1785 zur Betreibung von Spinnmaschinen angewandt worden war.

Mit diesen Erfindungen, die seitdem noch jedes Jahr verbessert wurden, war der *Sieg der Maschinenarbeit über die Handarbeit* in den Hauptzweigen der englischen Industrie entschieden, und die ganze Geschichte dieser letzteren berichtet von nun nur, wie die Handarbeiter aus einer Position nach der andern durch die Maschinen vertrieben wurden. Die Folgen hiervon waren auf der einen Seite rasches Fallen der Preise aller Manufakturwaren, Aufblühen des Handels und der Industrie, Eroberung fast aller unbeschützten fremden Märkte, rasche Vermehrung der Kapitalien und des Nationalreichtums; auf der andern eine noch viel raschere Vermehrung des Proletariats, Zerstörung alles Besitzes, aller Sicherheit des Erwerbs für die arbeitende Klasse, Demoralisation, politische Aufregung und alle die den besitzenden Engländern so höchst widerwärtigen Tatsachen, die wir in den nachfolgenden Bogen zu betrachten haben werden. Haben wir schon oben gesehen, welche Umwälzung in den gesellschaftlichen Verhältnissen der unteren Klassen eine einzige unbeholfene Maschine wie die Jenny hervorbrachte, so wird man sich nicht mehr über das wundern, was ein vollständig ineinandergreifendes System fein ausgearbeiteter Maschinerie bewirkt hat, welches das rohe Material von uns empfängt und uns fertiggewebten Stoff zurückgibt.

Verfolgen wir indes die Entwicklung der englischen Industrie* etwas genauer und fangen wir mit ihrem Hauptzweig, der *Baumwollenindustrie* an.

In den Jahren 1771 bis 1775 wurden im Durchschnitt jährlich weniger als fünf Millionen Pfund roher Baumwolle importiert; im Jahre 1841 fünfhundertachtundzwanzig Millionen, und die Einfuhr von 1844 wird mindestens sechshundert Millionen Pfund betragen. 1834 exportierte England 556 Millionen Yards gewebter Baumwollenstoffe, 76 1/2 Millionen Pfund Baumwollengarn und für 1 200 000 Pfd. St. baumwollne Strumpfwaren. In demselben Jahre arbeiteten über acht Millionen Mulespindeln, 110 000 mechanische und 250 000 Handwebstühle, ungerechnet die Kettenstuhlspindeln, im Dienst der Baumwollenindustrie, und nach *MacCullochs* Berechnung lebten damals direkt oder indirekt beinahe anderthalb Millionen Menschen in den drei Reichen von diesem Industriezweige, von denen 220 000 allein in den Fabriken arbeiteten; die Kraft, die von diesen Fabriken gebraucht wurde, war 33 000 Pferde Dampfkraft und 11 000 Pferde Wasserkraft. Jetzt reichen alle diese Zahlen bei weitem nicht mehr aus, und man wird ruhig annehmen können, daß im Jahre 1845 die Kraft und Zahl der Maschinen sowie die Zahl der Arbeiter um die Hälfte größer sein wird als 1834. Der Hauptsitz dieser Industrie ist *Lancashire*, von wo sie auch ausging; sie hat diese Grafschaft durch und durch revolutioniert, aus einem obskuren, schlecht bebauten Sumpf in eine belebte, arbeitsame Gegend umgeschaffen, ihre Bevölkerung in achtzig Jahren verzehnfacht und Riesenstädte wie *Liverpool* und *Manchester* mit zusammen 700 000 Einwohnern und ihre Nebenstädte *Bolton* (60 000 Einw.), *Rochdale* (75 000 Einw.), *Oldham* (50 000 Einw.), *Preston* (60 000 Einw.), *Ashton* und *Stalybridge* (40 000 Einw.) und eine ganze Masse andere Fabrikstädte wie mit einem Zauberschlage aus dem Boden wachsen lassen. Die Geschichte von Süd-Lancashire weiß von den größten Wundern der neueren Zeit, und doch spricht kein Mensch von ihr, und alle diese Wunder hat die Baumwollenindustrie zuwege gebracht. Außerdem bildet *Glasgow* ein zweites Zentrum für den Baumwollendistrikt Schottlands, *Lanarkshire* und *Renfrewshire*, und auch hier hat die Bevölkerung der Zentralstadt sich seit der Einführung dieser Industrie von 30 000 auf 300 000 vermehrt. Die *Strumpfwirkerei* von *Nottingham* und *Derby* erhielt durch die erniedrigten Garnpreise ebenfalls einen neuen Anstoß, und einen zweiten durch eine Verbesserung des Strumpfstuhls, wodurch mit einem Stuhl zwei Strümpfe zu gleicher Zeit gewebt werden konnten; die *Spitzenfabrikation* wurde seit 1777, in welchem Jahre die *Lace-Maschine* erfunden wurde,

* Nach Porters «[The] Progress of the Nation» [Der Fortschritt der Nation], London, 1836 I vol., 1838 II vol., 1843 III vol. (aus offiziellen Angaben) und anderen meist ebenfalls offiziellen Quellen. – *(1892)* Die obige geschichtliche Skizze der industriellen Umwälzung ist in Einzelheiten ungenau; es lag aber 1843/44 kein besseres Quellenmaterial vor.

ebenfalls ein bedeutender Industriezweig; bald darauf erfand *Lindley* die *Point-net-Maschine* und 1809 *Heathcote* die *Bobbin-net-Maschine*, wodurch die Verfertigung von Spitzen unendlich vereinfacht und der Verbrauch infolge der billigen Preise ebensosehr gesteigert wurde, so daß jetzt mindestens 200000 Menschen von dieser Fabrikation sich ernähren. Sie hat ihre Hauptsitze in *Nottingham*, *Leicester* und dem Westen von England (*Wiltshire*, *Devonshire* etc.). Dieselbe Ausdehnung haben die von der Baumwollenindustrie abhängigen Arbeitszweige, das Bleichen, Färben und Drucken, erfahren. Die *Bleicherei* erhielt durch die Anwendung von *Chlor* statt des Sauerstoffs in der Schnellbleiche, die *Färberei* und *Druckerei* durch die rasche Entwicklung der Chemie und die Druckerei durch eine Reihe der glänzendsten mechanischen Erfindungen außerdem noch einen Aufschwung, der neben der durch die Zunahme der Baumwollenfabrikation bedingten Ausdehnung dieser Geschäftsbranchen sie zu einer vorher nie gekannten Blüte erhob.

In der *Verarbeitung der Wolle* entwickelte sich dieselbe Tätigkeit. Sie war bisher der Hauptzweig der englischen Industrie gewesen, aber die Masse der Produktion in jenen Jahren ist nichts gegen das, was heute fabriziert wird. 1782 lag die ganze Wollernte der vorhergehenden drei Jahre aus Mangel an Arbeitern noch unverarbeitet da und hätte liegenbleiben müssen, wenn nicht die neuerfundne Maschinerie zu Hülfe gekommen wäre und sie versponnen hätte. Die Übertragung dieser Maschinen auf die Wollspinnerei wurde mit dem besten Erfolg durchgeführt. Jetzt trat in den Wollbezirken dieselbe rasche Entwicklung ein, die wir in den Baumwolldistrikten gesehen haben. 1738 waren im *West Riding* von *Yorkshire* 75000 Stück wollne Tuche gemacht worden. 1817 wurden 490000 gemacht, und so rasch war die Ausdehnung der Wollenindustrie, daß 1834 schon 450000 Stück Tuche mehr ausgeführt wurden als 1825. 1801 wurden 101 Millionen Pfund Wolle (wovon 7 Millionen importierte) verarbeitet, 1835 180 Millionen Pfund (wovon 42 Millionen importierte). Der Hauptbezirk dieser Industrie ist das West Riding von Yorkshire, wo in *Bradford* namentlich die lange englische Wolle zu Strickgarnen etc., und in den übrigen Städten, *Leeds*, *Halifax*, *Huddersfield* etc., die kurze Wolle zu festgedrehten Garnen und zur Tuchweberei verarbeitet wird; dann der angrenzende Teil von *Lancashire*, die Gegend von *Rochdale*, wo neben der Baumwollverarbeitung viel Flanell gemacht wird, und der *Westen von England*, der die feinsten Tuche fabriziert. Der Zuwachs der Bevölkerung ist hier ebenfalls bemerkenswert:

Bradford	hatte 1801	29 000 und 1831	77 000	Einwohner
Halifax	hatte 1801	63 000 und 1831	110 000	Einwohner
Huddersfield	hatte 1801	15 000 und 1831	34 000	Einwohner
Leeds	hatte 1801	53 000 und 1831	123 000	Einwohner
und das ganze West Riding	hatte 1801	564 000 und 1831	980 000	Einwohner

eine Bevölkerung, die sich seit 1831 noch um mindestens 20 bis 25 Prozent vermehrt haben muß. Die Wollenspinnerei beschäftigte 1835 in den drei Reichen 1313 Fabriken mit 71300 Arbeitern – letztere sind übrigens nur ein kleiner Teil der Menge, die direkt und indirekt von der Verarbeitung der Wolle leben, und schließen fast alle Weber aus.

Der Fortschritt entwickelte sich in der *Leinenindustrie* später, weil hier die natürliche Beschaffenheit des rohen Materials die Anwendung der Spinnmaschine sehr erschwerte. Zwar wurden schon in den letzten Jahren des vorigen Jahrhunderts in Schottland derartige Versuche gemacht, indes erst 1810 gelang es dem Franzosen *Girard*, die *Flachsspinnerei* auf eine praktische Weise einzurichten, und selbst Girards Maschinen erlangten erst durch die Verbesserungen, die sie in England erfuhren, und ihre allgemeine Anwendung in *Leeds, Dundee* und *Belfast* auf britischem Boden die Bedeutung, die ihnen gebührte. Jetzt aber dehnte sich die englische Leinenindustrie rasch aus. 1814 wurden nach Dundee 3000 Tons Flachs importiert*, 1833 an 19000 Tons Flachs und 3400 Tons Hanf. Die Ausfuhr irischer Leinen nach Großbritannien stieg von 32 Millionen Yards (1800) auf 53 Millionen (1825), von denen ein großer Teil wieder exportiert wurde; die Ausfuhr englischer und schottischer Leinengewebe stieg von 24 Millionen Yards (1820) auf 51 Millionen (1833). Die Zahl der Flachsspinnereien belief sich 1835 auf 347 mit 33000 Arbeitern; davon waren die Hälfte im südlichen Schottland, über 60 im West Riding von Yorkshire (Leeds und Umgebung), 25 in Belfast in Irland und die übrigen in Dorsetshire und Lancashire. Die Weberei wird im südlichen Schottland und hier und da in England, besonders aber in Irland betrieben.

Mit gleichem Erfolge legten sich die Engländer auf die *Verarbeitung der Seide*. Hier bekamen sie das Material aus Südeuropa und Asien fertig gesponnen, und die Hauptarbeit war das Zusammendrehen der feinen Fäden (*Tramieren*). Bis 1824 hinderte der schwere Zoll auf Rohseide (4 Shilling per Pfund) die englische Seidenindustrie sehr, und nur der Markt Englands und seiner Kolonien stand ihr durch Schutzzölle zu Gebote. Jetzt wurde der Eingangszoll auf einen Penny herabgesetzt, und sogleich vermehrte sich die Zahl der Fabriken bedeutend; in einem Jahre stieg die Anzahl der Doublierspindeln von 780000 auf 1180000, und wenn auch die Handelskrisis von 1825 diesen Industriezweig für einen Augenblick lähmte, so wurde doch schon 1827 mehr fabriziert als je, da das mechanische Geschick und die Erfahrung der Engländer ihren Tramiermaschinen den Vorrang vor den unbeholfenen Einrichtungen ihrer Konkurrenten sicherte. 1835 besaß das britische Reich 263 Tramierfabriken mit 30000 Arbeitern, die meisten in *Cheshire* (*Macclesfield, Congleton* und Umgegend), *Manchester* und *Somersetshire* angelegt waren. Außerdem gibt es noch viele Fabriken zur Bearbeitung des Seidenabfalls von den Kokons, aus denen ein eigner Artikel

* Das englische Ton ist ein Gewicht von 2240 Pfund englisch. *(1892)* fast 1000 Kilogramm.

(Spunsilk) gemacht wird und mit dem die Engländer selbst die Pariser und Lyoner Webereien versorgen. Das Verweben der so tramierten und gesponnenen Seide geschieht besonders in Schottland (*Paisley* usw.) und London (*Spitalfields*), dann aber auch in *Manchester* und anderswo.

Aber der riesenhafte Aufschwung, den die englische Industrie seit 1760 genommen hat, beschränkt sich nicht auf die Fabrikation der Kleidungsstoffe. Der Anstoß, der einmal gegeben war, verbreitete sich über alle Zweige der industriellen Tätigkeit, und eine Menge Erfindungen, die außer allem Zusammenhang mit den bisher erwähnten standen, erhielten durch ihre Gleichzeitigkeit mit der allgemeinen Bewegung doppelte Wichtigkeit. Zugleich aber wurde nun, nachdem die unermeßliche Bedeutung der mechanischen Kraft in der Industrie einmal praktisch erwiesen war, auch alles in Bewegung gesetzt, um diese Kraft nach allen Seiten hin auszubeuten und zum Vorteile der einzelnen Erfinder und Fabrikanten auszubeuten; und überdies setzte die Frage nach Maschinerie, Brenn- und Verarbeitungsmaterial schon direkt eine Masse Arbeiter und Gewerbe in verdoppelte Tätigkeit. Die Dampfmaschine gab den weiten *Kohlenlagern* Englands erst Bedeutung; die *Maschinenfabrikation* entstand erst jetzt und mit ihr ein neues Interesse an den *Eisenbergwerken*, die das rohe Material für die Maschinen lieferten; die vermehrte Konsumtion der Wolle hob die englische Schafzucht, und die zunehmende Einfuhr von Wolle, Flachs und Seide rief eine Vergrößerung der englischen Handelsmarine hervor. Vor allem hob sich die *Eisenproduktion*. Die eisenreichen Berge Englands waren bisher wenig ausgebeutet worden; man hatte das Eisenerz stets mit Holzkohlen geschmolzen, die mit der besseren Bebauung des Bodens und der Ausrottung der Wälder immer teurer und seltner wurden; im vorigen Jahrhundert erst fing man an, geschwefelte Steinkohlen (coke) hierzu anzuwenden, und seit 1780 entdeckte man eine neue Methode, das mit Koks geschmolzene Eisen, das bisher nur als Gußeisen zu gebrauchen gewesen war, auch in brauchbares Schmiedeeisen zu verwandeln. Diese Methode, die in der Entziehung des im Schmelzen dem Eisen sich beimischenden Kohlenstoffs besteht, nennen die Engländer puddling, und durch sie wurde der englischen Eisenproduktion ein ganz neues Feld eröffnet. Die Hochöfen wurden fünfzigmal größer gemacht als früher, man vereinfachte das Schmelzen des Erzes durch heiße Gebläse und konnte dadurch das Eisen so wohlfeil produzieren, daß eine Masse Dinge, die früher von Holz oder Stein gemacht worden waren, jetzt von Eisen angefertigt wurden. 1788 errichtete *Thomas Paine*, der bekannte Demokrat, in Yorkshire die erste eiserne Brücke, der eine Unzahl folgten, so daß jetzt fast alle Brücken, namentlich auf Eisenbahnen, von Gußeisen gemacht werden und in London sogar eine Brücke über die Themse, die Southwark-Brücke, von diesem Material konstruiert worden ist; eiserne Säulen, Gestelle der Maschinen usw., sind allgemein, und seit der Einführung der Gasbeleuchtung und Eisenbahnen sind der englischen Eisengewinnung neue Abzugsquellen eröffnet. Nägel und Schrauben wurden allmählich auch mit Maschinen gemacht; *Huntsman*, ein Sheffielder, fand 1760 eine Methode, um Stahl zu gießen, wodurch viele Arbeit überflüssig gemacht und die Anfertigung ganz neuer, wohlfeiler Waren ermöglicht wurde; und durch die größere Reinheit des ihr zu Gebote stehenden Materials sowie durch vollkommnere Instrumente, neue Maschinerie und detailliertere Teilung der Arbeit wurde erst jetzt die Metallwarenfabrikation von England bedeutend. Die Bevölkerung von *Birmingham* wuchs von 73000 (1801) auf 200000 (1844), die von *Sheffield* von 46000 (1801) auf 110000 (1844), und der Kohlenverbrauch der letzteren Stadt allein belief sich 1836 auf 515000 Tons. 1805 wurden 4300 Tons Eisenwaren und 4600 Tons Roheisen, 1834 16200 Tons Eisenwaren und 107000 Tons Roheisen exportiert, und die ganze Eisengewinnung, 1740 nur noch 17000 Tons betragend, stieg 1834 auf beinahe 700000 Tons. Die Schmelzung des Roheisens konsumiert allein jährlich über 3 Millionen Tons Kohlen, und welche Wichtigkeit überhaupt die *Kohlenbergwerke* im Laufe der letzten sechzig Jahre bekommen haben, davon kann man sich keine Vorstellung machen. Alle englischen und schottischen Kohlenlager werden jetzt ausgebeutet, und die Gruben von *Northumberland* und *Durham* allein liefern jährlich über 5 Millionen Tons zur Verschiffung und beschäftigen 40000 bis 50000 Arbeiter. Nach dem «Durham Chronicle» waren in den beiden genannten Grafschaften

	1753	14 Kohlengruben
	1800	40 Kohlengruben
	1836	76 Kohlengruben
und	1843	130 Kohlengruben

im Betrieb. Dabei werden alle Gruben jetzt mit viel mehr Tätigkeit ausgebeutet als früher. Eine ähnliche vermehrte Tätigkeit wurde in den *Zinn-, Kupfer- und Bleibergwerken* angewendet, und neben der Ausdehnung der *Glasfabrikation* entstand ein neuer Industriezweig in der Anfertigung der *Töpferwaren*, die durch *Josiah Wedgwood* um 1763 Bedeutung erhielt. Dieser reduzierte die ganze Fabrikation des Steinguts auf wissenschaftliche Prinzipien, führte einen besseren Geschmack ein und gründete die *Töpfereien* (potteries) von *Nord-Staffordshire*, einen Bezirk von acht englischen Meilen im Quadrat, der, früher eine unfruchtbare Wüste, jetzt mit Fabriken und Wohnungen besät ist und über 60000 Menschen ernährt.

In diesen allgemeinen Strudel der Bewegung wurde alles hineingerissen. Der *Ackerbau* erlitt ebenfalls einen Umschwung. Und nicht nur, daß, wie wir oben sahen, das Grundeigentum in die Hände anderer Besitzer und Bebauer überging, sondern auch auf andere Weise noch wurde der Ackerbau affiziert. Die großen Pächter wandten Kapital an die Verbesserung des Bodens, rissen unnötige Scheidewände nieder, legten trocken, düngten, wandten bessere Instrumente an und führten eine systematische Abwechslung der Bebauung (cropping by rotation) ein. Auch ihnen half der Fortschritt der Wissenschaften; Sir *H. Davy* wandte die Chemie mit Erfolg auf den Ackerbau an, und die Entwicklung der Mechanik gab ihnen eine Menge Vorteile an die Hand. Dazu stieg infolge der vermehrten Bevölkerung die Nachfrage nach Ackerbauprodukten so sehr, daß von 1760 bis 1834 6840540 englische Morgen wüstes Land urbar gemacht wurden und trotzdem England aus einem kornausführenden Lande ein korneinführendes wurde.

Dieselbe Tätigkeit in der Herstellung der *Kommunikation*. Von 1818 bis 1829 wurden in England und Wales 1000 englische Meilen Chausseen von der gesetzlichen Breite von 60 Fuß angelegt und fast alle alten nach *Mac Adams* Prinzip erneuert. In *Schottland* legte die Behörde der öffentlichen Arbeiten seit 1803 an neunhundert Meilen Chaussee und über tausend Brücken an, wodurch in den Hochlanden das Volk mit einem Male in die Nähe der Zivilisation gebracht wurde. Die Hochländer waren bisher meist Wilddiebe und Schmuggler gewesen; jetzt wurden sie fleißige Ackerbauer und Handwerker, und obwohl gälische Schulen zur Erhaltung der Sprache errichtet worden sind, verschwindet gälisch-keltische Sitte und Sprache rasch vor dem Anrücken der englischen Zivilisation. Ebenso in *Irland*. Zwischen den Grafschaften *Cork*, *Limerick* und *Kerry* lag bisher ein wüster Landstrich ohne alle fahrbaren Wege, der wegen seiner Unzugänglichkeit der Zufluchtsort aller Verbrecher und der Hauptschutz der keltisch-irischen Nationalität in Süd-Irland war; man durchschnitt ihn mit Landstraßen und eröffnete dadurch der Zivilisation Zugänge auch in diese wilde Gegend. Das ganze britische Reich, namentlich aber England, das vor sechzig Jahren ebenso schlechte Wege besaß wie damals Deutschland und Frankreich, ist jetzt mit einem Netze der schönsten Chausseen überzogen, und auch diese sind, wie fast alles in England, das Werk der Privatindustrie, da der Staat wenig oder gar nichts dazu getan hat.

Vor 1755 hatte England fast gar keine *Kanäle*. 1755 wurde in Lancashire der Kanal von *Sankey Brook* nach *St. Helens* angelegt; und 1759 baute *James Brindley* den ersten bedeutenden Kanal, den des *Herzogs von Bridgewater*, der von *Manchester* und den Kohlenbergwerken der Umgegend nach der Mündung des *Mersey* geht und bei *Barton* in einem Aquädukt über den Fluß *Irwell* geführt wird. Von hier an datiert sich das englische Kanalwesen, dem erst Brindley Wichtigkeit gegeben hat. Jetzt wurden Kanäle nach allen Richtungen hin angelegt und Flüsse schiffbar gemacht. In *England* allein sind 2200 Meilen Kanal und 1800 Meilen schiffbarer Flüsse; in *Schottland* wurde der *kaledonische Kanal*, der das Land quer durchschneidet, und in *Irland* ebenfalls verschiedene Kanäle angelegt. Auch diese Anlagen sind, wie die Eisenbahnen und Chausseen, fast alle das Werk von Privatleuten und Kompagnien.

Die *Eisenbahnen* sind erst in der neuesten Zeit angelegt. Die erste größere war die von *Liverpool* nach *Manchester* (1830 eröffnet); seitdem sind alle großen Städte miteinander durch Schienenwege verbunden worden. London mit Southampton, Brighton, Dover, Colchester, Cambridge, Exeter (über

Bristol) und Birmingham; Birmingham mit Gloucester, Liverpool, Lancaster (über Newton und Vigan und über Manchester und Bolton), ferner mit Leeds (über Manchester und Halifax und über Leicester, Derby und Sheffield); Leeds mit Hull und Newcastle (über York). Dazu die vielen kleineren, die im Bau begriffenen und projektierten Linien, die es bald möglich machen werden, von Edinburgh nach London in einem Tage zu reisen.

Wie der Dampf die Kommunikation zu Lande revolutioniert hatte, so gab er auch der zu Wasser ein neues Ansehen. Das erste Dampfschiff fuhr 1807 auf dem Hudson in Nordamerika; das erste im britischen Reich 1811 auf dem Clyde. Seitdem sind über sechshundert in England gebaut worden, und über fünfhundert waren 1836 in britischen Häfen in Tätigkeit.

Das ist in kurzem die Geschichte der englischen Industrie in den letzten sechzig Jahren, eine Geschichte, die ihresgleichen nicht hat in den Annalen der Menschheit. Vor sechzig, achtzig Jahren ein Land wie alle andern, mit kleinen Städten, wenig und einfacher Industrie und einer dünnen, aber verhältnismäßig großen Ackerbaubevölkerung; und jetzt ein Land wie kein anderes, mit einer Hauptstadt von drittehalb Millionen Einwohnern, mit kolossalen Fabrikstädten, mit einer Industrie, die die ganze Welt versorgt und die fast alles mit den kompliziertesten Maschinen macht, mit einer fleißigen, intelligenten, dichtgesäten Bevölkerung, von der zwei Drittel durch die Industrie in Anspruch genommen werden und die aus ganz andern Klassen besteht, ja, die eine ganz andre Nation mit andern Sitten und andern Bedürfnissen bildet als damals. Die industrielle Revolution hat für England dieselbe Bedeutung wie die politische Revolution für Frankreich und die philosophische für Deutschland, und der Abstand zwischen dem England von 1760 und dem von 1844 ist mindestens ebenso groß wie der zwischen dem Frankreich des ancien régime und dem der Julirevolution. Die wichtigste Frucht aber dieser industriellen Umwälzung ist das englische Proletariat.

Wir haben oben gesehen, wie das Proletariat durch die Einführung der Maschinen ins Leben gerufen wurde. Die rasche Ausdehnung der Industrie erforderte Hände; der Arbeitslohn stieg, und infolgedessen wanderten Scharen von Arbeitern aus den Ackerbaubezirken nach den Städten. Die Bevölkerung vermehrte sich reißend, und fast aller Zuwachs kam auf die Klasse der Proletarier. Dazu war in Irland erst seit dem Anfange des achtzehnten Jahrhunderts ein geordneter Zustand eingetreten; auch hier vermehrte sich die in den früheren Unruhen durch englische Barbarei mehr als dezimierte Bevölkerung schnell, besonders seitdem der Aufschwung der Industrie anfing, eine Menge Irländer nach England herüberzuziehen. So entstanden die großen Fabrik- und Handelsstädte des britischen Reichs, in denen mindestens drei Viertel der Bevölkerung der Arbeiterklasse angehören und die kleine Bourgeoisie nur aus Krämern und sehr, sehr wenigen Handwerkern besteht. Denn wie die neue Industrie erst dadurch bedeutend wurde, daß sie die Werkzeuge in Maschinen, die Werkstätten in Fabriken – und dadurch die arbeitende Mittelklasse in arbeitendes Proletariat, die bisherigen Großhändler in Fabrikanten verwandelte; wie also schon hier die kleine Mittelklasse verdrängt und die Bevölkerung auf den Gegensatz von Arbeitern und Kapitalisten reduziert wurde, so geschah dasselbe, außer dem Gebiet der Industrie im engeren Sinne, in den Handwerken und selbst im Handel. An die Stelle der ehemaligen Meister und Gesellen traten große Kapitalisten und Arbeiter, die nie Aussicht hatten, sich über ihre Klasse zu erheben; die Handwerke wurden fabrikmäßig betrieben, die Teilung der Arbeit streng durchgeführt und die kleinen Meister, die gegen die großen Etablissements nicht konkurrieren konnten, in die Klasse der Proletarier herabgedrängt. Zu gleicher Zeit aber wurde dem Arbeiter durch die Aufhebung des bisherigen Handwerksbetriebs, durch die Vernichtung der kleinen Bourgeoisie alle Möglichkeit genommen, selbst Bourgeois zu werden. Bisher hatte er immer die Aussicht gehabt, sich als ansässiger Meister irgendwo niederlassen, später vielleicht Gesellen annehmen zu können; jetzt aber, wo die Meister selbst durch die Fabriken verdrängt, wo zum selbständigen Betrieb einer Arbeit große Kapitalien nötig wurden, wurde das Proletariat erst eine wirkliche, feste Klasse der Bevölkerung, während es früher oft nur ein Durchgang in die Bourgeoisie war. Wer jetzt als Arbeiter geboren wurde, hatte keine andere Aussicht, als lebenslang Proletarier zu bleiben. Jetzt also erst war das Proletariat imstande, selbständige Bewegungen vorzunehmen.

Ergänzende Literatur

Vorbemerkung:
Die folgende Bibliographie ist keineswegs als umfassende oder auch nur repräsentative Übersicht über die jeweils vorhandene Literatur zu verstehen. Sie enthält vielmehr Hinweise für denjenigen, der bestimmte in den Texten und Einleitungen dieses Buches zur Sprache kommende Probleme durch eigene Lektüre weiter verfolgen möchte. Bei der Auswahl der Verweise ist versucht worden, jeweils mindestens ein umfassend informierendes «Standardwerk» anzugeben. Bei Werken, die dem Anfänger schon allein des Umfangs wegen unzugänglich sind, haben wir nicht nur die Titel, sondern auch die entsprechenden Seitenzahlen angegeben. Soweit in den Einleitungen auf zusätzliche Konzepte oder Theorien eingegangen wird, sind die entsprechenden Literaturhinweise auch in solchen Fällen aufgenommen worden, wo sie darüber hinaus mit dem behandelten Stichwort in keinem engeren Zusammenhang stehen.

1. *Handeln*

Durkheim, E.: Die Regeln der soziologischen Methode. Herausgegeben und eingeleitet von R. König. Neuwied und Berlin 1961.
–: Soziologie und Philosophie. Frankfurt a. M. 1967, insbes. S. 45–83.
Institut für Sozialforschung: Soziologische Exkurse. Frankfurt a. M. 1956 (S. 40–54).
König, R.: Der Mensch in der Sicht des Soziologen, in: ders., Soziologische Orientierungen. Köln 1965.
Weber, M.: Soziologische Grundbegriffe, in: ders., Wirtschaft und Gesellschaft. Köln und Berlin 1964, S. 1–42.

2. *Soziale Identität*

Berger P.: Einladung zur Soziologie. München 1973.
Berger, P., und Luckmann, T.: Die gesellschaftliche Konstruktion der Wirklichkeit. Frankfurt a. M. 1969.
Erikson, E. H.: Identität und Lebenszyklus. Frankfurt a. M. 1966.
–: Identity, Psychosocial, in: International Encyclopedia of the Social Sciences, New York 1968, Bd. 7, S. 61–65.
Goffman, E.: Stigma. Über Techniken der Bewältigung beschädigter Identität. Frankfurt a. M. 1970.
Mead, G. H.: Identität und Gesellschaft. Frankfurt a. M. 1968.
Stanton, A. H., und Schwartz, M. S.: The Mental Hospital. New York 1954.
Strauss, A.: Spiegel und Masken. Frankfurt a. M. 1968.

3. *Norm*

Blau, P. M.: Exkurs über die Liebe, in: W. L. Bühl (Hg.), Reduktionistische Soziologie. München 1974 (S. 110–124).
Danziger, K.: Sozialisation. Düsseldorf 1974.
Erikson, E. H.: Childhood and Society. New York 1950, dt. Kindheit und Gesellschaft, Stuttgart 1957.
Habermas, J.: Stichworte zur Theorie der Sozialisation, in: ders., Kultur und Kritik, Frankfurt a. M. 1973.
Homans, G. C.: Theorie der sozialen Gruppe. Köln und Opladen 1970.
Parsons, T.: Sozialstruktur und Persönlichkeit. Frankfurt a. M. 1968.
Roethlisberger, F. J., und Dickson, W. J.: Management and the Worker. Cambridge, Mass., 1970 (S. 412–423).

Spittler, G.: Norm und Sanktion. Freiburg i. B. 1967.
Weber, M.: Soziologische Grundbegriffe, in: ders., Wirtschaft und Gesellschaft, Köln 1964, S. 20–26.
Williams, R. M.: The Concept of Norms, in: International Encyclopedia of the Social Sciences, Bd. 11. New York 1968, S. 204–208.
–: The Concept of Values, in: International Encyclopedia of the Social Sciences, Bd. 16, New York 1968, S. 283–287.

4. Soziale Rolle
Claessens, D.: Rolle und Macht. München 1968.
Dahrendorf, R.: Homo sociologicus. Opladen 1967.
Dreitzel, H. P.: Die gesellschaftlichen Leiden und das Leiden an der Gesellschaft. Stuttgart 1968.
Gerhardt, U.: Rollenanalyse als kritische Soziologie. Neuwied 1971.
Lazarsfeld, P. F.: Wahlen und Wähler. Zur Soziologie des Wahlverhaltens. Neuwied und Berlin 1969.
Merton, R. K.: The Role-Set: Problems in Sociological Theory. British Journal of Sociology, 8 (1957), S. 106–120.
Popitz, H.: Der Begriff der Rolle als Element der soziologischen Theorie. Tübingen 1968.
Simmel, G.: Die Kreuzung sozialer Kreise, in: ders., Soziologie, Berlin 1968, S. 305–344.
Turner, R. H.: Role: Sociological Aspects, in: International Encyclopedia of the Social Sciences, Bd. 13, S. 552–555.

5. Austausch
Blau, P. M.: Exchange and Power in Social Life. New York 1964.
–: Interaction: Social Exchange, in: International Encyclopedia of the Social Sciences, Bd. 7, New York 1968, S. 452–458.
Homans, G. C.: Elementarformen sozialen Verhaltens. Köln/Opladen 1968.
–: Social Behaviour as Exchange. American Journal of Sociology, 63 (1958), S. 597–606; deutsch: Soziales Verhalten als Austausch, in: H. Hartmann (Hg.), Moderne amerikanische Soziologie, Stuttgart 1973, S. 245–263.
Mauss, M.: Die Gabe. Frankfurt a. M. 1968.
Simmel, G.: Soziologie. Berlin 1968.

6. Sozialer Status
Bendix, R., und Lipset, S. M. (Hg.): Class, Status, and Power. New York 1966.
Dahrendorf, R.: Über den Ursprung der Ungleichheit unter den Menschen. Tübingen 1966.
Eisenstadt, S. N.: Social Differentiation and Stratification. Glenview, Ill., 1971.
Reiss, A. J.: Occupations and Social Status, Glencoe, Ill., 1961.
Scheuch, E. K.: Sozialprestige und soziale Schichtung, in: D. Glass und R. König (Hg.), Soziale Schichtung und soziale Mobilität, Kölner Zeitschrift für Soziologie und Sozialpsychologie, Sonderheft 5. Köln und Opladen 1961, S. 65–103.
Tumin, M. M.: Schichtung und Mobilität. München 1968.
Weber, M.: Wirtschaft und Gesellschaft. Köln 1964 (S. 157–221).
Zelditch, M., Jr., Social Status, in: International Encyclopedia of the Social Sciences, Bd. 15. New York 1968, S. 250–257.

7. Macht
Bendix, R., und Lipset, S. M. (Hg.), Class, Status and Power. London 1967.
Blau, P. M.: Exchange and Power in Social Life. New York 1964.
Dahl, R. A.: Power, in: International Encyclopedia of the Social Sciences, Bd. 12. New York 1968, S. 405–415.
Etzioni, A.: Die aktive Gesellschaft. Opladen 1975 (Kap. 13–15).
Lenski, G.: Macht und Privileg. Frankfurt a. M. 1973.
Olson, M. E. (Hg.): Power in Societies. London 1970.
Popitz, H.: Prozesse der Machtbildung. Tübingen 1968.

8. Klasse
Bendix, R., und Lipset, S. M. (Hg.): Class, Status, and Power. New York 1966.
Blau, P. M., und Duncan, C. D.: The American Occupational Structure. New York 1967.
Dahrendorf, R.: Class and Class Conflict in Industrial Society. Stanford, Cal., 1959.
Geiger, T.: Die soziale Schichtung des deutschen Volkes. Soziographischer Versuch auf statistischer Grundlage. Stuttgart 1932.
Jackson, B., und Marsden, D.: Education and the Working Class. London 1962.
Lenski, G.: Macht und Privileg. Eine Theorie der sozialen Schichtung. Frankfurt a. M. 1973.
Marx, K., und Engels, F.: Manifest der Kommunistischen Partei, in: Marx/Engels, Werke, Bd. 4, S. 459–493.
Ossowski, S.: Die Klassenstruktur im sozialen Bewußtsein. Neuwied 1961.
Parkin, F.: Class Inequality and Political Order. New York 1971.
Schelsky, H.: Die Bedeutung des Klassenbegriffs für die Analyse unserer Gesellschaft, in: ders., Auf der Suche nach Wirklichkeit. Düsseldorf 1965, S. 352–388.
Weber, M.: Wirtschaft und Gesellschaft. Köln und Berlin 1964, S. 223–227, 678–689.

9. Organisation
Blau, P. M., und Scott, W. R.: Formal Organizations. London 1963.
Büschges, G. (Hg.): Organisation und Herrschaft. Reinbek b. Hamburg 1976 (= rororo studium Bd. 94).
Etzioni, A.: A Comparative Analysis of Complex Organizations. New York 1961.
–: Soziologie der Organisation. München 1967.
Gouldner, A. W.: Organisational Analysis, in: R. K. Merton u. a. (Hg.), Sociology Today, New York 1959, S. 400–28.
Hall, R. H.: Organizations: Structure and Process. Englewood Cliffs 1972.
Heydebrand, W. V. (Hg.), Comparative Organizations: The Results of Empirical Research, Englewood Cliffs 1973.
International Encyclopedia of the Social Sciences, Art. «Organizations», Bd. 11, S. 297–342 (Artikel von Blau, Perrow, Argyris, Wilensky und Barton), New York 1968.
Luhmann, N.: Funktionen und Folgen formaler Organisation. Berlin 1964.
March, J. (Hg.): Handbook of Organization. Chicago 1965.
Mayntz, R. (Hg.): Bürokratische Organisation. Köln 1968.
–: Soziologie der Organisation. Reinbek bei Hamburg 1963 (= rde. Bd. 166).
Parsons, T., und Shils, E.: Values, Motives and Systems of Action, in: dies., Toward a General Theory of Action.
Perrow: Organizational Analysis: A Sociological View. London 1970.
Scott, W. R.: Theory of Organizations, in: R. E. L. Faris (Hg.), Handbook of Modern Sociology, Chicago 1964.

10. Kultur
Bendix, R.: Max Weber: Das Werk. München 1964.
Berger, P.: Zur Dialektik von Religion und Gesellschaft. Frankfurt a. M. 1973.
Berger, P. und B.: Individuum und Co. Stuttgart 1974 (Kap. 17).
Claessens, D. und K.: Kapitalismus als Kultur. Entstehung und Grundlagen der bürgerlichen Gesellschaft. Düsseldorf 1973.
Durkheim, E.: Les formes élémentaires de la vie religieuse. Paris 1968.
Eisenstadt, S. N.: Die protestantische Ethik und der Geist des Kapitalismus. Eine analytische und vergleichende Darstellung. Opladen 1970.
Matthes, J.: Religion und Gesellschaft. Reinbek bei Hamburg 1967 (= rde Bd. 279/80).
Parsons, T.: Die Motivierung des wirtschaftlichen Handelns, in: D. Rueschemeyer (Hg.), Beiträge zur soziologischen Theorie, Neuwied und Berlin 1964.
Seyfarth, L., und Sprondel, M. (Hg.): Seminar: Religion und gesellschaftliche Entwicklung, Studien zur Protestantismus-Kapitalismus-These Max Webers. Frankfurt a. M. 1973.
Weber, M.: Die Protestantische Ethik II: Kritiken und Antikritiken. Hamburg 1968.
–: Wirtschaft und Gesellschaft. Köln und Berlin 1964 (S. 317–493, «Typen religiöser Vergemeinschaftung–Religionssoziologie»).

11. Strukturelle Bedingungen
Marx, K., und Engels, F.: Die Deutsche Ideologie, I. Feuerbach. Marx/Engels, Werke, Band 3, S. 5–77.
Merton, R. K.: Social Structure and Anomie, in: ders., Social Theory and Social Structure, Enlarged Edition 1968, S. 185–214.
–: Bureaucratic Structure and Personality, ebd., S. 249–260.
–: Science and Democratic Social Structure, ebd., S. 604–615.
Michels, R.: Zur Soziologie des Parteienwesens in der modernen Demokratie. Stuttgart 1970.
Moore, B.: Soziale Ursprünge von Diktatur und Demokratie. Frankfurt a. M. 1966.
Lipset, S. M.: Some Social Requisites of Democracy. American Political Science Review, 53 (1959), S. 69–105; abgedruckt in: C. F. Cnudde und D. E. Neubauer (Hg.), Empirical Democratic Theory. Chicago 1969, S. 151–192.

12. Ideologie
Hofmann, W.: Wissenschaft und Ideologie, in: ders., Universität, Ideologie, Gesellschaft. Frankfurt a. M. 1968, S. 49–67.
Institut für Sozialforschung: Soziologische Exkurse. Frankfurt a. M. 1956 (S. 162–181).
Lenk, K.: Ideologie. Ideologiekritik und Wissenssoziologie. Neuwied 1967.
Mannheim, K.: Ideologie und Utopie. Frankfurt a. M. 1969.
Marx, K.: Zur Kritik der Hegelschen Rechtsphilosophie, Einleitung, in: Marx/Engels, Werke, Bd. 1, S. 378–391.
Marx, K./ Engels, F.: Die deutsche Ideologie: Feuerbach, in: Marx/Engels, Werke, Bd. 3, S. 9–77.
Merton, R. K.: Manifest and Latent Functions, in: ders., Social Theory and Social Structure. New York 1968, S. 73–138.
Shils, E.: The Concept and Function of Ideology, in: International Encyclopedia of the Social Sciences, Bd. 7. New York 1968, S. 66–76.

13. Devianz
Becker, H. (Hg.): The Other Side: Perspectives on Deviance. New York 1964.
Clinard, M. B. (Hg.): Anomie and Deviant Behavior. New York 1964.
Cloward, R. A., und Ohlin, L. E.: Delinquency and Opportunity: A Theory of Delinquent Gangs. Glencoe, Ill., 1960.
Cohen, A. K.: Delinquent Boys: The Culture of the Gang. New York 1963.
Cohen, A. K.: Abweichung und Kontrolle. München 1968.
Cressey, D. R.: Delinquency, Crime and Differential Association. Den Haag 1964.
Haferkamp, H.: Kriminelle Karrieren, Reinbek b. Hamburg 1975 (= rororo studium Bd. 69).
Luederssen, K., und Sack, F. (Hg.): Abweichendes Verhalten: Die selektiven Normen der Gesellschaft. Frankfurt a. M. 1975.
Matza, D.: Delinquency and Drift. New York 1964.
–: Abweichendes Verhalten: Untersuchung zur Genese abweichender Identität. Heidelberg 1973.
Merton, R. K.: Social Structure and Anomie, in: ders., Social Theory and Social Structure, Enlarged Edition, 1968, S. 185–214.
Opp, K. D.: Abweichendes Verhalten und Gesellschaftsstruktur. Neuwied 1974.
Schur, E.: Abweichendes Verhalten und soziale Kontrolle. Frankfurt a. M. 1974.

14. Konflikt
Brock, A., u. a.: Der Konflikt um Lohn und Leistung. Frankfurt a. M. 1969.
Coser, L. A.: Conflict: Social Aspects, in: International Encyclopedia of the Social Sciences, Bd. 3. New York 1968, S. 232–236.
–: Theorie sozialer Konflikte. Neuwied 1965.
Dahrendorf, R.: Class and Class Conflict in Industrical Society. Stanford, Cal., 1959.
–: Die Funktionen sozialer Konflikte, in: ders., Pfade aus Utopia. München 1967, S. 263–277.
Krysmanski, H. J.: Soziologie des Konflikts. Reinbek bei Hamburg 1971 (= rde Bd. 362).
Marx, K.: Der achtzehnte Brumaire des Louis Bonaparte, in: Marx/Engels, Werke, Bd. 8, S. 111–207.
Simmel, G.: Der Streit, in: ders., Soziologie. Berlin 1968, S. 186–255.

15. Sozialer Wandel
Appelbaum, R. P.: Theories of Social Change. Chicago 1971.
Dreitzel, H. P. (Hg.): Sozialer Wandel. Neuwied und Berlin 1967.
Eisenstadt, S. N. (Hg.): Comparative Perspectives on Social Change. Boston 1968.
Etzioni, A.: Studies in Social Change. New York 1966.
Etzioni, A., und E. (Hg.): Social Change: Sources, Patterns und Consequences. New York 1964.
Marx, K., und Engels, F.: Das Manifest der Kommunistischen Partei, Marx/Engels, Werke, Bd. 4, S. 459–491.
Moore, W. E.: Social Change, in: International Encyclopedia of the Social Sciences, Bd. 14. New York 1968, S. 365–375.
–: Strukturwandel der Gesellschaft. München 1967.
–, und Cook, R. M. (Hg.): Readings on Social Change. Englewood Cliffs 1967.
Smelser, N.: Social Change in the Industrial Revolution. London und Chicago 1959.
Zapf, W. (Hg.): Theorien des sozialen Wandels. Köln und Berlin 1970.
Zollschan, G. K., und Hirsch, W.: Explorations in Social Change. London und Boston 1964.

Quellen- und Copyrightnachweis

1. Emile Durkheim, Der egoistische Selbstmord, aus: Der Selbstmord, Neuwied/Berlin 1973, S. 162–185, 224–231; © Luchterhand Verlag, Neuwied/Darmstadt, 1973.
2. Erving Goffman, Identität und Anpassung, aus: Asyle, Frankfurt/Main 1973, S. 171ff, 177ff, 182ff, 189ff, 290, 300ff; © Suhrkamp Verlag, Frankfurt/Main, 1973.
3. James S. Coleman, Funktionen und Folgen sexueller Doppelmoral im sozialen Leben Heranwachsender, aus: The Adolescent Society, New York 1961, S. 118–124, übersetzt von Wolfgang Streeck; © The Free Press Macmillan, New York, 1961.
4. Neal Gross, W. S. Mason, A. W. McEachern, Rollenkonflikte und Konfliktlösungsstrategien, aus: Explorations in Role Analysis, New York 1958, S. 258–267, übers. von Evelyn u. Wolfgang Conrad; © John Wiley & Sons, New York, 1958.
5. P. M. Blau, Konsultation unter Kollegen, aus: The Dynamics of Bureaucracy, Chicago 1972, S. 121–141, übersetzt von Wolfgang Streeck; © The University of Chicago Press, Chicago, 1972.
6. William F. Whyte, Bowling und soziale Rangordnung, aus: Street Corner Society, Chicago 1967, S. 14, 16–25, übersetzt von Michael Köhler; © The University of Chicago Press, Chicago, 1967.
7. Robert und Helen Lynd, Die Familie X und die Bewohner von Middletown, aus: Middletown in Transition, New York 1937, S. 75ff, 81–94, 101, übersetzt von R. Schneider; © Harcourt Brace Jovanovich, New York, 1963.
8. J. H. Goldthorpe u. a., Gemeinschaftsleben, aus: Der gutverdienende Arbeiter und die Verbürgerlichungsthese, in: K. H. Hörning, Hg., Der «neue» Arbeiter, Frankfurt/Main 1971, S. 110–114; © Fischer Taschenbuch Verlag, Frankfurt/Main, 1971.
9. Alvin W. Gouldner, Der neue Betriebsleiter und die soziale Struktur des Betriebs, aus: Patterns of Industrial Bureaucracy, New York 1964, S. 45f, 48f, 51ff, 59ff, 77ff, übers. v. Manfred Murck; © The Free Press Macmillan, New York, 1964.
10. Max Weber, Der asketische Protestantismus und die Berufsethik des modernen Menschen, aus: Die protestantische Ethik und der Geist des Kapitalismus, Hamburg 1973, S. 166–188 (Auszüge).
11. Seymour M. Lipset, M. Trow, J. Coleman, Gewerkschaftliche Demokratie: Strukturelle Voraussetzungen eines Zwei-Parteien-Systems in einer Gewerkschaft, aus: Union Democracy, New York 1956, S. 227ff, 232ff, 239ff, übersetzt von Sylvia Streeck; © The Free Press Macmillan, New York, 1956.
12. Ely Chinoy, Die Lage der Arbeiter und der Mythos der unbegrenzten Möglichkeiten, aus: Automobile Workers and the American Dream, New York 1955, S. 123–131, übersetzt von Wolfgang Streeck; © Random House, Inc., New York, 1955.
13. Howard Becker, Die Kultur einer abweichenden Gruppe, aus: Außenseiter. Zur Soziologie abweichenden Verhaltens, Frankfurt/Main 1973, S. 71–91; © S. Fischer Verlag, Frankfurt/Main 1973.
14. Alvin W. Gouldner, Lohnforderungen und ihre Bedeutung, aus: Wildcat Strike, London 1955, S. 27–39, übersetzt von Evelyn und Wolfgang Conrad; © Alvin W. Gouldner, 1955.
15. Friedrich Engels, Die Industrielle Revolution in England, aus: Die Lage der arbeitenden Klasse in England, Marx-Engels-Werke Bd. 2, Berlin 1970, S. 237–251.

Personenregister

GPSR Compliance

The European Union's (EU) General Product Safety Regulation (GPSR) is a set of rules that requires consumer products to be safe and our obligations to ensure this.

If you have any concerns about our products, you can contact us on ProductSafety@springernature.com

In case Publisher is established outside the EU, the EU authorized representative is:

Springer Nature Customer Service Center GmbH
Europaplatz 3
69115 Heidelberg, Germany

Batch number: 10809472

Printed by Printforce, the Netherlands